Nielemeier

Wolfgang Latzel · Einführung in die digitalen Regelungen

Einführung in die digitalen Regelungen

Prof. Dr.-Ing. Wolfgang Latzel

Die Deutsche Bibliothek – CIP-Einheitsaufnahme

Latzel, Wolfgang:
Einführung in die digitalen Regelungen / von Wolfgang Latzel.
– Düsseldorf: VDI-Verl., 1995
    ISBN 3-18-401501-7

© VDI-Verlag GmbH, Düsseldorf 1995

Alle Rechte, auch das des auszugsweisen Nachdrucks, der auszugsweisen
oder vollständigen fotomechanischen Wiedergabe (Fotokopie, Mikrokopie),
der elektronischen Datenspeicherung (Wiedergabesysteme jeder Art)
und das der Übersetzung, vorbehalten.

Die Wiedergabe von Gebrauchsnamen, Handelsnamen, Warenbezeichnungen u. ä.
in diesem Werk berechtigt auch ohne besondere Kennzeichnung nicht zu der Annahme,
daß solche Namen im Sinne der Warenzeichen- und Markenschutz-Gesetzgebung
als frei zu betrachten wären und daher von jedermann benutzt werden dürften.

Printed in Germany

Druck und Verarbeitung: CSS Walter Flory GmbH, Speyer

ISBN 3-18-401501-7

Vorwort

Ob als Kompaktregler, spezieller Prozeßrechner oder PC, überall werden Digitalrechner zur Regelung technischer Prozesse eingesetzt.

Das vorliegende Buch soll die zur Regelung erforderlichen Regelalgorithmen und Methoden zu ihrer Herleitung vermitteln. Die Regelalgorithmen werden durch ihre Struktogramme dargestellt. Damit ist eine von den verschiedenen Programmiersprachen unabhängige und dennoch allgemein verständliche, eindeutige und vollständige Formulierung der Regelalgorithmen gegeben. Viele Beispiele mit Bildern sollen die Darstellung möglichst benutzerfreundlich und anwendungsbezogen machen.

Zur Vorgehensweise

Das Buch ist eine Einführung in das umfangreiche Gebiet der digitalen Regelungen. Dabei werden überwiegend lineare zeitinvariante Systeme mit konzentrierten Parametern und deterministischen Signalen betrachtet. Mit der Berücksichtigung der in technischen Systemen häufig auftretenden Begrenzungen werden auch nichtlineare Systeme behandelt. Abschließend werden Zustandsregelungen untersucht.

Für den Reglerentwurf wird vorwiegend der Frequenzbereich benutzt, wofür verschiedene Gründe sprechen. Der erste Grund ist, daß man bei technischen Anwendungen eine möglichst kleine Abtastzeit anstrebt, damit der digitale Regler das Auftreten von Störgrößen schnell erkennt. Für kontinuierliche Regelstrecken mit digitalen Reglern kleiner Abtastzeit hat sich die Methode der quasikontinuierlichen Abtastregelung bewährt. Diese baut auf der klassischen Frequenzbereichsmethodik auf und liefert unter Berücksichtigung der Abtastzeit sehr gute Ergebnisse. Der besondere Vorzug der quasikontinuierlichen Abtastregelung ist es, daß man keine Transformation der Streckenübertragungsfunktion vornehmen muß. Sowohl die Beschreibung der Regelstrecke als auch der Reglerentwurf geschieht im s-Bereich, so daß das Frequenzkennlinienverfahren die geeignete Methode darstellt.

Die Methode der quasikontinuierlichen Abtastregelung wird, neben der z-Transformation, seit mehreren Jahren in den Vorlesungen und Übungen zur Prozeßautomatisierung an der Universität-GH Paderborn eingesetzt.

Gerade die Darstellung von Regelstrecken durch ihre Frequenzkennlinien erlaubt auf relativ einfache Weise die Anpassung von Reglern. Die Frequenzkennlinien des offenen Regelkreises ermöglichen, auch mit Näherungskonstruktionen, eine gezielte Beeinflussung des dynamischen Verhaltens und ergeben befriedigende Regelergebnisse. Die Frequenzkennlinien und die Reglerparameter werden heutzutage durch Rechner ermittelt. In die Dimensionierung der quasikontinuierlichen Abtastregler können auch Erfahrungswerte aus der analogen Regelungstechnik einfließen, die vorwiegend im Frequenzbereich vorliegen. Dies ist der zweite Grund, um digitale Regelungen im Frequenzbereich zu beschreiben.

Damit kommen wir zum dritten Grund für den Reglerentwurf im Frequenzbereich. Bei praktischen Aufgabenstellungen sind die Überschwingweite sowie die Anschwingzeit und die Einschwingzeit die entscheidenden Gütekriterien für den Reglerentwurf. Häufig werden hierfür schon im Projektstadium Garantien verlangt. Die Regelkreisbeschreibung durch Frequenzkennlinien ermöglicht einen Reglerentwurf, der diese Kriterien mittels Phasenreserve und Durchtrittskreisfrequenz auf einfache Weise berücksichtigt.

Als neue Entwurfsmethode sowohl für kontinuierliche Regler als auch für quasikontinuierliche Abtastregler hat sich die Methode der Betragsanpassung bewährt. Sie liefert mit PI- und PID-Reglern bzw. - Abtastreglern schnellere Regelvorgänge als mit anderen Reglerentwurfsverfahren (Polkompensation, Betragsoptimum). Auch bei der Entwicklung von Einstellregeln für Strecken, die lediglich durch ihre Übergangsfunktionen gekennzeichnet sind, liefert sie die besten Ergebnisse, wie die Vergleiche mit anderen Einstellregeln zeigen. Schließlich ergibt die über die Regler 1. und 2. Ordnung (PI- und PID-Regler) hinausgehende „Verallgemeinerte Methode der Betragsanpassung" ein neues Entwurfsverfahren für Zustandsregelungen. Gegenüber dem üblichen Entwurf von Zustandsregelungen mit der Polvorgabe im Zeitbereich liefert der Entwurf von Zustandsregelungen mit der Betragsanpassung im Frequenzbereich bei gleich gutem Führungsverhalten ein wesentlich besseres Störverhalten. Da die Methode der Betragsanpassung nur im Frequenzbereich herzuleiten ist, sind auch deren gute Ergebnisse ein Grund für die Bevorzugung des Frequenzbereichs.

Zum Inhalt

Das erste Kapitel bringt einen kurzen Überblick über die Anforderungen, die an Rechner für regelungstechnische Aufgaben zu stellen sind. Gerade weil hier die technische Entwicklung eine enorme Vielfalt in Hardware und Software produziert hat, wird nur das Wesentliche und Gemeinsame herangezogen. Das zweite Kapitel behandelt die wesentlichen Grundlagen der linearen kontinuierlichen Regelungstechnik. Als Basis für alle weiteren Betrachtungen wird hier der Regelkreis analysiert, und seine Elemente werden im Zeit- und Frequenzbereich erläutert. Für den Reglerentwurf im Frequenzbereich werden Kenngrößen ermittelt, die das Zeitverhalten des geschlossenen Regelkreises beschreiben. Im dritten Kapitel werden die quasikontinuierlichen Abtastregelungen hergeleitet.

Für deren Beschreibung und für den Reglerentwurf erweist sich die Methode der Frequenzkennlinien als besonders geeignet. Wenn auch viele Regelstrecken in weiten Bereichen als linear angesehen werden können, so lassen doch alle Stelleinrichtungen nur beschränkte Werte der Stellgröße zu. Daher werden im Kapitel vier die zusätzlichen Probleme behandelt, die sich durch das Vorhandensein von Begrenzungen innerhalb der Regelungssysteme ergeben. Außerdem werden hier die gewollten Begrenzungen bestimmter Prozeßgrößen betrachtet, für die Begrenzungsregelungen aufgebaut werden. Das fünfte Kapitel bringt in knapper Form eine Einordnung der digitalen Regelungen in die Leittechnik, wobei auch auf Ablaufsteuerungen eingegangen wird. Das sechste Kapitel behandelt Zustandsregelungen. Zunächst wird die Beschreibung der Zustandsdarstellung und der übliche Reglerentwurf im Zeitbereich gebracht. Danach wird ein neuer Reglerentwurf im Frequenzbereich mit der Verallgemeinerten Methode der Betragsanpassung beschrieben, der bei gleichem Führungsverhalten ein wesentlich verbessertes Störverhalten ermöglicht.

Zielgruppe

Das Buch wendet sich an Studenten von Universitäten und Fachhochschulen ebenso wie an Ingenieure in der industriellen Praxis, die den Einsatz von Rechnern zur Regelung verwirklichen. Die Voraussetzungen beschränken sich auf die Grundlagen der Regelungstechnik und Laplace-Transformation. Im 6. Kapitel werden auch die Grundregeln der Vektor- und Matrizenrechnung benötigt.

Danksagung

Für das Korrekturlesen und viele Hinweise zur Verbesserung danke ich den Herren Sh. Gao, C. Kröger, M. Plöger und K.H. Rehbein (Mannheim) und ganz besonders den Herren Dr. A. Bunzemeier (Minden) und Prof. W. Pohl (FH Hannover), die sich außergewöhnlich sorgfältig des Textes angenommen haben. Frau Kappius danke ich für das Schreiben und Korrigieren der Textvorlagen, Herrn Bartsch für die Unterstützung bei den Simulationen und ganz besonders Herrn Knievel für das Umsetzen der Bildvorlagen und das programmtechnische Binden des Buches. Herrn Gao danke ich noch für mehrmalige aktive Unterstützung. Nicht vergessen werden sollen die zahlreichen Studenten, deren Ergebnisse von Studien- und Diplomarbeiten in das Buch eingeflossen sind.

Paderborn, Dezember 1994   W. Latzel

Inhaltsverzeichnis

1 Wirkungsweise von Rechnern zur Regelung — 1
  1.1 Gerätetechnische Ausrüstung von Prozeßrechensystemen — 1
  1.2 Wirkungsweise digitaler Regler — 3
  1.3 Softwaremäßige Ausstattung von Prozeßrechensystemen zur Regelung — 5
  1.4 Darstellungsform digitaler Regelalgorithmen — 7
  1.5 Vor- und Nachteile der digitalen Regelungen — 9
  A Literaturverzeichnis Kapitel 1 — 11

2 Grundlagen der Regelungstechnik — 12
  2.1 Aufbau und Wirkungsweise einschleifiger Regelkreise — 12
  2.2 Wirkungsplan am Beispiel einer technischen Regelung — 16
    2.2.1 Drehzahlregelung eines Gleichstrommotors — 16
    2.2.2 Mathematische Beschreibung der Wirkungszusammenhänge — 18
  2.3 Laplace-Transformation und Übertragungsfunktionen — 22
    2.3.1 Eigenschaften linearer Übertragungsglieder — 22
    2.3.2 Zeitinvariante und zeitvariante Übertragungsglieder — 23
    2.3.3 Definition der Laplace-Transformation — 25
    2.3.4 Eigenschaften der Laplace-Transformation, Übertragungsfunktion — 28
  2.4 Frequenzgang und Frequenzkennlinien — 36
    2.4.1 Ortskurve des Frequenzganges — 36
    2.4.2 Frequenzkennlinien im Bode-Diagramm — 38
      2.4.2.1 Beschreibung der Verzögerungsgliedes 1. Ordnung — 39
      2.4.2.2 Vorteile der Frequenzkennliniendarstellung — 42
    2.4.3 Zusammenstellung der wichtigsten Übertragungsglieder — 43
      2.4.3.1 Proportionalglied, P-Glied — 44
      2.4.3.2 Verzögerungsglied 1. Ordnung, P-T_1-Glied — 44

	2.4.3.3	Verzögerungsglied 2. Ordnung, P-T_2-Glied ...	44
	2.4.3.4	Schwingungsfähiges Verzögerungsglied 2. Ordnung, P-T_{2S}-Glied	45
	2.4.3.5	Integrierglied, I-Glied	48
	2.4.3.6	Verzögerndes Integrierglied, I-T_1-Glied	48
	2.4.3.7	Proportionales und integrierendes Glied, PI-Glied	48
	2.4.3.8	Verzögerndes Differenzierglied, D-T_1-Glied ...	49
	2.4.3.9	Proportionales und verzögernd differenzierendes Glied, PD-T_1-Glied	50
	2.4.3.10	Proportionales und verzögernd proportionales Glied, PP-T_1-Glied	51
	2.4.3.11	PID-T_1-Glied, PID-Regler	53
	2.4.3.12	PID_0-T_1-Glied, PID_0-Regler	54
	2.4.3.13	Totzeitglied, T_t-Glied	57
	2.4.3.14	Allpaß erster Ordnung, A_1-Glied	64
2.5	Stabilität des einschleifigen Regelkreises		65
	2.5.1	Grundstruktur des einschleifigen Regelkreises	65
	2.5.2	Gleichungen des geschlossenen Regelkreises	67
	2.5.3	Stabilität von Übertragungsgliedern und Regelkreisen ..	68
	2.5.4	Stabilitätsprüfung mit dem Nyquist-Kriterium	69
		2.5.4.1 Vereinfachtes Nyquist-Kriterium	70
		2.5.4.2 Vereinfachtes Nyquist-Kriterium in Frequenzkennliniendarstellung	71
	2.5.5	Reglerentwurf im Frequenzbereich	74
2.6	Kenngrößen für das Verhalten von Regelkreisen		75
	2.6.1	Statisches Verhalten des Regelkreises	75
	2.6.2	Dynamisches Verhalten des Regelkreises	79
	2.6.3	P-T_{2S}-Glied zur Kennzeichnung des Verhaltens von Regelkreisen	80
	2.6.4	Gegengekoppeltes I-T_t-Glied zur Kennzeichnung des Verhaltens von Regelkreisen	86
A	Literaturverzeichnis Kapitel 2		91

3 Quasikontinuierliche Abtastregelungen 93
3.1 Wirkungsweise der quasikontinuierlichen Abtastregelungen 93
3.1.1 Mathematische Beschreibung des Abtast- und Haltevorganges 95
3.1.2 Übertragungsfunktion des Abtast-Haltegliedes 100
3.2 Regelalgorithmen der quasikontinuierlichen Abtastregelung . . . 104
3.2.1 Bestimmung der Koeffizienten der Regelalgorithmen . . . 107
3.2.2 Regelalgorithmen 1. Ordnung 111
3.2.2.1 Elementare Regelalgorithmen 111
3.2.2.2 Zusammengesetzte Regelalgorithmen 115
3.2.3 Regelalgorithmen 2. Ordnung 118
3.2.4 Regelalgorithmen in der Summenform 124
3.2.4.1 Regelalgorithmen 1. Ordnung in der Summenform 124
3.2.4.2 Regelalgorithmen 2. Ordnung in der Summenform 126
3.3 Rechnergestützter Reglerentwurf für einschleifige Abtast-Regelkreise 130
3.3.1 Reglerentwurf für Verzögerungsstrecken mit Ausgleich (P-T_k-Strecken) 131
3.3.1.1 Reglerentwurf mittels Polkompensation 131
3.3.1.2 Reglerentwurf mit der Methode der Betragsanpassung 143
3.3.2 Reglerentwurf für Verzögerungsstrecken ohne Ausgleich (I-T_k-Strecken) 161
3.3.2.1 Reglerentwurf mittels Polkompensation 161
3.3.2.2 Reglerentwurf mit der Methode der Betragsanpassung 164
3.3.3 Zusammenfassende und vergleichende Betrachtungen . . . 167
3.3.3.1 Zusammenfassende Betrachtung 167
3.3.3.2 Vergleich zwischen Polkompensation und Betragsanpassung 167

INHALTSVERZEICHNIS

		3.3.3.3 Vergleich mit dem Betragsoptimum	168
		3.3.3.4 Vergleich mit der Darstellung durch z- und w-Transformation	169
3.4	Modellbildung und Einstellregeln		171
	3.4.1	Einstellregeln zur Wendetangenten-Methode	172
	3.4.2	Streckenidentifikation mit der Zeitprozentkennwert-Methode	175
	3.4.3	Einstellregeln für vorgegebene Überschwingweiten	177
		3.4.3.1 Einstellregeln für kontinuierliche PI-Regler und PI-Abtastregler	177
		3.4.3.2 Einstellregeln für kontinuierliche PID-Regler und PID-Abtastregler	182
		3.4.3.3 Vergleich mit numerischer Parameteroptimierung	186
3.5	Kaskaden-Abtastregelung		189
	3.5.1	Beschreibung der Abtaster mit Halteglied	189
	3.5.2	Entwurfsdurchführung für die Kaskaden-Abtastregelung .	192
	3.5.3	Entwurf der PI-PI-Kaskade	194
		3.5.3.1 Entwurf des unterlagerten Reglers	194
		3.5.3.2 Entwurf des überlagerten Reglers	196
	3.5.4	Entwurf der P-PI-Kaskade	197
		3.5.4.1 Zum Entwurf von P-Reglern für P-T_2-Strecken .	197
		3.5.4.2 Entwurf des unterlagerten Reglers	200
		3.5.4.3 Entwurf des überlagerten Reglers	201
	3.5.5	Störverhalten bei P-PI- und PI-PI-Kaskade	203
	3.5.6	Vergleich der verschiedenen Regelverfahren	204
A	Literaturverzeichnis Kapitel 3		205

4 Regelungssysteme mit Begrenzungen 208

4.1 Stellgrößenbegrenzung 209
- 4.1.1 Stellgrößenbegrenzung bei Systemen mit PI-Abtastreglern 209
- 4.1.2 Einfache Anti-Reset-Windup-Maßnahme 211
- 4.1.3 Verbesserte Anti-Reset-Windup-Maßnahme 214
  - 4.1.3.1 Struktur der verbesserten ARW-Maßnahme . . . 214
  - 4.1.3.2 Beschreibung der Reglerausgangsgröße 215
  - 4.1.3.3 Näherungsweise Beschreibung der Streckenübergangsfunktion 216
  - 4.1.3.4 Bestimmung der Rückführgröße beim kontinuierlichen PI-Regler und beim PI-Abtastregler . . . 218
  - 4.1.3.5 Bestimmung der Rückführgröße beim kontinuierlichen PID-Regler und beim PID-Abtastregler . 221

4.2 Begrenzungsregelungen 224

4.3 Kaskaden-Begrenzungsregelung 227
- 4.3.1 Gleichstrommotor als Regelstrecke 227
- 4.3.2 Umsetzung des Wirkungsplans vom Zeitbereich in den Frequenzbereich 230
- 4.3.3 Regelung des Ankerstroms 234
- 4.3.4 Ankerstromkreis mit Störgrößenaufschaltung 236
- 4.3.5 Kaskadenregelung von Strom und Drehzahl mit proportional wirkendem Drehzahlregler 238
- 4.3.6 Kaskadenregelung von Strom und Drehzahl mit PI-Drehzahlregler 242
- 4.3.7 Drehzahlregelung mit Strombegrenzung und Festlegung der ARW-Maßnahme 246
  - 4.3.7.1 ARW-Maßnahme für den Stromregler 247
  - 4.3.7.2 ARW-Maßnahme für den Drehzahlregler 247
  - 4.3.7.3 Verhalten der Drehzahlregelung mit Strombegrenzung 247

INHALTSVERZEICHNIS IX

    4.4   Parallel-Begrenzungsregelung 249

         4.4.1   Massenstromregelung im Zulauf mit Füllstandsbegrenzung 249

             4.4.1.1   Wirkungsplan zur Massenstromregelung im Zulauf mit Füllstandsbegrenzung 250

             4.4.1.2   Reglerentwurf mit ARW-Maßnahme 253

             4.4.1.3   Entwurf des Abgleichalgorithmus 255

         4.4.2   Massenstromregelung im Ablauf mit Füllstandsbegrenzung 260

             4.4.2.1   Wirkungsplan zur Massenstromregelung im Ablauf mit Füllstandsbegrenzung 260

             4.4.2.2   Regelverhalten mit ARW-Maßnahme und Abgleichalgorithmus 262

    4.5   Unterschiede zwischen Kaskaden- und Parallel-Begrenzungsregelung 263

    A   Literaturverzeichnis Kapitel 4 264

5   Digitale Regelungen in der Leittechnik   266

    5.1   Strukturen der Leittechnik 266

         5.1.1   Hierarchisch gegliedertes Leittechnik-Konzept 266

         5.1.2   Zusammenwirken von Regelung und Steuerung in einer Leiteinrichtung 268

    5.2   Betriebsarten von Reglern 274

         5.2.1   Betriebsart AUTOMATIK 275

         5.2.2   Betriebsart HAND 276

         5.2.3   Betriebsarten bei Kaskadenregelung 277

    5.3   Führungsgrößenbildner als Glied zwischen Steuerung und Regelung 279

         5.3.1   Anforderungen an einen Führungsgrößenbildner 279

         5.3.2   Leiteinrichtung für das An- und Abfahren eines Turbosatzes 283

             5.3.2.1   Wirkungsweise von Energieerzeugungssystemen . 284

             5.3.2.2   Führungsgrößenbildner und Ablaufsteuerung für den Turbosatz 285

    A   Literaturverzeichnis Kapitel 5 288

6 Zustandsregelungen 290

6.1 Reglerentwurf im Zeitbereich ... 290
6.1.1 Beschreibungsformen von Zustandsgrößen ... 290
6.1.1.1 Allgemeine Form der Zustandsbeschreibung ... 291
6.1.1.2 Zustandsbeschreibung in Regelungsnormalform . 294
6.1.2 Zustandsregelung mittels Polvorgabe ... 297
6.1.2.1 Beschreibung des Verfahrens der Polvorgabe .. 297
6.1.2.2 Reglerentwurf auf vorgegebenes Führungsverhalten 302
6.1.2.3 Anwendung des Verfahrens der Polvorgabe auf eine Teststrecke ... 305
6.1.3 Zustandsregelung mit Polvorgabe und Störgrößenkompensation ... 307
6.1.3.1 PI-Zustandsregler zur Störgrößenkompensation . 307
6.1.3.2 Anwendung des Verfahrens mit PI-Zustandsregler auf die Teststrecke ... 313

6.2 Reglerentwurf im Frequenzbereich ... 317
6.2.1 Die Verallgemeinerte Methode der Betragsanpassung ... 318
6.2.2 Reglersynthese im Zustandsraum mit der Verallgemeinerten Methode der Betragsanpassung ... 325
6.2.2.1 Gegenüberstellung von Zustandsregler und klassischem Regler ... 325
6.2.2.2 Reglerentwurf nach der Verallgemeinerten Methode der Betragsanpassung ... 327
6.2.2.3 Anwendung der Methode der Betragsanpassung auf die Teststrecke ... 329
6.2.3 Einfügung eines PI-Reglers zur Störgrößenkompensation . 331
6.2.3.1 Reglersynthese mit dem erweiterten Regler ... 331
6.2.3.2 Auswirkungen des PI-Reglers auf das Störverhalten ... 334
6.2.4 Zusätzliche Überlegungen zum Einsatz eines PI-Abtastreglers ... 336

INHALTSVERZEICHNIS

	6.2.4.1	Kurze Einführung in die z-Transformation . . .	337
	6.2.4.2	Umformung des Wirkungsplans zur Zustandsregelung mit PI-Abtastregler	339
	6.2.4.3	Stabilitätsuntersuchungen zum Zustandsregelkreis mit PI-Abtastregler	342
	6.2.4.4	Ermittlung des Vorfilteralgorithmus	346
	6.2.4.5	Wirkung des digitalen PI–Reglers bei verschiedenen Abtastzeiten	349

6.3 Vergleichende Betrachtungen zu den Zustandsregelungen 351

    6.3.1 Reglerentwurf im Zeitbereich 352

    6.3.2 Reglerentwurf im Frequenzbereich 352

A Literaturverzeichnis Kapitel 6 353

B Anhang   355

  B.1 Formelzeichenliste 355

  B.2 Schreibweise der zeit- bzw. frequenzabhängigen Größen 357

  B.3 Indizes 357

C Sachverzeichnis   358

1 Wirkungsweise von Rechnern zur Regelung

Man bezeichnet Rechner, die geeignet sind, einen technischen Prozess zu führen, als Prozeßrechner. Dazu müssen die Rechner imstande sein, auf Anforderung Daten von Prozeßgrößen aufzunehmen oder Daten an die Stellglieder des Prozesses auszugeben. Dabei ist es unerheblich, ob die Zentraleinheit mit einem größeren Prozessor oder mit einem auf einer Platine untergebrachten Mikroprozessor ausgerüstet ist. Auch ein Personal Computer mit den notwendigen Peripheriegeräten kann als Prozeßrechner wirken. Daher spricht man allgemein von Prozeßrechensystemen. Die gerätetechnische Ausrüstung der Prozeßrechensysteme und die Wirkungsweise digitaler Regler soll zunächst betrachtet werden, um anschließend die softwaremäßige Ausstattung zu beschreiben. Die Darstellungsform digitaler Regelalgorithmen wird danach diskutiert, und abschließend werden die Vor- und Nachteile der digitalen Regelung beschrieben.

1.1 Gerätetechnische Ausrüstung von Prozeßrechensystemen

In Bild 1.1 sind die wesentlichen gerätetechnischen Komponenten eines Prozeßrechensystens in ihrem wirkungsmäßigen Zusammenhang dargestellt. Das Herzstück ist die Zentraleinheit (Central Processing Unit, CPU), die über den internen Bus mit den anderen Teilen des Prozeßrechners verbunden ist. Der Prozessor, der die Programme entsprechend ihrer Befehlsfolge bearbeitet, arbeitet hierzu eng mit dem Arbeitsspeicher zusammen, der aus einem ROM- und einem RAM-Speicher besteht. Im ROM-Speicher (ROM = Read Only Memory), der seinen Inhalt auch bei Stromausfall beliebig lange behält, ist das Programm abgelegt, das beim Rechnerstart loslaufen soll. Im RAM-Speicher (RAM = Random Access Memory) sind die Anwenderprogramme abgelegt sowie alle Programme und Daten, die während der Ausführung geändert werden. Zusätzlich dienen Floppy-Disk und Festplatte als Massenspeicher für größere Datenmengen.

Die eingesetzten Prozessoren sind von der Aufgabenstellung und, vor allem, von der geforderten Rechengeschwindigkeit abhängig. Zur Beschleunigung des Rechenablaufs werden auch Arithmetik-Prozessoren eingesetzt, die neben den Grundrechnungsarten auch trigonometrische und transzendente Funktionen für Fest- und Gleitpunktzahlen beherrschen [1.1].

Zur Bedienung des Rechners ist eine Bedienstation (Terminal) vorhanden. Diese besteht normalerweise aus einer Tastatur zur Eingabe sowie Bildschirm und Drucker zur Ausgabe von Daten. Das Ein-/Ausgabe-Werk übernimmt die

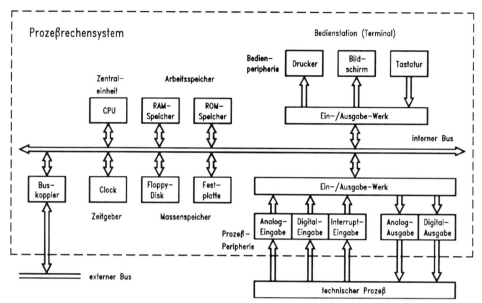

Bild 1.1 Komponenten eines Prozeßrechensystems

selbsttätige Datenübertragung zwischen diesen Geräten der Bedienperipherie und der Zentraleinheit.

Ein weiteres Ein-/Ausgabewerk übernimmt die selbsttätige Datenübertragung zu den Geräten der Prozeßperipherie, die die Kommunikation zwischen dem Rechner und dem zu führenden Prozeß ermöglichen. Über eine Analog-Eingabe können Meßwerte aus dem Prozeß in den Rechner eingegeben werden, wie beispielsweise der Meßwert einer Temperatur. Umgekehrt ermöglicht es die Analog-Ausgabe, Stellgrößen an den Prozeß auszugeben, mit denen die Stellung eines Ventils oder die Drehzahl eines Motors eingestellt werden können. Die Digital-Eingabe und -Ausgabe überträgt Signale, die nur die binären Werte 0 oder 1 annehmen können. Damit kann beispielsweise das Ausgangssignal einer Lichtschranke in den Rechner übertragen werden, oder es kann vom Rechner her ein Magnetventil oder ein Relais betätigt werden.

Eine zusätzliche Interrupt-Eingabe ermöglicht die besonders schnelle Bearbeitung kritischer Prozeßzustände. Stellt die Überschreitung eines bestimmten Druckwertes einen gefährlichen Zustand im Prozeß dar, so wird der Ausgang des entsprechenden Grenzwertmelders an die Interrupt-Eingabe angeschlossen. Wird der Grenzwert überschritten, was als Vorliegen eines Alarms bezeichnet

1.2 Wirkungsweise digitaler Regler

wird, so unterbricht die Interrupt-Steuerung in definierter Weise das gerade laufende Programm, damit auf die Störung im Prozeß mit Vorrang reagiert werden kann.

Schließlich ist noch ein Zeitgeber (clock) erforderlich, damit die Regelgrößen in den Abtastzeitpunkten erfaßt und der zur Berechnung der Stellgröße dienende Regelalgorithmus aktiviert werden kann. Außerdem müssen die Zeitpunkte festgehalten werden, zu denen Störungsmeldungen oder Alarme eingegangen sind.

1.2 Wirkungsweise digitaler Regler

Im Unterschied zu analogen Reglern erfassen digitale Regler ihre Eingangsgrößen nur zu diskreten Zeitpunkten. Diese werden normalerweise als äquidistant angenommen, und der Abstand zweier aufeinanderfolgender Abtastzeitpunkte wird als *Abtastzeit T* bezeichnet. In Bild 1.2 ist der Wirkungsplan eines Regelkreises mit digitalem Regler dargestellt, der nun im einzelnen betrachtet werden soll.

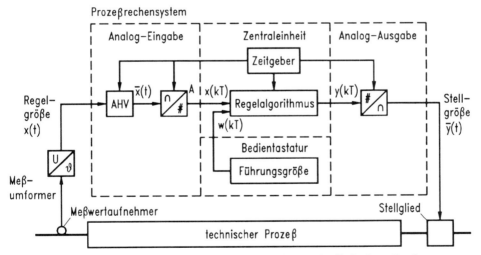

Bild 1.2 Wirkungsplan eines Regelkreises mit digitalem Regler

Als Regelgröße sei eine Temperatur im technischen Prozeß angenommen, die mittels Meßwertaufnehmer und Meßumformer in eine analoge Spannung $x(t)$ umgeformt wird, die auf den Eingangswertebereich des Analog-Digital-Umsetzers angepaßt ist. Für die weiteren Betrachtungen soll der Analog-Digital-Umsetzer abgekürzt als A-D-Umsetzer und der Digital-Analog-Umsetzer als D-A-Umsetzer bezeichnet werden. Zur Kennzeichnung von A-D- und D-A-Umsetzern dienen die Sinnbilder ∩ für analoge Signale und # für digitale Signale, mit denen die Eingangs- bzw. Ausgangsseite des betreffenden Umsetzetzers gekennzeichnet wird. Damit eine einwandfreie Analog-Digital-Umsetzung möglich ist, muß während der zur Umsetzung erforderlichen Zeit eine konstante Eingangsspannung $\overline{x}(t)$ sichergestellt werden. Dafür sorgt der Abtast-Halte-Verstärker (AHV), der zwischen zwei Betriebsarten umgeschaltet werden kann. In der Betriebsart „Folgen" ist seine Ausgangsspannung gleich seiner Eingangsspannung $\overline{x}(t) = x(t)$. In der zweiten Betriebsart „Halten", auf die in den Zeitpunkten $t = kT$ umgeschaltet wird, übernimmt der Abtast-Halte-Verstärker den augenblicklichen Eingangswert $x(t)|_{t=kT}$ und hält ihn solange konstant, bis der A-D-Umsetzer daraus den Wert $x(kt)$ in digital kodierter Form erzeugt hat. Der Abtast-Halte-Verstärker hat nichts mit dem später betrachteten Abtast-Halte-Glied zu tun! Die üblicherweise verwendeten A-D-Umsetzer haben eine Auflösung von mehr als 11 bit, was 0,05 % entspricht. Diese Auflösung entspricht dem Anteil von Rauschen bei analogen Größen. Daher kann die Abweichung zwischen der analogen und der zugehörigen digitalen Größe vernachlässigt und die *amplitudenmäßige Abbildung als genau angenommen* werden. Wählt man eine zu geringe Auflösung, so kann das zu Grenzschwingungen führen [1.2].

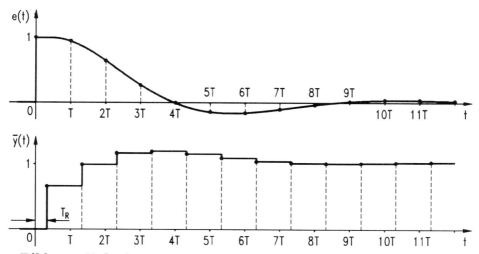

Bild 1.3 Verlauf von Regeldifferenz und Stellgröße bei digitalen Reglern

Im Regelalgorithmus wird zunächst die Regelgröße $x(kT)$ mit der Führungsgröße $w(kT)$ verglichen, die von der Bedienstation oder, bei Folgeregelung, von einem anderen Regler vorgegeben wird. Aus der Regeldifferenz $e(kT) = w(kT) - x(kT)$

wird mit Hilfe des Regelalgorithmus die zugehörige Stellgröße $y(kT)$ berechnet. Zu dieser Berechnung benötigt die Zentraleinheit eine endliche Rechenzeit T_R. Daher ist die Folge der Stellgrößenwerte $y(kT + T_R)$ gegenüber der Wertefolge der Regeldifferenz $e(kT)$ um die Rechenzeit T_R verschoben (Bild 1.3).

Der D-A-Umsetzer setzt die von der Zentraleinheit in digital kodierter Form gelieferte Stellgröße $y(kT)$ in eine elektrische Spannung $\bar{y}(t)$ um. In das zum D-A-Umsetzer gehörende Register wird von der Zentraleinheit alle T Sekunden ein neuer Wert eingeschrieben und bis zum nächsten Abtastzeitpunkt gehalten. Damit ergibt sich der treppenförmige Verlauf der Stellgröße $\bar{y}(t)$, wie er in Bild 1.3 dargestellt ist. Mit der Ausgabe der Stellgröße $\bar{y}(t)$ an das Stellglied ist der Regelkreis in Bild 1.2 geschlossen. Mit Berücksichtigung der evtl. nicht zu vernachlässigenden Umsetzzeiten für A-D- und D-A-Umsetzer vergrößert sich T_R entsprechend. Der Zeitgeber hat für eine zeitsynchrone Aktivierung von Abtast-Halte-Verstärker, A-D-Umsetzer, Regelalgorithmus und D-A-Umsetzer zu sorgen. Dabei muß der Zeitversatz, der sich durch Rechenzeit und Umsetzzeit ergibt, berücksichtigt werden.

1.3 Softwaremäßige Ausstattung von Prozeßrechensystemen zur Regelung

Für eine einwandfreie Regelung kommt es nicht nur darauf an, daß der Rechner imstande ist, selbsttätig Daten mit dem Prozeß auszutauschen, sondern, daß er die Daten *zeitgerecht* erfaßt, verarbeitet und wieder ausgibt. Das bedeutet, daß die Daten zu bestimmten Zeitpunkten oder innerhalb bestimmter Zeitspannen zur Verfügung stehen, da sonst die Stabilität der Regelung gefährdet würde. Diese Eigenschaft, die man auch als *Echtzeit-Fähigkeit* bezeichnet, unterscheidet Prozeßrechensysteme wesentlich von anderen Rechnern, z.B. im technisch-wissenschaftlichen Bereich [1.1].

Die zeitlichen Anforderungen an die Datenverarbeitung im Echtzeitbetrieb lassen sich noch konkreter in die Forderungen nach Rechtzeitigkeit und Gleichzeitigkeit aufspalten. Die Forderung nach *Rechtzeitigkeit* der Datenverarbeitung bedeutet, daß Eingabedaten rechtzeitig abgerufen werden müssen, und die daraus ermittelten Ausgabedaten rechtzeitig verfügbar sein müssen. Diese Aussage hat nur in bezug auf den betreffenden Prozeß einen Sinn. Beispielsweise stellt eine Antriebsregelung, die mit relativ kleinen Abtastzeiten arbeitet, hierbei höhere Anforderungen als eine Temperaturregelung. Die Forderung nach *Gleichzeitigkeit* ergibt sich aus der Tatsache, daß Prozeßrechensysteme auf Vorgänge in ihrer Umwelt reagieren müssen, die gleichzeitig ablaufen. So müssen etwa bei der Regelung der Temperatur eines Heizungssystems mehrere, gleichzeitig anfallende Meßwerte erfaßt und ausgewertet werden, und es müssen gegebenenfalls auch gleichzeitig mehrere Stellgrößen ausgegeben werden. Diese Forderungen können näherungsweise dadurch erfüllt werden, daß das Prozeßrechensystem in kurzen Zeitabständen nacheinander die verschiedenen gleichzeitig ablaufenden Vorgänge der Umwelt bedient.

Für diese Vorgehensweise wird jeder Teilaufgabe ein eigenes Programmstück zugeordnet, das als Rechenprozeß oder *Task* bezeichnet wird. Da in der Zentraleinheit des Prozeßrechensystems zu jedem Zeitpunkt immer nur eine Task bearbeitet werden kann, wird jede Task mit einer Prioritätsnummer versehen, und von den gleichzeitig zur Bearbeitung anstehenden Tasks wird jeweils die mit der höchsten *Priorität* bearbeitet. [1.3].

Hat die Zentraleinheit auch Alarmmeldungen (über die Interrupt-Eingabe) zu bearbeiten, so erhalten diese naturgemäß die höchsten Prioritäten, damit rechtzeitig eine Task aktiviert werden kann, die auf das gemeldete Ereignis reagiert. Die zweithöchste Gruppe von Prioritäten muß den Regelungen vorbehalten werden, da hier verspätete Eingriffe zu Stabilitätsproblemen führen können. Sind unter den Regelkreisen verschiedene Abtastzeiten vorgesehen, so müssen die Regelkreise mit kleineren Abtastzeiten die höheren Prioritäten erhalten.

Zur Erstellung von Programmen für technisch-wissenschaftliche Problemstellungen werden heute üblicherweise höhere Programmiersprachen angewendet. Bei den Echtzeit-Rechnersystemen zur Regelung und Automatisierung werden höhere Echtzeit-Programmiersprachen nur zögernd eingesetzt und häufig noch Assemblersprachen verwendet.

Die wichtigsten Gründe dafür sind [1.1]:

- Beim Einsatz von höheren Programmiersprachen enthalten die von einem Compiler erzeugten Zielprogramme meistens mehr Anweisungen, als wenn diese Programme von einem erfahrenen Programmierer in einer Assemblersprache erstellt worden wären. Dadurch können sich bei zeitkritischen Anwendungen Schwierigkeiten ergeben, und der erhöhte Speicherbedarf verursacht Kosten. Jedoch vermögen diese Argumente umso weniger zu überzeugen, je mehr die Preise der Rechner fallen und je kleiner die Rechnerzykluszeiten werden.

- Bei der Anwendung einer höheren Programmiersprache muß nicht nur ein Compiler, sondern auch ein Echtzeit-Betriebssystem für den betreffenden Zielrechner vorhanden sein. Dieses erfordert größeren Speicherplatz und zusätzliche Kosten.

Um die mit der Assemblerprogrammierung verbundenen Nachteile (geringere Dokumentation und damit geringere Wartbarkeit sowie fehlende Portabilität der Programme) zu vermeiden, werden häufig die folgenden beiden Wege beschritten:

1.4 Darstellungsform digitaler Regelalgorithmen

- Den bekannten Programmiersprachen wie FORTRAN, PASCAL und C, die keine Echtzeit-Fähigkeiten besitzen, werden zusätzliche Möglichkeiten zum Aufruf eines Echtzeit-Betriebssystems hinzugefügt, womit man jedoch auf die herstellerabhängigen Echtzeit-Betriebssysteme und die entsprechenden Rechnertypen angewiesen ist.

- Für bestimmte Aufgabengebiete, wie etwa die Prozeßleittechnik, werden Programmpakete entwickelt, die vom Anwender in einer gewünschten Weise konfiguriert werden können, ohne daß detaillierte Programmierkenntnisse erforderlich sind, z.B. TELEPERM (Siemens), PROCONTROL-P (ABB), CONTRONIC-P (Hartmann & Braun).

Speziell auf Echtzeitprobleme zugeschnitten ist die Programmiersprache PEARL (Process and Experiment Automation Realtime Language), die seit 20 Jahren zur Verfügung steht.

1.4 Darstellungsform digitaler Regelalgorithmen

Das eigentliche Anliegen des Buches ist es, Algorithmen zur digitalen Regelung herzuleiten und ihre Leistungsfähigkeit mit simulierten Beispielen zu demonstrieren. Diese Algorithmen sollen so entwickelt werden, wie sie zur Regelung technischer Prozesse benötigt werden. Mit zunehmender Leistungsfähigkeit der Rechnerhardware vor allem hinsichtlich der Schnelligkeit der Datenverarbeitung zeigt sich der Trend zur quasianalogen Regelung. Das bedeutet, daß man die Regelgrößen am Prozeß so schnell abtastet, daß die Regelvorgänge nahezu zeitkontinuierlich, also quasi-analog ablaufen. Das hat den ersten großen Vorteil, daß der Anwender seine bisherige Kenntnis von der analogen Regelung des Prozesses bei der digitalen Regelung voll verwerten kann. Der zweite Vorteil ergibt sich dadurch, daß die Verzögerung in der Reaktion auf eine auftretende Störung, die durch die zeitdiskrete Arbeitsweise der digitalen Regelung notwendigerweise größer als bei der analogen Regelung ist, auf den kleinstmöglichen Wert verringert wird. Damit wird eine effektive technische Verbesserung im Störverhalten der Regelung erzielt.

Um die Regelalgorithmen zu beschreiben und zu dokumentieren, soll eine Form gewählt werden, die unabhängig von allen Rechnersprachen gilt. Dafür haben sich die Sinnbilder für *Struktogramme* nach Nassi-Shneiderman bewährt [1.4]. Gegenüber Programmablaufplänen mit den Sinnbildern nach DIN 66 001 ergeben die einsprungfreien Struktogramme eine wesentlich kompaktere und übersichtlichere Darstellung. Durch die Unterbindung beliebiger Sprungverzweigungen werden zwar die Darstellungsmöglichkeiten gegenüber denen des

Programmablaufplans eingeschränkt, es wird damit aber eine große Quelle von Fehlermöglichkeiten vermieden.

Die Darstellung von Programmabläufen durch Struktogramme führt zu einer begrenzten Anzahl von Strukturblöcken, die weiterhin kurz als Blöcke bezeichnet werden. Bild 1.4 zeigt die fünf Typen von Blöcken, auf die sich ein Struktogramm zurückführen läßt. Die Blöcke können ineinander geschachtelt werden, so daß damit die Methode der schrittweisen Verfeinerung unterstützt wird, die man häufig auch als „top-down-Entwurf" bezeichnet. Der entstehende hierarchische Aufbau trägt zur Überschaubarkeit der Programmlogik bei. Die so entstandenen Programme sind leicht zu testen und zu warten, so daß diese Vorgehensweise zunehmend an Bedeutung gewinnt [1.5].

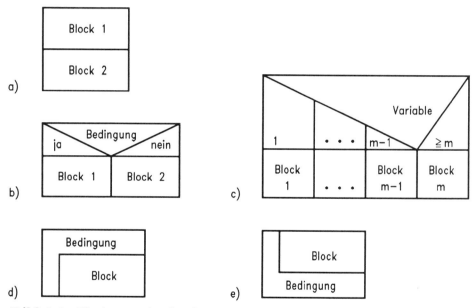

Bild 1.4 Blocktypen für Struktogramme
 a) Folge von Verarbeitungsblöcken,   b) einfache Verzweigung,
 c) mehrfache Verzweigung,   d) Schleife mit Eingangsbedingung,
 e) Schleife mit Ausgangsbedingung

Für Struktogramme gilt allgemein:

Die obere waagerechte Linie eines jeden Sinnbildes bedeutet den Beginn der Verarbeitung, die untere Linie das Ende der Verarbeitung.

Bei Programmteilen, die mehrfach oder zyklisch durchlaufen werden sollen (sog. Programmschleifen), unterscheidet man solche mit *Eingangsbedingung* und solche mit *Ausgangsbedingung*. Bei der Schleife mit Eingangsbedingung (Bild 1.4d) wird der als Block bezeichnete Programmteil durchlaufen, *solange* die Eingangsbedingung erfüllt ist evtl auch gar nicht. Danach wird zum folgenden Block weitergegangen. Bei der Schleife mit Ausgangsbedingung (Bild 1.4e) wird der als Block bezeichnete Programmteil durchlaufen, *bis* die Ausgangsbedingung erfüllt ist, jedoch mindestens einmal.

Die Struktogramme als sinnbildliche Darstellung des Programmablaufs gelten unabhängig von jeder Programmiersprache. Sie sind daher das geeignete Mittel, um den zur Problemlösung infrage kommenden Algorithmus eindeutig und in allgemein verständlicher Form zu beschreiben. Zur Umsetzung in ein lauffähiges Programm eignen sich natürlich vorwiegend die Programmiersprachen, die die Elemente der Strukturierten Programmierung als Grundlage haben, wie PASCAL, PL/1 und PEARL. Das Eingehen auf Programmiertechniken würde jedoch den Rahmen dieses Buches sprengen.

Die Zahl der zur Regelung eingesetzten Prozeßrechensysteme hat in den letzten Jahren eine große Steigerung erfahren. Besonders die Mikrorechner mit entsprechender Hardwareausstattung haben stark zugenommen und nehmen weiterhin überdurchschnittlich zu. Gleichzeitig steigt damit auch die Differenzierung in der verwendeten Hardware, so daß es im Rahmen dieses Buches nicht möglich ist, darauf näher einzugehen. Aus all diesen Gründen erweist es sich als außerordentlich sinnvoll, das Struktogramm als Schnittstelle zwischen dem zur Regelung erforderlichen Algorithmus und seiner Umsetzung in ein Rechnerprogramm zu nehmen.

1.5 Vor- und Nachteile der digitalen Regelungen

Zunächst kann man feststellen, daß über den praktischen industriellen Einsatz der digitalen Regelungen Erfahrungen seit über 20 Jahren vorliegen [1.6] [1.7]. In dieser Zeit hat die technische Entwicklung der zur digitalen Regelung eingesetzten Rechner einen erheblichen Wandel durchgemacht. In den 60er und 70er Jahren wurden Digitalrechner mit Echtzeit-Betriebssystem und Prozeßperipherie, untergebracht in einer voluminösen Schrankkonstruktion, eingesetzt. Für eine preisgünstige Lösung war es damals nötig, von einem zentralen Rechner möglichst viele Regelkreise bearbeiten zu lassen. Damit hat sich der Prozeßrechner den Nimbus eines großen und teuren Gerätes erworben. Anfang der 80er Jahre kamen leistungsfähige und preisgünstige Mikrorechner auf den Markt, und damit wurden die zentralen Prozeßrechner immer mehr durch verteilte, über Bus-Systeme verbundene dezentrale Mikrorechnersysteme verdrängt. Unter dem

Begriff „digitale Prozeßleitsysteme" dominiert diese Technik heute weltweit, wobei in ähnlicher Weise auch Netzleitsysteme, Kraftwerksleitsysteme, Verkehrsleitsysteme oder Gebäudeleitsysteme ausgeführt werden. Von dieser Entwicklung her kann man zur digitalen Regelung folgende Feststellungen treffen:

Der wichtigste Grund für das Vordringen der digitalen Regelungen liegt darin, daß man diese zwanglos in Leittechnik-Systeme einbinden kann. Man kann sich damit alle Vorteile moderner Leittechnik für die Eingabe und Ausgabe (hier besonders die Visualisierung) auch für die Regelungen zunutze machen. Durch die Verbindung über Bus-Systeme können die als Regler fungierenden Rechner selbsttätig Daten austauschen oder auch Redundanz-Funktionen übernehmen.

Ein weiterer Vorteil der digitalen Regelungen liegt in der großen Flexibilität, mit der Parameter und Konfiguration der Regler geändert werden können. Gerade durch den Datenaustausch über Bus-Systeme ist es möglich, Einflüsse und Abhängigkeiten von verschiedensten Prozeßgrößen zu berücksichtigen. Auch die Berücksichtigung nichtlinearer Abhängigkeiten bereitet keine Schwierigkeiten.

Die Möglichkeiten zur Realisierung höherer Regelalgorithmen ohne wesentliche Mehrkosten sind ein großer Vorteil. Zunächst wurden dead beat-Regelungen intensiv untersucht. Sie haben sich jedoch nicht durchsetzen können, da sie entweder große Abtastzeiten verlangen oder andernfalls große Stellamplituden erzeugen. In der praktischen Anwendung haben Zustandsregelungen und adaptive Regelungen eine gewisse Verbreitung gefunden.

Zu guter Letzt soll noch auf die driftfreie und reproduzierbare Einstellung von Parametern und Berechnung des Regelalgorithmus hingewiesen werden. Gerade die Driftfreiheit ist für die Regelung technischer Prozesse von großer Bedeutung.

Diese hier zusammengestellten Vorteile sind seit langem bekannt. Doch erst der zunehmende Einsatz der Mikroprozessoren hat dafür gesorgt, daß der technische Aufwand in ein günstiges Verhältnis zum Nutzen kommt, so daß digitale Regelungen auf breiter Front eingesetzt werden.

Diesen Vorteilen steht aber auch ein wesentlicher Nachteil der digitalen Regelungen gegenüber:
Dadurch, daß die Werte der Regelgröße nur zu den Abtastzeitpunkten erfaßt werden, geht Information verloren, so daß die Regelung gegenüber einem analogen Regler mit dem *gleichen* Regelgesetz langsamer sein muß. Von daher rührt das Bestreben, die Abtastzeit so klein wie möglich zu machen. Auch dem unvorhersehbaren Auftreten von Störgrößen kann man umso besser entgegenwirken, je kleiner die Abtastzeit gewählt wird.

A Literaturverzeichnis Kapitel 1

Literatur

[1.1]   Lauber, R.:
        Prozeßautomatisierung, Band 1. 2. Aufl.
        Springer-Verlag. Berlin 1989

[1.2]   Siffling. G.:
        Untersuchung von DDC-Regelkreisen mit Quantisierungskennlinien.
        Regelungstechnik 27 (1979), S. 70-75

[1.3]   Reißenweber, B.:
        Prozeßdatenverarbeitung.
        R. Oldenbourg Verlag. München 1995

[1.4]   DIN 66 261:
        Sinnbilder für Struktogramme nach Nassi-Shneiderman.
        Beuth-Verlag, Berlin 1985

[1.5]   Jordan, W.; Urban, M.:
        Strukturierte Programmierung.
        Springer-Verlag. Berlin 1978

[1.6]   Amrehn, H.:
        Direkte Digitale Regelung.
        Regelungstechnische Praxis 10 (1968), S. 24-31 und S. 55-57

[1.7]   Dubil, H.; Latzel, W.; Schneider, A.:
        Automatischer Betrieb eines Industriekraftwerkes
        mit einem Prozeßrechner.
        5. INTERKAMA 1971, Hrsg. M. Syrbe, R. Oldenbourg Verlag.
        München 1972, S. 313-320

2 Grundlagen der Regelungstechnik

Für eine Herleitung der digitalen Regelungen ist es erforderlich, die allen Regelungsproblemen zugrunde liegenden Gesetzmäßigkeiten anzugeben. Natürlich kann das nur in einem beschränkten Umfang geschehen, und für weitergehende Überlegungen muß auf entsprechende Literatur verwiesen werden.

Zur anschaulichen Darstellung der Wirkungen in einem System wird der Wirkungsplan herangezogen. Als konkrete Problemstellung wird die Regelung eines Gleichstrommotors betrachtet.

Die mathematische Beschreibung linearer Systeme durch Übertragungsfunktionen mittels Laplace-Transformation wird behandelt. Die wichtigsten Übertragungsglieder werden mit ihrer Übergangsfunktion und ihrem Frequenzgang durch Ortskurve und Frequenzkennlinien dargestellt. Abschließend wird die Stabilität von Regelungen betrachtet, und es werden Kenngrößen angegeben, um das Verhalten von Regelkreisen zu beschreiben.

2.1 Aufbau und Wirkungsweise einschleifiger Regelkreise

In der Regelungstechnik sind für die Komponenten des Regelkreises und die dazwischen wirkenden Größen Benennungen festgelegt. Zur anschaulichen Beschreibung dieser Komponenten und Größen mit ihren Benennungen wird das Beispiel des Autofahrens näher betrachtet (Bild 2.1). Hierbei ist es die wichtigste Aufgabe des Fahrzeuglenkers, dafür zu sorgen, daß das Auto in Richtung der Straße fährt. Die Richtung der Straße ist ihm als *Führungsgröße* vorgegeben, und ihr hat er die Fahrtrichtung des Autos als *Regelgröße* anzugleichen, wenn er nicht im Straßengraben landen will. Dazu erfassen die Augen des Fahrers fortlaufend die Führungsgröße und vergleichen sie mit der Regelgröße. Über das Nervensystem werden entsprechende Befehle an die Hände weitergegeben, die dann das Lenkrad bewegen. Die durch die Hände festgelegte Stellung des Lenkrads ist die *Reglerausgangsgröße*. In Abhängigkeit davon wird die Stellung der Vorderräder eingestellt. Dies ist die *Stellgröße*, mit der die Angleichung der Regelgröße an die Führungsgröße durchgeführt wird. Die Fahrtrichtung des Autos wird in unvorhersehbarer Weise durch Seitenwind beeinflußt. Der Seitenwind wirkt als *Störgrösse*, die sich je nach Autotyp und Fahrgeschwindigkeit verschieden stark bemerkbar macht und die Fahrtrichtung des Autos verändert. Der Autofahrer versucht, die Einwirkungen der Störgröße auf die Regelgröße durch Gegensteuern mit Hilfe der Stellgröße zu verringern oder vollständig zu kompensieren.

2.1 Aufbau und Wirkungsweise einschleifiger Regelkreise

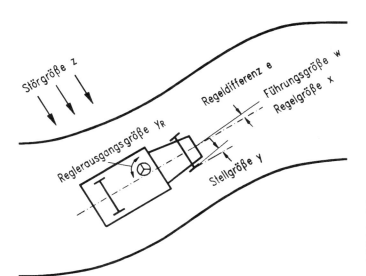

Bild 2.1
Autolenkung als
Beispiel für eine
Handregelung

Neben der Richtungsregelung über das Lenkrad gibt es noch eine Geschwindigkeitsregelung über das Gaspedal. Hier wirken unterschiedliche Steigungen der Fahrstrecke als Störgrößen, die der Fahrer mit dem Gaspedal ausgleicht. Ist man nicht allein auf der Straße, so wird die Geschwindigkeitsregelung abgelöst durch eine Abstandsregelung gegenüber dem Vordermann. Änderungen im Fahrverhalten des Vordermanns wirken jetzt als Störgrößen, die mit Gaspedal und Bremse ausgeglichen werden müssen. Da die Fahrtrichtung fast nur von der Stellung des Lenkrades und die Fahrzeuggeschwindigkeit fast nur von der Stellung des Gaspedals abhängt, kann man beide Regelungen als unabhängige Einzelregelungen betrachten.

Das Beispiel des Autofahrers beschreibt eine *Handregelung*, da hierbei der Mensch die Aufgabe des Reglers wahrnimmt und von Hand die Stellgröße vorgibt. Das Anliegen dieses Buches und fast aller regelungstechnischen Lehrbücher ist es, die *selbsttätige Regelung* zu beschreiben, bei der die Stellgröße selbsttätig oder *automatisch*, also ohne Zutun des Menschen, vorgegeben wird. Bei den meisten Fällen technischer Regelungen wäre der Mensch unfähig, diese auf Dauer zu übernehmen, weil er entweder zu langsam reagiert oder nicht effektiv genug arbeitet. Vor allem aber zeigt der Mensch Ermüdungserscheinungen und ist nicht imstande, rund um die Uhr die gleiche Tätigkeit wirkungsvoll auszuführen.

Mann kann jedoch aus dem Beispiel des Autofahrers eine grundlegende Formulierung für die Regelungsaufgabe finden, die auch für selbsttätige Regelungen zutrifft [2.1]:

Die *Regelung* ist ein Vorgang, bei dem die Regelgröße fortlaufend erfaßt, mit der Führungsgröße verglichen und im Sinne einer Angleichung an diese beeinflußt wird. Kennzeichen für die Regelung ist der *geschlossene Wirkungsablauf*, bei dem die Regelgröße im Wirkungsweg des Regelkreises fortlaufend sich selbst beeinflußt.

Der erste Satz dieser Definition besagt, daß man die Regelgröße fortlaufend immer wieder durch Beobachtung erfassen muß, wobei dies nur *genügend oft* geschehen muß. Der Autofahrer darf auch mal einen Blick in die Landschaft riskieren, wenn es die Verkehrssituation erlaubt. Bei den später betrachteten Abtastregelungen ist es ein wichtiger Punkt, herauszufinden, in welchen zeitlichen Abständen die Regelgröße erfaßt werden muß, um eine einwandfreie Regelung zu gewährleisten. Im zweiten Satz der Definition steckt ein Hinweis auf das Problem der Stabilität, die mit der Rückwirkung der Regelgröße auf sich selbst verbunden ist. Reagiert der Autofahrer auf Abweichungen der Regelgröße von der Führungsgröße zu heftig, kann dies auch zu schwach gedämpften Regelschwingungen führen.

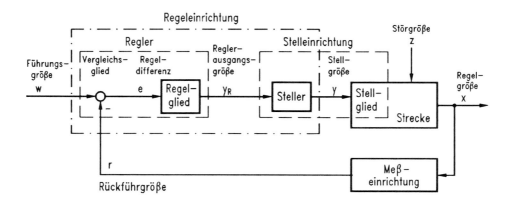

Bild 2.2 Wirkungsplan für einschleifige Regelkreise

Der Wirkungsplan einer selbsttätigen Regelung mit den einzelnen Komponenten ist in Bild 2.2 dargestellt. Der durch die Regelung zu beeinflussende Teil eines technischen Systems oder technischen Prozesses wird als *Regelstrecke* oder *Strecke* bezeichnet. Seine Ausgangsgröße ist die *Regelgröße* x, die von der *Meßeinrichtung* erfaßt und in die *Rückführgröße* r umgeformt wird. Dabei werden die verschiedenen Prozeßgrößen, wie Temperaturen, Drücke, Durchflüsse oder Drehzahlen, in elektrische Größen umgeformt, damit sie leichter übertragen und vom elektronischen Regler oder Rechner besser verarbeitet werden können.

2.1 Aufbau und Wirkungsweise einschleifiger Regelkreise

Die Rückführgröße r wird mit der *Führungsgröße* w im *Vergleichsglied* verglichen, das die *Regeldifferenz* e liefert. Für prinzipielle Überlegungen wird für den Vergleich, ohne Berücksichtigung einer Meßeinrichtung, in der Regel $e = w - x$ angesetzt. Bei analogen Regelungen wird das Vergleichsglied zusammen mit dem *Regelglied* in einem elektronischen Operationsverstärker verwirklicht. Um das Verhalten des Regelkreises zu beeinflussen, wird der Operationsverstärker mit passiven Bauelementen beschaltet. Vergleichsglied und Regelglied bilden zusammen den eigentlichen *Regler*.

Die *Reglerausgangsgröße* y_R ist zugleich die Eingangsgröße der *Stelleinrichtung*. Diese ist in den Steller und das Stellglied unterteilt. Das *Stellglied* ist die Funktionseinheit am Eingang der Strecke, die in einen Massenstrom oder Energiestrom eingreift. Bei verfahrenstechnischen Prozessen sind die Stellglieder meistens Stellventile, und bei energietechnischen Prozessen sind es Stelltransformatoren oder Halbleiter-Stellglieder. Der *Steller* stellt die zur Ansteuerung des Stellgliedes erforderliche Leistung zur Verfügung, da hierfür die Leistung des Operationsverstärkers häufig nicht ausreicht. Außerdem sorgt der Steller für die Anpassung der unterschiedlichen physikalischen Dimensionen von Reglerausgangsgröße (z.B. elektrische Spannung) und Stellgröße (z.B. mechanischer Ventilhub). Bei Halbleiter-Stellgliedern ist meistens kein Steller erforderlich. Das Stellglied wird zur Strecke gerechnet, wie es auch in Bild 2.2 dargestellt ist. Seine Eingangsgröße ist die *Stellgröße* y, mit der die Regelgröße beeinflußt wird. Außerdem beeinflußt die *Störgröße* z in unvorhersehbarer Weise die Regelgröße. Mit der Rückführung der Regelgröße über die Meßeinrichtung ist der Regelkreis geschlossen.

Abschließend soll klargestellt werden, wo die einzelnen Komponenten des Regelkreises beim Beispiel des Autofahrens zu finden sind. Die Meßeinrichtung bildet der Mensch mit seinen Augen, wobei er gleich die Regeldifferenz erfaßt. Das Regelglied ist auf Gehirn, Nervensystem und Hände verteilt, denn die Reglerausgangsgröße ist die Stellung des Lenkrades. Bei der Strecke *Kraftfahrzeug* ist das Stellglied die Lenkeinrichtung, mit der die Lenkradstellung auf die Stellung der Vorderräder einwirkt. Bei vielen Kraftwagen ist zur Unterstützung des Fahrers bei der Lenkung ein Steller in Form eines Servosystems vorhanden. Dieses vermag mit pneumatischer Hilfsenergie kleine Kräfte am Lenkrad in große Kräfte an der Lenkeinrichtung umzuformen.

Zum Schluß soll noch darauf hingewiesen werden, daß auch das Autofahren automatisiert werden kann. Dazu verlegt man im Boden der Teststrecke ein Kabel, an das eine bestimmte Wechselspannung gelegt wird. In der Bodenmitte des Autos wird ein Empfänger angebracht, und die selbsttätige Regeleinrichtung sorgt dafür, daß die Empfangsleistung immer ihren Maximalwert erreicht. Damit bewegt sich das Kraftfahrzeug ständig entlang dem Kabel.

2.2 Wirkungsplan am Beispiel einer technischen Regelung

Will man technische Prozesse mit einer Regelung versehen, muß man zunächst den Prozeß mathematisch beschreiben. Dabei zerlegt man den Prozeß in möglichst überschaubare Teilprozesse, bis man schließlich zu einzelnen Übertragungsgliedern gelangt. Jedes einzelne Übertragungsglied beschreibt den wirkungsmäßigen Zusammenhang zwischen einer oder mehreren Eingangsgrößen und seiner Ausgangsgröße. Im folgenden wird der Wirkungsplan für die analoge Drehzahlregelung eines Gleichstromantriebs entwickelt. Anschließend daran wird das mathematische Modell hergeleitet. In Abschnitt 4 wird die digitale Regelung dazu entworfen.

2.2.1 Drehzahlregelung eines Gleichstrommotors

Als Beispiel soll die Drehzahlregelung eines Gleichstrommotors betrachtet werden, wozu Bild 2.3 das Anlagenschema zeigt. Ein Stromrichter-Stellglied liefert die Energie für den Motor. Die vom Stromrichter erzeugte Ankerspannung u_A treibt einen Strom i_A durch den Widerstand R_A und die Induktivität L_A des Ankerkreises. Das Erregerfeld soll von einem konstanten Strom durchflossen werden, so daß ein konstanter Feldfluß Φ_F vorliegt.

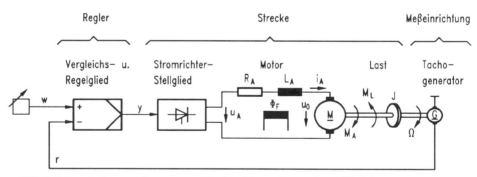

Bild 2.3 Anlagenschema zur Drehzahlregelung eines Gleichstrommotors

Der vom Strom i_A durchflossene Motoranker erfährt ein Antriebsmoment M_A, dem das Beschleunigungsmoment und das Lastmoment entgegenwirken. Im Motoranker wird eine der augenblicklichen Winkelgeschwindigkeit Ω proportionale Spannung u_0 induziert. Im Idealfall, also ohne Reibung und Last, stellt sich eine solche Winkelgeschwindigkeit oder Drehzahl ein, daß die induzierte Spannung u_0 gleich der vorgegebenen Ankerspannung u_A wird. Reibungsverluste wirken wie

2.2 Wirkungsplan am Beispiel einer technischen Regelung

ein Lastmoment M_L, das den Motor abbremst. Damit stellt sich eine solche Drehzahl ein, daß die Spannungsdifferenz $u_A - u_0$ gerade den Ankerstrom i_A treibt, der ein dem Lastmoment M_L entgegengesetzt gleiches Antriebsmoment M_A erzeugt.

Das hier angenommene *Stromrichter-Stellglied* enthält mehrere Thyristoren, die aus der dreiphasigen Wechselspannung eine steuerbare Gleichspannung produzieren. Bild 2.4 zeigt eine sechspulsige Drehstrombrückenschaltung zur Speisung eines Gleichstrommotors [2.3]. Die Stellgröße y verschiebt den Steuerwinkel zum Zünden der Thyristoren. Bei den normalerweise eingesetzten Thyristoren kann ein Eingriff über die Steuerelektrode nicht mehr erfolgen, wenn der Strom in dem betreffenden Thyristor einmal eingesetzt hat. Eine Verstellung des Steuerwinkels kann sich daher erst auswirken, wenn das nächstfolgende Ventil zündet. Somit entsteht eine Totzeit, die im günstigsten Fall Null sein kann und im ungünstigsten Fall den Wert $1/pf$ annehmen kann, wobei f die Netzfrequenz und p die Pulszahl der verwendeten Stromrichterschaltung bedeutet. Bei der meistens eingesetzten und in Bild 2.4 dargestellten Drehstrom-Brückenschaltung ergibt sich mit $f = 50s^{-1}$ und $p = 6$ eine maximale Totzeit von $3,3ms$. Da die minimale Totzeit Null sein kann, genügt es, mit einer konstanten mittleren Totzeit zu rechnen, die gleich der Hälfte des maximalen Wertes gewählt wird. Bei der Drehstrom-Brückenschaltung wird mit einem Wert von $T_{St} = 1,7ms$ gerechnet.

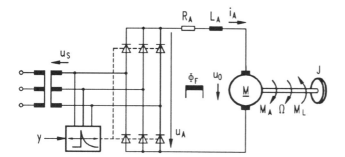

Bild 2.4
Drehstrombrücken-schaltung für einen Gleichstromantrieb

Um eine Drehzahlregelung aufzubauen, ist zunächst eine Meßeinrichtung erforderlich, die eine der Drehzahl proportionale Spannung liefert. Dafür eignet sich ein Tachogenerator, dessen Spannung als Rückführgröße r einem Regler zugeführt wird. Durch Vergleich mit einer als Führungsgröße w wirkenden Spannung erzeugt der Regler die Stellgröße y. Diese vermag das zum Stromrichter-Stellglied gehörende Impulssteuergerät anzusteuern, das die Zündimpulse für die Thyristoren liefert.

Zunächst wird ein proportional wirkender Regler betrachtet, der beispielsweise durch einen Operationsverstärker verwirklicht wird. Dieser erzeugt dann eine der Regeldifferenz $w - r$ proportionale Stellgröße y.

Um eine Regelung genauer zu untersuchen und etwa die bestmögliche Reglereinstellung zu finden, genügt die verbale Beschreibung nicht mehr. Man muß dazu eine mathematische Beschreibung des Regelkreises herleiten, die man auch als *mathematisches Modell* bezeichnet. In Form des *Wirkungsplans* kann man ein solches Modell anschaulich darstellen. Bild 2.5 zeigt den Wirkungsplan zur Drehzahlregelung des Gleichstrommotors. Trotz der anschaulichen Darstellung, die geradezu auf die ingenieurmäßige Betrachtungsweise zugeschnitten ist, gibt der Wirkungsplan eine quantitativ einwandfreie Beschreibung der Drehzahlregelung. Zu seiner Erstellung müssen allerdings die mathematischen Gleichungen benutzt werden, die den physikalischen Sachverhalt beschreiben.

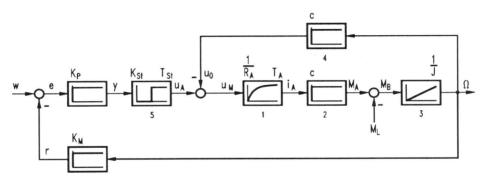

Bild 2.5 Wirkungsplan zur Drehzahlregelung eines Gleichstrommotors

2.2.2 Mathematische Beschreibung der Wirkungszusammenhänge

Zunächst gilt für den Ankerkreis, daß die Differenzspannung $u_A - u_0 = u_M$ die Spannungen am Ohmschen Widerstand $R_A i_A$ und an der Induktivität $L_A i_A$ aufbringen muß:

$$u_A - u_0 = R_A i_A + L_A \frac{di_A}{dt} \,. \tag{2.2.1}$$

Mit

$$u_M = u_A - u_0 \quad \text{und} \tag{2.2.2}$$

$$T_A = \frac{L_A}{R_A} \tag{2.2.3}$$

2.2 Wirkungsplan am Beispiel einer technischen Regelung

erhält man die Differentialgleichung:

$$\frac{1}{R_A} u_M = i_A + T_A \frac{di_A}{dt}. \qquad (2.2.4)$$

Darin bezeichnet T_A die *Ankerkreisverzögerungszeit*, zu deren Ermittlung alle Widerstände und Induktivitäten des Ankerkreises berücksichtigt werden müssen.

Gibt man für die Differenzspannung u_M einen sprungförmigen Verlauf vor mit

$$u_M(t) = \begin{cases} u_{M0} & \text{für} \quad t \geq 0 \\ 0 & \text{für} \quad t < 0, \end{cases} \qquad (2.2.5)$$

so ergibt sich aus Gl.(2.2.4) für die *Sprungantwort* des Ankerstromes:

$$i_A(t) = \frac{1}{R_A} u_{M0} \left(1 - e^{-t/T_A}\right). \qquad (2.2.6)$$

Die auf die Sprunghöhe der Eingangsgröße bezogene Sprungantwort heißt *Übergangsfunktion*. Hierfür ergibt sich:

$$\frac{i_A(t)}{u_{M0}} = \frac{1}{R_A} \left(1 - e^{-t/T_A}\right). \qquad (2.2.7)$$

Es ist üblich, die Übergangsfunktion zur Kennzeichnung des Übertragungsverhaltens in einen *Block* einzuzeichnen. Die beiden Kenngrößen $1/R_A$ und T_A werden oberhalb des Blockes 1 in Bild 2.5 angegeben. Das durch eine Differentialgleichung entsprechend Gl.(2.2.4) oder eine Übergangsfunktion entsprechend Gl.(2.2.7) gekennzeichnete Übertragungsglied nennt man *P-T_1-Glied*, weil es einen proportionalen Zusammenhang zwischen der Eingangs- und Ausgangsgröße besitzt, der erst mit einem Verzögerungsverhalten 1. Ordnung angenommen wird.

Die induzierte Spannung u_0 ist proportional zur Winkelgeschwindigkeit Ω und zum Feldfluß Φ_F:

$$u_0 = K_F \Phi_F \Omega. \qquad (2.2.8)$$

Da der Feldfluß konstant sein soll, gilt

$$u_0 = c\,\Omega, \qquad (2.2.9)$$

wobei $c = K_F \Phi_F$ eine Maschinenkonstante darstellt. Die Beziehung nach Gl.(2.2.9) wird durch einen Block 4 mit dem Proportionalitätsfaktor c dargestellt, der als P-Glied bezeichnet wird. Der Ankerstrom i_A erzeugt das Antriebsmoment, wobei die Beziehung

$$M_A = K_F \Phi_F i_A \qquad (2.2.10)$$

gilt. Bei konstantem Feldfluß ergibt sich

$$M_A = c\, i_A \qquad (2.2.11)$$

mit derselben Maschinenkonstanten $c = K_F\, \Phi_F$ (Block 2) wie bei Gl.(2.2.9). Dem Antriebsmoment M_A steht das von außen einwirkende Lastmoment M_L entgegen, so daß sich als Beschleunigungsmoment

$$M_B = M_A - M_L \qquad (2.2.12)$$

ergibt. Das Antriebsmoment M_A ist nach Gl.(2.2.11) eine innere Größe der Regelung, während das Lastmoment als Störgröße eine Eingangsgröße des Regelkreises darstellt. Die Summation der beiden Größen M_A und $-M_L$ wird im Wirkungsplan durch ein *Summierglied* mit Kreis als Sinnbild dargestellt. Das gleiche gilt für die Summation von u_A und $-u_0$ nach Gl.(2.2.2).

Das Beschleunigungsmoment M_B bewirkt eine Änderung der Winkelgeschwindigkeit Ω. Dabei gilt, daß das Produkt aus der Winkelbeschleunigung $\dot{\Omega}$ und dem Trägheitsmoment J von Motor und Last gleich dem Beschleunigungsmoment M_B ist:

$$M_B = J\dot{\Omega}\,. \qquad (2.2.13)$$

Die Winkelgeschwindigkeit ergibt sich daraus durch Integration gemäß

$$\Omega(t) = \frac{1}{J}\int_0^t M_B(\tau)\,d\tau\,. \qquad (2.2.14)$$

Die Integration versinnbildlicht man im Wirkungsplan dadurch, daß man ein Übertragungsglied mit der Übergangsfunktion des Integrators einführt (Block 3). Man nimmt also wiederum einen sprungförmigen Verlauf des Beschleunigungsmomentes an mit

$$M_B(t) = \begin{cases} M_{B0} & \text{für} \quad t \geq 0 \\ 0 & \text{für} \quad t < 0 \end{cases} \qquad (2.2.15)$$

Damit ergibt sich aus Gl.(2.2.14) für die *Sprungantwort* der Winkelgeschwindigkeit

$$\Omega(t) = \frac{1}{J} M_{B0}\, t\,. \qquad (2.2.16)$$

Die auf die Sprunghöhe der Eingangsgröße bezogene Sprungantwort

$$\frac{\Omega(t)}{M_{B0}} = \frac{1}{J} t \qquad (2.2.17)$$

ist die *Übergangsfunktion des Integrators*. Sie ist eine zeitproportional zunehmende Funktion. Die Kenngröße *1/J* wird oberhalb des Übertragungsgliedes angegeben.

2.2 Wirkungsplan am Beispiel einer technischen Regelung

Die bisherigen Betrachtungen ergeben eine Beschreibung des Gleichstrommotors, die von den Eingangsgrößen Ankerspannung u_A und Lastmoment M_L bis zur Ausgangsgröße Winkelgeschwindigkeit Ω reicht. Zur Vervollständigung des Regelkreises fehlen noch das Stellglied, die Meßeinrichtung und der Regler.

Nach den bei der Drehstrom-Brückenschaltung durchgeführten Überlegungen ergibt sich für die Beschreibung des Stromrichter-Stellgliedes:

$$u_A(t) = K_{St}\, y(t - T_{St})\,. \tag{2.2.18}$$

Die statische Verstärkung K_{St} und die Totzeit T_{St} sind wieder oberhalb des Blockes 5 angegeben, in dem die *Übergangsfunktion des Totzeitgliedes* oder T_t-*Gliedes* zur Kennzeichnung seines Zeitverhaltens dargestellt ist.

Der als *Meßeinrichtung* verwendete Tachogenerator liefert eine der Winkelgeschwindigkeit proportionale Rückführgröße r

$$r = K_M\, \Omega \tag{2.2.19}$$

mit dem Proportionalbeiwert K_M der Meßeinrichtung.

Der *Regler* bildet im Vergleichsglied zunächst die Regeldifferenz e als Differenz der Führungsgröße w und der Rückführgröße r:

$$e = w - r\,. \tag{2.2.20}$$

Der als *Proportionalregler (P-Regler)* wirkende Operationsverstärker erzeugt die Stellgröße gemäß

$$y = K_P\, e \tag{2.2.21}$$

mit dem *Proportionalbeiwert* K_P der Regeleinrichtung.

Zur Einführung wird hier nur die Drehzahlregelung beschrieben. Im Abschnitt 4 wird zusätzlich die Begrenzung des Ankerstroms durch Regelung betrachtet.

2.3 Laplace-Transformation und Übertragungsfunktionen

Im zuvor betrachteten Wirkungplan werden Übertragungsglieder durch Wirkungslinien miteinander verbunden. In jedem Block ist der ihn kennzeichnende Wirkungszusammenhang durch die entsprechende Übergangsfunktion anschaulich dargestellt.

Bei der Zurückführung von Regelkreisen auf die elementaren Übertragungsglieder zeigt sich, daß nur eine endliche Anzahl unterschiedlicher Typen der Übertragungsglieder eine große Vielfalt technischer Systeme ermöglicht. Das näher betrachtete System aus dem Bereich der Antriebstechnik enthält elektrisch und mechanisch wirkende Bauglieder. Ebenso lassen sich thermisch und strömungsmechanisch wirkende Elemente darstellen. Das dynamische Verhalten unterschiedlicher technischer Systeme läßt sich durch dieselben Übertragungsglieder beschreiben.

2.3.1 Eigenschaften linearer Übertragungsglieder

Alle bisher eingeführten Übertragungsglieder sind lineare Glieder: das P-Glied, das I-Glied, das Summierglied, das P-T_1-Glied und das T_t-Glied. Das bedeutet, daß alle diese Übertragungsglieder das Linearitätsprinzip erfüllen, das man in das Verstärkungsprinzip und das Überlagerungsprinzip zerlegt.

Um das *Linearitätsprinzip* zu erläutern, betrachtet man ein Übertragungsglied mit der Eingangsgröße $u(t)$ und der Ausgangsgröße $v(t)$. Der zwischen beiden Größen bestehende funktionale Zusammenhang soll durch den Operator φ mit

$$v(t) = \varphi\{u(t)\} \tag{2.3.1}$$

gekennzeichnet werden. Erfüllt ein Übertragungsglied das *Verstärkungsprinzip*, so ergibt eine c mal so große Eingangsgröße $cu(t)$ auch eine c mal so große Ausgangsgröße $cv(t)$, und zwar für beliebige Eingangsgrößen $u(t)$ und beliebige Konstanten c:

$$\varphi\{cu(t)\} = c\,\varphi\{u(t)\}\,. \tag{2.3.2}$$

Ein Übertragungsglied erfüllt das *Überlagerungsprinzip*, wenn die Summe der Ausgangsgrößen, die zu zwei beliebigen Eingangsgrößen gehören, gleich der Ausgangsgröße ist, die zur Summe der Eingangsgrößen gehört:

$$\varphi\{u_1(t) + u_2(t)\} = \varphi\{u_1(t)\} + \varphi\{u_2(t)\}\,. \tag{2.3.3}$$

Das *Linearitätsprinzip* läßt sich als Kombination von Verstärkungs- und Überlagerungsprinzip darstellen durch die Beziehung:

$$\varphi\{c_1 u_1(t) + c_2 u_2(t)\} = c_1 \varphi\{u_1(t)\} + c_2 \varphi\{u_2(t)\}\,. \tag{2.3.4}$$

2.3 Laplace-Transformation und Übertragungsfunktionen

Ein Übertragungsglied heißt *linear*, wenn es das Linearitätsprinzip erfüllt.

In technischen Systemen wirken mehrere Übertragungsglieder aufeinander. Das bedeutet, daß die Ausgangsgröße eines Übertragungsgliedes Eingangsgröße eines anderen ist. Diese Verknüpfung mehrerer linearer Übertragungsglieder liefert wiederum ein lineares Übertragungsglied. Daher ist das ganze System, das durch den Wirkungsplan Bild 2.5 beschrieben wird, ein *lineares* System.

Enthält ein System nur ein nichtlineares Übertragungsglied, wie Multiplizierer oder Kennlinienglied, so ist es ein *nichtlineares System*. Aber auch hier bringt die Zerlegung des Systems in einzelne Übertragungsglieder Klarheit über die linearen Teilsysteme und die nichtlinearen Übertragungsglieder.

Der funktionale Zusammenhang zwischen Ein- und Ausgangsgröße wird durch die Übertragungsfunktion geliefert, die mit der Laplace-Transformation ermittelt wird. In der Regelungstechnik ist die Beschreibung linearer Systeme durch Übertragungsglieder mit Hilfe der Laplace-Transformation üblich.

2.3.2 Zeitinvariante und zeitvariante Übertragungsglieder

Das bisher betrachtete Linearitätsprinzip bezieht sich auf das amplitudenmäßige Verhalten der Übertragungsglieder. Eine weitere Klassifikation der Übertragungsglieder bezieht sich auf ihr zeitliches Verhalten. Zur Kennzeichnung dieses Verhaltens dient das Verschiebungsprinzip.

Erfüllt ein Übertragungsglied das *Verschiebungsprinzip*, dann erzeugt es aus einer um T_t verschobenen Eingangsgröße $u(t-T_t)$ wieder die ursprüngliche, nur um T_t verschobene, Ausgangsgröße $v(t-T_t)$, und zwar für beliebige Eingangsgrößen $u(t)$ und beliebige Totzeiten T_t:

$$\varphi\{u(t-T_t)\} \quad = \quad v(t-T_t) \; . \tag{2.3.5}$$

Ein Übertragungsglied heißt *zeitinvariant*, wenn es das Verschiebungsprinzip erfüllt, sonst heißt es *zeitvariant*.

Die bisher betrachteten linearen Übertragungsglieder sowie das Multiplizierglied und die Kennlinienglieder sind zeitinvariant. Das in Abschn. 3 auftretende *Abtast-Halteglied* ist jedoch ein zeitvariantes Übertragungsglied. Seine Aufgabe ist es, aus einer zeitkontinuierlichen Eingangsfunktion $u(t)$ zu den äquidistanten Zeitpunkten $t_k = kT (k=0,1,2,\ldots)$ die Funktionswerte $u(t_k)$ zu entnehmen und bis zum nächsten Abtastzeitpunkt t_{k+1} festzuhalten. Es ordnet also der Eingangsgröße $u(t)$ im Zeitintervall $kT \leq t < (k+1)T$ die Ausgangsgröße $v(t) = u(kT)$ zu.

Bild 2.6a zeigt die Eingangsfunktion

$$u(t) = a + bt \tag{2.3.6}$$

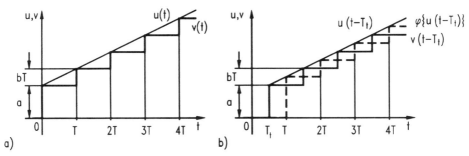

Bild 2.6 Anwendung des Verschiebungsprinzips auf das Abtast-Halteglied
a) mit Beginn der Eingangsfunktion im Zeitnullpunkt
b) nach Verschiebung der Eingangsfunktion um $T_t = T/2$

mit der zugehörigen Ausgangsfunktion

$$v(t) = \varphi\{u(t)\} = a + kbT \quad \text{für} \quad kT \leq t < (k+1)T, \qquad (2.3.7)$$
$$k = 0, 1, 2, \ldots .$$

Hieraus sieht man zunächst, daß das Abtast-Halteglied linear ist, denn eine Vergrößerung der Eingangsgröße um den Faktor c ergibt auch eine um den Faktor c vergrößerte Ausgangsgröße.

In Bild 2.6b sind die Verhältnisse dargestellt, die sich ergeben, wenn die Eingangsgröße um $T_t = T/2$ verschoben wird. Dafür gilt:

$$u(t - T_t) = \begin{cases} 0 & \text{für} \quad 0 \leq t < T/2 \\ a + b\,(t - T/2) & \text{für} \quad t \geq T/2. \end{cases} \qquad (2.3.8)$$

Die Ausgangsfunktion $v(t)$ wird nach Gl.(2.3.5) durch den Operator φ erzeugt. Hierfür ergibt sich jetzt:

$$\varphi\{u(t - T_t)\} = \begin{cases} 0 & \text{für} \quad 0 \leq t < T \\ a + (k - \tfrac{1}{2})bT & \text{für} \quad kT \leq t < (k+1)T, \ k = 1, 2, \ldots . \end{cases} \qquad (2.3.9)$$

Für die um $T_t = T/2$ verschobene ursprüngliche Ausgangsfunktion $v(t - T_t)$ ergibt sich dagegen ein völlig anderer Verlauf:

$$v(t - T_t) = \begin{cases} 0 & \text{für} \quad 0 \leq t < T/2, \\ a + kbT & \text{für} \quad (k + \tfrac{1}{2})T \leq t < (k + \tfrac{3}{2})T, \ k = 0, 1, 2, \ldots . \end{cases} \qquad (2.3.10)$$

Die nach Gl.(2.3.5) geforderte Übereinstimmung ist also nicht gegeben. Sie gilt nur für spezielle Werte von T_t, nämlich $T_t = nT$, wobei n eine natürliche Zahl ist.

2.3 Laplace-Transformation und Übertragungsfunktionen

Da aber Gl.(2.3.5) nicht für beliebige Werte von T_t gilt, ist das Abtast-Halteglied ein lineares, *zeitvariantes* Übertragungsglied.

Nach diesen Überlegungen kann jedes Übertragungsglied den vier Kategorien

linear oder *nichtlinear* und

zeitinvariant oder *zeitvariant*

zugeordnet werden, je nachdem ob es das Linearitätsprinzip oder auch das Verschiebungsprinzip erfüllt oder nicht.

Obwohl eigentlich nahezu alle Übertragungsglieder in technischen Systemen als nichtlinear und zeitvariant betrachtet werden müßten, können diese oft doch in guter Näherung durch lineare und zeitinvariante Übertragungsglieder ersetzt werden. Für deren Behandlung existiert eine gut ausgebaute mathematische Theorie, und das Denken der Menschen geschieht vorwiegend in linearen Kategorien. Für die wichtigsten nichtlinearen Übertragungsglieder werden lineare Näherungen entwickelt, die für kleine Abweichungen vom Arbeitspunkt gültig sind. Wesentlich zeitvariante Übertragungsglieder sind noch seltener als wesentlich nichtlineare Übertragungsglieder, so daß dieser Effekt nicht weiter beachtet wird. Lediglich das Abtast-Halteglied muß genauer betrachtet werden, was in Abschnitt 3 geschieht.

2.3.3 Definition der Laplace-Transformation

Die mathematische Beschreibung linearer zeitinvarianter Systeme wird durch die Benutzung der *Laplace-Transformation* wesentlich vereinfacht. Hierbei sind nur Zeitfunktionen $f(t)$ zugelassen, die für $t \geq 0$ definiert sind. Da gerade Vorgänge in technischen Systemen erst von einem gewissen Zeitpunkt an interessieren, der als $t = 0$ festgelegt werden kann, bedeutet dies keine Einschränkung. Die Laplace-Transformation ordnet jeder Zeitfunktion $f(t)$ mit der Beziehung

$$F(s) = \int_{0-}^{\infty} f(t) e^{-st} dt \qquad (2.3.11)$$

die Funktion $F(s)$ der komplexen Variablen $s = \sigma + j\omega$ zu. Die untere Grenze des Integrals liegt etwas links vom Anfangszeitpunkt, so daß eventuelle Unstetigkeiten der Zeitfunktion zum Zeitpunkt $t = 0$ miterfaßt werden. Dabei ist es üblich, die zur *Zeitfunktion* oder *Originalfunktion* $f(t)$ gehörige *Bildfunktion* $F(s)$ mit dem entsprechenden Großbuchstaben zu bezeichnen. Die durch Gl.(2.3.11) definierte Zuordnung schreibt man abgekürzt mit dem Laplace-Operator $\mathcal{L}$:

$$F(s) = \mathcal{L}\{f(t)\} . \qquad (2.3.12)$$

Beispiel 2.1: Es soll die Laplace-Transformierte der Zeitfunktion $f(t) = e^{\alpha t}\sigma(t)$ mit beliebigem α bestimmt werden.

Die Einheitssprungfunktion

$$\sigma(t) = \begin{cases} 0 & \text{für} \quad t < 0 \\ 1 & \text{für} \quad t \geq 0 \end{cases} \qquad (2.3.13)$$

sorgt dafür, daß der Integrand für $t < 0$ verschwindet. Mit der Definitionsgleichung Gl.(2.3.11) erhält man:

$$F(s) = \int_{0-}^{\infty} e^{\alpha t} e^{-st} dt = \int_{0-}^{\infty} e^{-(s-\alpha)t} dt \qquad (2.3.14)$$

und schließlich

$$\mathcal{L}\{e^{\alpha t}\sigma(t)\} = \frac{1}{s-\alpha} \; . \qquad (2.3.15)$$

Das Integral existiert nur für eine rechte Halbebene mit $Re\, s > Re\, \alpha$. Die erhaltene Funktion $1/(s-\alpha)$ ist eine reguläre Funktion, d.h. sie ist in jedem Punkt dieser Halbebene komplex differenzierbar. Damit kann man sie in die ganze s-Ebene fortsetzen mit Ausnahme des Punktes $s = \alpha$ [2.5]. Das ist außerordentlich wichtig, da bei stabilen Funktionen vor allem die linke s-Halbebene interessiert. Diese Überlegung mit der analytischen Fortsetzung gilt allgemein für die durch das Laplace-Integral erhaltenen Funktionen F(s). Für $\alpha = 0$ geht $f(t)$ in die Einheitssprungfunktion über, so daß man für deren Laplace-Transformierte

$$\mathcal{L}\{\sigma(t)\} = \frac{1}{s} \qquad (2.3.16)$$

erhält. ♣♣♣

Beispiel 2.2: Man bestimmte die Laplace-Transformierte einer Impulsfunktion mit $f(t) = \delta(t)$.

Die Impulsfunktion ist der Grenzfall eines Rechteckimpulses der Dauer τ und der Höhe $1/\tau$ für $\tau \to 0$:

$$\delta(t) = \lim_{\tau \to 0} \begin{cases} 0 & \text{für} \quad t < 0 \\ 1/\tau & \text{für} \quad 0 \leq t \leq \tau \\ 0 & \text{für} \quad t > \tau \end{cases} \; . \qquad (2.3.17)$$

Mit Gl.(2.3.11) erhält man:

$$F(s) = \lim_{\tau \to 0} \int_{0-}^{\tau} \frac{1}{\tau} e^{-st} dt = \lim_{\tau \to 0} \left[-\frac{1}{s\tau} e^{-st}\right]_{0}^{\tau} = \lim_{\tau \to 0} \frac{1 - e^{-s\tau}}{s\tau} \; . \qquad (2.3.18)$$

Mit $e^{-s\tau} = 1 - s\tau + (s\tau)^2/2 - + \ldots$ erhält man nach dem Grenzübergang $\tau \to 0$

$$\mathcal{L}\{\delta(t)\} = 1 \; . \qquad (2.3.19)$$

Die Laplace-Transformierte der Impulsfunktion hat den Wert 1. ♣♣♣

2.3 Laplace-Transformation und Übertragungsfunktionen

Tafel 2.1 Laplace-Transformierte wichtiger Zeitfunktionen

Nr.	Zeitfunktion $f(t)$, $t \geq 0$	Bildfunktion $F(s)$, $(s = \sigma + j\omega)$
1	$\delta(t)$	1
2	$\sigma(t)$	$\dfrac{1}{s}$
3	t	$\dfrac{1}{s^2}$
4	$\dfrac{1}{2} t^2$	$\dfrac{1}{s^3}$
5	$\dfrac{1}{k!} t^k$	$\dfrac{1}{s^{k+1}}$
6	$e^{\alpha t}$	$\dfrac{1}{s-\alpha}$
7	$t\, e^{\alpha t}$	$\dfrac{1}{(s-\alpha)^2}$
8	$\dfrac{1}{k!} t^k e^{\alpha t}$	$\dfrac{1}{(s-\alpha)^{k+1}}$
9	$\sin(\omega_0 t)$	$\dfrac{\omega_0}{s^2 + \omega_0^2}$
10	$\cos(\omega_0 t)$	$\dfrac{s}{s^2 + \omega_0^2}$
11	$e^{\alpha t} \sin(\omega_0 t)$	$\dfrac{\omega_0}{(s-\alpha)^2 + \omega_0^2}$
12	$e^{\alpha t} \cos(\omega_0 t)$	$\dfrac{s-\alpha}{(s-\alpha)^2 + \omega_0^2}$

Tafel 2.1 bringt eine Zusammenstellung der wichtigsten Zeitfunktionen und zugehörigen Bildfunktionen. Jedes derartige Paar zusammengehöriger Funktionen bezeichnet man als *Korrespondenz* und die entsprechende Tafel auch als *Korrespondenzentabelle*.

2.3.4 Eigenschaften der Laplace-Transformation, Übertragungsfunktion

Die wesentlichen Vorzüge der Laplace-Transformation kommen in ihren *Rechenregeln* zum Ausdruck, die in Tafel 2.2 zusammengestellt sind. Diese Rechenregeln geben an, wie sich Operationen mit den Zeitfunktionen in Operationen mit den Bildfunktionen übersetzen. Beim Anfangs- und Endwertsatz muß nachgewiesen werden, daß der **rechtsseitige Anfangswert** $f(0^+)$ bzw. der Endwert $f(\infty)$ existiert.

Tafel 2.2 Rechenregeln der Laplace-Transformation

Regel	Operation mit den Zeitfunktionen	Operation mit den Bildfunktionen
Linearität	$c_1 f_1(t) + c_2 f_2(t)$	$c_1 F_1(s) + c_2 F_2(s)$
Differentiation	$\dot{f}(t)$	$sF(s) - f(0^-)$
Integration	$\int_0^t f(\tau)d\tau$	$\dfrac{1}{s} F(s)$
Zeitverschiebung	$f(t-\tau)$	$e^{-\tau s} F(s)$
Faltung	$\int_0^t f_1(t-\tau) f_2(\tau) d\tau$	$F_1(s) F_2(s)$
Dämpfung	$e^{\alpha t} f(t)$	$F(s-\alpha)$
Anfangswert	$f(0^+)$	$\lim_{s \to \infty} \left[sF(s) \right]$
Endwert	$f(\infty)$	$\lim_{s \to 0} \left[sF(s) \right]$

Der eine große Vorteil der Laplace-Transformation ist, daß damit die Operationen der Differentiation und Integration im Zeitbereich in die wesentlich einfacheren Operationen der Multiplikation und Division mit der komplexen Variablen s im Bildbereich übergehen. Das hat zur Folge, daß eine gewöhnliche Differentialgleichung in eine wesentlich einfacher lösbare lineare algebraische

2.3 Laplace-Transformation und Übertragungsfunktionen

Gleichung der komplexen Variablen s überführt wird. Dabei werden noch die Anfangswerte mit berücksichtigt. [2.2]

Als zweiter wesentlicher Vorteil der **Laplace-Transformation** erweist sich die Faltungsregel. Die Berechnung der **Ausgangsfunktion** eines linearen Übertragungsgliedes bei gegebener Eingangsfunktion erfordert im Zeitbereich die Lösung eines Faltungsintegrals. Diese unter Umständen aufwendige Operation wird im Bildbereich ersetzt durch die Multiplikation zweier Laplace-Transformierter.

Diese beiden wichtigen Eigenschaften der Laplace-Transformation sollen noch etwas näher betrachtet werden. Der Zusammenhang zwischen der Ausgangsgröße $v(t)$ eines linearen Übertragungsgliedes und seiner Eingangsgröße $u(t)$ sei durch die gewöhnliche Differentialgleichung

$$a_n v^{(n)}(t) + \ldots + a_1 \dot{v}(t) + a_0 v(t) = b_0 u(t) + b_1 \dot{u}(t) + \ldots + b_m u^{(m)}(t) \tag{2.3.20}$$

mit konstanten Koeffizienten a_i und b_i und $m \leq n$ gegeben. Um das Verhalten des Übertragungsgliedes gemäß dieser Differentialgleichung zu beschreiben, genügt es, von der Annahme auszugehen, daß zum Zeitpunkt $t = 0$ die Eingangs- und Ausgangsgröße mit all ihren Ableitungen Null sind: $\dot{v}(0), \ddot{v}(0), \ldots, \dot{u}(0), \ddot{u}(0), \ldots = 0$. Aus der mehrmaligen Anwendung der Differentiationsregel folgt dann: $\dot{f}(t) = sF(s)$, $\ddot{f}(t) = s^2 F(s)$, $\ldots = 0$. Damit ergibt sich für den Zusammenhang zwischen $V(s)$ und $U(s)$ im Bildbereich:

$$a_n s^n V(s) + \ldots + a_1 s V(s) + a_0 V(s) = b_0 U(s) + b_1 s U(s) + \ldots + b_m s^m U(s). \tag{2.3.21}$$

Diese algebraische Gleichung beschreibt den Verlauf der Ausgangsgröße $V(s)$ als Reaktion auf eine Eingangsgröße $U(s)$ bei verschwindenden Anfangsbedingungen im Bildbereich. In der Form

$$V(s) = G(s) U(s) \tag{2.3.22}$$

wird das Verhalten des Übertragungsgliedes durch seine *Übertragungsfunktion*

$$G(s) = \frac{V(s)}{U(s)} = \frac{b_0 + b_1 s + \ldots + b_m s^m}{a_0 + a_1 s + \ldots + a_n s^n}, \quad m \leq n \tag{2.3.23}$$

gekennzeichnet. Der Quotient gilt für beliebige Eingangsfunktionen $u(t)$ und ihre Laplace-Tranformierten $U(s)$. Man gewinnt also die Ausgangsfunktion $V(s)$ im Bildbereich durch einfache Multiplikation der Eingangsfunktion $U(s)$ mit der Übertragungsfunktion $G(s)$. Durch Rücktransformation in den Zeitbereich erhält man die Ausgangsfunktion $v(t)$ wesentlich einfacher als mit der Lösung von Differentialgleichungen.

Der durch Gl.(2.3.22) beschriebene Zusammenhang lautet entsprechend der Faltungsregel im Zeitbereich:

$$v(t) = \int_0^t g(t-\tau)\, u(\tau)dt \ . \tag{2.3.24}$$

Darin bedeutet $g(t)$ die *Gewichtsfunktion* oder *Impulsantwort*, womit die Antwort auf eine *δ-Funktion* oder *Impulsfunktion* gemeint ist.

Dieser Zusammenhang zwischen Eingangsfunktion, Ausgangsfunktion und Gewichtsfunktion im Zeitbereich läßt sich wesentlich einfacher durch die gleichwertige Beziehung nach Gl.(2.3.22) im Frequenzbereich ausdrücken. Allerdings besteht dann das Problem der Rücktransformation der Ausgangsfunktion $V(s)$ in den Zeitbereich. Man erwartet eine Ausgangsfunktion $v(t)$ von der Form

$$v(t) = r_0 + r_1 e^{\alpha_1 t} + \ldots + r_n e^{\alpha_n t}\ , \tag{2.3.25}$$

deren Koeffizienten r_i zu bestimmen sind. Eine elegante Methode hierzu liefert der *Residuensatz*.

Mit einer Einheitssprungfunktion $U(s) = 1/s$ als Eingangsgröße ergibt das Übertragungsglied mit der Übertragungsfunktion nach Gl.(2.3.23) für die Ausgangsgröße die Übergangsfunktion im s-Bereich :

$$H(s) = \frac{b_0 + b_1 s + \ldots + b_m s^m}{a_0 + a_1 s + \ldots + a_n s^n} \cdot \frac{1}{s}\ . \tag{2.3.26}$$

Kennt man die Pole α_ν und die Nullstellen β_μ der Übertragungsfunktion, so kann man anstelle von Gl.(2.3.26) in faktorisierter Form schreiben:

$$H(s) = \frac{b_m}{a_n} \cdot \frac{\prod_{\mu=1}^{m}(s-\beta_\mu)}{\prod_{\nu=1}^{n}(s-\alpha_\nu)} \cdot \frac{1}{s}\ . \tag{2.3.27}$$

Diese Laplace-Transformierte läßt sich in eine Summe von n Partialbrüchen zerlegen. Wenn alle Pole α_ν ungleich 0 und voneinander verschieden sind, erhält man dafür

$$H(s) = \frac{r_0}{s} + \frac{r_1}{s-\alpha_1} + \ldots + \frac{r_n}{s-\alpha_n}\ . \tag{2.3.28}$$

Die Rücktransformation dieser einfachen Partialbrüche liefert die Beschreibung im Zeitbereich nach Gl.(2.3.25). Für die *Übergangsfunktion* verwendet man anstelle von $v(t)$ die besondere Bezeichnung $h(t)$. Die Koeffizienten r_i lassen sich aus Gl.(2.3.27) ermitteln.

2.3 Laplace-Transformation und Übertragungsfunktionen

Für r_0 ergibt sich:

$$r_0 = [H(s) \cdot s]\Big|_{s=0} = \frac{b_m}{a_n} \cdot \frac{\prod_{\mu=1}^{m}(-\beta_\mu)}{\prod_{\nu=1}^{n}(-\alpha_\nu)} \qquad (2.3.29)$$

und für die r_i:

$$r_i = [H(s) \cdot (s - \alpha_i)]\Big|_{s=\alpha_i} = \frac{1}{\alpha_i} \cdot \frac{b_m}{a_n} \cdot \frac{\prod_{\mu=1}^{m}(\alpha_i - \beta_\mu)}{\prod_{\substack{\nu=1 \\ \nu \neq i}}^{n}(\alpha_i - \alpha_\nu)} \quad (i=1,\ldots n) \,. \qquad (2.3.30)$$

In der Funktionentheorie, in der der Residuensatz angesiedelt ist, werden die Koeffizienten r_i als die *Residuen* der komplexen Funktion $H(s)$ zu den Polen α_i bezeichnet.

Enthält $H(s)$ ein konjugiert komplexes Polpaar

$$\alpha = \sigma + j\omega \,, \qquad \overline{\alpha} = \sigma - j\omega \,, \qquad (2.3.31)$$

so sind auch die zugehörigen Koeffizienten konjugiert komplex:

$$r = a + jb \,, \qquad \overline{r} = a - jb \,, \qquad b > 0 \,. \qquad (2.3.32)$$

Mit der Darstellung

$$r = |r|e^{j\varphi_r}, \qquad \overline{r} = |r|e^{-j\varphi_r}$$

ergibt sich:

$$re^{\alpha t} + \overline{r}e^{\overline{\alpha} t} = |r|e^{\sigma t}\left[e^{j(\omega t + \varphi_r)} + e^{-j(\omega t + \varphi_r)}\right],$$

und aufgrund der Beziehung

$$\cos x = \frac{1}{2}\left(e^{jx} + e^{-jx}\right)$$

erhält man:

$$re^{\alpha t} + \overline{r}e^{\overline{\alpha} t} = 2|r|e^{\sigma t}\cos(\omega t + \varphi_r) \,. \qquad (2.3.33)$$

Diese Zeitfunktion beschreibt eine Schwingung, die für $\sigma < 0$ abklingend verläuft.

Beispiel 2.3: Für das später behandelte P-T_2-Glied mit der Übertragungsfunktion

$$G(s) = \frac{K}{1 + 2\vartheta\, T_0 s + T_0^{\,2}\, s^{\,2}} \qquad (2.3.34)$$

ermittle man die Übergangsfunktionen für die drei Fälle: $\vartheta > 1$, $\vartheta < 1$, $\vartheta = 1$.

Die Polstellen α_i der Übertragungsfunktion ergeben sich als Nullstellen des Nennerpolynoms in der Form

$$s^2 + 2\frac{\vartheta}{T_0}s + \frac{1}{T_0^{\,2}} = 0 \qquad (2.3.35)$$

zu:

$$\alpha_{1,2} = \frac{1}{T_0}\left(-\vartheta \pm \sqrt{\vartheta^{\,2} - 1}\right). \qquad (2.3.36)$$

a) Dämpfungsgrad $\vartheta > 1$

Es ergeben sich zwei reelle Polstellen, so daß sich die Übertragungsfunktion als

$$G(s) = \frac{K}{(1 + T_1 s)(1 + T_2 s)} \qquad (2.3.37)$$

schreiben läßt. Die Pole lassen sich mit Hilfe der Verzögerungszeiten in der komplexen Ebene darstellen (Bild 2.7a):

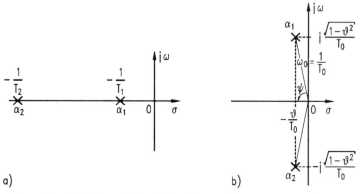

Bild 2.7 Lage der Polstellen beim P-T_2-Glied   a) für $\vartheta > 1$ b) für $\vartheta < 1$

$$\left.\begin{array}{l} T_1 = -\dfrac{1}{\alpha_1} = -\dfrac{T_0}{-\vartheta + \sqrt{\vartheta^{\,2}-1}} = T_0\left(\vartheta + \sqrt{\vartheta^{\,2}-1}\right) \\[2mm] T_2 = -\dfrac{1}{\alpha_2} = -\dfrac{T_0}{-\vartheta - \sqrt{\vartheta^{\,2}-1}} = T_0\left(\vartheta - \sqrt{\vartheta^{\,2}-1}\right) \end{array}\right\} \qquad (2.3.38)$$

2.3 Laplace-Transformation und Übertragungsfunktionen

Die Anwendung des Residuensatzes liefert:

$$H(s) = \frac{K}{s(1+T_1 s)(1+T_2 s)} = \frac{K}{T_1 T_2} \cdot \frac{1}{s(s+1/T_1)(s+1/T_2)} =$$

$$= \frac{r_0}{s} + \frac{r_1}{s-\alpha_1} + \frac{r_2}{s-\alpha_2} \, ;$$

$$r_0 = [H(s) \cdot s]\big|_{s=0} = \frac{K}{T_1 T_2} \cdot \frac{1}{\frac{1}{T_1} \cdot \frac{1}{T_2}} = K \, ;$$

$$r_1 = [H(s) \cdot (s+1/T_1)]\big|_{s=-\frac{1}{T_1}} = \frac{K}{T_1 T_2} \cdot \frac{1}{(-\frac{1}{T_1})(-\frac{1}{T_1}+\frac{1}{T_2})} = -K \frac{T_1}{T_1 - T_2} \, ;$$

$$r_2 = [H(s) \cdot (s+1/T_2)]\big|_{s=-\frac{1}{T_2}} = \frac{K}{T_1 T_2} \cdot \frac{1}{(-\frac{1}{T_2})(-\frac{1}{T_2}+\frac{1}{T_1})} = K \frac{T_2}{T_1 - T_2} \, .$$

Mit der Korrespondenztabelle, Tafel 2.1, erhält man:

$$h(t) = K \left[1 - \frac{T_1}{T_1 - T_2} e^{-t/T_1} + \frac{T_2}{T_1 - T_2} e^{-t/T_2} \right] \qquad (2.3.39)$$

b)   Dämpfungsgrad $\vartheta < 1$

Es ergibt sich ein konjugiert komplexes Polpaar (Bild 2.7b):

$$\alpha_{1,2} = \frac{1}{T_0} \left(-\vartheta \pm j \sqrt{1-\vartheta^2} \right) \qquad (2.3.40)$$

mit $\alpha_1 - \alpha_2 = j \frac{2}{T_0} \sqrt{1-\vartheta^2}$.

Der Residuensatz liefert:

$$H(s) = \frac{K}{T_0^2 s \left(s^2 + 2\frac{\vartheta}{T_0} s + \frac{1}{T_0^2} \right)} = \frac{K}{T_0^2 s (s-\alpha_1)(s-\alpha_2)} =$$

$$= \frac{r_0}{s} + \frac{r_1}{s-\alpha_1} + \frac{r_2}{s-\alpha_2}$$

mit:

$$r_0 = [H(s) \cdot s]\big|_{s=0} = \frac{K}{T_0^2 \, \alpha_1 \alpha_2} = \frac{K}{T_0^2 \, \frac{1}{T_0^2}} = K \, ;$$

$$r_1 = [H(s) \cdot (s-\alpha_1)]\big|_{s=\alpha_1} = \frac{K}{T_0^2 \, \frac{1}{T_0} \left(-\vartheta+j\sqrt{1-\vartheta^2}\right) j\frac{2}{T_0}\sqrt{1-\vartheta^2}} =$$

$$= \frac{K}{2} \left(-1 + j \frac{\vartheta}{\sqrt{1-\vartheta^2}} \right) \, ;$$

$$r_2 = [H(s)\cdot(s-\alpha_2)]\bigg|_{s=\alpha_2} = \frac{K}{T_0{}^2 \frac{1}{T_0}\left(-\vartheta-j\sqrt{1-\vartheta^2}\right)\left(-j\frac{2}{T_0}\sqrt{1-\vartheta^2}\right)} =$$

$$= \frac{K}{2}\left(-1-j\frac{\vartheta}{\sqrt{1-\vartheta^2}}\right).$$

Auf die vorliegenden konjugiert komplexen r_1 und r_2 lassen sich die Gl.(2.3.31) bis Gl.(2.3.33) anwenden mit: $r = r_1$, $\bar{r} = r_2$. Die zu dem Realteil $a = -K/2$ und dem Imaginärteil $b = \frac{K}{2}\cdot\frac{\vartheta}{\sqrt{1-\vartheta^2}}$ gehörige Lage der beiden Residuen r_1 und r_2 ist in Bild 2.8a dargestellt.

Damit ergibt sich $|r| = \frac{K}{2}\cdot\frac{1}{\sqrt{1-\vartheta^2}}$ und $\varphi_r = \frac{\pi}{2}+\psi$ mit $\cot an\,\psi = \frac{\vartheta}{\sqrt{1-\vartheta^2}}$ entsprechend $\cos\psi = \vartheta$.

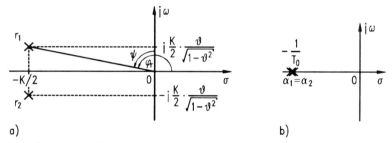

Bild 2.8 a) Lage der Residuen für $\vartheta < 1$ b) Lage der Polstellen für $\vartheta = 1$

Mit der Beziehung

$$\cos(\omega t + \varphi_r) = \cos\left(\omega t + \frac{\pi}{2} + \psi\right) = -\sin(\omega t + \psi)$$

erhält man schließlich mit $r_0 = K$ die gesuchte Übergangsfunktion:

$$h(t) = K\left[1 - \frac{1}{\sqrt{1-\vartheta^2}}\,e^{-\vartheta t/T_0}\,\sin(\omega t + \psi)\right], \qquad (2.3.41)$$

$$\omega = \frac{\sqrt{1-\vartheta^2}}{T_0}, \quad \psi = \arccos\vartheta.$$

2.3 Laplace-Transformation und Übertragungsfunktionen

c) Dämpfungsgrad $\vartheta = 1$

Es ergeben sich zwei gleiche Pole bei (Bild 2.8b):

$$\alpha_1 = \alpha_2 = -\frac{1}{T_0}, \qquad (2.3.42)$$

und die Übertragungsfunktion lautet:

$$G(s) = \frac{K}{(1 + T_0 s)^2} \,. \qquad (2.3.43)$$

Für $H(s)$ erhält man die Partialbruchzerlegung:

$$H(s) = \frac{K}{s(1 + T_0 s)^2} = \frac{K}{T_0^2} \cdot \frac{1}{s(s + 1/T_0)^2} =$$

$$= \frac{r_0}{s} + \frac{r_1}{s - \alpha_1} + \frac{r_2}{(s - \alpha_1)^2} \,. \qquad (2.3.44)$$

Beim Vorliegen mehrfacher reeller Pole ermittelt man das Ergebnis am einfachsten durch Ausmultiplizieren und anschließenden Koeffizientenvergleich. Indem man die rechte Seite von Gl.(2.3.44) auf den Hauptnenner $s(s - \alpha_1)^2 = s(s + 1/T_0)^2$ bringt, erhält man:

$$\frac{K/T_0^2}{s(s + 1/T_0)^2} = \frac{r_0(s + 1/T_0)^2 + r_1 s(s + 1/T_0) + r_2 s}{s(s + 1/T_0)^2} =$$

$$= \frac{r_0/T_0^2 + (2r_0 + r_1 + r_2 T_0) s/T_0 + (r_0 + r_1) s^2}{s(s + 1/T_0)^2} \,.$$

Durch Koeffizientenvergleich ergibt sich:

$r_0 = K;$
$r_0 + r_1 = 0; \quad r_1 = -K;$
$2r_0 + r_1 + r_2 T_0 = 0; \quad r_2 = -K/T_0.$

Zur Laplace-Transformierten

$$H(s) = K \left[\frac{1}{s} - \frac{1}{s + 1/T_0} - \frac{1}{T_0} \cdot \frac{1}{(s + 1/T_0)^2} \right]$$

erhält man mit der Korrespondenztabelle die Übergangsfunktion:

$$h(t) = K \left[1 - \left(1 + \frac{t}{T_0}\right) e^{-t/T_0} \right] \,. \qquad (2.3.45)$$

2.4 Frequenzgang und Frequenzkennlinien

Zur Untersuchung dynamischer Systeme eignet sich besonders gut der Frequenzgang. Seine allgemeine Definition lautet:

Der *Frequenzgang* $G(j\omega)$ eines linearen zeitinvarianten Übertragungsgliedes ist seine *Übertragungsfunktion* $G(s)$ auf der imaginären Achse.

Von den Argumenten $s = \sigma + j\omega$ der Übertragungsfunktion werden also nur die Werte für $\sigma = 0$ genommen. Damit ist der Frequenzgang nur ein Ausschnitt aus der Übertragungsfunktion. Trotzdem ist seine Aussagekraft nicht geringer als die der Übertragungsfunktion. Kennt man nämlich umgekehrt den Frequenzgang eines Übertragungsgliedes $G(j\omega)$, so gewinnt man daraus unmittelbar die Übertragungsfunktion, indem man wieder $j\omega$ durch s ersetzt. In der Mathematik nennt man das die „analytische Fortsetzung von $G(j\omega)$ in die gesamte komplexe Ebene". Die Begründung für die analytische Fortsetzung liegt darin, daß es keine zweite Übertragungsfunktion $G'(s) \neq G(s)$ geben kann, die auf der imaginären Achse dieselbe Funktion wie der gegebene Frequenzgang $G'(j\omega) = G(j\omega)$ annimmt.

2.4.1 Ortskurve des Frequenzganges

Zur Veranschaulichung zeigt Bild 2.9a die s-Ebene mit den Geraden $\sigma = const$ und $j\omega = const$ in dem Bereich für $\sigma < 0$ und $\omega > 0$, der abklingenden Schwingungen zugeordnet ist. Bild 2.9b zeigt in der G-Ebene die Verläufe der zu diesem Bereich der s-Ebene gehörenden Werte der *Übertragungsfunktion*

$$G(s) = \frac{K}{1 + T_1 s} \ . \tag{2.4.1}$$

Die imaginäre Achse der s-Ebene mit $\sigma = 0$, die Dauerschwingungen entspricht, wird in die (dicker gezeichnete) *Ortskurve des Frequenzganges*

$$G(j\omega) = \frac{K}{1 + T_1 j\omega} \tag{2.4.2}$$

abgebildet. Die Kurven für abklingende Schwingungen ($\sigma < 0$) setzen sich dabei so neben die Ortskurve, daß sie auf der linken Seite eines Beobachters liegen, der auf der Ortskurve nach wachsenden Frequenzen hin wandert. Diese Kurven für abklingende Schwingungen tragen auch eine Frequenzteilung, so daß in der Ortskurvenebene auch Linien mit $\omega = const$ gezeichnet werden können.

Das rechtwinklige Koordinatennetz der s-Ebene ergibt ein Netz von Linien in der Ortskurvenebene, die sich ebenfalls rechtwinklig schneiden und in genügend kleinen Teilen ebenfalls Rechtecke bilden. Derartige Abbildungen, die winkeltreu

2.4 Frequenzgang und Frequenzkennlinien

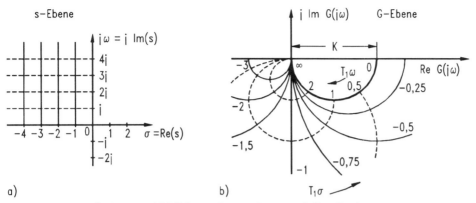

Bild 2.9 Abbildung der s-Ebene auf die G-Ebene

und in kleinsten Teilen einander ähnlich sind, heißen konforme Abbildungen. Zusammenfassend kann man also feststellen:

Die *Übertragungsfunktion* bildet die s-Ebene konform auf die G-Ebene ab.

Für den in der Übertragungsfunktion mit $\sigma = 0$ enthaltenen Frequenzgang gilt entsprechend:

Der *Frequenzgang* bildet die imaginäre Achse der s-Ebene auf die G-Ebene ab.

Neben diesem grundlegenden Zusammenhang mit der Übertragungsfunktion kommt dem Frequenzgang noch die ursprüngliche meßtechnische Bedeutung zu. Gibt man auf ein stabiles, lineares, zeitinvariantes Übertragungsglied eine sinusförmige Schwingung $u(t) = U_0 \sin(\omega t)$ als Eingangsgröße, so zeigt die Ausgangsgröße nach einer Übergangszeit ebenfalls eine Sinusschwingung gleicher Frequenz, jedoch mit verschobener Phasenlage und anderer Amplitude $v(t) = V_0 \sin(\omega t + \varphi)$. Die Amplitude und Phasenlage dieser Ausgangsschwingung ist durch den *Frequenzgang* des Übertragungsgliedes bestimmt, der in der *Polardarstellung* geschrieben lautet:

$$G(j\omega) = |G(j\omega)| e^{j\varphi(j\omega)} \,. \tag{2.4.3}$$

Geht man von den reellen Zeitfunktionen $u(t)$ und $v(t)$ zu den komplexen Funktionen

$$u^*(t) = U_0 \left[\cos \omega t + j \sin \omega t\right] = U_0 e^{j\omega t} \,, \tag{2.4.4}$$

$$v^*(t) = V_0 \left[\cos(\omega t + \varphi) + j \sin(\omega t + \varphi)\right] = V_0 e^{j(\omega t + \varphi)} \tag{2.4.5}$$

über, so ergibt sich aufgrund der Rechenregeln für komplexe Zahlen:

$$V_0 e^{j(\omega t + \varphi)} = U_0 |G(j\omega)| e^{j[\omega t + \varphi(j\omega)]} \,. \tag{2.4.6}$$

Der Betrag des Frequenzganges ergibt sich als Verhältnis der Schwingungsamplituden

$$|G(j\omega)| = V_0/U_0 \,, \qquad (2.4.7)$$

während die Phasenverschiebung durch das Argument $\varphi(j\omega)$ des Frequenzganges bestimmt ist. Nimmt man die Messung für verschiedene Frequenzen vor, wobei man jedes Mal den eingeschwungenen Zustand abwarten muß, so erhält man den Frequenzgang in Form einer Wertetabelle für $|G(j\omega)|$ und $\varphi(j\omega)$. Mit genügend vielen Werten kann danach der Frequenzgang graphisch dargestellt werden.

2.4.2 Frequenzkennlinien im Bode-Diagramm

Die Ortskurvendarstellung des Frequenzganges hat den Vorteil, daß der Verlauf über den gesamten Frequenzbereich von $\omega = 0$ bis $\omega \to \infty$ in der komplexen G-Ebene zusammenfassend überblickt werden kann. Sind jedoch bestimmte Frequenzbereiche von Interesse, so wird die Darstellung hierin relativ ungenau. Um in einem größeren Frequenzbereich noch eine genügend genaue Darstellung zu erreichen, trägt man die Kreisfrequenz in einem logarithmischen Maßstab auf. In Bild 2.11c (Abschn. 2.4.2.1) ist einfach-logarithmisches Papier mit logarithmisch geteilter ω-Achse verwendet worden. Da das Argument des Logarithmus dimensionslos sein muß, wird eine Nennkreisfrequenz $\omega_N = 1\ sec^{-1}$ eingeführt und $\log(\omega/\omega_N)$ gebildet. Damit wird weiterhin nur noch der Zahlenwert von ω als $\log \omega$ aufgetragen. Die Achse wird jedoch der Einfachheit halber mit ω beziffert, ohne daß Mißverständnisse zu befürchten sind.

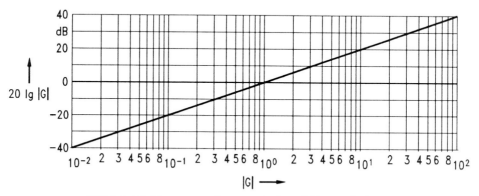

Bild 2.10 Zusammenhang zwischen $|G|$ und $|G|_{dB}$

Um auch für die Amplitudenwerte einen großen Wertebereich darstellen zu können, wird auch der Betrag des Frequenzganges im logarithmischen Maßstab

2.4 Frequenzgang und Frequenzkennlinien

aufgetragen. Dafür wird in der Regelungstechnik üblicherweise das *Dezibel(dB)- Maß* verwendet, bei dem man anstelle des Betrages $|G(j\omega)|$ den durch

$$|G(j\omega)|_{\mathrm{dB}} = 20\lg|G(j\omega)| \qquad (2.4.8)$$

festgelegten logarithmischen Betrag im linearen Maßstab mit der Einheit dB aufträgt (Bild 2.10). Da der Wert einer Größe unabhängig von der verwendeten Einheit ist, wird weiterhin die kürzere Benennung $|G(j\omega)|$ verwendet. Die Darstellung der Betragskennlinie mit dem nach Gl.(2.4.8) logarithmierten Betrag im linearen Maßstab über der logarithmisch geteilten ω-Achse nennt man *Amplitudengang*. Der Verlauf des Phasenwinkels $\varphi(j\omega)$, im linearen Maßstab aufgetragen über der logarithmisch geteilten ω-Achse, heißt *Phasengang*. Amplitudengang und Phasengang zusammengenommen bezeichnet man als *Frequenzkennlinien*, und das gemeinsame Diagramm dafür heißt *Bode-Diagramm*.

2.4.2.1 Beschreibung der Verzögerungsgliedes 1. Ordnung

Als Beispiel für die möglichen Darstellungen soll das Verzögerungsglied 1. Ordnung oder P-T_1-Glied genauer betrachtet werden. Seine Übertragungsfunktion

$$G(s) = \frac{K}{1+T_1 s} \qquad (2.4.9)$$

hat die Kenngrößen *Proportionalbeiwert* K und *Verzögerungszeit* T_1. Die *Übergangsfunktion* erhält man aus $H(s) = G(s)/s$ durch Partialbruchzerlegung

$$H(s) = \frac{K}{1+T_1 s} \cdot \frac{1}{s} = \frac{K}{T_1} \cdot \frac{1}{s+1/T_1} \cdot \frac{1}{s} = K\left(\frac{1}{s} - \frac{1}{s+1/T_1}\right)$$

und Anwendung der Korrespondenzentabelle zu (Bild 2.11a):

$$h(t) = K\left(1 - e^{-t/T_1}\right). \qquad (2.4.10)$$

Aus dem *Frequenzgang*

$$G(j\omega) = \frac{K}{1+T_1 j\omega} \qquad (2.4.11)$$

erhält man den Amplitudengang:

$$|G(j\omega)| = \frac{K}{\sqrt{1+(T_1\omega)^2}} = \frac{K}{\sqrt{1+(\omega/\omega_1)^2}}, \qquad (2.4.12)$$

mit der *Eckfrequenz*

$$\omega_1 = \frac{1}{T_1}. \qquad (2.4.13)$$

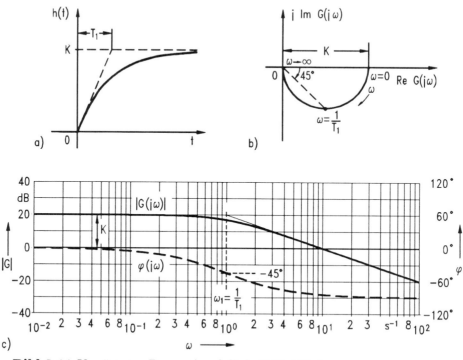

Bild 2.11 Verzögertes Proportionalglied, P-T_1-Glied
   a) Übergangsfunktion,   b) Ortskurve,   c) Bode-Diagramm

Damit gilt:

$$|G(j\omega)| \approx \begin{cases} K & \text{für} \quad \omega \ll \omega_1 \\ \dfrac{K}{\omega/\omega_1} & \text{für} \quad \omega \gg \omega_1 \end{cases}, \quad (2.4.14)$$

und nach Logarithmieren:

$$|G(j\omega)|_{dB} \approx \begin{cases} 20\lg K & \text{für} \quad \omega \ll \omega_1 \\ 20\lg K - 20\lg(\omega/\omega_1) & \text{für} \quad \omega \gg \omega_1 \end{cases}. \quad (2.4.15)$$

Der Amplitudengang des P-T_1-Gliedes läßt sich demnach näherungsweise aus zwei Geraden zusammensetzen (Bild 2.11c). Unterhalb der Eckfrequenz ergibt der Amplitudengang eine Gerade im Abstand $20\lg K$ parallel zur ω-Achse. Oberhalb der Eckfrequenz stellt der Amplitudengang eine Gerade $20\lg K - 20\lg(\omega/\omega_1)$ dar, die bei Änderung der Frequenz um den Faktor 10 um 20 dB abnimmt. Man nennt das eine mit 20 dB pro Dekade abfallende

2.4 Frequenzgang und Frequenzkennlinien

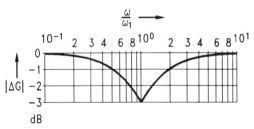

Bild 2.12 Abweichung des genauen Amplitudenganges vom asymptotischen Amplitudengang beim P-T$_1$-Glied

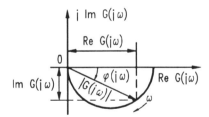

Bild 2.13 Ortskurve des Frequenzganges in kartesischen und Polarkoordinaten

Gerade. Beide Geraden, die zusammen den *asymptotischen Amplitudengang* bilden, treffen sich in der *Eckfrequenz*. (Natürlich handelt es sich hierbei um eine Eck*kreis*frequenz, es soll jedoch weiterhin der abgekürzte und eingeführte Name Eckfrequenz benutzt werden.)

Für den genauen Amplitudengang hat man dessen logarithmierte Abweichung vom asymptotischen Amplitudengang $20 \log [1/\sqrt{1 + (\omega/\omega_1)^2}]$ hinzu zu addieren. Diese Abweichung ist in Bild 2.12 dargestellt. Sie beträgt bei der Eckfrequenz $-20 \cdot \lg \sqrt{2} = -3{,}01$ dB. Bei $\omega = 1{,}3\,\omega_1$ und $\omega = 0{,}76\,\omega_1$ beträgt die Abweichung noch -2 dB, und bei $\omega = 2\,\omega_1$ sowie bei $\omega = 0{,}5\,\omega_1$ ist sie auf -1 dB gesunken.

Durch Erweitern des Frequenzganges mit $1 - T_1 j\omega$ erhält man die Gleichung in einer zur Darstellung als *Ortskurve* geeigneten Form

$$G(j\omega) = K \left[\frac{1}{1 + (T_1\omega)^2} - j \frac{T_1\omega}{1 + (T_1\omega)^2} \right]. \tag{2.4.16}$$

Bild 2.13 zeigt die Darstellung des Frequenzganges in Polarkoordinaten und in kartesischen Koordinaten, die zur Ortskurve führen:

$$G(j\omega) = |G(j\omega)| e^{j\varphi(j\omega)} = Re\, G(j\omega) + j\, Im\, G(j\omega) \tag{2.4.17}$$

Mit der Eulerschen Formel $e^{j\varphi} = \cos\varphi + j\sin\varphi$ erhält man folgende Umrechnungsbeziehungen:

$$Re\, G(j\omega) = |G(j\omega)| \cos\varphi(j\omega) \tag{2.4.18}$$

$$Im\, G(j\omega) = |G(j\omega)| \sin\varphi(j\omega) \tag{2.4.19}$$

$$|G(j\omega)| = \sqrt{[Re\, G(j\omega)]^2 + [Im\, G(j\omega)]^2} \tag{2.4.20}$$

$$\varphi(j\omega) = \arctan \frac{Im\ G(j\omega)}{Re\ G(j\omega)} \qquad (2.4.21)$$

Aus der Beziehung nach Gl.(2.4.21) erhält man schließlich den Phasengang:

$$\varphi(j\omega) = -\arctan(T_1\omega) \ . \qquad (2.4.22)$$

Der Phasengang ist ebenfalls in Bild 2.11c eingezeichnet. Wegen der logarithmischen Skalierung der Frequenzachse ist der Phasengang symmetrisch zur Eckfrequenz ω_1, bei der er den Wert $-45°$ annimmt.

Bild 2.11b zeigt die Ortskurve, die einen Halbkreis mit dem Durchmesser K im 4. Quadranten beschreibt. Zur Frequenz $\omega_1 = 1/T_1$ gehört der Punkt $G(j\omega_1) = \frac{K}{2}(1-j)$ auf der Winkelhalbierenden im 4. Quadranten.

2.4.2.2 Vorteile der Frequenzkennliniendarstellung

Die Vorteile der Frequenzkennliniendarstellung ergeben sich unmittelbar durch den Vergleich mit der Ortskurve. Hier ist lediglich der Proportionalbeiwert K zu erkennen, da er den Durchmesser des Halbkreises angibt. Dagegen ist die Ortskurve unabhängig vom Wert der Verzögerungszeit T_1, da für alle Werte von T_1 die Frequenzteilung so geartet ist, daß beispielsweise der Ortskurvenpunkt für die Frequenz $\omega = 1/T_1$ auf der Winkelhalbierenden liegt. Den Wert von T_1 kann man nicht aus der Ortskurve ablesen. Der wesentliche Grund für diese Verhältnisse ist, daß die *Frequenzteilung auf der Ortskurve* aufgetragen ist. Auch für die anderen in Abschn. 2.4.3 betrachteten Frequenzgänge gilt, daß bei der Ortskurvendarstellung des Frequenzganges lediglich der Proportionalbeiwert K bei Übertragungsgliedern mit P-Verhalten bestimmbar ist. Alle anderen Parameter gehen in einer unklaren und, je nach Übertragungsglied, unterschiedlichen Weise in die Ortskurve ein.

Im Gegensatz zur Ortskurvendarstellung wird bei der Frequenzkennliniendarstellung die *Frequenz* als unabhängige Variable *längs einer Achse* aufgetragen. Durch das Aufteilen des Frequenzganges in den Amplitudengang und den Phasengang in Abhängigkeit von ω treten die Abhängigkeiten von allen Parametern des Frequenzganges deutlich hervor. Durch die von *Bode* angegebene Darstellung der Phase und des logarithmierten Betrages über dem Logarithmus der Frequenz ergeben sich insbesondere folgende drei Kennzeichen der Frequenzkennliniendarstellung:

1. Amplitudengang und Phasengang sind nur Funktionen von ω/ω_i, wobei mit ω_i die jeweiligen Eckfrequenzen bezeichnet werden. Bei geänderten

2.4 Frequenzgang und Frequenzkennlinien 43

Werten von ω_i werden die Kennlinien für $|G(j\omega)|$ und $\varphi(j\omega)$ nur in horizontaler Richtung verschoben. Ebenso wird bei einer Änderung der Totzeit T_t nur der entsprechende Phasengang in horizontaler Richtung verschoben.

2. Bei rationalen Übertragungsgliedern nähert sich der Amplitudengang für Frequenzen $\omega \ll \omega_i$ und $\omega \gg \omega_i$ jeweils einer Geraden als Asymptote an, wobei deren Neigung das q-fache von 20 dB/Dekade beträgt, wenn q die Ordnungsdifferenz von Nenner und Zähler in den jeweiligen Frequenzbereichen ist. Der Phasengang nähert sich in den Grenzen der Frequenzbereiche jeweils dem Wert $-q \cdot \pi/2$. Bei den Eckfrequenzen nimmt der Phasengang jeweils den Mittelwert zwischen dem linksseitigen und dem rechtsseitigen Grenzwert an.

3. Bei der Reihenschaltung zweier oder mehrerer Übertragungsglieder werden deren Amplitudengänge im logarithmischen Maßstab und deren Phasengänge im linearen Maßstab addiert. Das durch die Eckfrequenzen der einzelnen Übertragungsglieder charakterisierte Verhalten findet sich auch im Gesamtfrequenzgang wieder.

Diese drei Kennzeichen treffen für alle linearen Übertragungsglieder zu und können anhand von Abschnitt 2.4.3 überprüft werden.

2.4.3 Zusammenstellung der wichtigsten Übertragungsglieder

Zur Kennzeichnung linearer Übertragungsglieder kommen folgende, am Beispiel des P-T_1-Gliedes demonstrierten Beschreibungen infrage: Übergangsfunktion, Übertragungsfunktion, Ortskurve und Frequenzgang. Damit sollen die wichtigsten Übertragungsglieder bis zur 2. Ordnung und das Totzeitglied beschrieben werden. Dabei wird die letzte Zahl der Abschnittsnummerierung als laufende Nummer in Tafel 2.3 (S. 58-63) genommen, das eine übersichtliche Zusammenfassung der Ergebnisse zeigt.

Für die einzelnen Übertragungsglieder wird hier lediglich der für den Reglerentwurf wichtige Frequenzgang angegeben. Die anderen Funktionen lassen sich analog zum Beispiel des P-T_1-Gliedes daraus herleiten. Bei den Übergangsfunktionen müßte eigentlich überall noch die Einheitssprungfunktion als Faktor dazukommen (z.B. $h(t) = K_P \sigma(t)$ bei der Lfd. Nr. 1), jedoch soll dieser Faktor nach Vereinbarung entfallen.

2.4.3.1 Proportionalglied, P-Glied

Das *Proportionalglied* oder *P-Glied* ist durch den *Proportionalbeiwert* K_P gekennzeichnet. Es beschreibt ein **statisches** Element mit dem Frequenzgang

$$G(j\omega) = K_P \ . \tag{2.4.23}$$

Dazu gehören die Frequenzkennlinien

$$|G(j\omega)| = K_P \qquad \varphi(j\omega) = 0 \ . \tag{2.4.24}$$

2.4.3.2 Verzögerungsglied 1. Ordnung, P-T$_1$-Glied

Dieses Übertragungsglied ist im Abschnitt 2.4.2.1 ausführlich behandelt.

Verzögerungsglied 2. Ordnung

Das Verzögerungsglied 2. Ordnung mit der Übertragungsfunktion

$$G(s) = \frac{K}{1 + 2\vartheta\, T_0 s + T_0^{\,2} s^{\,2}} \tag{2.4.25}$$

ist durch die Kenngrößen *Proportionalbeiwert* K, *Kennzeit* T_0 und *Dämpfungsgrad* ϑ festgelegt. Abhängig vom Dämpfungsgrad ϑ ergeben sich mit den drei Fällen

$$\vartheta > 1\, , \qquad \vartheta < 1\, , \qquad \vartheta = 1 \tag{2.4.26}$$

unterschiedliche Lagen der Polstellen als Nullstellen des Nennerpolynoms (s. Beispiel 2.3, S. 32 ff.).

$$\alpha_{1,2} = \frac{1}{T_0}\left(-\vartheta \pm \sqrt{\vartheta^2 - 1}\right) \ . \tag{2.4.27}$$

2.4.3.3 Verzögerungsglied 2. Ordnung, P-T$_2$-Glied

Für den Fall $\vartheta > 1$ ergibt sich mit zwei reellen Polen ein Übertragungsglied, dessen Frequenzgang

$$G(j\omega) = \frac{K}{(1 + T_1 j\omega)(1 + T_2 j\omega)} \tag{2.4.28}$$

sich als Produkt der Frequenzgänge von zwei P-T$_1$-Gliedern mit $T_{1,2} = -1/\alpha_{1,2}$, $T_1 = T_0(\vartheta + \sqrt{\vartheta^2 - 1})$, $T_2 = T_0(\vartheta - \sqrt{\vartheta^2 - 1})$ darstellen läßt. Dazu gehören die Frequenzkennlinien:

$$\left. \begin{aligned} |G(j\omega)| &= \frac{K}{\sqrt{1 + (T_1\omega)^2}\sqrt{1 + (T_2\omega)^2}} \\ \varphi(j\omega) &= -\arctan(T_1\omega) - \arctan(T_2\omega) \end{aligned} \right\} \tag{2.4.29}$$

2.4 Frequenzgang und Frequenzkennlinien

Der Amplitudengang $|G(j\omega)|$ ergibt sich als das Produkt der Amplitudengänge $|G_1(j\omega)| = K/\sqrt{1+(T_1\omega)^2}$ und $|G_2(j\omega)| = 1/\sqrt{1+(T_2\omega)^2}$. Der *asymptotische Amplitudengang* für $|G(j\omega)|$ besteht aus drei Abschnitten: zunächst aus der zur ω-Achse parallelen Geraden im Abstand K für $\omega \leq 1/T_1$ und aus der daran für Frequenzen $\omega \geq 1/T_1$ anschließenden mit 20 dB/Dekade abfallenden Geraden, die jedoch nur bis zur nächsten Eckfrequenz $1/T_2$ gilt. Für Frequenzen $\omega \geq 1/T_2$ kommt hierzu noch die ebenfalls mit 20 dB/Dekade abfallende zweite Asymptotenkennlinie, so daß der gesamte Amplitudengang für $\omega \geq 1/T_2$ mit 40 dB/Dekade abfällt. Aufgrund der logarithmischen Darstellung treffen sich die für $\omega \leq 1/T_1$ gültige Asymptote im Abstand K parallel zur ω-Achse und die für $\omega \geq 1/T_2$ gültige mit 40 dB/Dekade abfallende Asymptote nach entsprechender Verlängerung (gestrichelt eingezeichnet) bei der Frequenz $\omega_0 = 1/T_0 = 1/\sqrt{T_1 T_2}$.

Der genaue Verlauf des Amplitudenganges läßt sich aus dem asymptotischen Amplitudengang durch Hinzufügen der Abweichung nach Bild 2.12 bei den Eckfrequenzen $1/T_1$ und $1/T_2$ gewinnen oder direkt numerisch ermitteln. Der Phasengang $\varphi(j\omega) = -\arctan(T_1\omega) - \arctan(T_2\omega)$ ergibt sich als Summe der zu den einzelnen Eckfrequenzen gehörenden Phasengänge.

Die im Beispiel 2.3 ermittelte Übergangsfunktion $h(t)$ nähert sich asymptotisch dem Endwert K. Daher wird das P-T_2-Glied mit $\vartheta > 1$ als *aperiodisch* bezeichnet.

2.4.3.4 Schwingungsfähiges Verzögerungsglied 2. Ordnung, P-T$_{2S}$-Glied

Für den Fall $\vartheta < 1$ ergibt sich ein Übertragungsglied mit komplexem Polpaar und dem Frequenzgang

$$G(j\omega) = \frac{K}{1 + 2\vartheta T_0 j\omega - T_0^2 \omega^2} . \qquad (2.4.30)$$

Für den Amplitudengang

$$|G(j\omega)| = \frac{K}{\sqrt{[1 - T_0^2 \omega^2]^2 + 4\vartheta^2 T_0^2 \omega^2}} \qquad (2.4.31)$$

ist es nicht möglich, mit ähnlicher Genauigkeit eine asymptotische Darstellung anzugeben, wie beim Fall $\vartheta > 1$. Mit der *Kennkreisfrequenz* $\omega_0 = 1/T_0$ gilt:

$$|G(j\omega)| \approx \begin{cases} K & \text{für} \quad \omega \ll \omega_0 \\ \dfrac{K}{(T_0\omega)^2} & \text{für} \quad \omega \gg \omega_0 \end{cases} . \qquad (2.4.32)$$

Damit wird der asymptotische Amplitudengang ebenfalls für kleine Frequenzen durch eine Parallele zur ω-Achse im Abstand K und für große Frequenzen durch eine mit 40 dB/Dekade abfallende Gerade dargestellt, die sich beide auch bei der Frequenz ω_0 treffen. Aber die Abweichung des Amplitudengangs nach Gl.(2.4.31) vom asymptotischen Amplitudengang nach Gl.(2.4.32) bleibt nicht unter einem festen Betrag, sondern kann, abhängig vom *Dämpfungsgrad* ϑ, beliebig große Werte annehmen.

Für Werte des Dämpfungsgrades $\vartheta < \sqrt{2}/2$ erreicht der Amplitudengang bei der *Resonanzkreisfrequenz*

$$\omega_r = \omega_0\sqrt{1 - 2\vartheta^2} \qquad (2.4.33)$$

den Maximalwert

$$|G(j\omega_r)| = \frac{K}{2\vartheta\sqrt{1 - \vartheta^2}} \; . \qquad (2.4.34)$$

Bei der Kennkreisfrequenz ω_0 nimmt der Amplitudengang den Wert

$$|G(j\omega_0)| = \frac{K}{2\vartheta} \qquad (2.4.35)$$

an.

Für den Phasengang erhält man entsprechend den Überlegungen zu Gl.(2.4.21):

$$\varphi(j\omega) = -\arctan\frac{2\vartheta T_0\,\omega}{1 - (T_0\,\omega)^2} \; . \qquad (2.4.36)$$

Wenn ω von kleinen Werten kommend den Wert $1/T_0$ erreicht, überstreicht $\varphi(j\omega)$ den Wertebereich von 0 bis $-\pi/2$. Überschreitet ω gerade den Wert $1/T_0$, so springt $\varphi(j\omega)$ wegen des Vorzeichenwechsels im Argument nach $\pi/2$. Bei weiterem Ansteigen von ω nähert sich $\varphi(j\omega)$ wegen des abnehmenden Arguments wieder dem Wert 0. Es soll sich aber, genauso wie beim Fall mit $\vartheta > 1$, der Phasengang kontinuierlich bei $\varphi(j\omega) = -\pi/2$ verhalten, und für $\omega \to \infty$ soll er sich dem Wert $-\pi$ annähern. Der durch den begrenzten Wertebereich der arctan-Funktion verursachte Sprung läßt sich dadurch beheben, daß man für $\omega > 1/T_0$ zum Phasengang $-\pi$ addiert. Damit erhält man schließlich für den Phasengang:

$$\varphi(j\omega) = \begin{cases} -\arctan\dfrac{2\vartheta T_0\,\omega}{1 - (T_0\,\omega)^2} & \text{für} \quad \omega \leq 1/T_0 \\[2ex] -\arctan\dfrac{2\vartheta T_0\,\omega}{1 - (T_0\,\omega)^2} - \pi & \text{für} \quad \omega > 1/T_0 \end{cases} \qquad (2.4.37)$$

2.4 Frequenzgang und Frequenzkennlinien

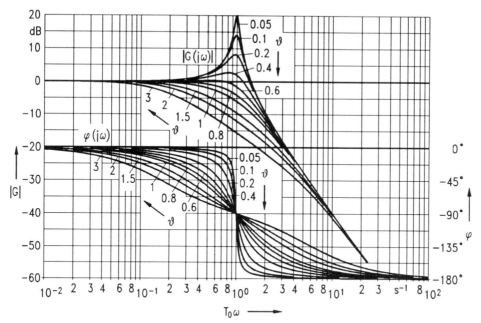

Bild 2.14 Frequenzkennlinien des Verzögerungsglied 2. Ordnung in Abhängigkeit vom Dämpfungsgrad ϑ

Bild 2.14 zeigt die Frequenzkennlinien für das P-T_2-Glied in Abhängigkeit vom Dämpfungsgrad ϑ.

Zu dem Fall $\vartheta = 1$, der als *aperiodischer Grenzfall* bezeichnet wird, gehört der Frequenzgang

$$G(j\omega) = \frac{K}{(1 + T_0\, j\omega)^2} \tag{2.4.38}$$

mit den Frequenzkennlinien:

$$|G(j\omega)| = \frac{1}{1 + (T_0\omega)^2}\,; \qquad \varphi(j\omega) = -2\arctan(T_0\omega)\,. \tag{2.4.39}$$

Dieser aperiodische Grenzfall ergibt sich auch aus dem P-T_2-Glied ($\vartheta > 1$), wenn man $T_1 = T_2 = T_0$ setzt. Die hierzu gehörige Übergangsfunktion wird in Beispiel 2.3 (S. 35) hergeleitet.

2.4.3.5 Integrierglied, I-Glied

Das *Integrierglied* oder *I-Glied* führt eine Integration der Eingangsgröße durch. Mit der Kenngröße *Integrierzeit* T_I ergibt sich bei der Eingangsgröße $\sigma(t)$ als Übergangsfunktion die sogenannte *Anstiegsfunktion*:

$$h(t) = \frac{1}{T_I} \int_0^t \sigma(\tau) dt = \frac{t}{T_I}, \qquad (2.4.40)$$

Durch Laplace-Transformation erhält man $G(s) = 1/(T_I s)$.

Zum Frequenzgang

$$G(j\omega) = \frac{1}{T_I j\omega} \qquad (2.4.41)$$

gehören die Frequenzkennlinien

$$|G(j\omega)| = \frac{1}{T_I \omega} \,; \qquad \varphi(j\omega) = -\frac{\pi}{2} \,\hat{=}\, -90°\,. \qquad (2.4.42)$$

Der Amplitudengang ist eine mit 20 dB/Dekade abfallende Gerade, die bei $\omega = 1/T_I$ die 0 dB-Linie schneidet, und der Phasengang ist frequenzunabhängig.

2.4.3.6 Verzögerndes Integrierglied, I-T$_1$-Glied

Das verzögernde Integrierglied dient vielfach dazu, das gewünschte Verhalten des *offenen Regelkreises* näherungsweise zu beschreiben. Als Reihenschaltung eines Verzögerungsgliedes 1. Ordnung und eines Integriergliedes ergibt sich sein Frequenzgang zu:

$$G(j\omega) = \frac{1}{T_I j\omega (1 + T_1 j\omega)} \qquad (2.4.43)$$

mit den Frequenzkennlinien

$$|G(j\omega)| = \frac{1}{T_I \omega \sqrt{1 + (T_1 \omega)^2}} \,; \qquad \varphi(j\omega) = -\frac{\pi}{2} - \arctan(T_1 \omega)\,. \qquad (2.4.44)$$

Die dazugehörige Ortskurve verläuft vollständig im 3. Quadranten. Die Übergangsfunktion beginnt mit horizontaler Tangente und geht schließlich für $t \gg T_1$ in die Gerade $(t - T_1)/T_I$ über.

2.4.3.7 Proportionales und integrierendes Glied, PI-Glied

Das als *PI-Regler* eingesetzte PI-Glied entsteht aus der Parallelschaltung eines P-Gliedes und eines I-Gliedes. Aus dem sich ergebenden Frequenzgang

$$G(j\omega) = K_P + \frac{1}{T_I j\omega} \qquad (2.4.45)$$

2.4 Frequenzgang und Frequenzkennlinien

zieht man zweckmäßigerweise den *Proportionalbeiwert* K_P als Faktor heraus. Mit der Festlegung der *Nachstellzeit* T_n

$$T_n = K_P T_I \tag{2.4.46}$$

erhält man:

$$G(j\omega) = K_P \left(1 + \frac{1}{T_n j\omega}\right) = K_P \frac{1 + T_n j\omega}{T_n j\omega}. \tag{2.4.47}$$

Bei den Frequenzkennlinien

$$|G(j\omega)| = K_P \frac{\sqrt{1 + (T_n \omega)^2}}{T_n \omega} \;;\quad \varphi(j\omega) = -\frac{\pi}{2} + \arctan(T_n \omega) \tag{2.4.48}$$

tritt die *Eckfrequenz* $1/T_n$ deutlich hervor.

Die Ortskurve ist eine Parallele zur negativ imaginären Achse im Abstand K_P, und die Übergangsfunktion zeigt anschaulich die Überlagerung der Sprungfunktion des P-Gliedes und der Anstiegsfunktion des I-Gliedes.

2.4.3.8 Verzögerndes Differenzierglied, D-T_1-Glied

Ein Differenzierglied läßt sich nur mit einem gleichzeitigen Verzögerungsverhalten realisieren. Im anderen Fall wäre die Bedingung Zählerordnung $\leq$ Nennerordnung nach Gl.(2.3.22) verletzt und die Sprungantwort des D-Gliedes wäre die technisch nicht realisierbare Impulsfunktion $\delta(t)$. Das D-T_1-Glied mit den Kenngrößen *Differenzierzeit* T_D und *Dämpfungszeit* T_d hat den Frequenzgang:

$$G(j\omega) = \frac{T_D j\omega}{1 + T_d j\omega} \tag{2.4.49}$$

mit den Frequenzkennlinien

$$|G(j\omega)| = \frac{T_D \omega}{\sqrt{1 + (T_d \omega)^2}} \;;\quad \varphi(j\omega) = \frac{\pi}{2} - \arctan(T_d \omega). \tag{2.4.50}$$

Die Dämpfungszeit T_d ist natürlich auch eine Verzögerungszeit. Mit T_1, T_2, $\cdots$ werden üblicherweise die Verzögerungszeiten der Regelstrecke bezeichnet, die vorgegeben sind. Im Unterschied dazu ist die Dämpfungszeit T_d eine zum gewünschten differenzierenden Verhalten notwendigerweise dazugehörende Verzögerungszeit, die ebenso wie die Differenzierzeit T_D beim Entwurf der Regelung festgelegt werden muß.

Die Übergangsfunktion ist eine abklingende Exponentialfunktion, und die Ortskurve ist ein Halbkreis im 1. Quadranten. Das sogenannte „ideale" D-Glied läßt sich aus dem D-T_1-Glied durch den Grenzübergang $T_d \to 0$ herleiten.

2.4.3.9 Proportionales und verzögernd differenzierendes Glied, PD-T$_1$-Glied

Schaltet man dem D-T$_1$-Glied ein P-Glied parallel, so ergibt sich ein PD-T$_1$-Glied mit dem Frequenzgang

$$G(j\omega) = K_P + \frac{T_D\, j\omega}{1 + T_d\, j\omega} \, . \tag{2.4.51}$$

Dieses Übertragungsglied wird als *PD-Regler* eingesetzt. Den Hinweis auf die notwendigerweise vorhandene Dämpfungszeit läßt man bei der Benennung des Reglertyps weg.

Auch hier zieht man den *Proportionalbeiwert* K_P als Faktor vor den Frequenzgang. Mit der Festlegung der *Vorhaltzeit* T_v

$$T_v = \frac{T_D}{K_P} \tag{2.4.52}$$

ergibt sich der Frequenzgang

$$G(j\omega) = K_P \left(1 + \frac{T_v\, j\omega}{1 + T_d\, j\omega} \right) \, . \tag{2.4.53}$$

Aus dieser Beziehung in Summenform ergibt sich die Ortskurve als ein Halbkreis im ersten Quadranten, der um K_P in die positive Richtung der reellen Achse verschoben ist. Für die Darstellung mittels Frequenzkennlinien ist die Produktform des Frequenzganges

$$G(j\omega) = K_P \frac{1 + T_{vP}\, j\omega}{1 + T_d\, j\omega} \tag{2.4.54}$$

geeigneter, wobei für die *Vorhaltzeit in der Produktform* T_{vP} gilt:

$$T_{vP} = T_v + T_d \, . \tag{2.4.55}$$

Der Amplitudengang

$$|G(j\omega)| = K_P \frac{\sqrt{1 + (T_{vP}\,\omega)^2}}{\sqrt{1 + (T_d\omega)^2}} \tag{2.4.56}$$

nimmt vom Wert K_P für $\omega \ll 1/T_{vP}$ auf den Wert $K_P\, T_{vP}/T_d$ für $\omega \gg 1/T_d$ zu. Diese Zunahme des Amplitudenganges wird als *Vorhaltverstärkung*

$$a = \frac{T_{vP}}{T_d} \tag{2.4.57}$$

bezeichnet. Durch die zu den beiden Kenngrößen T_{vP} und T_d gehörenden Eckfrequenzen $1/T_{vP}$ und $1/T_d$ ist das Frequenzband festgelegt, in dem eine

2.4 Frequenzgang und Frequenzkennlinien

merkliche Phasenanhebung stattfindet. Aufgrund dieser Phasenanhebung wird dieses Übertragungsglied häufig auch als Lead-Glied bezeichnet.

Wegen des symmetrischen Verlaufs des Phasenganges

$$\varphi(j\omega) = \arctan(T_{vP}\,\omega) - \arctan(T_d\omega) \tag{2.4.58}$$

wird der Maximalwert der Phasenanhebung φ_m

$$\varphi_m = \arctan \frac{a-1}{2\sqrt{a}}. \tag{2.4.59}$$

bei dem geometrischen Mittel ω_m der beiden Eckfrequenzen angenommen:

$$\omega_m = \frac{1}{\sqrt{T_{vP}\,T_d}}. \tag{2.4.60}$$

In Bild 2.15 sind die Phasengänge für verschiedene Werte der Vorhalt-

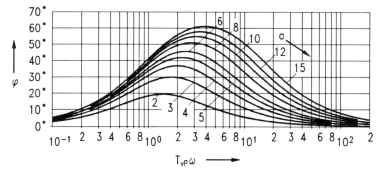

Bild 2.15 Phasengänge des PD-T_1-Gliedes, abhängig von der Vorhaltverstärkung a

verstärkung dargestellt, aufgetragen über der auf die untere Eckfrequenz bezogene Kreisfrequenz $\omega : \omega_{vP} = T_{vP}\omega$. Zum Maximalwert der Phasenanhebung φ_m gehört demzufolge der Wert $T_{vP}\,\omega_m = \sqrt{a}$.

2.4.3.10 Proportionales und verzögernd proportionales Glied, PP-T_1-Glied

Das PP-T_1-Glied entsteht aus der Parallelschaltung eines P-Gliedes und eines P-T_1-Gliedes und hat den Frequenzgang:

$$G(j\omega) = K_{P1} + \frac{K}{1 + T_d\,j\omega}. \tag{2.4.61}$$

Dieser läßt sich mit der Umformung

$$G(j\omega) = \frac{K_{P1} + K + K_{P1} T_d\, j\omega}{1 + T_d\, j\omega} = K_P \frac{1 + T_{vP}\, j\omega}{1 + T_d\, j\omega} \qquad (2.4.62)$$

mit den Festlegungen

$$K_P = K_{P1} + K \qquad (2.4.63)$$

$$T_{vP} = T_d \frac{K_{P1}}{K_{P1} + K} \qquad (2.4.64)$$

auf dieselbe Form wie der des PD-T_1-Gliedes mit Gl.(2.4.54) bringen.

Diese Gleichsetzung der beiden Frequenzgänge von PD-T_1-Glied und PP-T_1-Glied ist mehr formal zu sehen. Die wesentlichen Unterschiede zwischen beiden Übertragungsgliedern stecken im Verhältnis von T_{vP} zu T_d. Während beim PD-T_1-Glied $T_{vP} > T_d$ gilt, ist beim PP-T_1-Glied $T_{vP} < T_d$.

Der Amplitudengang des PP-T_1-Gliedes nimmt vom Wert K_P für $\omega \ll 1/T_d$ auf den Wert $K_P T_{vP}/T_d < K_P$ für $\omega \gg 1/T_{vP}$ ab. Diese Abnahme beträgt $1/a$, wenn man die mit Gl.(2.4.57) festgelegte Kenngröße benutzt. Für den Verlauf des Phasenganges kann man ebenfalls Bild 2.15 benutzen. Jedoch ist hierbei die unabhängige Variable $T_{vP}\omega$ durch $T_d\omega$ zu ersetzen, und die sich ergebenden Phasenwinkel φ erhalten das negative Vorzeichen.

Da beim PP-T_1-Glied $T_{vP} < T_d$ ist, ergibt sich bei Auflösung von Gl.(2.4.55) nach T_v

$$T_v = T_{vP} - T_d < 0 \qquad (2.4.65)$$

ein negativer Wert für T_v. Für den Verlauf der Übergangsfunktion und der Ortskurve gelten dieselben Beziehungen wie beim PD-T_1-Glied, nur mit umgekehrten Vorzeichen für T_v. Dies ist auch einleuchtend, wenn man bedenkt, daß man sich in beiden Fällen auf den stationären Endwert K_P bezieht.

Proportionales, integrierendes und verzögernd differenzierendes Glied, PID-T_1-Glied

Das als *PID-Regler* eingesetzte PID-T_1-Glied besteht aus der Parallelschaltung je eines P-, I- und D-T_1-Gliedes mit einem Frequenzgang, der sich aus der Summe der Teilfrequenzgänge ergibt:

$$G(j\omega) = K_P + \frac{1}{T_I\, j\omega} + \frac{T_D\, j\omega}{1 + T_d\, j\omega}\,. \qquad (2.4.66)$$

Dabei wird wegen der Realisierbarkeit nur das Differenzierglied mit zusätzlicher Verzögerungszeit T_d betrachtet, ohne daß dies jedesmal in der Benennung des

2.4 Frequenzgang und Frequenzkennlinien

Reglertyps zum Ausdruck gebracht wird. Indem man T_I und T_D auf K_P bezieht, erhält man den Frequenzgang in der Summenform:

$$G(j\omega) = K_P \left(1 + \frac{1}{T_n\, j\omega} + \frac{T_v\, j\omega}{1 + T_d\, j\omega} \right) \qquad (2.4.67)$$

mit den Kenngrößen *Proportionalbeiwert* K_P, *Nachstellzeit* T_n, *Vorhaltzeit* T_v und *Dämpfungszeit* T_d. Die zugehörige Übergangsfunktion

$$h(t) = K_P + K_P\, \frac{t}{T_n} + K_P \frac{T_v}{T_d}\, e^{-t/T_d} \qquad (2.4.68)$$

ergibt sich additiv aus den Übergangsfunktionen des P-, I- und D-T_1-Gliedes.

Um auf die Darstellung mit Frequenzkennlinien überzugehen, wird der Frequenzgang auf den Hauptnenner gebracht:

$$G(j\omega) = K_P\, \frac{1 + (T_n + T_d)\, j\omega\, -\, T_n\, (T_v + T_d)\omega^2}{T_n\, j\omega\, (1 + T_d\, j\omega)}\, . \qquad (2.4.69)$$

Für die quadratische Form im Zähler gibt es je nach den vorliegenden Werten von T_n, T_v und T_d entweder eine Darstellung mit reellen oder komplexen Nullstellen.

Bei konkreten regelungstechnischen Problemen ist es durch die Aufgabenstellung festgelegt, ob zur Kompensation von Streckenverzögerungszeiten reelle oder komplexe Nullstellen erforderlich sind. Soll ein Regler in der Summenform nach Gl.(2.4.67) eingesetzt werden, so müssen dessen Parameter aus den reellen oder komplexen Nullstellen ermittelt werden. Die Summenform bietet Vorteile bei der Begrenzung des Integralanteils an den Stellgrenzen durch Anti-Reset-Windup-(ARW)-Maßnahmen (Kapitel 4).

2.4.3.11 PID-T_1-Glied, PID-Regler

Der Frequenzgang des *PID-Reglers mit reellen Nullstellen*

$$G(j\omega) = K_{PP}\, \frac{(1 + T_{nP}j\omega)(1 + T_{vP}j\omega)}{T_{nP}j\omega\, (1 + T_d j\omega)} \qquad (2.4.70)$$

ist durch die Kenngrößen *Proportionalbeiwert* K_{PP}, *Nachstellzeit* T_{nP} und *Vorhaltzeit* T_{vP} in der Produktform und *Dämpfungszeit* T_d festgelegt. Er läßt sich als Produkt der Frequenzgänge eines PI-Gliedes und eines PD-T_1-Gliedes beschreiben. Der Amplitudengang

$$|G(j\omega)| = K_{PP}\, \frac{\sqrt{1 + (T_{nP}\omega)^2}\, \sqrt{1 + (T_{vP}\omega)^2}}{T_{nP}\omega\, \sqrt{1 + (T_d\omega)^2}} \qquad (2.4.71)$$

definiert mit seinem asymptotischen Verlauf im Frequenzbereich $1/T_{nP} \leq \omega \leq 1/T_{vP}$ den *Proportionalbeiwert* K_{PP}.

Der Phasengang

$$\varphi(j\omega) = -\frac{\pi}{2} + \arctan(T_{nP}\omega) + \arctan(T_{vP}\omega) - \arctan(T_d\omega) \qquad (2.4.72)$$

beginnt für $\omega = 0$ bei $-90°$, nimmt oberhalb einer bestimmten Frequenz ω_m positive Werte an und nähert sich für $\omega \to \infty$ dem Wert 0.

Ein Koeffizientenvergleich der Frequenzgänge nach Gl.(2.4.70) und Gl.(2.4.69) liefert die Beziehungen:

$$T_n = T_{nP} + T_{vP} - T_d \qquad (2.4.73)$$
$$T_v = T_{vP}\,T_{nP}/T_n - T_d \qquad (2.4.74)$$
$$K_P = K_{PP}\,T_n/T_{nP} \qquad (2.4.75)$$

In Tafel 2.3 sind bei der Ortskurve und beim Bode-Diagramm die Frequenz ω_m und die Werte des Frequenzganges bei den Frequenzen $\omega = \omega_m$ und $\omega = \infty$ angegeben. Dabei sind diese Werte in der Ortskurve mit den Kenngrößen der Summenform und im Bode-Diagramm mit den Kenngrößen der Produktform ausgedrückt.

Übergangsfunktion, Ortskurve und Bode-Diagramm in Nr. 11 sind für ein Übertragungsglied mit den Kennwerten $K_{PP} = 2$, $T_{nP} = 2\,s$, $T_{vP} = 1\,s$ und $T_d = 0,1\,s$ gezeichnet. Dazu gehören die Kennwerte der Summenform: $T_n = 2,9\,s$, $T_v = 0,590\,s$, $T_d = 0,1\,s$, $K_P = 2,9$.

2.4.3.12 PID$_0$-T$_1$-Glied, PID$_0$-Regler

Der Frequenzgang des *PID-Reglers mit komplexen Nullstellenpaar*, der zur Unterscheidung von dem mit reellen Nullstellen als *PID$_0$-Regler* bezeichnet wird, lautet:

$$G(j\omega) = K_{PR}\,\frac{1 + 2\vartheta_R\,T_{0R}\,j\omega - T_{0R}^{\,2}\,\omega^2}{T_{0R}\,j\omega\,(1 + T_d\,j\omega)}\,. \qquad (2.4.76)$$

Er ist durch die Kenngrößen *Proportionalbeiwert* K_{PR}, *Kennzeit* T_{0R}, *Dämpfungsgrad* ϑ_R und *Dämpfungszeit* T_d bestimmt. Um die Kenngrößen dieses Reglers von den entsprechenden Kenngrößen des P-T$_{2S}$-Gliedes zu unterscheiden, werden die Symbole T_{0R} und ϑ_R jeweils mit einem zusätzlichen R als Index versehen.

Für den Amplitudengang

$$|G(j\omega)| = K_{PR}\,\frac{\sqrt{(1 - T_{0R}^{\,2}\,\omega^2)^2 + 4\vartheta_R^{\,2}\,T_{0R}^{\,2}\,\omega^2}}{T_{0R}\,\omega\,\sqrt{1 + T_d^{\,2}\,\omega^2}} \qquad (2.4.77)$$

2.4 Frequenzgang und Frequenzkennlinien

ist in Tafel 2.3 auch der asymptotische Verlauf dünn eingezeichnet. Dieser besteht für $\omega < 1/T_{0R}$ aus der Geraden $K_{PR}/(T_{0R}\omega)$, im Bereich $1/T_{0R} < \omega < 1/T_d$ aus der Geraden $K_{PR}T_{0R}\omega$ und für $\omega > 1/T_d$ aus einer Parallelen zur ω-Achse. Der Schnittpunkt der beiden mit 20 dB/Dekade abfallenden bzw. aufsteigenden Geraden bei $\omega_0 = 1/T_{0R}$ definiert den *Proportionalbeiwert* K_{PR}.

In der Umgebung der *Kennkreisfrequenz* $\omega_0 = 1/T_{0R}$ beschreibt der Amplitudengang Teile von zwei Kurvenstücken, deren Verlauf $|G^*(j\omega)|$ man aus Gl.(2.4.76) erhält, wenn man darin $T_d = 0$ und $\vartheta_R = 0$ setzt:

$$|G^*(j\omega)|\big|_{\vartheta_R = 0,\, T_d = 0} = \frac{K_{PR}}{T_{0R}\omega}\left[1 - T_{0R}^2\omega^2\right] \qquad (2.4.78)$$

Die beiden symmetrisch zur Frequenz $\omega_0 = 1/T_{0R}$ liegenden Kurvenstücke sind dünn eingezeichnet.

Der Phasengang

$$\varphi(j\omega) = -\frac{\pi}{2} + \arctan\frac{2\vartheta_R T_{0R}\omega}{1 - T_{0R}^2\omega^2} - \arctan(T_d\omega) \qquad (2.4.79)$$

beginnt für $\omega = 0$ bei $-90°$, nimmt oberhalb der Frequenz ω_m positive Werte an und strebt für $\omega \to \infty$ zum Wert 0. Für die Berechnung von $\arctan\left[2\vartheta_R T_{0R}\omega/(1 - T_{0R}^2\omega^2)\right]$ gilt ebenfalls der beim P-T$_2$-Glied unter 2.4.3.4 gegebene Hinweis.

Durch einen Koeffizientenvergleich der beiden Frequenzgänge Gl.(2.4.76) und Gl.(2.4.69) erhält man die Beziehungen:

$$T_n = 2\vartheta_R T_{0R} - T_d \qquad (2.4.80)$$
$$T_v = T_{0R}^2/T_n - T_d \qquad (2.4.81)$$
$$K_P = K_{PR}T_n/T_{0R} \qquad (2.4.82)$$

In der Ortskurve und im Bode-Diagramm von Tafel 2.3, Nr. 12, sind die Frequenz ω_m und die Werte des Frequenzganges bei $\omega = \omega_\infty$ und $\omega = \infty$ angegeben. Für das Bode-Diagramm sind diese Werte mit den Kenngrößen der Polynomform Gl.(2.4.76) ausgedrückt, während in der Ortskurve die Kenngrößen der Summenform nach Gl.(2.4.66) verwendet werden.

Der PID$_0$-Regler mit komplexem Nullstellenpaar unterscheidet sich vom PID-Regler mit reellen Nullstellen *nur* durch einen kleineren Proportionalbeiwert K_P, wenn man die Summenform nach Gl.(2.4.66) zugrundelegt. Diese Aussage soll an den bei Nr. 11 und Nr. 12 gewählten Parameterwerten demonstriert werden. Durch die mit Gl.(2.4.46) und Gl.(2.4.52) festgelegten Beziehungen erhält man $T_I = T_n/K_P$ und $T_D = T_v K_P$. Für das PID-T$_1$-Glied ergibt das die Werte: $T_I = 1$ s, $T_D = 1{,}71$ s. Für das PID$_0$-T$_1$-Glied soll nun ein solches K_P gewählt werden, daß sich ein bestimmter Dämpfungsgrad $\vartheta_R = 0{,}2$ ergibt.

Bringt man den Frequenzgang Gl.(2.4.66) auf den Hauptnenner und vergleicht die Zählerkoeffizienten mit Gl.(2.4.76), so erhält man die Beziehungen $2\vartheta_R T_{0R} = K_P T_I + T_d$ und $T_{0R}^2 = T_I(K_P T_d + T_D)$ und daraus:

$$\vartheta_R = \frac{1}{2} \cdot \frac{T_I K_P + T_d}{\sqrt{T_I(T_d K_P + T_D)}}. \qquad (2.4.83)$$

Diese Gleichung zeigt, daß ein PID$_0$-Regler mit $\vartheta_R > 0$ auch für $K_P = 0$ und sogar für $K_P < 0$ existiert, solange

$$K_P > -T_d/T_I \qquad (2.4.84)$$

ist. Ein solches Übertragungsverhalten ist nicht mit Gl.(2.4.67) zu beschreiben, wo der Proportionalbeiwert K_P als gemeinsamer Faktor steht.

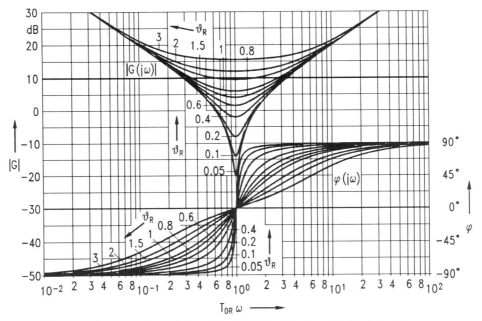

Bild 2.16 Frequenzkennlinien des PID-Reglers in Abhängigkeit vom Dämpfungsgrad ϑ_R für $T_d = 0$

Mit den Werten $T_I = 1\,s$, $T_D = 1,71\,s$, $T_d = 0,1\,s$ und dem vorgegebenen Dämpfungsgrad $\vartheta_R = 0,2$ erhält man aus Gl.(2.4.83) den Proportionalbeiwert $K_P = 0,430$. Aus $T_n = K_P T_I$ erhält man mittels Gl.(2.4.80) für $T_{OR} = 1,325\,s$ und mittels Gl.(2.4.82) für $K_{PR} = 1,325$. Mit diesen Kennwerten sind Übergangsfunktion, Ortskurve und Bode-Diagramm von Nr. 12 gezeichnet.

2.4 Frequenzgang und Frequenzkennlinien

Der Unterschied zwischen den beiden Übertragungsgliedern Nr. 11 und 12 macht sich in der Übergangsfunktion durch eine Verschiebung in vertikaler Richtung und in der Ortskurve durch eine Verschiebung in horizontaler Richtung nur graduell bemerkbar, während in den Frequenzkennlinien die prinzipiellen Unterschiede deutlich zutage treten [2.6] [2.7].

In Bild 2.16 sind die Frequenzkennlinien des PID-Gliedes für den Fall $T_d = 0$ in Abhängigkeit vom Dämpfungsgrad ϑ_R dargestellt.

2.4.3.13 Totzeitglied, T_t-Glied

Das Totzeitglied ist im Unterschied zu den anderen bisher betrachteten Übertragungsgliedern ein nichtrationales Übertragungsglied. Es beschreibt den Transportvorgang, wie er bei Masse, Energie und Information auftritt. Die Verschiebung der Eingangsgröße um die Totzeit T_t wird durch die Beziehung $v(t) = u(t - T_t)$ beschrieben. Mit dem Verschiebungssatz der Laplace-Transformation erhält man die Übertragungsfunktion $G(s) = e^{-T_t s}$ und den Frequenzgang

$$G(j\omega) = e^{-T_t j\omega} \tag{2.4.85}$$

mit den Frequenzkennlinien:

$$|G(j\omega)| = 1\,; \qquad \varphi(j\omega) = -T_t\omega\,. \tag{2.4.86}$$

Die Ortskurve ist also ein Kreis vom Radius 1, der periodisch mit der Kreisfrequenz ω durchlaufen wird. Der Amplitudengang verläuft auf der 0-dB-Linie, während der Phasengang negative Werte annimmt, die proportional mit ω zunehmen. Zur Frequenz $\omega = 1/T_t$ gehört der Wert $\varphi\left(j\frac{1}{T_t}\right) = -1 \,\hat{=}\, -180°/\pi = -57,3°$.

Um auch beliebig große Winkel in einem beschränkten Bereich darstellen zu können, wird die im Bode-Diagramm wiedergegebene Darstellung des Vollkreises als Winkelbereich zwischen $-180°$ und $+180°$ gewählt. Überschreitet ein Winkel etwa den Wert $-180°$ in negativer Richtung, so wird danach der Ergänzungswinkel zu $360°$ als positiver Winkel aufgetragen. Diese Vorgehensweise läßt sich weiter fortsetzen.

Tafel 2.3   Beschreibung der wichtigsten Übertragungsglieder der Regelungstechnik durch Übergangsfunktion, Übertragungsfunktion, Ortskurve und Frequenzkennlinien im Bode-Diagramm.

Lfd. Nr.	Glied	Übergangsfunktion Bild	Übergangsfunktion Gleichung	Übertragungsfunktion
1	P	$h(t)$, Wert K_P konstant	$h(t) = K_P$	$G(s) = K_P$
2	P-T$_1$	$h(t)$, exponentieller Anstieg auf K mit Zeitkonstante T_1	$h(t) = K(1 - e^{-t/T_1})$	$G(s) = \dfrac{K}{1 + T_1 s}$
3	P-T$_2$	$h(t)$, S-förmiger Anstieg auf K	$h(t) = K\left(1 - \dfrac{T_1}{T_1 - T_2} e^{-t/T_1} + \dfrac{T_2}{T_1 - T_2} e^{-t/T_2}\right)$	$G(s) = \dfrac{K}{(1 + T_1 s)(1 + T_2 s)}$
4	P-T$_{2S}$	$h(t)$, gedämpfte Schwingung um K; Maxima bei $\dfrac{\pi T_0}{\sqrt{1-\vartheta^2}}$, $\dfrac{2\pi T_0}{\sqrt{1-\vartheta^2}}$; Einhüllende $K\cdot\exp\left(-\pi\dfrac{\vartheta}{\sqrt{1-\vartheta^2}}\right)$; Nulldurchgang bei $\dfrac{\pi-\psi}{\sqrt{1-\vartheta^2}}T_0$	$h(t) = K\left[1 - \dfrac{e^{-\vartheta t/T_0}}{\sqrt{1-\vartheta^2}} \sin\left(\sqrt{1-\vartheta^2}\,\dfrac{t}{T_0} + \psi\right)\right]$; $\psi = \arccos\vartheta$	$G(s) = \dfrac{K}{1 + 2\vartheta T_0 s + T_0^2 s^2}$ $T_0 = \dfrac{1}{\omega_0}$; $\vartheta < 1$
5	I	$h(t)$, Gerade durch Ursprung, $h = 1$ bei $t = T_I$	$h(t) = \dfrac{t}{T_I}$	$G(s) = \dfrac{1}{T_I s}$

2.4 Frequenzgang und Frequenzkennlinien

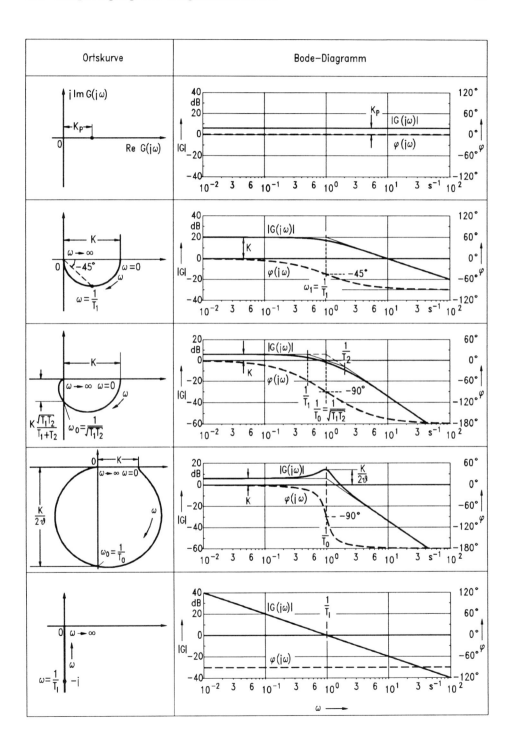

Lfd. Nr.	Glied	Übergangsfunktion Bild	Übergangsfunktion Gleichung	Übertragungsfunktion
6	I-T_1		$h(t) = \dfrac{t-T_1}{T_I} + \dfrac{T_1}{T_I} e^{-t/T_1}$	$G(s) = \dfrac{1}{T_I s(1+T_1 s)}$
7	PI		$h(t) = K_P\left(1 + \dfrac{t}{T_n}\right)$	$G(s) = K_P \dfrac{1+T_n s}{T_n s}$
8	D-T_1		$h(t) = \dfrac{T_D}{T_d} e^{-t/T_d}$	$G(s) = \dfrac{T_D s}{1+T_d s}$
9	PD-T_1		$T_{vP} > T_d$ $T_v = T_{vP} - T_d > 0$ --- $h(t) = K_P\left(1 + \dfrac{T_v}{T_d} e^{-t/T_d}\right)$	$G(s) = K_P\left(1 + \dfrac{T_v s}{1+T_d s}\right)$ $= K_P \dfrac{1+T_{vP} s}{1+T_d s}$ $T_{vP} = T_v + T_d$
10	PP-T_1		$T_{vP} < T_d$ $T_v = T_{vP} - T_d < 0$	

2.4 Frequenzgang und Frequenzkennlinien

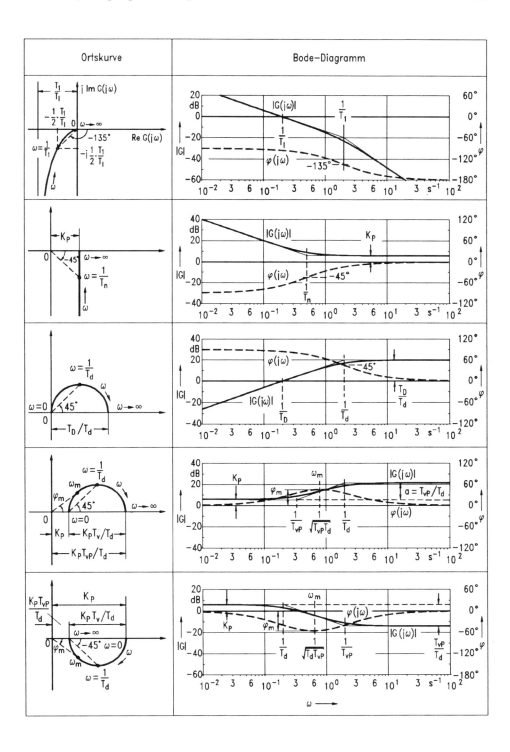

Lfd. Nr.	Glied	Übergangsfunktion Bild	Übergangsfunktion Gleichung	Übertragungsfunktion
11	PID–T_1	(Bild: h(t) mit Spitze $K_P \frac{T_v}{T_d}$, Plateau K_P, Zeitpunkte T_d, T_n/K_P)	$T_n = T_{nP} + T_{vP} - T_d$ $T_v = T_{vP} T_{nP} / T_n - T_d$ $K_P = K_{PP} T_n / T_{nP}$ --- $h(t) = K_P(1 + \frac{t}{T_n} + \frac{T_v}{T_d} e^{-t/T_d})$	$G(s) = K_{PP} \cdot$ $\cdot \dfrac{(1+T_{nP}s)(1+T_{vP}s)}{T_{nP}s(1+T_d s)}$
12	PID_0–T_1	(Bild: h(t) mit Spitze $\frac{T_D}{T_d}$, Plateau K_P, T_d, T_I)	$T_n = 2\vartheta_R T_{OR} - T_d$ $T_v = T_{OR}^2 / T_n - T_d$ $K_P = K_{PR} T_n / T_{OR}$	$G(s) = K_{PR} \cdot$ $\cdot \dfrac{1 + 2\vartheta_R T_{OR} s + T_{OR}^2 s^2}{T_{OR} s (1+T_d s)}$ $\vartheta_R \leq 1$
13	T_t	(Bild: Sprung bei T_t auf 1)	$h(t) = \sigma(t - T_t)$	$G(s) = e^{-T_t s}$
14	A_1	(Bild: h(t) startet bei -1, kreuzt Null bei T_1, steigt auf 1)	$h(t) = 1 - 2e^{-t/T_1}$	$G(s) = \dfrac{1 - T_1 s}{1 + T_1 s}$

2.4 Frequenzgang und Frequenzkennlinien

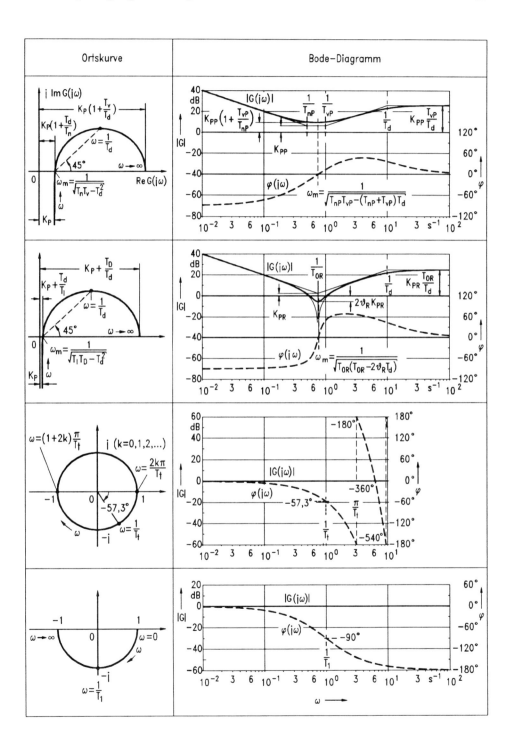

2.4.3.14 Allpaß erster Ordnung, A_1-Glied

Ein Allpaßglied ist ein rationales Übertragungsglied, bei dem die Pole und Nullstellen symmetrisch zur j-Achse liegen. Es hat den Frequenzgang

$$G(j\omega) = \frac{1 - T_1 j\omega}{1 + T_1 j\omega} \qquad (2.4.87)$$

mit den Frequenzkennlinien:

$$|G(j\omega)| = 1 \; ; \qquad \varphi(j\omega) = -2\arctan(T_1\omega) \; . \qquad (2.4.88)$$

Der Phasengang überstreicht den Winkelbereich von 0° bis $-180°$ und nimmt gerade den doppelten Wert an wie beim Verzögerungsglied 1. Ordnung. Daher ergibt die Ortskurvendarstellung einen Halbkreis im 3. und 4. Quadranten mit dem Radius 1.

Das Allpaßglied 1. Ordnung stellt die beste Näherung eines Totzeitgliedes durch ein rationales Übertragungsglied 1. Ordnung dar. Wenn man die Fläche zwischen der Übergangsfunktion des Allpaßgliedes und seinem stationären Endwert 1 ermittelt und diese der entsprechenden Fläche beim Totzeitglied gleichsetzt, so erhält man: $T_1 = T_t/2$. Damit ergibt sich die *Padé-Approximation eines Totzeitgliedes*

$$\frac{1 - \dfrac{T_t}{2} s}{1 + \dfrac{T_t}{2} s} \approx e^{-T_t s} \; . \qquad (2.4.89)$$

Dieser Zusammenhang wird in Abschnitt 3 noch verwendet werden.

Abschließend soll noch festgestellt werden, daß es sich beim Totzeitglied und beim Allpaßglied um Übertragungsglieder mit *nichtminimalem Phasenverhalten* handelt. Bei allen anderen betrachteten Übertragungsgliedern handelt es sich um *Phasenminimumsysteme*, bei denen man aus dem Amplitudengang $|G(j\omega)|$ eindeutig auf den Phasengang $\varphi(j\omega)$ schließen kann. Bei diesen ist nach dem Gesetz von *Bode* jede Verringerung der Amplitude bei anwachsender Frequenz mit einem Auftreten nacheilender Phasenwinkel verknüpft, während voreilende Phasenwinkel einen Amplitudenanstieg mit der Frequenz verlangen. Phasenminimumsysteme enthalten also keine Totzeit und auch keine Allpaßanteile.

2.5 Stabilität des einschleifigen Regelkreises

Der Regelungstechniker hat die Aufgabe, Regelkreise zu so entwerfen, daß sie bestimmten Forderungen hinsichtlich Stabilität, Robustheit und Störverhalten genügen. Da sich der offene Regelkreis aus einer Reihenschaltung einfacher Übertragungsglieder aufbauen läßt, muß der formelmäßige Zusammenhang zwischen offenem und geschlossenem Regelkreis hergeleitet werden. Die Kriterien für Stabilität sind im Hinblick auf ihre Verwendbarkeit zu prüfen und danach auszuwählen.

2.5.1 Grundstruktur des einschleifigen Regelkreises

Zunächst geht es darum, den bereits in Bild 2.2 dargestellten Wirkungsplan des einschleifigen Regelkreises in den Bildbereich zu übersetzen und danach zu vereinfachen. Bild 2.17 ergibt sich aus Bild 2.2, wenn man die einzelnen Komponenten durch ihre Übertragungsfunktionen im Bildbereich und die einzelnen Zeitfunktionen durch ihre Laplace-Transformierten ersetzt. Dabei ist $G_R(s)$ die Übertragungsfunktion des Reglers, $G_{St}(s)$ die des Stellers, $G_{Sy}(s)$ die der Regelstrecke, $G_M(s)$ die der Meßeinrichtung und $G_{Sz}(s)$ die des Anteils der Regelstrecke, der von der Störgröße durchlaufen wird.

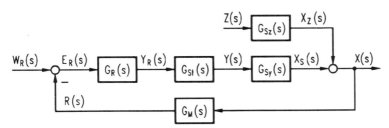

Bild 2.17 Wirkungsplan des einschleifigen Regelkreises im Bildbereich

In Bild 2.17 wird die von der Meßeinrichtung gelieferte *Rückführgröße* $R(s)$ mit der Führungsgröße $W_R(s)$ verglichen. Diese Struktur soll mit den Mitteln der Wirkungsplan-Algebra [2.2] so umgeformt werden, daß ein Regelkreis mit Einheitsrückführung entsteht. Dazu verschiebt man die Vergleichsstelle entgegen der Wirkungsrichtung, so daß Bild 2.18a mit der gewünschten Einheitsrückführung entsteht. An der Vergleichsstelle wird nun die *Führungsgröße* $W(s)$ mit der *Regelgröße* $X(s)$ verglichen. Durch die Umformung ist ein zusätzlicher Block mit der Übertragungsfunktion $1/G_M(s)$ entstanden. Dieser berücksichtigt die Umformung von der zuvor betrachteten Führungsgröße $W_R(s)$ in die weiterhin benutzte Führungsgröße $W(s)$. Mit Benutzung der Führungsgröße $W(s)$ als Eingangsgröße des Regelkreises kann der Block $1/G_M(s)$ entfallen. Die Wirkung der Meßeinrichtung ist als Block im Vorwärtszweig berücksichtigt.

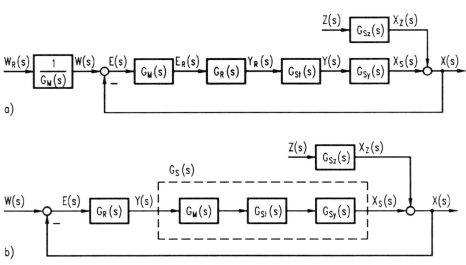

Bild 2.18 Vereinfachung des Wirkungsplanes

In Bild 2.18b wird die Reihenfolge der Blöcke $G_R(s)$ und $G_M(s)$ getauscht, was bei einer Reihenstruktur aus linearen Gliedern erlaubt ist. Zugleich werden die Übertragungsfunktionen der Meßeinrichtung $G_M(s)$, des Stellers $G_{St}(s)$ und der Regelstrecke $G_{Sy}(s)$ zur *Streckenübertragungsfunktion*

$$G_S(s) = G_M(s)\,G_{St}(s)\,G_{Sy}(s) \qquad (2.5.1)$$

zusammengefaßt. Damit sind alle Glieder, deren Verhalten für die Auswahl des Reglers und seiner Parameter von Bedeutung sind, in einer Übertragungsfunktion enthalten.

Mit der *Reglerübertragungsfunktion* $G_R(s)$ und der mit Gl.(2.5.1) festgelegten Streckenübertragungsfunktion $G_S(s)$ gelangt man zu Bild 2.19a, wo nur noch diese beiden Übertragungsfunktionen im geschlossenen Regelkreis auftreten. Die Ausgangsgröße des Reglers und Eingangsgröße der Strecke wird von nun an als *Stellgröße* $Y(s)$ bezeichnet. Dies entspricht nicht der aufgelösten Darstellung von Bild 2.17, die an die geltende Norm DIN 19 226 angepaßt ist. Mit der Verschiebung des Blockes $G_M(s)$ hinter $G_R(s)$ und der Zusammenfassung mehrerer

2.5 Stabilität des einschleifigen Regelkreises

Blöcke zur Streckenübertragungsfunktion $G_S(s)$, haben die Ausgangsgrößen der einzelnen Blöcke sowieso nicht mehr die Bedeutung wie in Bild 2.17.

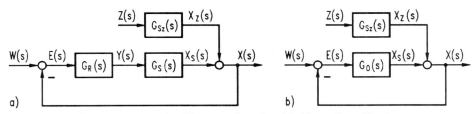

Bild 2.19 Standardformen des einschleifigen Regelkreises

Das Produkt von Regler- und Streckenübertragungsfunktion nennt man die *Übertragungsfunktion des offenen Kreises*

$$G_O(s) = G_R(s)\, G_S(s)\,. \tag{2.5.2}$$

Damit erhält man schließlich den Wirkungsplan von Bild 2.19b, den man als *Standardregelkreis mit Einheitsrückführung* bezeichnet. Entscheidend für die Darstellung nach Bild 2.19 ist, daß in der Streckenübertragungsfunktion auch der Steller, der häufig noch einen Antrieb enthält, sowie die häufig verzögernd wirkende Meßeinrichtung enthalten sind.

Die Regelgröße soll mit Hilfe der Regelung an die Führungsgröße angeglichen werden. Außerdem unterliegt sie noch Störeinflüssen, die in Bild 2.17 bis Bild 2.19 durch die *Störgröße* $Z(s)$ dargestellt sind. In dem Block mit der Eingangsgröße $Z(s)$ ist die *Streckenübertragungsfunktion bezüglich Störung*

$$G_{Sz}(s) = \frac{X_Z(s)}{Z(s)} \tag{2.5.3}$$

eingetragen. Sie gibt an, wie sich die *Störgröße ohne Vorhandensein einer Regelung* auf die Regelgröße auswirkt. Sie macht auch eine Aussage über den Störort, was auch in Bild 2.2 zum Ausdruck kommt. Im geschlossenen Regelkreis wird die Wirkung der Störgröße auf die Regelgröße mehr oder weniger gut kompensiert.

2.5.2 Gleichungen des geschlossenen Regelkreises

Für alle einschleifigen Regelungen lassen sich die in Bild 2.19 dargestellten Wirkungspläne angeben oder durch Umformungen herleiten. Dabei sind die Führungsgröße $W(s)$ und die Störgröße $Z(s)$ die Eingangsgrößen, und die Regelgröße $X(s)$ ist die Ausgangsgröße des Regelkreises. Aus den Beziehungen für den Vergleicher, die Übertragungsfunktionen $G_O(s)$ und $G_{Sz}(s)$ sowie für die Summationsstelle

$$E(s) = W(s) - X(s)$$
$$X_S(s) = G_O(s)\,E(s)$$
$$X_Z(s) = G_{Sz}(z)\,Z(s)$$
$$X(s) = X_S(s) + X_Z(s)$$

erhält man die Gleichung:

$$X(s) = G_O(s)\bigl[W(s) - X(s)\bigr] + G_{Sz}(z)\,Z(s)\ . \tag{2.5.4}$$

Löst man diese Gleichung nach der Regelgröße auf, so ergibt sich:

$$X(s) = \frac{G_O(s)}{1 + G_O(s)}\,W(s) + \frac{G_{Sz}(s)}{1 + G_O(s)}\,Z(s)\ . \tag{2.5.5}$$

Die hierin auftretenden zusammengesetzten Übertragungsfunktionen bezeichnet man als *Führungsübertragungsfunktion*

$$G_W(s) = \frac{G_O(s)}{1 + G_O(s)} \tag{2.5.6}$$

und *Störübertragungsfunktion*

$$G_Z(s) = \frac{G_{Sz}(s)}{1 + G_O(s)}\ . \tag{2.5.7}$$

Damit läßt sich die Gleichung des geschlossenen Regelkreises kürzer als

$$X(s) = G_W(s)\,W(s) + G_Z(s)\,Z(s) \tag{2.5.8}$$

schreiben.

Durch geschickte Wahl der Reglerübertragungsfunktion $G_R(s)$ ist dafür zu sorgen, daß die Regelgröße möglichst schnell und genau der Führungsgröße folgt und die Auswirkungen der Störgröße möglichst weitgehend unterdrückt werden.

2.5.3 Stabilität von Übertragungsgliedern und Regelkreisen

Grundvoraussetzung für eine einwandfreie Regelung ist ihr stabiles Verhalten. Unter *Stabilität* eines Übertragungsgliedes versteht man dabei die Eigenschaft, daß eine beschränkte Eingangsgröße auch nur eine beschränkte Ausgangsgröße zur Folge hat. Nimmt man als Eingangsgröße die Einheitssprungfunktion $\sigma(t)$, so sieht man unmittelbar, daß von den unter 2.4.3 betrachteten Übertragungsgliedern das P-, P-T_1-, P-T_2- und T_t-Glied stabil sind, während das I-, PI-

2.5 Stabilität des einschleifigen Regelkreises

und PID-Glied instabil sind, da deren Ausgangsgröße mit wachsendem t jeden endlichen Wert übersteigt. Die hierdurch definierte Stabilität wird als *BIBO-Stabilität* bezeichnet, was von der englischen Bezeichnung „Bounded Input - Bounded Output" herrührt.

Die Stabilitätsprüfung mit der Vorgabe von Sprungfunktionen kann rechnerisch sehr aufwendig werden, wenn man nicht die Ermittlung der Sprungantwort durch Simulation vorzieht. Günstig wäre ein Stabilitätskriterium, das auf der Übertragungsfunktion des betrachteten Übertragungsgliedes aufbaut, die in Abschnitt 2.3.4 (S. 29) mit Gl.(2.3.23) zu

$$G(s) = \frac{b_0 + b_1 s + \cdots + b_m s^m}{a_0 + a_1 s + \cdots + a_n s^n}, \qquad m \leq n \qquad (2.5.9)$$

angenommen worden ist. In Abschnitt 2.3.4 wird hergeleitet, daß die Sprungantwort dieses Übertragungsgliedes durch $v(t) = r_0 + r_1 e^{\alpha_1 t} + \cdots + r_n e^{\alpha_n t}$ gegeben ist. Dabei bedeuten die α_i die Pole von $G(s)$ in der faktorisierten Form

$$G(s) = \frac{b_m}{a_n} \cdot \frac{\prod_{\mu=1}^{m}(s - \beta_\mu)}{\prod_{\nu=1}^{n}(s - \alpha_\nu)}. \qquad (2.5.10)$$

Die Summe der mit den Residuen r_i gewichteten e-Funktionen ist nur dann endlich, wenn alle Pole α_i einen negativen Realteil besitzen. Hat die Übertragungsfunktion einen Pol im Koordinatenursprung, z.B. $\alpha_1 = 0$, dann enthält die Sprungantwort einen zeitlinear ansteigenden Anteil, und das Übertragungsglied ist instabil.

Diese Stabilitätsaussage gilt sowohl für ein einzelnes Übertragungsglied wie auch für die Übertragungsfunktion $G_O(s)$ des offenen bzw. $G_W(s)$ des geschlossenen Regelkreises. Im Falle der Führungsübertragungsfunktion $G_W(s)$ müssen die Nullstellen von $1 + G_O(s)$ daraufhin untersucht werden, ob sie alle einen negativen Realteil besitzen. Diese Aussage kann jedoch nur getroffen werden, wenn das bestrachtete System durch rationale Übertragungsglieder beschrieben wird, also keine Totzeit enthält. Mit dem Nyquist-Kriterium steht ein Stabilitätskriterium zur Verfügung, das von dieser Einschränkung frei ist.

2.5.4 Stabilitätsprüfung mit dem Nyquist-Kriterium

Beim Nyquist-Kriterium wird die Winkeländerung des Fahrstrahls vom kritischen Punkt -1 zum laufenden Punkt $G_O(j\omega)$ der Ortskurve des offenen Kreises betrachtet, wenn ω von 0 bis $+\infty$ läuft (Bild 2.20). Aus dieser Winkeländerung vermag man eine Aussage über die Stabilität des geschlossenen Kreises herzuleiten. Damit löst das Nyquist-Kriterium genau das grundlegende Problem der

Regelungstechnik: aus dem bekannten Verhalten des offenen Regelkreises die Stabilität des geschlossenen Regelkreises zu ermitteln.

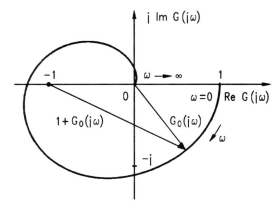

Bild 2.20
Fahrstrahl vom kritischen Punkt -1 zur Ortskurve des offenen Kreises

Folgende Vorzüge des Nyquist-Kriteriums sind noch erwähnenswert:

- Seine Aussagen gelten auch dann, wenn für einzelne Regelkreisglieder nur meßtechnisch ermittelte Frequenzgänge verfügbar sind.

- Der Einfluß, den die Änderung einzelner Parameter oder die Änderung der Struktur durch Einfügen neuer Übertragungsglieder auf die Stabilität hat, ist so gut zu überschauen, daß man damit nicht nur die Stabilitätsanalyse, sondern auch den Entwurf von Regelkreisen als Synthese durchführen kann. Dazu muß man das Kriterium allerdings für die Frequenzkennliniendarstellung formulieren.

- Als einziges Stabilitätskriterium gilt es uneingeschränkt auch für Systeme mit Totzeitgliedern.

Es leuchtet ein, daß ein so aussagekräftiges Stabilitätskriterium hier nicht in voller Allgemeingültigkeit behandelt werden kann. Dafür wird auf umfangreichere Literatur verwiesen [2.8], [2.9]. Außerdem ist es in dieser Allgemeingültigkeit für die Mehrzahl der in der regelungstechnischen Praxis auftretenden Fälle unnötig aufwendig und kompliziert.

2.5.4.1 Vereinfachtes Nyquist-Kriterium

Für die weiteren Anwendungen genügt vollauf das vereinfachte Nyquist-Kriterium. Dieses bezieht sich auf den Fall, daß der offene Regelkreis ein

2.5 Stabilität des einschleifigen Regelkreises

System darstellt, das nur Pole in der linken s-Halbebene hat (P-Verhalten). Zusätzlich darf der offene Regelkreis noch eine oder zwei Polstellen im Nullpunkt der s-Ebene haben (I- oder I^2-Verhalten). Für diese Fälle lautet das *Nyquist-Kriterium*:

Der geschlossene Regelkreis mit der Übertragungsfunktion $G_O(s)$ des offenen Regelkreises ist stabil, wenn der kritische Punkt -1 in Richtung zunehmender ω-Werte gesehen, *links* von der Ortskurve $G_O(j\omega)$ liegt. Man bezeichnet diese Aussage des vereinfachten Nyquist-Kriteriums als „Linke-Hand-Regel".

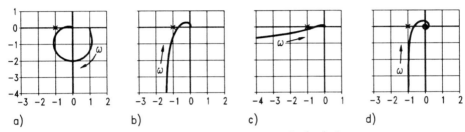

Bild 2.21 Ortskurven des Frequenzganges $G_O(j\omega)$ für
 a) proportionales b) integrierendes
 c) zweifach integrierendes Verhalten
 d) integrierendes Verhalten mit Totzeit, * kritischer Punkt

In Bild 2.21 sind Beispiele für Ortskurven von Frequenzgängen $G_O(j\omega)$ dargestellt, die P-, I- bzw. I^2-Verhalten aufweisen und stabile geschlossene Regelkreise ergeben. Es verdient darauf hingewiesen zu werden, daß auch das vereinfachte Nyquist-Kriterium für Strecken mit Totzeit uneingeschränkt gilt. Bild 2.21d zeigt mit I-T_t-Verhalten des offenen Regelkreises auch dafür ein Beispiel. Zu der in Bild 2.20 gezeigten Ortskurve gehört dagegen ein instabiler geschlossener Regelkreis.

2.5.4.2 Vereinfachtes Nyquist-Kriterium in Frequenzkennliniendarstellung

Das vereinfachte Nyquist-Kriterium soll auch in der Frequenzkennlinienform dargestellt werden. Zunächst wird jedoch die Ortskurvendarstellung in Bild 2.22 betrachtet. Bewegt man sich in Richtung zunehmender Frequenz auf der Ortskurve, so schneidet diese bei der Frequenz ω_d, der *Durchtrittskreisfrequenz*, den Einheitskreis. Hiermit wird die Bedingung

$$|G_O(j\omega_d)| = 1 \tag{2.5.11}$$

erfüllt, und dazu gehört der **Phasenwinkel** $\varphi_O(j\omega_d)$. Als *Phasenreserve* φ_r bezeichnet man den Ergänzungswinkel zu $-180°$, der jedoch von der negativ reellen Achse aus im mathematisch positiven Sinne aufgetragen wird. Es gilt also für die Phasenreserve die Beziehung:

$$\varphi_r = 180° + \varphi_O(j\omega_d). \quad (2.5.12)$$

Die Phasenreserve ist positiv, wenn der kritische Punkt in Richtung zunehmender Frequenz gesehen links von der Ortskurve liegt. Sie ist ein quantitatives Maß für die Stabilität des Regelkreises. Mit wachsender Phasenreserve wird der Regelkreis immer stabiler.

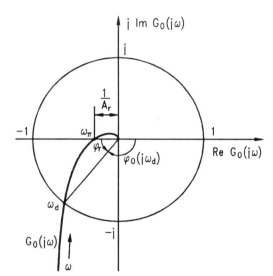

Bild 2.22
Phasenreserve φ_r und
Amplitudenreserve A_r
in der Ortskurvendarstellung

Bewegt man sich weiter in Richtung wachsender Frequenzen auf der Ortskurve, so schneidet diese bei der *Phasenschnittkreisfrequenz* ω_π die negativ reelle Achse:

$$\varphi_O(j\omega_\pi) = -180°. \quad (2.5.13)$$

Hierzu gehört der Betrag $|G_O(j\omega_\pi)|$, der bei stabilen Systemen kleiner als 1 sein muß. Auch hierbei wird mit wachsendem Abstand vom kritischen Punkt die Stabilität zunehmen. Daher definiert man als *Amplitudenreserve* A_r den reziproken Wert des Betrages von $G_O(j\omega_\pi)$:

$$A_r = \frac{1}{|G_O(j\omega_\pi)|} \quad (2.5.14)$$

Die Amplitudenreserve ist für stabile Systeme eine positive Zahl größer als eins, die mit steigenden Werten zunehmende Stabilität anzeigt.

2.5 Stabilität des einschleifigen Regelkreises

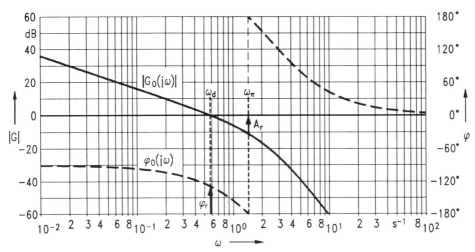

Bild 2.23 Phasenreserve φ_r und Amplitudenreserve A_r in der Frequenzkennliniendarstellung

In Bild 2.23 sind dieselben Kenngrößen im Bode-Diagramm eingetragen. Bei der *Durchtrittskreisfrequenz* ω_d schneidet der Amplitudengang $|G_O(j\omega)|$ die 0-dB-Linie. Hierbei hat der Phasengang $\varphi_O(j\omega)$ den als *Phasenreserve* bezeichneten Abstand φ_r von der $-180°$ - Linie. Bei der *Phasenschnittkreisfrequenz* ω_π, die größer als die Durchtrittskreisfrequenz ω_d ist, schneidet der Phasengang die $-180°$ - Linie. Hierbei hat der Amplitudengang den als *Amplitudenreserve* A_r bezeichneten Abstand A_r von der 0-dB-Linie.

Als Richtwerte für eine gut gedämpfte Regelung gelten etwa folgende Werte [2.9]:

$$\varphi_r = \begin{cases} 40° \text{ bis } 60° & \text{bei Führungsverhalten} \\ 20° \text{ bis } 50° & \text{bei Störverhalten} \end{cases}$$

$$A_r = \begin{cases} 12 \text{ dB bis } 20 \text{ dB} & \text{bei Führungsverhalten} \\ 3.5 \text{ dB bis } 9.5 \text{ dB} & \text{bei Störverhalten.} \end{cases}$$

Wie sich aus nachfolgenden Überlegungen und auch aus praktischen Ergebnissen zeigt, stellt die Einhaltung der Phasenreserve in den meisten Fällen auch die Einhaltung der Amplitudenreserve sicher. Die Phasenreserve hat also die größere Bedeutung, während die Amplitudenreserve mehr der Kontrolle dient.

2.5.5 Reglerentwurf im Frequenzbereich

Die klassischen Verfahren haben nach wie vor ihre Bedeutung für den Reglerentwurf und werden auch laufend weiterentwickelt. Gegenüber den algorithmischen Entwurfsverfahren zeigt das Frequenzkennlinienverfahren folgende Vorteile:

1. Das Übertragungsverhalten der Strecke kann beliebig komplex sein und darf auch Totzeiten oder andere Anteile enthalten, die nicht durch rationale Übertragungsfunktionen zu beschreiben sind. Der Reglerentwurf ist auch möglich, wenn für einzelne Regelkreisglieder oder die gesamte Regelstrecke nur gemessene oder aus Zeitverläufen berechnete Frequenzkennlinien vorliegen.

2. Durch schrittweise Erhöhung der Reglerordnung erhält man den Regler minimaler Ordnung, der das gewünschte Regelverhalten erzielt. Es werden nur die Dynamikanteile der Strecke beeinflußt, die für das Verhalten des geschlossenen Kreises wichtig sind. Der Regler ist deshalb nicht unnötig komplex, und die Rolle der einzelnen Parameter ist durchsichtig.

3. Die Parameter der realen Strecken weichen häufig von den angenommenen Parametern ab oder sie verändern sich im Laufe der Zeit. Eine funktionstüchtige Regelung muß gegenüber derartigen Änderungen innerhalb gewisser Toleranzen unempfindlich sein. Diese sogenannte Robustheit gegenüber Parameteränderungen läßt sich einfacher in den Frequenzbereichsentwurf mit einbeziehen als in die im Zeitbereich angesiedelten Verfahren [2.11].

Der Reglerentwurf im Frequenzbereich besteht im Einfügen von Übertragungsgliedern mit phasenanhebendem oder phasenabsenkendem Verhalten in den offenen Kreis, um für ausgewählte Kenngrößen seiner Frequenzkennlinien gewünschte Werte zu erhalten. Die Kenngrößen Durchtrittskreisfrequenz ω_d und Phasenreserve φ_r des offenen Kreises sind mit den Kenngrößen Anschwingzeit T_a, Einschwingzeit T_e und Überschwingweite h_m des geschlossenen Kreises über bestimmte Beziehungen verknüpft. Diese Beziehungen sind in gewissem Maße von der Streckenordnung n abhängig und werden in den folgenden Abschnitten hergeleitet und angewendet. Damit läßt sich rechnergestützt ein systematischer Reglerentwurf durchführen.

2.6 Kenngrößen für das Verhalten von Regelkreisen

Beim Entwurf eines Reglers für eine vorgegebene Regelstrecke ergibt sich notwendigerweise die Frage nach den Forderungen, die man an das Verhalten des Regelkreises zu stellen hat.

Für das Verhalten bezüglich Änderungen der Führungsgröße und der Störgröße interessieren die statische Genauigkeit und das *transiente Verhalten*. Schließlich ist noch deren *Abhängigkeit von Parameteränderungen* von Bedeutung. Parameteränderungen der Regelstrecke sind durch Temperatureinflüsse oder Alterung der Bauelemente, und vor allem durch Veränderungen des Arbeitspunktes fast nie zu vermeiden. Man spricht von *robusten Reglern*, wenn diese dafür sorgen, daß merkliche Änderungen der Streckenparameter das Regelverhalten nur geringfügig verändern. Verlangt man, daß die Parameteränderungen der Strecke durch solche des Reglers möglichst gut kompensiert werden, so ist dies nur durch adaptive Regelungen möglich.

2.6.1 Statisches Verhalten des Regelkreises

Als quantitatives Maß für die statische Genauigkeit bietet es sich an, die im statischen Zustand sich ergebende *bleibende Regeldifferenz* e_∞ zu nehmen:

$$e_\infty = \lim_{t \to \infty} e(t) = \lim_{t \to \infty} \left[w(t) - x(t) \right] . \tag{2.6.1}$$

Für ein gutes Führungsverhalten sollte im statischen Zustand $w(t) = x(t)$ sein. Die bleibende Regeldifferenz sollte also den Wert $e_\infty = 0$ annehmen. Zur Prüfung, ob dies zutrifft, betrachtet man das statische Verhalten bei Vorgabe einer Führungs- oder Störgröße mit sprungförmigem, anstiegsförmigem oder parabolischem Verlauf.

Ausgangspunkt der Betrachtungen ist der Standardregelkreis nach Bild 2.19a. Als Eingriffspunkt der Störgröße sind zwei Fälle von besonderer Wichtigkeit: Eingriff am Eingang oder Ausgang der Regelstrecke. Diese beiden Fälle sind in Bild 2.24a durch die Störgrößen $Z_1(s)$ und $Z_2(s)$ dargestellt, wozu die Störübertragungsfunktionen $G_{Sz1}(s) = G_S(s)$ und $G_{Sz2}(s) = 1$ gehören. Damit erhält man für die Regelgröße im Bildbereich:

$$X(s) = G_W(s)W(s) + G_{Z1}(s)Z_1(s) + G_{Z2}(s)Z_2(s) . \tag{2.6.2}$$

Mit den Übertragungsfunktionen

$$G_W(s) = \frac{G_O(s)}{1+G_O(s)} , \quad G_{Z1}(s) = \frac{G_S(s)}{1+G_O(s)} , \quad G_{Z2}(s) = \frac{1}{1+G_O(s)}$$

erhält man für die Regeldifferenz $E(s) = W(s) - X(s)$ im Bildbereich:

$$E(s) = \frac{1}{1+G_O(s)}\left[W(s) - Z_2(s)\right] - \frac{G_S(s)}{1+G_O(s)} Z_1(s). \qquad (2.6.3)$$

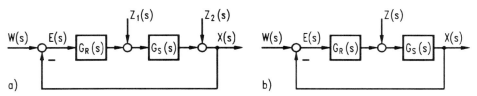

Bild 2.24 Einschleifiger Regelkreis mit Führungsgröße und zwei Störgrößen (a), mit Führungsgröße und Störgröße am Eingang der Regelstrecke (b)

Die Führungsgröße $W(s)$ und die Störgröße $Z_2(s)$ haben bis auf das Vorzeichen die gleiche Wirkung auf die Regelgröße. Daher braucht man $Z_2(s)$ nicht gesondert zu betrachten, so daß es genügt, den vereinfachten Wirkungsplan (Bild 2.24b) heranzuziehen. Die allein zu betrachtende Störgröße wird als $Z(s)$ bezeichnet. Damit gilt für die Regeldifferenz:

$$E(s) = \frac{1}{1+G_O(s)} W(s) - \frac{G_S(s)}{1+G_O(s)} Z(s). \qquad (2.6.4)$$

Die bleibende Regeldifferenz e_∞ erhält man mit dem Endwertsatz der Laplace-Transformation zu:

$$e_\infty = \lim_{t\to\infty} e(t) = \lim_{s\to 0} s\, E(s). \qquad (2.6.5)$$

Die verwendeten drei Testfunktionen für den Verlauf der Führungsgröße sind in Bild 2.25 dargestellt. Für ihre Beschreibung im Zeit- und Bildbereich gilt:

a) Sprungfunktion

$$w(t) = w_0 \cdot \sigma(t), \qquad W(s) = \frac{w_0}{s}, \qquad (2.6.6)$$

b) Anstiegsfunktion

$$w(t) = w_1 t \cdot \sigma(t), \qquad W(s) = \frac{w_1}{s^2}, \qquad (2.6.7)$$

c) Parabelfunktion

$$w(t) = w_2 \frac{t^2}{2} \sigma(t), \qquad W(s) = \frac{w_2}{s^3}. \qquad (2.6.8)$$

2.6 Kenngrößen für das Verhalten von Regelkreisen

Regler $G_R(s)$		Strecke $G_S(s)$	Führungsgrößenverlauf $w(t), w_0$	$w(t), w_1$	$w(t), \frac{w_2}{2}$	Störgrößenverlauf $z(t), z_0$	$z(t), z_1$	$z(t), \frac{z_2}{2}$
P	K_P	P-Verhalten	$\frac{1}{1+K_P K_S}w_0$	∞	∞	$-\frac{1}{1+K_P K_S}z_0$	$-\infty$	$-\infty$
I	$\frac{1}{T_I s}$	$K_S \frac{1+b_1 s+\cdots}{1+a_1 s+\cdots} e^{-T_t s}$	0	$\frac{T_I}{K_S}w_1$	∞	0	$-T_I z_1$	$-\infty$
I^2	$\frac{1}{T_I^2 s^2}$		0	0	$\frac{T_I^2}{K_S}w_2$	0	0	$-T_I^2 z_2$
P	K_P	I-Verhalten	0	$\frac{T_S}{K_P}w_1$	∞	$-\frac{1}{K_P}z_0$	$-\infty$	$-\infty$
I	$\frac{1}{T_I s}$	$\frac{1}{T_S s}\cdot\frac{1+b_1 s+\cdots}{1+a_1 s+\cdots}e^{-T_t s}$	0	0	$T_I T_S w_2$	0	$-T_I z_1$	$-\infty$

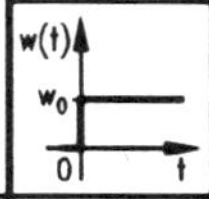

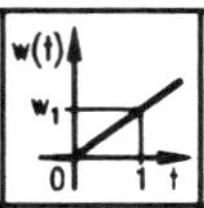

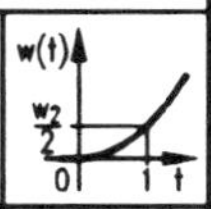

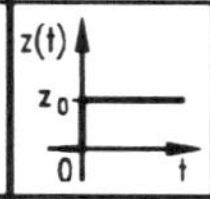

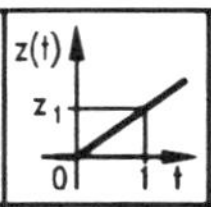

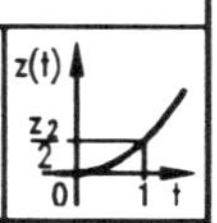

Bild 2.25 Bleibende Regeldifferenz abhängig von G_R und G_S und dem Verlauf von Führungs- und Störgröße

Für den Verlauf der Störgröße gelten dieselben Beziehungen; es ist nur jeweils w durch z und W durch Z zu ersetzen.

Aus Gl.(2.6.4) erhält man für die bleibende Regeldifferenz bezüglich der Führungsgröße

$$e_\infty = \lim_{s \to 0} s W(s) \frac{1}{1+G_O(s)}, \tag{2.6.9}$$

und bezüglich der Störgröße

$$e_\infty = -\lim_{s \to 0} s Z(s) \frac{G_S(s)}{1+G_O(s)}. \tag{2.6.10}$$

Die in Betracht zu ziehenden Regelstrecken werden in die zwei großen Klassen der Strecken mit Ausgleich und Strecken ohne Ausgleich eingeteilt. Als *Strecken mit Ausgleich* oder *P-Strecken* bezeichnet man solche, die im stationären Fall einen proportionalen Zusammenhang zwischen Eingangs- und Ausgangsgröße zeigen. Sie lassen sich durch folgende Übertragungsfunktionen beschreiben:

$$\begin{aligned}G_S(s) &= K_S \frac{1+b_1 s+\cdots+b_m s^m}{1+a_1 s+\cdots+a_n s^n} e^{-T_t s} \\ &= K_S \frac{M(s)}{N(s)} e^{-T_t s}, \quad m \leq n.\end{aligned} \tag{2.6.11}$$

Für das Zählerpolynom der Ordnung **m** bzw. das Nennerpolynom der Ordnung **n** kann man verkürzt $M(s)$ und $N(s)$ schreiben. Eine Totzeit kann auch vorhanden sein. K_S ist der *Proportionalbeiwert* der Strecke.

Strecken ohne Ausgleich oder *I-Strecken* kann man durch folgende Übertragungsfunktionen beschreiben:

$$G_S(s) = \frac{1}{T_S s} \cdot \frac{1 + b_1 s + \cdots + b_m s^m}{1 + a_1 s + \cdots + a_n s^n} e^{-T_t s}$$

$$= \frac{1}{T_S s} \cdot \frac{M(s)}{N(s)} e^{-T_t s}, \qquad m \leq n. \tag{2.6.12}$$

T_S ist der *Integrierbeiwert* der Strecke. Auch hierbei ist eine Totzeit zugelassen.

Aus der Kombination dieser beiden Typen von Regelstrecken mit den wichtigsten Reglertypen lassen sich Folgerungen für das statische Verhalten der Regelkreise herleiten [2.12]. Dabei sind nur der P-Regler, der I-Regler und für gutes Folgeverhalten der I^2-Regler in Betracht zu ziehen. Ein etwa vorhandener D-Anteil oder ein zusätzlicher P-Anteil zum I-Regler tragen zum statischen Verhalten nichts bei und können daher weggelassen werden.

Beispiel 2.5: Für eine I-Strecke mit P-Regler soll bei anstiegsförmigem Verlauf der Führungsgröße und der Störgröße die bleibende Regeldifferenz ermittelt werden.

Nach Gl.(2.6.9) ermittelt man mit Gl.(2.6.12):

$$e_\infty = \lim_{s \to 0} \frac{w_1}{s} \cdot \frac{1}{1 + K_P \frac{1}{T_S s} \cdot \frac{M(s)}{N(s)} e^{-T_t s}} = \lim_{s \to 0} \frac{w_1}{s} \cdot \frac{T_S s}{T_S s + K_P \frac{M(s)}{N(s)} e^{-T_t s}},$$

und mit $\lim_{s \to 0} \frac{M(s)}{N(s)} e^{T_t s} = 1$ erhält man: $e_\infty = \frac{T_S}{K_P} w_1$.

Entsprechend ergibt sich nach Gl.(2.6.10)

$$e_\infty = -\lim_{s \to 0} \frac{z_1}{s} \cdot \frac{\frac{1}{T_S s} \cdot \frac{M(s)}{N(s)} e^{-T_t s}}{1 + K_P \frac{1}{T_S s} \cdot \frac{M(s)}{N(s)} e^{-T_t s}} =$$

$$= -\lim_{s \to 0} \frac{z_1}{s} \cdot \frac{M(s) e^{-T_t s}}{T_S s N(s) + K_P M(s) e^{-T_t s}}$$

und damit $e_\infty = -\lim_{s \to 0} \frac{z_1}{s} \cdot \frac{1}{K_P} \to -\infty$.

Die Ergebnisse sind in Bild 2.25 zusammengefaßt.

2.6 Kenngrößen für das Verhalten von Regelkreisen

2.6.2 Dynamisches Verhalten des Regelkreises

Für ein befriedigendes Verhalten des Regelkreises kommt es neben einer geringen bleibenden Regeldifferenz vor allem auf sein dynamisches Verhalten an. Man kennzeichnet das *dynamische Verhalten* durch den Verlauf der Regelgröße bei einer sprungförmigen Veränderung der Führungsgröße oder Störgröße. Zunächst soll der Verlauf bei einer Änderung der Führungsgröße betrachtet werden, wie er in Bild 2.26a dargestellt ist.

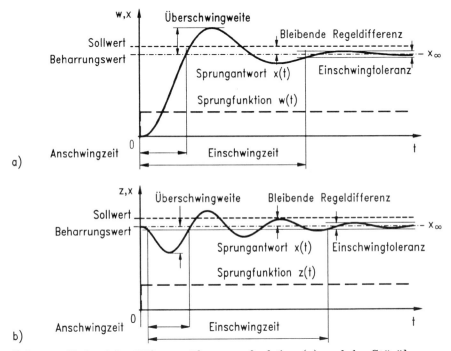

Bild 2.26 Verlauf der Führungsübergangsfunktion (a) und der Störübergangsfunktion (b) mit den dazugehörigen Kenngrößen

Die Sprungantwort $x(t)$ nimmt bei stabilen Regelkreisen nach dem Abklingen der dynamischen Anteile einen konstanten Wert x_∞ an, der als *Beharrungswert* bezeichnet wird. Um das Einlaufen in den Beharrungswert angeben zu können, wird eine *Einschwingtoleranz* durch zwei Parallelen zum Beharrungswert im Abstand $\pm \Delta x_p$ festgelegt. Der Index p gibt den Betrag in Prozent von der Sprunghöhe $x_\infty - x_0$ an. Üblicherweise wählt man hierfür 2 % oder 5 %. Die Einschwingtoleranz dient zur Festlegung der Anschwingzeit und Einschwingzeit.

Die *Anschwingzeit* T_a ist die Zeitspanne zwischen dem Auftreten des Führungsgrößensprunges und dem Zeitpunkt, zu dem die Sprungantwort erstmalig eine der Grenzen der Einschwingtoleranz erreicht. Die *Einschwingzeit* T_e ist die Zeitspanne, die vom Auftreten des Führungsgrößensprunges vergeht, bis die Sprungantwort letztmalig eine der Grenzen der Einschwingtoleranz erreicht und danach innerhalb der Einschwingtoleranz verbleibt. Die Überschwingweite x_m ist die größte Abweichung der Sprungantwort vom Beharrungswert nach dem erstmaligen Überschreiten einer der Grenzen der Einschwingtoleranz. Als Kenngröße benutzt man die *Überschwingweite* h_m, indem man das Verhältnis der größten Abweichung x_m zur Sprunghöhe $x_\infty - x_0$ bildet. Die Überschwingweite h_m wird üblicherweise in Prozent angegeben.

Die entsprechenden Festlegungen gelten für eine sprungförmige Veränderung der Störgröße. Der Verlauf der dazugehörenden Sprungantwort $x(t)$ ist in Bild 2.26b dargestellt.

2.6.3 P-T$_2$S-Glied zur Kennzeichnung des Verhaltens von Regelkreisen

Für den Reglerentwurf bietet es sich an, die zuvor festgelegten Kenngrößen Anschwingzeit, Einschwingzeit und Überschwingweite heranzuziehen. Ein dadurch gekennzeichnetes Übergangsverhalten läßt sich gut durch ein Verzögerungsglied 2. Ordnung mit $\vartheta < 1$ beschreiben. Dessen Kenngrößen im Zeit- und Frequenzbereich sollen daher hergeleitet werden.

Ausgangspunkt ist die Annahme der Übertragungsfunktion des P-T$_2$S-Gliedes nach Gl.(2.3.34)

$$G_W(s) = \frac{1}{1 + 2\vartheta T_0 s + T_0^2 s^2} \qquad (2.6.13)$$

mit dem Proportionalbeiwert $K = 1$ als Führungsübertragungsfunktion.

Für die dazugehörige Führungsübergangsfunktion gilt damit nach Beispiel 2.3 Gl.(2.3.41):

$$h_W(t) = 1 - \frac{1}{\sqrt{1-\vartheta^2}} e^{-\vartheta t/T_0} \sin\left(\sqrt{1-\vartheta^2}\,\frac{t}{T_0} + \psi\right) \qquad (2.6.14)$$

$$\psi = \arccos\vartheta. \qquad (2.6.15)$$

Diese Übergangsfunktion des P-T$_2$S-Gliedes wird durch die Kenngrößen *Dämpfungsgrad* ϑ und *Kennzeit* T_0 beschrieben. Bild 2.27 zeigt eine Schar von Übergangsfunktionen $h_W(t/T_0)$ über der auf die Kennzeit T_0 bezogenen Zeit mit dem Dämpfungsgrad ϑ als Parameter.

2.6 Kenngrößen für das Verhalten von Regelkreisen

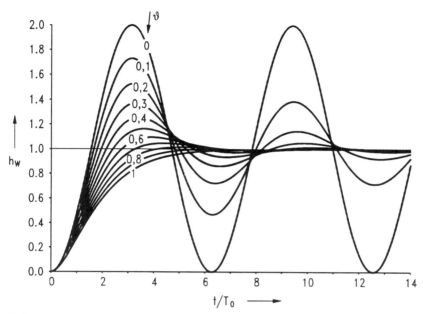

Bild 2.27 Führungsübergangsfunktionen des P-T$_{2S}$-Gliedes mit dem Dämpfungsgrad ϑ als Parameter

Die wichtigste Kenngröße für das Regelverhalten ist die *Überschwingweite* h_m. Zu ihrer Bestimmung bildet man zunächst die Ableitung der Führungsübergangsfunktion:

$$\dot{h}_W(t) = \frac{1}{T_0\sqrt{1-\vartheta^2}} e^{-\vartheta t/T_0} \sin\left(\sqrt{1-\vartheta^2}\,\frac{t}{T_0}\right). \qquad (2.6.16)$$

Die Überschwingweite ist durch den Zeitpunkt T_m bestimmt, für den zum ersten Mal $\dot{h}_W(T_m) = 0$ gilt. Aus $\sin\left(\sqrt{1-\vartheta^2}\,T_m/T_0\right) = 0$ folgt $\sqrt{1-\vartheta^2}\,T_m/T_0 = \pi$ und damit:

$$T_m = \frac{\pi T_0}{\sqrt{1-\vartheta^2}}. \qquad (2.6.17)$$

Durch Einsetzen in Gl.(2.6.14) mit $\sin(\pi+\psi) = -\sin\psi = -\sqrt{1-\vartheta^2}$ ergibt sich: $h_W(T_m) = 1 + e^{-\pi\vartheta/\sqrt{1-\vartheta^2}}$.

Der den Beharrungswert 1 übersteigende Anteil ist die *Überschwingweite* (Bild 2.28):

$$h_m = e^{-\pi\vartheta/\sqrt{1-\vartheta^2}}. \qquad (2.6.18)$$

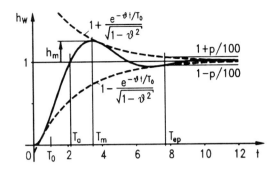

Bild 2.28
Führungsübergangsfunktion
$h_w(t)$
mit Überschwingweite h_m,
Anschwingzeit T_a
und Einschwingzeit T_{ep}

Als nächste Kenngröße soll die Anschwingzeit berechnet werden. Da diese, im Unterschied zur Einschwingzeit, sehr wenig von der Wahl der Einschwingtoleranz abhängt, soll hierfür die *Einschwingtoleranz* vernachlässigt und *zu Null angenommen* werden. Dann ergibt sich für T_a der Zeitpunkt, an dem zum ersten Mal $h_W(t) = 1$ gilt. Das ist der Fall, wenn $\sin(\sqrt{1-\vartheta^2}\, t/T_0 + \psi) = 0$ und damit $\sqrt{1-\vartheta^2}\, t/T_0 + \psi = \pi$ ist. Damit erhält man für die *Anschwingzeit*

$$T_a = \frac{\pi - \arccos\vartheta}{\sqrt{1-\vartheta^2}}\, T_0 \,. \tag{2.6.19}$$

Die Einschwingzeit ist die Zeit bis zum letztmaligen Eintreten in den Toleranzstreifen $1 \pm p/100$. Diesen Wert aus der Übergangsfunktion nach Gl.(2.6.14) zu berechnen, ist mühsam, da hierfür keine geschlossene Lösung möglich ist. Man umgeht diese Schwierigkeit, indem man anstelle der Übergangsfunktion deren Einhüllende verwendet, wozu man in Gl.(2.6.14) für die Sinusfunktion nur deren Grenzwerte ± 1 verwendet. Man stellt also fest, wann die Funktionen

$$h_W{}^*(t) = 1 \pm \frac{e^{-\vartheta t/T_0}}{\sqrt{1-\vartheta^2}} \tag{2.6.20}$$

die Werte $1 \pm p/100$ annimmt. Man erhält also als Näherung für die *Einschwingzeit*:

$$T_{ep} = \frac{T_0}{\vartheta} \ln\left(\frac{100}{p} \cdot \frac{1}{\sqrt{1-\vartheta^2}}\right) \,. \tag{2.6.21}$$

Um zu einer konkreten Aussage über die Einschwingzeit zu kommen, muß auch die Abhängigkeit der Kennzeit T_0 vom Dämpfungsgrad ϑ berücksichtigt werden. Dazu ermittelt man aus der Beziehung $G_W(s) = G_O(s)/[1 + G_O(s)]$ durch Umstellen die Übertragungsfunktion des offenen Kreises zu: $G_O(s) = G_W(s)/[1 - G_W(s)]$. Aus der Führungsübertragungsfunktion $G_W(s) = 1/[1 + 2\vartheta T_0 s + T_0{}^2 s^2]$ nach Gl.(2.6.13) ergibt sich damit

$$G_O(s) = \frac{1}{2\vartheta T_0 s + T_0{}^2 s^2} = \frac{1}{2\vartheta T_0 s \left(1 + \frac{T_0}{2\vartheta} s\right)} \,. \tag{2.6.22}$$

2.6 Kenngrößen für das Verhalten von Regelkreisen

Die Führungsübertragungsfunktion des P-T$_2$-Gliedes ergibt sich demnach mit einem gegengekoppelten I-T$_1$-Glied mit den Kenngrößen

$$T_I = 2\vartheta T_0; \qquad T_1 = T_0/(2\vartheta). \tag{2.6.23}$$

Der Frequenzgang des offenen Kreises ist

$$G_O(j\omega) = \frac{1}{T_0\, j\omega\, (2\vartheta + T_0\, j\omega)} \tag{2.6.24}$$

mit

$$|G_O(j\omega)| = \frac{1}{T_0\,\omega\,\sqrt{4\vartheta^2 + T_0^{\,2}\omega^2}} \tag{2.6.25}$$

$$\varphi_O(j\omega) = -\frac{\pi}{2} - \arctan\left(\frac{T_0\,\omega}{2\vartheta}\right). \tag{2.6.26}$$

Für die Durchtrittskreisfrequenz mit $|G_O(j\omega_d)| = 1$ erhält man aus Gl.(2.6.25) nach Lösen einer quadratischen Gleichung die Beziehung:

$$T_0\,\omega_d = \sqrt{\sqrt{4\vartheta^4 + 1} - 2\vartheta^2}\,. \tag{2.6.27}$$

Für die Phasenreserve $\varphi_r = \pi + \varphi_O(j\omega_d)$ ergibt sich aus Gl.(2.6.26):

$$\varphi_r = \frac{\pi}{2} - \arctan\left[\sqrt{\sqrt{4\vartheta^4 + 1} - 2\vartheta^2}/2\vartheta\right]. \tag{2.6.28}$$

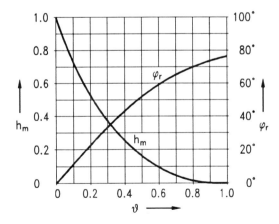

Bild 2.29
Überschwingweite h_m der Führungsübergangsfunktion und Phasenreserve φ_r als Funktion des Dämpfungsgrades ϑ

In Bild 2.29 sind die Beziehung nach Gl.(2.6.18) und Gl.(2.6.28) dargestellt.

Bei den bisherigen Betrachtungen ist stets der Dämpfungsgrad ϑ die Größe, die alle funktionellen Zusammenhänge wesentlich bestimmt. Das ist zweifellos auch richtig so, doch für den **Reglerentwurf** ist der Dämpfungsgrad eine Zwischengröße, die erst zu einer **gewünschten** Überschwingweite ermittelt werden muß. Da zwischen Dämpfungsgrad ϑ und Überschwingweite h_m nach Gl.(2.6.18) ein eindeutiger Zusammenhang besteht, kann man daraus durch Logarithmieren auch ϑ als Funktion von h_m errechnen:

$$\vartheta = \frac{|\ln h_m|}{\sqrt{\pi^2 + (\ln h_m)^2}} \; . \tag{2.6.29}$$

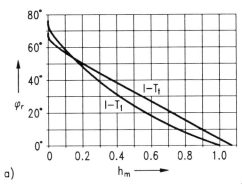
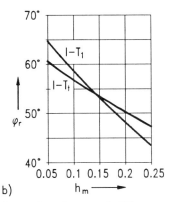

Bild 2.30 Zusammenhang zwischen Überschwingweite h_m und Phasenreserve φ_r beim gegengekoppelten I-T_1- und I-T_t-System.
b) als Ausschnitt aus a)

Ersetzt man mit diesem Zusammenhang in Gl.(2.6.28) ϑ durch h_m, so kann man die Phasenreserve φ_r direkt als Funktion der Überschwingweite h_m angeben, was als Kurve I-T_1 in Bild 2.30 dargestellt ist. Das hier betrachtete P-T_{2S}-Glied vermag in seinem Einschwingverhalten auch Strecken höherer Ordnung annähernd zu beschreiben. Mit zunehmender Ordnung wird sich bei derselben Überschwingweite und Phasenreserve eine kleinere Durchtrittskreisfrequenz ergeben. Überschwingweite und Durchtrittskreisfrequenz bestimmen das Regelverhalten und damit auch die Anschwingzeit und die Einschwingzeit.

Aus Gl.(2.6.19) und Gl.(2.6.27) erhält man für das Produkt aus Anschwingzeit und Durchtrittskreisfrequenz die Beziehung

$$T_a \omega_d = \frac{\pi - \arccos \vartheta}{\sqrt{1-\vartheta^2}} \sqrt{\sqrt{4\vartheta^4 + 1} - 2\vartheta^2} \; . \tag{2.6.30}$$

Durch Einsetzen von Gl.(2.6.29) erhält man $T_a \omega_d = f(h_m)$, wie es in Bild 2.31 als Kurve I-T_1 dargestellt ist.

2.6 Kenngrößen für das Verhalten von Regelkreisen

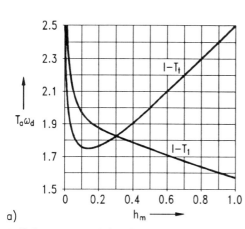
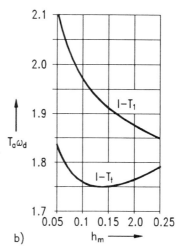

Bild 2.31 Produkt der Anschwingzeit T_a und Durchtrittskreisfrequenz ω_d als Funktion der Überschwingweite beim gegengekoppelten I-T_1- und I-T_t-System. b) als Ausschnitt aus a)

Für die Einschwingzeit ließe sich eine entsprechende Beziehung $T_{ep}\omega_d = f(h_m, p)$ formulieren. Es ist jedoch anschaulicher, direkt das Verhältnis Einschwingzeit zu Anschwingzeit als Funktion der Überschwingweite mit der Einschwingtoleranz als Parameter anzugeben:

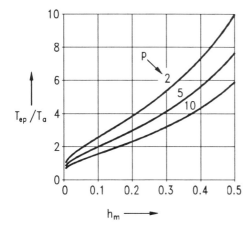

Bild 2.32
Verhältnis von Einschwingzeit T_{ep} zu Anschwingzeit T_a als Funktion der Überschwingweite h_m mit der Einschwingtoleranz p in Prozent als Parameter

$$\frac{T_{ep}}{T_a} = \frac{1}{\vartheta} \cdot \frac{\sqrt{1-\vartheta^2}}{\pi - arccos\vartheta} \ln\left(\frac{100}{p} \cdot \frac{1}{\sqrt{1-\vartheta^2}}\right). \qquad (2.6.31)$$

Drückt man hierin noch ϑ als Funktion von h_m nach Gl.(2.6.29) aus, so erhält man die in Bild 2.32 dargestellten Zusammenhänge. Mit den Zusammenhängen, die in Bild 2.31 und Bild 2.32 dargestellt sind, kann man schon im Entwurfsstadium Angaben zur Anschwingzeit und Einschwingzeit machen.

2.6.4 Gegengekoppeltes I-T_t-Glied zur Kennzeichnung des Verhaltens von Regelkreisen

Bei den bisherigen Überlegungen war davon ausgegangen worden, daß das Übertragungsverhalten geschlossener Regelkreise durch das Verzögerungsglied 2. Ordnung hinreichend genau beschrieben werden kann. Wie weit diese Annahme zutrifft, wird mit Bild 2.27 demonstriert. Die hier dargestellten Übergangsfunktionen geben qualitativ das Übergangsverhalten auch bei Regelstrecken höherer Ordnung wieder. Die mit Gl.(2.6.22) bis Gl.(2.6.24) festgestellte Übergangsfunktion eines I-T_1-Gliedes für den offenen Kreis bedeutet dann, daß man bei Strecken höherer Ordnung für T_1 die Summe aller Verzögerungszeiten ansetzen muß.

Trotzdem muß diese Betrachtungsweise versagen, wenn man Strecken mit immer höherer Ordnung heranzieht. Der Extremfall ist das Totzeitglied, das man durch den Grenzfall einer Reihenschaltung von unendlich vielen Verzögerungsgliedern mit unendlich kleiner Verzögerungszeit beschreiben kann. Mit der Darstellung

$$e^z = \lim_{n \to \infty} \left(1 + \frac{z}{n}\right)^n \qquad (2.6.32)$$

der e-Funktion [2.13] erhält man für die Übertragungsfunktion des Totzeitgliedes

$$G(s) = \frac{1}{e^{T_t s}} = \frac{1}{\lim\limits_{n \to \infty} \left(1 + \frac{T_t}{n} s\right)^n}. \qquad (2.6.33)$$

Es ist daher ein qualitativ anderes Übergangsverhalten zu erwarten, wenn man statt des gegengekoppelten I-T_1-Systems ein gegengekoppeltes I-T_t-System

$$G_O(s) = \frac{1}{T_I s} e^{-T_t s} \qquad (2.6.34)$$

betrachtet. Die zur Übertragungsfunktion des gegengekoppelten Systems gehörige Führungsübertragungsfunktion

$$G_W(s) = \frac{\frac{1}{T_I s} e^{-T_t s}}{1 + \frac{1}{T_I s} e^{-T_t s}} \qquad (2.6.35)$$

2.6 Kenngrößen für das Verhalten von Regelkreisen

erlaubt keine geschlossene mathematische Beschreibung. Es läßt sich jedoch eine Reihenentwicklung für den Frequenzbereich

$$H_W(s) = \frac{1}{T_I s^2} e^{-T_t s} \left[1 - \frac{1}{T_I s} e^{-T_t s} + \frac{1}{(T_I s)^2} e^{-2T_t s} - + \cdots \right] \quad (2.6.36)$$

und für den Zeitbereich

$$h_W(t) = \frac{t - T_t}{T_I} \sigma(t - T_t) - \frac{1}{2!} \left[\frac{t - 2T_t}{T_I} \right]^2 \sigma(t - 2T_t) +$$
$$+ \frac{1}{3!} \left[\frac{t - 3T_t}{T_I} \right]^3 \sigma(t - 3T_t) - + \cdots \quad (2.6.37)$$

angeben [2.8]. Diese Führungsübergangsfunktion kann nur intervallweise ermittelt werden:

$$\left. \begin{aligned} h_W(t) &= 0 \quad \text{für} \quad 0 \leq t \leq T_t, \\[4pt] h_W(t) &= \frac{t - T_t}{T_I} \quad \text{für} \quad T_t \leq t \leq 2T_t, \\[4pt] h_W(t) &= \frac{t - T_t}{T_I} - \frac{1}{2!} \left[\frac{t - 2T_t}{T_I} \right]^2 \quad \text{für} \quad 2T_t \leq t \leq 3T_t, \\[4pt] h_W(t) &= \frac{t - T_t}{T_I} - \frac{1}{2!} \left[\frac{t - 2T_t}{T_I} \right]^2 + \frac{1}{3!} \left[\frac{t - 3T_t}{T_I} \right]^3 \\[4pt] &\quad \text{für} \quad 3T_t \leq t \leq 4T_t, \\[4pt] &\quad \vdots \end{aligned} \right\} \quad (2.6.38)$$

Um die Ergebnisse mit denen der gegengekoppelten I-T_1-Systeme vergleichen zu können, werden hier zwei Parameter ϑ_t und T_{0t} definiert, die den Parametern ϑ und T_0 entsprechen sollen. Für T_0 und ϑ erhält man aus Gl.(2.6.23) die Beziehungen:

$$T_0 = \sqrt{T_I T_1} \,; \qquad \vartheta = \frac{1}{2} \sqrt{\frac{T_I}{T_1}} \quad (2.6.39)$$

Ersetzt man hierin die Größen T_1, T_0 und ϑ jeweils durch T_t, T_{0t} und ϑ_t, so erhält man:

$$T_{0t} = \sqrt{T_I T_t} \,; \qquad \vartheta_t = \frac{1}{2} \sqrt{\frac{T_I}{T_t}} \,. \quad (2.6.40)$$

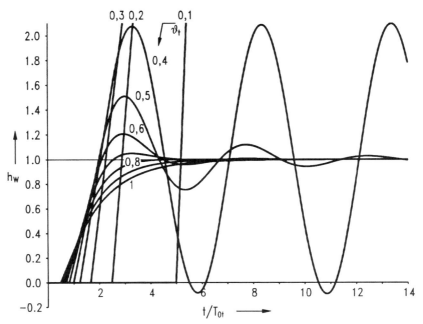

Bild 2.33 Führungsübergangsfunktionen des gegengekoppelten I-T_t-Gliedes mit dem Dämpfungsgrad ϑ_t als Parameter

Bild 2.33 zeigt eine Schar von Übergangsfunktionen $h_W(t/T_{0t})$ über der auf die Kennzeit T_{0t} bezogenen Zeit mit der Dämpfung ϑ_t als Parameter [2.14].

Vergleicht man die Übergangsfunktionen in Bild 2.33 mit denen in Bild 2.27, so sieht man, daß das Übergangsverhalten für relativ große Werte $\vartheta_t > 0,7$ dem Übergangsverhalten für Werte $\vartheta > 0,7$ vergleichbar ist. Für Werte $\vartheta_t < 0,6$ und $\vartheta < 0,6$ unterscheiden sich die Verhältnisse jedoch grundlegend. Während beim gegengekoppelten I-T_1-System stabiles Verhalten bis $\vartheta > 0$ vorliegt und zu $\vartheta = 0$ eine Überschwingweite von $h_m = 1$ gehört, zeigt das gegengekoppelte I-T_t-System für Werte $\vartheta_t < 0,399$ instabiles Verhalten, wobei zu $\vartheta_t = 0,399$ eine Überschwingweite von $h_m = 1,071$ gehört.

In Bild 2.34 ist die Übergangsfunktion $h_W(t)$ für $T_I/T_t = 0,8$ dargestellt. Dabei sind die in Gl.(2.6.38) angegebenen Funktionen $h_W(t)$, die in den einzelnen Zeitbereichen $kT_t \leq t \leq (k+1)T_t$ gültig sind, hier direkt als Teilfunktionen $h_{Wk}(t)$ gekennzeichnet. Will man Aussagen über die Überschwingweite h_m und die Anschwingzeit T_a herleiten, so ist dies auf analytischem Wege offenbar nur für zwei Fälle möglich. Im ersten Fall liegt das Maximum der Übergangsfunktion

2.6 Kenngrößen für das Verhalten von Regelkreisen   89

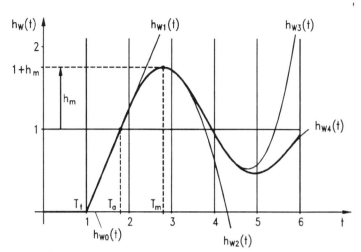

Bild 2.34 Übergangsfunktion eines gegengekoppelten I-T_t-Gliedes mit $T_t = 1s$, $T_I = 0,8s$

bei T_m im Bereich $2T_t < T_m \leq 3T_t$ auf einer quadratischen Parabel wie in Bild 2.34 und im zweiten Fall mit $3T_t \leq T_m \leq 4T_t$ auf einer kubischen Parabel. Für alle anderen Fälle können nur noch numerische Lösungen angegeben werden.

Bevor der Zusammenhang zwischen Überschwingweite und Phasenreserve hergeleitet wird, sollen die Frequenzkennlinien des I-T_t-Gliedes $G_O(j\omega) = e^{-T_t j\omega}/(T_I j\omega)$ betrachtet werden mit:

$$|G_O(j\omega)| = \frac{1}{T_I \omega}; \qquad \varphi_O(j\omega) = -\frac{\pi}{2} - T_t \omega. \qquad (2.6.41)$$

Daraus ergibt sich, daß die zu $|G_O(j\omega)| = 1$ gehörige Durchtrittskreisfrequenz

$$\omega_d = 1/T_I \qquad (2.6.42)$$

unabhängig von der Totzeit ist. Aus dem Phasengang folgt mit $\varphi_r = \pi + \varphi_O(j\omega_d)$ für die Phasenreserve

$$\varphi_r = \frac{\pi}{2} - \frac{T_t}{T_I}. \qquad (2.6.43)$$

Zur Bestimmung der Überschwingweite ermittelt man den Zeitpunkt T_m mit $\dot{h}_W(T_m) = 0$ und daraus $h_m = h_W(T_m) - 1$. Aus dem sich daraus ergebenden Verhältnis für T_t/T_I erhält man für den Zusammenhang zwischen Überschwingweite h_m und Phasenreserve φ_r für die beiden analytisch zu behandelnden Fälle:

$$h_m = \frac{\pi - 1}{2} - \varphi_r \qquad \text{für} \qquad h_m \geq 0,5, \qquad (2.6.44)$$

$$h_m = \frac{1}{3}(\pi - 1 - 2\varphi_r)^{3/2} + \frac{1}{8}(\pi - 2\varphi_r)(4 - \pi + 2\varphi_r) - \frac{1}{3}$$
(2.6.45)

für $\quad 0,1046 \leq h_m \leq 0,5$.

Für noch kleinere Werte der Überschwingweite lassen sich nur numerische Lösungen angeben.

Bei der Grenze des stabilen Bereichs ergibt sich mit $\varphi_r = 0$ aus Gl.(2.6.44) die Überschwingweite $h_{m,gr} = 1,071$. Zugleich liefert Gl.(2.6.43) mit $\varphi_r = 0$ den Wert $T_t/T_I = \pi/2$. Aus Gl.(2.6.39) erhält man den Grenzwert des Dämpfungsgrades

$$\vartheta_{t,gr} = \frac{1}{\sqrt{2\pi}} = 0,3989 .$$
(2.6.46)

Die in Bild 2.33 dargestellte Übergangsfunktion mit $\vartheta_t = 0,4$ liegt also gerade noch im stabilen Bereich. Während beim gegengekoppelten I-T_1-Glied die Grenze des stabilen Bereichs durch $\vartheta_{gr} = 0$ und $h_{m,gr} = 1$ gekennzeichnet ist, ergibt sich beim gegengekoppelten I-T_t-Glied für den Grenzfall

$$\vartheta_{t,gr} = 0,3889 \quad \text{und} \quad h_{m,gr} = 1,071 > 1.$$

Um die Verhältnisse beim gegengekoppelten I-T_1- und I-T_t-System vergleichen zu können, sind in Bild 2.30 (S. 84) für beide Systeme die Zusammenhänge dargestellt, die zwischen der Phasenreserve des offenen und der Überschwingweite des geschlossenen Kreises bestehen. Dabei muß man sich immer vor Augen halten, daß der Fall des I-T_t-Systems stellvertretend für ein System sehr hoher Ordnung steht. Daher müssen sich die Zusammenhänge $\varphi_r(h_m)$ für Systeme beliebiger Ordnung zwischen den beiden dargestellten Kurven wiederfinden. Beide Kurven schneiden sich bei einer Überschwingweite $h_m = 0,135$. Bei Überschwingweiten unterhalb von 13,5 % muß mit wachsender Systemordnung die Phasenreserve abnehmen, wenn die Überschwingweite gleich bleiben soll. Bei Überschwingweiten oberhalb von 13,5 % muß dagegen mit wachsender Systemordnung die Phasenreserve zunehmen, damit die Überschwingweite unverändert bleibt. Für Probleme der praktischen Regelungstechnik ist der Bereich der Überschwingweiten von 5 % bis 25 % interessant und daher in Bild 2.30b nochmals als Ausschnitt dargestellt. Da der Schnittpunkt der beiden Kurven mitten in diesem Bereich liegt, sind diese Zusammenhänge wichtig, wenn man eine bestimmte Überschwingweite einstellen will. In Kapitel 3 wird hierauf nochmals eingegangen.

In Bild 2.31 ist das Produkt aus Anschwingzeit T_a und Durchtrittskreisfrequenz ω_d als Funktion der Überschwingweite h_m für das gegengekoppelte I-T_t- und I-T_1-System dargestellt. Damit ist es möglich, schon im Projektstadium auch Aussagen über die Anschwingzeit und die Einschwingzeit zu machen.

A Literaturverzeichnis Kapitel 2

Literatur

[2.1] DIN 19 226 Teil 1:
Regelungstechnik und Steuerungstechnik,
Allgemeine Begriffe.
Beuth-Verlag. Berlin

[2.2] Dörrscheidt, F.; Latzel, W.:
Grundlagen der Regelungstechnik. 2. Aufl.
Teubner-Verlag. Stuttgart 1993

[2.3] Pfaff, G.; Meier, Ch.:
Regelung elektrischer Antriebe II. 3. Aufl.
R. Oldenbourg Verlag. München 1992

[2.4] Glattfelder, A.M.:
Regelungssysteme mit Begrenzungen.
R. Oldenbourg Verlag. München 1974

[2.5] Föllinger, O.:
Laplace- und Fourier-Transformation. 4. Aufl.
Elitera-Verlag. Berlin 1986

[2.6] Engell, S.:
Moderner Reglerentwurf mit Frequenzbereichsverfahren
VDI Berichte Nr. 855, 1990, S. 509-520

[2.7] Engell, S.:
Reglerentwurf im Frequenzbereich — vom Handwerk zur Wissenschaft.
Automatisierungstechnik 39 (1991), S.211-216, S.247-251

[2.8] Föllinger, O.:
Regelungstechnik. 8. Aufl.
Hüthig-Verlag. Heidelberg 1994

[2.9] Unbehauen. H.:
Regelungstechnik I. 6. Aufl.
Vieweg Verlag. Braunschweig 1989

[2.10] Ackermann, J.:
Abtastregelung. 3. Aufl.
Springer Verlag. Berlin 1988

[2.11] Engell, S.:
Optimale lineare Regelung.
Springer Verlag. Berlin 1988

[2.12] Schmidt ,G.:
Grundlagen der Regelungstechnik. 2. Aufl.
Springer Verlag. Berlin 1987

[2.13] von Mangoldt, H.; Knopp. K.:
Einführung in die höhere Mathematik, Band 1. 12. Auflage.
S. Hirzel-Verlag. Stuttgart 1964

[2.14] Latzel, W.:
Einstellregeln für kontinuierliche und Abtast-Regler
nach der Methode der Betragsanpassung.
Automatisierungstechnik 36 (1988), S. 170-178, S. 222-227

3 Quasikontinuierliche Abtastregelungen

Bei der digitalen Regelung mit dem Prozeßrechner wird die Regelgröße immer nur in den Abtastzeitpunkten $t = kT$ erfaßt. Aus der dabei erhaltenen Information über die Regelgröße wird vom Regelalgorithmus ein neuer Wert der Stellgröße ermittelt und an die Regelstrecke gegeben. Dieser zuletzt ausgegebene Wert der Stellgröße wird bis zum nächsten Abtastzeitpunkt beibehalten. Es ist einleuchtend, daß sich eine solche Regelung anders verhält als eine kontinuierliche Regelung, bei der in jedem Zeitpunkt die Regelgröße erfaßt und die Stellgröße ausgegeben wird.

In diesem Abschnitt soll eine relativ einfache aber doch sehr wirkungsvolle Beschreibung für das Verhalten von Abtastregelungen gegeben werden. Die dabei vorgenommene Näherung beruht darauf, daß man eine Beschreibung gibt, die für den Grenzfall der Abtastzeit T gegen Null in die des kontinuierlichen Reglers übergeht. Es zeigt sich, daß man mit den dabei ermittelten Reglerparametern, die von der Abtastzeit abhängen, auch noch gute Regelergebnisse erhält, wenn die Abtastzeit 10 bis 20 % der Summe der Streckenverzögerungszeiten bei Streckenordnungen von mindestens zwei beträgt. Damit ist diese Methode für die meisten praktisch vorkommenden Fälle anwendbar. Diese Art der Beschreibung wird als *quasikontinuierliche Abtastregelung* bezeichnet.

Der besondere Vorteil der quasikontinuierlichen Abtastregelung liegt darin, daß die Übertragungsfunktionen der Abtastregler ebenso wie die der Regelstrecken im s-Bereich beschrieben werden. Damit braucht keine Transformation der Streckenübertragungsfunktion in den z-Bereich vorgenommen zu werden, sondern es genügt die Beschreibung durch den Frequenzgang $G_S(j\omega)$.

3.1 Wirkungsweise der quasikontinuierlichen Abtastregelungen

Die Wirkungsweise von linearen Abtastregelungen wird durch Bild 3.1 im Zeitbereich beschrieben. Die durch Vergleich der Regelgröße $x(t)$ mit der Führungsgröße $w(t)$ entstandene Regeldifferenz $e(t)$ wird in den äquidistanten Abtastzeitpunkten $t = kT$ erfaßt. Dies geschieht durch einen Taster, der aus der kontinuierlichen Zeitfunktion $e(t)$ die Folge der Werte

$$e(0) = e_0,\ e(T) = e_1,\ e(2T) = e_2, \ldots,\ e(kT) = e_k, \ldots$$

entnimmt. Diese Wertefolge soll weiterhin durch e_k in runden Klammern

$$(e_k) = (e_0, e_1, e_2, \ldots, e_k, \ldots) \tag{3.1.1}$$

bezeichnet werden. Dieselbe Festlegung gilt auch für die Wertefolge der Stellgröße (y_k) sowie für die Wertefolge (f_k) einer beliebigen Zeitfunktion $f(t)$.

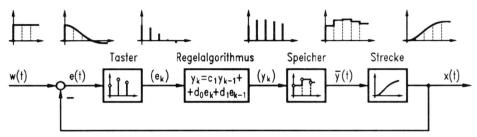

Bild 3.1 Abtastregelkreis mit der bei digitalen Reglern gegebenen Reihenfolge von Taster, Regelalgorithmus, Speicher und Strecke

Die Ermittlung der Stellgröße geschieht durch einen linearen Regelalgorithmus n-ter Ordnung nach der Rechenvorschrift

$$y_k = d_0 e_k + d_1 e_{k-1} + \ldots + d_n e_{k-n} + c_1 y_{k-1} + \ldots + c_n y_{k-n}. \qquad (3.1.2)$$

Um den Wert der Stellgröße y_k im Abtastzeitpunkt $t = kT$ zu ermitteln, werden außer der augenblicklichen Regeldifferenz e_k noch n zurückliegende Werte $e_{k-1}, \ldots, e_{k-n}$ und n zurückliegende Werte $y_{k-1}, \ldots, y_{k-n}$ der Stellgröße benutzt. Beispielhaft ist der Regelalgorithmus 1. Ordnung

$$y_k = d_0 e_k + d_1 e_{k-1} + c_1 y_{k-1}$$

in Bild 3.1 eingetragen. Damit ergibt sich aus der Wertefolge der Regeldifferenz (e_k) die Wertefolge der Stellgröße (y_k), die einem Speicher zugeführt wird. Dieser hält den in einem Abtastzeitpunkt übergebenen Wert der Stellgröße bis zum nächsten Abtastzeitpunkt fest und setzt somit die Wertefolge (y_k) in die treppenförmige Zeitfunktion $\bar{y}(t)$ um. Der treppenförmige Verlauf wird durch den Querstrich gekennzeichnet (was nicht als Mittelwert mißverstanden werden darf). Das Verhalten der durch die Stellgröße $\bar{y}(t)$ angesteuerten Regelstrecke wird durch ihre Übergangsfunktion dargestellt.

Diese Darstellung der Wirkungsweise von Abtastregelungen folgt der technischen Realisierung mit Prozeßrechensystemen. Der eingangsseitige Analog-Digital-Umsetzer wirkt als Taster, und das ausgangsseitige Register im Rechner zur Ansteuerung des Digital-Analog-Umsetzers wirkt als Speicher, wie es schon bei Bild 1.2 und Bild 1.3 beschrieben ist. Jedoch ist diese Darstellung nicht zur mathematischen Beschreibung und damit zum Reglerentwurf geeignet. Gl.(3.1.2) beschreibt den Regelalgorithmus als Differenzengleichung und

3.1 Wirkungsweise der quasikontinuierlichen Abtastregelungen

ebenso müßte die Regelstrecke beschrieben werden. Es erweist sich jedoch als günstiger, zur Beschreibung in den Frequenzbereich überzugehen, wo mit der Laplace-Transformation ein wirkungsvolles mathematisches Hilfsmittel zur Beschreibung dynamischer Systeme zur Verfügung steht. Außerdem kann hier auch auf die bekannte und bewährte Darstellung durch Frequenzkennlinien zurückgegriffen werden.

3.1.1 Mathematische Beschreibung des Abtast- und Haltevorganges

Für eine übersichtliche Beschreibung wird die Reihenfolge von Regelalgorithmus und Speicher in Bild 3.1 getauscht, was zu Bild 3.2 führt. Hierbei wird zuerst aus der Wertefolge (e_k) eine Treppenfunktion $\bar{e}(t)$ erzeugt, die nun Eingangsgröße des Regelalgorithmus ist, der daraus die treppenförmige Stellgröße $\bar{y}(t)$ erzeugt. Durch die Vertauschung ist es möglich, Taster und Speicher zusammenfassend zu beschreiben. Um diese Beschreibung allgemein verwenden zu können, soll das für eine beliebige Zeitfunktion $f(t)$ geschehen.

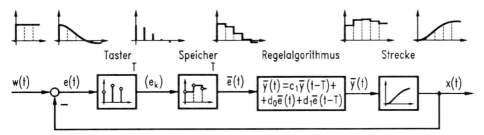

Bild 3.2 Abtastregelkreis mit gegenüber Bild 3.1 geänderter Reihenfolge von Taster, Speicher, Regelalgorithmus und Strecke

Aufgabe von Taster und Speicher ist es, eine kontinuierliche Zeitfunktion $f(t)$ in eine Treppenfunktion $\bar{f}(t)$ umzusetzen (Bild 3.3a). Nachdem der Taster aus der Zeitfunktion $f(t)$ die Folge der Werte $f(kT) = f_k$ entnommen hat, sorgt der Speicher dafür, daß jeder Funktionswert f_k für die jeweils nächste Abtastperiode gehalten wird:

$$\bar{f}(t) = f_k \qquad \text{für} \qquad kT \leq t < (k+1)T. \tag{3.1.3}$$

Damit ist jedoch $\bar{f}(t)$ noch nicht als Zeitfunktion für $0 \leq t < \infty$ zu beschreiben. Es muß vielmehr jeder einzelne Funktionswert f_k mit einer Sprungfunktion im Zeitpunkt $t = kT$ beaufschlagt werden, die durch eine gleichgroße negative Sprungfunktion im Zeitpunkt $t = (k+1)T$ kompensiert wird (Bild 3.3b):

$$\bar{f}_k(t) = f_k \left\{ \sigma(t - kT) - \sigma[t - (k+1)T] \right\}. \tag{3.1.4}$$

Die gesamte Zeitfunktion $\overline{f}(t)$ ergibt sich dann als Summe über alle Teilimpulse $\overline{f}_k(t)$ zu:

$$\overline{f}(t) = \sum_{k=0}^{\infty} f_k \{\sigma(t - kT) - \sigma[t - (k+1)T]\}. \tag{3.1.5}$$

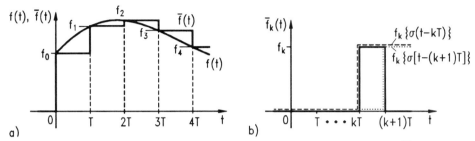

Bild 3.3 Kontinuierliche Zeitfunktion $f(t)$ und Treppenfunktion $\overline{f}(t)$ (a) mit Teilimpuls $\overline{f}_k(t)$ (b)

Die Umsetzung einer Zeitfunktion $f(t)$ in eine Treppenfunktion $\overline{f}(t)$ ist durch das in Bild 3.4a dargestellte analoge Abtast-Halteglied möglich, das in seiner Wirkung durch Taster und Speicher beschrieben werden kann (Bild 3.4b). In der eingezeichneten nur kurzzeitig wirksamen Stellung des Schalters S ($\tau \ll T$) nimmt die Ausgangsgröße $\overline{f}(t)$ des Operationsverstärkers nach der Verzögerungszeit RC ($RC \ll \tau$) bis auf das Vorzeichen den Wert der Eingangsgröße $f(kT) = f_k$ an. Während der folgenden Abtastperiode T befindet sich der Schalter in der gestrichelten Stellung, der Verstärker wirkt als Integrator, und es gilt $\overline{f}(t) = f_k$ nach Gl.(3.1.3).

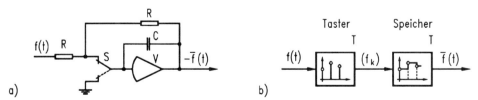

Bild 3.4 Abtast-Halteglied (a) mit funktioneller Beschreibung durch Taster und Speicher (b)

Zur Beschreibung im Frequenzbereich ist es erforderlich, die Zeitfunktion $\overline{f}(t)$ nach Gl.(3.1.5) durch ihre Laplace-Transformierte zu ersetzen. Die vorliegende

3.1 Wirkungsweise der quasikontinuierlichen Abtastregelungen

unendliche Summe darf gliedweise transformiert werden, wobei die Zeitverschiebung bei den Sprungfunktionen $1/s$ nach dem Verschiebungssatz der Laplace-Transformation durch Multiplikation mit e^{-kTs} bzw. $e^{-(k+1)Ts}$ zu berücksichtigen ist:

$$\overline{F}(s) = \sum_{k=0}^{\infty} f_k \frac{1}{s} [e^{-kTs} - e^{-(k+1)Ts}]. \tag{3.1.6}$$

Zieht man die von der Laufvariablen k unabhängigen Anteile vor das Summenzeichen, so ergibt sich:

$$\overline{F}(s) = \frac{1 - e^{-Ts}}{s} \sum_{k=0}^{\infty} f_k e^{-kTs}. \tag{3.1.7}$$

Hierin stellt die erste Teiloperation die *Übertragungsfunktion des Haltegliedes*

$$G_H(s) = \frac{1 - e^{-Ts}}{s} \tag{3.1.8}$$

dar. Die hierzu gehörige Originalfunktion im Zeitbereich ist die Impulsantwort

$$g_H(t) = \sigma(t) - \sigma(t - T), \tag{3.1.9}$$

die besagt, daß das Halteglied aus der Impulsfunktion $\delta(t)$ einen Impuls der Höhe 1 und der Dauer T erzeugt (Bild 3.5a). Diese „Impulsverlängerung" begründet den Namen für das Halteglied.

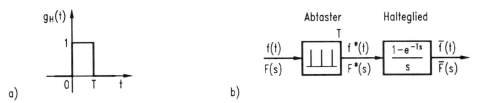

Bild 3.5 Impulsantwort $g_H(t)$ des Haltegliedes (a) und sinnbildliche Darstellung von Abtaster und Halteglied (b)

Die Impulsfunktion $\delta(t)$ ist der Grenzfall eines Rechteckimpulses der Dauer τ und der Höhe $1/\tau$ für $\tau \to 0$, wie er schon im Beispiel 2.2 (S.26) betrachtet wird. Eine solche Impulsfunktion ist physikalisch nicht zu erzeugen und tritt auch nirgendwo im Rechner auf. Sie stellt eine mathematische Vorstellung dar, die die Behandlung linearer Übertragungsglieder erleichtert. Im Rahmen der Laplace-Transformation kommt der Impulsfunktion eine besondere Bedeutung zu, da ihre Laplace-Transformationierte den Wert 1 hat.

Die zweite Teiloperation von Gl.(3.1.7) stellt die auf das Halteglied wirkende Ausgangsfunktion des *Abtasters*

$$F^*(s) = \sum_{k=0}^{\infty} f_k e^{-kTs} \qquad (3.1.10)$$

dar (Bild 3.5b). Zu deren Veranschaulichung wird die zugehörige Zeitfunktion betrachtet, für die sich durch Rücktransformation mit Hilfe von Tafel 2.2 ergibt:

$$f^*(t) = \sum_{k=0}^{\infty} f_k \delta(t - kT). \qquad (3.1.11)$$

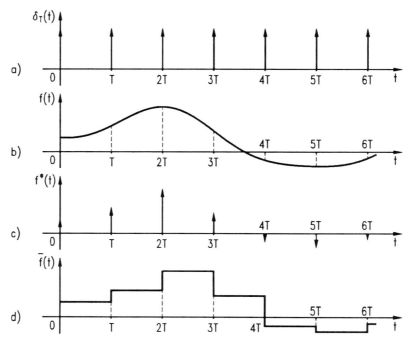

Bild 3.6 Darstellung des Abtastvorganges durch δ-*Puls* (a), kontinuierliche Eingangsfunktion (b), Impulsfolgefunktion (c) und resultierender Treppenfunktion (d)

Diese Zeitfunktion soll als *Impulsfolgefunktion* bezeichnet werden, da sie eine unendliche Summe von mit f_k gewichteten Impulsfunktionen in den Abtastzeitpunkten darstellt. Die darin auftretende unendliche Folge von Impulsfunktionen

3.1 Wirkungsweise der quasikontinuierlichen Abtastregelungen

in den Abtastzeitpunkten bezeichnet man als δ-*Puls* (Bild 3.6a):

$$\delta_T(t) = \sum_{k=0}^{\infty} \delta(t - kT). \tag{3.1.12}$$

Damit läßt sich die Ausgangsfunktion des Abtasters $f^*(t)$ als Produkt der Eingangsfunktion $f(t)$ und des δ-Pulses $\delta_T(t)$ darstellen [3.1]:

$$f^*(t) = f(t)\delta_T(t) = f(t) \sum_{k=0}^{\infty} \delta(t - kT). \tag{3.1.13}$$

Die Eingangsfunktion wird durch die Wirkung des δ-Pulses ausgangsseitig in allen Zeitpunkten unterdrückt - außer in den Abtastzeitpunkten. Es entsteht ein mit der Eingangsfunktion $f(t)$ *modulierter δ-Puls* (Bild 3.6c). Die Länge der Pfeile gibt die Gewichtung der einzelnen Impulsfunktionen an. Das in Bild 3.5b eingezeichnete Symbol für den Abtaster soll den Modulationsvorgang versinnbildlichen.

Jede einzelne Impulsfunktion $\delta(t - kT)$ mit der Gewichtung f_k erzeugt am Ausgang des Haltegliedes einen Impuls der Höhe f_k und der Dauer T. Abtaster und Halteglied zusammen erzeugen aus der kontinuierlichen Eingangsfunktion $f(t)$ über die Impulsfolgefunktion $f^*(t)$ die Treppenfunktion $\overline{f}(t)$ (Bild 3.6d). Abtaster und Halteglied zusammen zeigen die gleiche Wirkung wie Taster und Speicher zusammen.

Die Wirkung des Tasters ist jedoch unterschiedlich zu der des Abtasters. Der Taster entnimmt nur einzelne Funktionswerte und bildet daraus die Wertefolge (f_k), während der Abtaster jeden Funktionswert noch mit der Impulsfunktion multipliziert und so die Impulsfolgefunktion $f^*(t)$ erzeugt. Während die Wertefolge (f_k) im Rechner gespeichert und bearbeitet werden kann, ist die Impulsfolgefunktion $f^*(t)$ technisch nicht realisierbar, aber zur mathematischen Beschreibung erforderlich. Aus den unterschiedlichen Zwischenfunktionen (f_k) bzw. $f^*(t)$ erzeugen Speicher und Halteglied wieder dieselbe Ausgangsfunktion $\overline{f}(t)$.

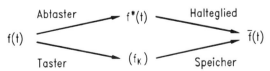

Bild 3.7 Gleichwertige Wirkung von Abtaster und Halteglied gegenüber Taster und Speicher zur Erzeugung von $\overline{f}(t)$ aus $f(t)$

100   3 QUASIKONTINUIERLICHE ABTASTREGELUNGEN

In Bild 3.7 sind die Zusammenhänge zwischen den verschiedenen Zeitfunktionen und den wirksamen Übertragungsgliedern dargestellt.

3.1.2 Übertragungsfunktion des Abtast-Haltegliedes

Nach diesen allgemeinen Überlegungen zum Abtast- und Haltevorgang wird nun wieder an die Beschreibung des Abtastregelkreises nach Bild 3.2 angeknüpft. Ersetzt man hierin Taster und Speicher durch Abtaster und Halteglied, so ergibt sich Bild 3.8, das den Abtastregelkreis im Frequenzbereich darstellt. Strecke und Regelalgorithmus sind hierbei durch ihre Übertragungsfunktionen beschrieben, worauf im nächsten Abschnitt eingegangen wird. Nachdem die Übertragungsfunktion des Haltegliedes mit Gl.(3.1.8) und die Wirkung des Abtasters mit Gl.(3.1.13) gegeben ist, geht es nun darum, eine Übertragungsfunktion für die Zusammenfassung von Abtaster und Halteglied zum Abtast-Halteglied zu finden.

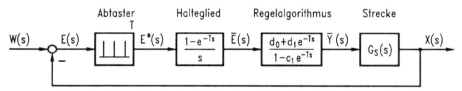

Bild 3.8 Wirkungsplan des Abtastregelkreises im Frequenzbereich

Hierfür wird zunächst ein heuristischer Ansatz gemacht, der auf folgender Überlegung beruht. Der Abtaster erzeugt aus der Eingangsfunktion $e(t)$ die Impulsfolgefunktion $e^*(t)$, wobei jedem einzelnen Funktionswert e_k eine entsprechend gewichtete Impulsfunktion $e_k \delta(t - kT)$ zugeordnet wird. Jede einzelne Impulsfunktion $\delta(t - kT)$ ist dabei der Grenzfall $\tau \to 0$ eines Impuls der Breite τ und der Höhe $1/\tau$ mit der Fläche 1, wie es unter Beispiel 2.2 beschrieben ist. Das Halteglied mit der Übertragungsfunktion $G_H(s)$ dehnt jeden Impuls auf die Zeitdauer T. Bei gleichbleibender Fläche eines jeden Impulses entsprechend seiner Wirkung muß daher die Amplitude proportional zu $1/T$ abnehmen. Man erhält somit als *Übertragungsfunktion des Abtast-Haltegliedes* $G_{AH}(s)$

$$\boxed{G_{AH}(s) = \frac{\overline{E}(s)}{E(s)} = \frac{1 - e^{-Ts}}{Ts}.} \qquad (3.1.14)$$

Dieses Ergebnis gilt allerdings nur genähert. Es ist nicht möglich, für das Abtast-Halteglied eine genaue Übertragungsfunktion anzugeben, da dieses ein zeitvari-

3.1 Wirkungsweise der quasikontinuierlichen Abtastregelungen

antes Übertragungsglied darstellt, wie schon in Abschnitt 2.3.2 gezeigt wird. Zur Verdeutlichung dieses Sachverhalts zeigt Bild 3.9 die Wirkung des Abtast-Haltegliedes bei sinusförmigem Eingangssignal. Je nach der Lage der Abtastzeitpunkte innerhalb der Sinuskurve $e(t)$ entstehen unterschiedliche Treppenfunktionen $\bar{e}(t)$.

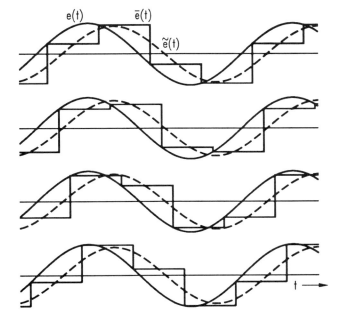

Bild 3.9
Verhalten des Abtast-Haltegliedes bei sinusförmiger Eingangsgröße und 4 Abtastungen pro Periode

Jedoch läßt sich gerade für sinusförmige Eingangsgrößen zeigen, daß ein eindeutiger nichtlinearer Zusammenhang zwischen Eingangs- und Ausgangsgröße besteht, wenn man als Ausgangsgröße nicht die treppenförmige Größe $\bar{e}(t)$ nimmt, sondern stattdessen die mit ihr flächengleiche sinusförmige Größe $\tilde{e}(t)$ [3.2]. Diese Ersetzung einer nicht sinusförmigen Größe durch eine mit ihr flächengleiche sinusförmige Größe wird als die *Methode der Beschreibungsfunktion* bezeichnet. Um diesen Zusammenhang zu veranschaulichen, ist in Bild 3.9 bei den einzelnen Beispielen jeweils die zugehörige Größe $\tilde{e}(t)$ gestrichelt mit eingezeichnet. Diese zeigt in allen vier Fällen dieselbe Phasenverschiebung φ und dieselbe, kleinere Amplitude als die Eingangsgröße $e(t)$. Um dieses Ergebnis verwenden zu können, muß die Strecke im Abtastregelkreis Tiefpaßverhalten besitzen, so daß treppenförmige Eingangsverläufe nach Tiefpaßfilterung mit genügender Genauigkeit als sinusförmige Ausgangsgrößen erscheinen.

Aus der Übertragungsfunktion Gl.(3.1.14) erhält man den Frequenzgang indem man $s = j\omega$ setzt:

$$G_{AH}(j\omega) = \frac{\overline{E}(j\omega)}{E(j\omega)} = \frac{1 - e^{-Tj\omega}}{Tj\omega}. \qquad (3.1.15)$$

Ersetzt man hierin $e^{-Tj\omega} = \cos(T\omega) - j\sin(T\omega)$, so erhält man

$$G_{AH}(j\omega) = \frac{\sin(T\omega)}{T\omega} - j\frac{1 - \cos(T\omega)}{T\omega} = \frac{2\sin\frac{T}{2}\omega}{T\omega}\left[\cos\frac{T}{2}\omega - j\sin\frac{T}{2}\omega\right]$$

und damit schließlich

$$\boxed{G_{AH}(j\omega) = \frac{\sin\frac{T}{2}\omega}{\frac{T}{2}\omega} e^{-j\frac{T}{2}\omega}} \qquad (3.1.16)$$

Dieser Frequenzgang ist in Bild 3.10 durch Amplitudengang und Phasengang dargestellt. Der Amplitudengang $|G_{AH}(j\omega)|$ beginnt bei der Frequenz 0 beim Wert 1 und verläuft dann nach einer $\sin x/x$-Funktion. Der Wert des Phasenganges $\varphi_{AH}(j\omega)$ ist proportional zur Frequenz wie bei einem Totzeitglied mit einer Totzeit gleich der halben Abtastzeit $T_t = T/2$.

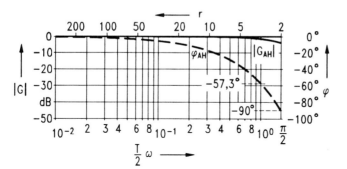

Bild 3.10 Frequenzgang des Abtast-Haltegliedes

An dem Frequenzgang Gl.(3.1.16) zeigt sich nachträglich die Richtigkeit des in Gl.(3.1.14) und Gl.(3.1.15) eingeführten Proportionalitätsfaktors $1/T$. Nur bei dieser Wahl nimmt der Frequenzgang $G_{AH}(j\omega)$ bei $(T/2)\omega = 0$ den Wert 1 an. Das muß auch so sein, denn wenn die Frequenz der sinusförmigen Eingangsgröße $e(t)$ sehr klein gegenüber der Abtastfrequenz $2/T$ wird, kann man die Wirkung von Abtaster und Halteglied vernachlässigen. Dann wird die Ausgangsgröße $\overline{e}(t)$ des Abtast-Haltegliedes identisch mit seiner Eingangsgröße $e(t)$.

Der in Bild 3.10 dargestellte Frequenzgang ist nur für Werte $(T/2)\omega < \pi/2$ eindeutig definiert. Nach dem Abtasttheorem von Shannon läßt sich eine sinusförmige Schwingung nur dann wieder aus abgetasteten Amplitudenwerten

3.1 Wirkungsweise der quasikontinuierlichen Abtastregelungen

eindeutig rekonstruieren, wenn innerhalb einer Periodendauer mindestens zwei Abtastungen liegen. Zur Frequenz ω gehört die Periodendauer

$$\tilde{T} = \frac{2\pi}{\omega}. \tag{3.1.17}$$

Nennt man r die Anzahl der *Abtastungen pro Periode*

$$r = \frac{\tilde{T}}{T}, \tag{3.1.18}$$

so ergibt sich dafür (siehe die Skalierung in Bild 3.10)

$$r = \frac{2\pi}{T\omega}. \tag{3.1.19}$$

Aus der Forderung $r > 2$ nach Shannon folgt:

$$\frac{T}{2}\omega < \frac{\pi}{2}. \tag{3.1.20}$$

Damit ist der Frequenzgang des Abtast-Haltegliedes eindeutig nur für Frequenzen definiert, die kleiner sind als die nach Shannon festgelegte Grenzfrequenz:

$$\omega_{Sh} = \frac{\pi}{T} \tag{3.1.21}$$

Diese ist gleich der Hälfte der *Abtastkreisfrequenz* [3.3]:

$$\omega_T = \frac{2\pi}{T} \tag{3.1.22}$$

Bei den Anwendungsbeispielen in Abschn. 3 wird der Phasengang stets nur für $\omega \leq \pi/T$ dargestellt.

Mit der Festlegung für r nach Gl.(3.1.19) läßt sich der Frequenzgang auch als

$$G_{AH}(r) = \frac{\sin\frac{\pi}{r}}{\frac{\pi}{r}} e^{-j\frac{\pi}{r}} \tag{3.1.23}$$

schreiben, womit bei fester Frequenz in Abhängigkeit von der Anzahl der Abtastungen pro Periode die Beschreibungsfunktion angegeben wird [3.2]. Bei Streckenordnungen $k \geq 2$ ist die Beschreibungsfunktion genügend genau für $r > 6 \cdots 8$, was bei der gewählten Voraussetzung $T \leq 0,2 \sum_{i=1}^{k} T_i$ immer erfüllt ist.

Für die weiteren Betrachtungen interessiert jedoch die Abhängigkeit des Frequenzganges von ω bei fester Abtastzeit T in der Form von Gl.(3.1.16).

Wie die Darstellung nach Bild 3.10 zeigt, hat der Amplitudengang über weite Bereiche der Frequenz näherungsweise den Wert 1. Man erhält daher eine weitergehende Näherung für den Frequenzgang von Abtaster und Halteglied, wenn man in Gl.(3.1.16) für den Betrag den Wert 1 annimmt, mit

$$\boxed{G_{AH}(j\omega) \approx e^{-\frac{T}{2}j\omega}}. \tag{3.1.24}$$

Damit wird das Verhalten von Abtaster und Halteglied durch ein Totzeitglied von der halben Abtastzeit beschrieben. Dies ist auch anschaulich verständlich, wenn man die in Bild 3.9 eingezeichneten Funktionen $\tilde{e}(t)$ betrachtet, die die Grundwellen der Treppenfunktionen $\bar{e}(t)$ darstellen. Diese sind gegenüber der sinusförmigen Eingangsfunktion $e(t)$ um die halbe Abtastzeit $T/2$ zeitverschoben.

Mit Gl.(3.1.24) wird die Abweichung des Betrages $|G_{AH}(j\omega)|$ vom Wert 1 nach Gl.(3.1.16) vernachlässigt. Diese Annahme ist zulässig, da man hiermit im ganzen Frequenzbereich mit einem etwas zu hohen Wert des Amplitudenganges rechnet. Man macht damit einen Schritt in die sichere Richtung, so daß man diese Vernachlässigung mit gutem Gewissen vornehmen kann.

3.2 Regelalgorithmen der quasikontinuierlichen Abtastregelung

Bereits in Abschn. 3.1 ist der *lineare Regelalgorithmus n-ter Ordnung*

$$\boxed{y_k = d_0 e_k + d_1 e_{k-1} + \ldots + d_n e_{k-n} + c_1 y_{k-1} + \ldots + c_n y_{k-n}} \tag{3.2.1}$$

formuliert worden. In dieser Form wird der Algorithmus im Rechner programmiert (Bild 3.1) und durch das Betriebssystem im Abstand von T Sekunden fortwährend aktiviert. Die auf die Regelstrecke wirkende Stellgröße $\bar{y}(t)$ ergibt sich aus der Wertefolge y_k durch den Speicher entsprechend der Gl.(3.1.3).

Mit der in Bild 3.2 durchgeführten Vertauschung von Regelalgorithmus und Speicher erhält der Regelalgorithmus die treppenförmige Eingangsgröße $\bar{e}(t)$ und erzeugt daraus die Stellgröße $\bar{y}(t)$. Damit liegt an der Regelstrecke dieselbe Treppenfunktion, wie sie vor der Vertauschung vom Speicher ausgegeben wurde. Um zu der gewünschten Beziehung zwischen $\bar{e}(t)$ und $\bar{y}(t)$ zu kommen, muß man sich zunächst klarmachen, daß die Beziehung nach Gl.(3.2.1) nicht nur für einzelne Wertepaare $e_k, e_{k-1}, \ldots, e_{k-n}, y_k, y_{k-1}, \ldots, y_{k-n}$ gilt, sondern im zeitlichen Ablauf für die gesamte daraus hervorgehende Menge von Wertefolgen $(e_k), (e_{k-1}), \ldots, (e_{k-n}), (y_k), (y_{k-1}), \ldots, (y_{k-1})$.

Entsprechend den Überlegungen unter Gl.(3.1.3) bis Gl.(3.1.5) kann man nun die Wertefolgen (e_k) und (y_k) durch die zugeordneten Zeitfunktionen $\bar{e}(t)$ und $\bar{y}(t)$ ersetzen. Die demgegenüber um $1, \ldots, n$ Abtastschritte verzögerten Wertefolgen $(e_{k-1}), \ldots, (e_{k-n})$ und $(y_{k-1}), \ldots, (y_{k-n})$ ersetzt man

3.2 Regelalgorithmen der quasikontinuierlichen Abtastregelung

durch die um ebensoviel Abtastschritte verschobenen Treppenfunktionen $\overline{e}(t-T), \ldots, \overline{e}(t-nT)$ und $\overline{y}(t-T), \ldots, \overline{y}(t-nT)$. In der Struktur nach Bild 3.2 muß anstelle des Regelalgorithmus Gl.(3.2.1) der dazu äquivalente *Regelalgorithmus mit Treppenfunktionen*

$$\begin{aligned}\overline{y}(t) &= d_0\overline{e}(t) + d_1\overline{e}(t-T) + \ldots + d_n\overline{e}(t-nT) + \\ &\quad + c_1\overline{y}(t-T) + \ldots + c_n\overline{y}(t-nT)\end{aligned} \qquad (3.2.2)$$

eingetragen werden, was dort beispielhaft für den Regelalgorithmus 1. Ordnung geschehen ist.

Da es sich bei den Treppenfunktionen um zeitkontinuierliche Funktionen handelt, kann man auf Gl.(3.2.2) die Laplace-Transformation anwenden. Unter Benutzung der Linksverschiebungsregel der Laplace-Transformation erhält man im Bildbereich:

$$\begin{aligned}\overline{Y}(s) &= d_0\overline{E}(s) + d_1\overline{E}(s)e^{-Ts} + \ldots + d_n\overline{E}(s)e^{-nTs} + \\ &\quad + c_1\overline{Y}(s)e^{-Ts} + \ldots + c_n\overline{Y}(s)e^{-nTs}.\end{aligned}$$

Damit ergibt sich die *Übertragungsfunktion des Regelalgorithmus n-ter Ordnung*

$$\boxed{G_{RA}(s) = \frac{\overline{Y}(s)}{\overline{E}(s)} = \frac{d_0 + d_1 e^{-Ts} + \ldots + d_n e^{-nTs}}{1 - c_1 e^{-Ts} - \ldots - c_n e^{-nTs}}.} \qquad (3.2.3)$$

Von dieser allgemeinen Darstellung des Regelalgorithmus n-ter Ordnung wird nun zu den Regelalgorithmen 1. und 2. Ordnung übergegangen, die genauer betrachtet werden. Dabei geht es vor allem um die Wahl der Koeffizienten c_i und d_i. Regelalgorithmen höherer Ordnung lassen sich aus denen 1. und 2. Ordnung zusammensetzen.

Um Mißverständnisse zu vermeiden, soll eine Sprachregelung eingeführt werden, die eine eindeutige Zuordnung zwischen Übertragungsfunktion und zugehöriger Benennung sicherstellt. Diese Sprachregelung soll gleichzeitig den Unterschied zur kontinuierlichen Regelung festlegen. Beim kontinuierlichen Regler ist die Kennzeichnung durch den Index R üblich mit:

$$G_R(s) = \frac{Y(s)}{E(s)}. \qquad (3.2.4)$$

Der Abtastregler wird durch die zwei Übertragungsfunktionen des Abtast-Haltegliedes nach Gl.(3.1.14)

$$G_{AH}(s) = \frac{\overline{E}(s)}{E(s)} = \frac{1 - e^{-Ts}}{Ts}$$

und des Regelalgorithmus nach Gl.(3.2.3)

$$G_{RA}(s) = \frac{\overline{Y}(s)}{\overline{E}(s)} = \frac{d_0 + d_1 e^{-Ts} + \ldots + d_n e^{-nTs}}{1 - c_1 e^{-Ts} - \ldots - c_n e^{-nTs}}.$$

beschrieben. Dabei ergibt sich die Übertragungsfunktion des Regelalgorithmus aus der Laplace-Transformation der treppenförmigen Eingangs- und Ausgangsgrößen $\bar{e}(t)$ und $\bar{y}(t)$, ist also eine mathematisch genaue Beschreibung. Dagegen gilt die Übertragungsfunktion des Abtast-Haltegliedes nur genähert, wobei auch die noch weitergehende Näherung durch ein Totzeitglied

$$G_{AH}(s) \approx e^{-\frac{T}{2}s}$$

für einen genügend genauen Reglerentwurf ausreicht. Hierzu kommt noch die Rechenzeit, die die Zentraleinheit zur Berechnung des Regelalgorithmus benötigt, sowie eventuelle Umsetzzeiten für Analog-Digital- und Digital-Analog-Umsetzung (siehe auch Abschn. 1.2 und Bild 3.1, S.94). Diese Zeiten werden zusammengefaßt als *Rechenzeit* T_R bezeichnet, die sich als zusätzliche Totzeit im Regelungssystem auswirkt. Der Einfachheit halber wird dafür keine neue Übertragungsfunktion festgelegt, sondern diese Rechenzeit wird der halben Abtastzeit des Abtast-Haltegliedes hinzugefügt, so daß dafür geschrieben wird:

$$\boxed{G_{AH}(s) = e^{-(T/2+T_R)s}}. \qquad (3.2.5)$$

In vielen Fällen wird die Rechenzeit gegenüber der halben Abtastzeit zu vernachlässigen sein. Soll jedoch, etwa aus wirtschaftlichen Gründen, die an die Dynamik des Prozesses angepaßte Abtastzeit fast vollständig für die Rechenzeit verwendet werden, so muß sichergestellt sein, daß die Beziehung

$$0 \leq T_R < T \qquad (3.2.6)$$

eingehalten wird. Damit gilt für den Exponenten von Gl.(3.2.5):

$$T/2 \leq T/2 + T_R < 3T/2. \qquad (3.2.7)$$

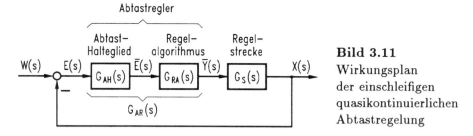

Bild 3.11 Wirkungsplan der einschleifigen quasikontinuierlichen Abtastregelung

Für die Übertragungsfunktion des Abtastreglers, der durch den Index AR gekennzeichnet wird, ergibt sich:

$$G_{AR}(s) = G_{AH}(s)\, G_{RA}(s). \qquad (3.2.8)$$

In Bild 3.11 ist dieser Zusammenhang als Wirkungsplan dargestellt.

3.2 Regelalgorithmen der quasikontinuierlichen Abtastregelung 107

3.2.1 Bestimmung der Koeffizienten der Regelalgorithmen

Der einfachste Regelalgorithmus ist der *Regelalgorithmus 0. Ordnung*, bei dem nur der Koeffizient d_0 ungleich Null ist:

$$y_k = d_0 \, e_k \, . \tag{3.2.9}$$

Dieser rein proportionale Zusammenhang ohne Zeitverhalten gilt auch für den *Regelalgorithmus 0. Ordnung mit Treppenfunktion*

$$\overline{y}(t) = d_0 \, \overline{e}(t) \, . \tag{3.2.10}$$

Diese Beziehung entspricht der eines kontinuierlichen *Proportionalreglers*

$$y(t) = K_P \, e(t) \, , \tag{3.2.11}$$

so daß der Koeffizient d_0 dem *Proportionalbeiwert* K_P gleichzusetzen ist:

$$d_0 = K_P \, . \tag{3.2.12}$$

Dieser Regelalgorithmus wird als Regelalgorithmus mit P-Verhalten bezeichnet.

Erst der Regelalgorithmus 1. Ordnung ermöglicht es, ein bestimmtes Zeitverhalten zu erzeugen. Daran soll gezeigt werden, wie die Koeffizienten des Regelalgorithmus für ein gewünschtes Zeitverhalten zu ermitteln sind. Aus der allgemeinen Darstellung des Regelalgorithmus nach Gl.(3.1.2) ergibt sich der *Regelalgorithmus 1. Ordnung* zu

$$\boxed{y_k = d_0 e_k + d_1 e_{k-1} + c_1 y_{k-1} \, .} \tag{3.2.13}$$

Ebenso erhält man aus Gl.(3.2.3) für $n = 1$ die *Übertragungsfunktion des Regelalgorithmus 1. Ordnung* zu

$$\boxed{G_{RA}(s) = \frac{\overline{Y}(s)}{\overline{E}(s)} = \frac{d_0 + d_1 e^{-Ts}}{1 - c_1 e^{-Ts}} \, .} \tag{3.2.14}$$

Bild 3.12 zeigt den hierzu gehörenden Wirkungsplan.

Das Verhalten des Regelalgorithmus 1. Ordnung wird durch die Koeffizienten d_0, d_1 und c_1 beschrieben. Zur Erzielung eines bestimmten Regelverhaltens sind diese entsprechend vorzugeben. Ein gewünschtes Regelverhalten kann durch die *Reglerübertragungsfunktion 1. Ordnung*

$$\boxed{G_R(s) = \frac{Y(s)}{E(s)} = \frac{g_0 + g_1 s}{h_0 + h_1 s}} \tag{3.2.15}$$

der kontinuierlichen Regler festgelegt werden. Je nach Wahl der Reglerparameter g_0, g_1, h_0 und h_1 kann damit P-, P-T_1-, I-, PI-, D-T_1- oder PD-T_1-Zeitverhalten

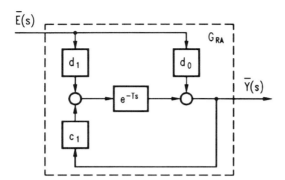

Bild 3.12
Wirkungsplan des
Regelalgorithmus 1. Ordnung

verwirklicht werden. Die Koeffizienten des Regelalgorithmus sollen nun so festgelegt werden, daß seine Wirkung möglichst gut mit der eines vorgegebenen kontinuierlichen Reglers übereinstimmt. Als *Wirkung* ist dabei die Fläche unter dem Zeitverlauf der Stellgröße oder deren Integral bei gegebenem Verlauf der Regeldifferenz anzusehen.

Bei Gl.(3.2.15) handelt es sich um eine rationale Übertragungsfunktion und bei Gl.(3.2.14) um eine transzendente Übertragungsfunktion. Daher ist prinzipiell keine exakte Anpassung der Koeffizienten d_0, d_1 und c_1 des Regelalgorithmus an die Parameter g_0, g_1, h_0 und h_1 der Reglerübertragungsfunktion möglich. Es muß also eine möglichst gute Näherungslösung gefunden werden.

Dazu betrachtet man den in Bild 3.13 skizzierten Verlauf einer beliebigen kontinuierlichen Zeitfunktion $f(t)$ und seine Annäherung durch Trapeze, was die Bezeichnung *Trapezregel* rechtfertigt. Bezeichnet man die zur Zeitfunktion $f(t)$ gehörige Integralfunktion mit $h(t)$, so gilt für den genauen Zusammenhang zwischen zwei Abtastzeitpunkten und seine Näherung durch die Trapezregel:

$$h(kT) - h[(k-1)T] = \int_{(k-1)T}^{kT} f(\tau)d\tau \approx \frac{T}{2}\{f[(k-1)] + f(kT)\}. \tag{3.2.16}$$

Diese Beziehung gilt für beliebige Paare von Zeitpunkten t und $t - T$, so daß man für die Trapezregel schreiben kann:

$$h(t) - h(t-T) = \frac{T}{2}[f(t) + f(t-T)]. \tag{3.2.17}$$

Mit Anwendung der Laplace-Transformation erhält man:

$$H(s)(1 - e^{-Ts}) = \frac{T}{2}F(s)(1 + e^{-Ts}), \tag{3.2.18}$$

3.2 Regelalgorithmen der quasikontinuierlichen Abtastregelung 109

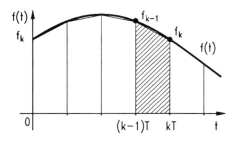

Bild 3.13
Genäherte Integration einer
kontinuierlichen Zeitfunktion $f(t)$
nach der Trapezregel

und daraus die Übertragungsfunktion

$$\frac{H(s)}{F(s)} = \frac{T}{2} \cdot \frac{1+e^{-Ts}}{1-e^{-Ts}}. \qquad (3.2.19)$$

Hierbei ist $h(t)$ die Integralfunktion nach der Trapezregel zu $f(t)$ gemäß Gl.(3.2.17), und damit gilt nur genähert $H(s) \approx F(s)/s$. Daher stellt Gl.(3.2.19) die *Übertragungsfunktion des digitalen Integrators* mit der Trapezregel

$$G_{I,T}(s) = \frac{T}{2} \cdot \frac{1+e^{-Ts}}{1-e^{-Ts}} \qquad (3.2.20)$$

dar, die zugleich eine Näherung für $1/s$ ist.

Beispiel 3.1. Es soll dargelegt werden, wie der digitale Integrator nach Gl.(3.2.20) auf eine Einheitssprungfunktion antwortet. Die Ausgangsfunktion soll mit der eines kontinuierlichen Integrators verglichen werden.

Zunächst stellt man den Bruch $1/(1-e^{-Ts})$ durch eine unendliche Summe dar:

$$1 : (1 - e^{-Ts}) = 1 + e^{-Ts} + e^{-2Ts} + \ldots + e^{-kTs} + \ldots .$$

Multipliziert man diese unendliche Summe mit $1 + e^{-Ts}$, so erhält man:

$$\frac{1+e^{-Ts}}{1-e^{-Ts}} = 1 + 2(e^{-Ts} + e^{-2Ts} + e^{-3Ts} + \ldots) .$$

Damit läßt sich für Gl.(3.2.20) schreiben:

$$G_{I,T}(s) = \frac{T}{2} \cdot \frac{1+e^{-Ts}}{1-e^{-Ts}} = \frac{T}{2} + T(e^{-Ts} + e^{-2Ts} + e^{-3Ts} + \ldots) . \qquad (3.2.21)$$

Es sollen die Übergangsfunktionen eines kontinuierlichen Integrators mit der Übertragungsfunktion $G_1(s) = 1/s$ und eines Gliedes mit der Übertragungsfunktion $G_{I,T}(s)$ nach Gl.(3.2.20) verglichen werden. Bei einer Einheits-Sprungfunktion am Eingang

$$U(s) = 1/s; \qquad u(t) = 1 \quad \text{für} \quad t \geq 0$$

ergibt sich am Ausgang des kontinuierlichen Integrators

$$V_1(s) = 1/s^2; \qquad v_1(t) = t \quad \text{für} \quad t \geq 0 .$$

110   3 QUASIKONTINUIERLICHE ABTASTREGELUNGEN

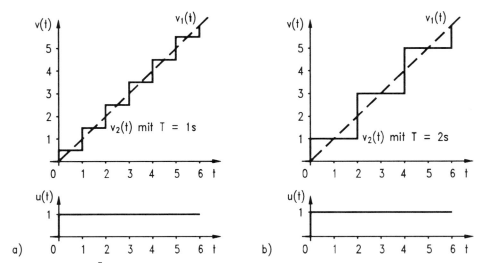

Bild 3.14 Übergangsfunktion von kontinuierlichem und digitalem Integrator

Am Ausgang des digitalen Integrators ergibt sich nach Gl.(3.2.21) eine Zeitfunktion $v_2(t)$ mit der Laplace-Transformierten

$$V_2(s) = \frac{1}{s}\left[\frac{T}{2} + T(e^{-Ts} + e^{-2Ts} + e^{-3Ts} + \ldots)\right].$$

Die zugehörige Zeitfunktion setzt sich aus einer unendlichen Summe von Sprungfunktionen zusammen. Die im Zeitpunkt $t = 0$ auftretende Sprungfunktion hat die Sprunghöhe $T/2$. In den Zeitpunkten kT ($k = 1, 2, \ldots$) kommen weitere Sprungfunktionen hinzu, die alle die Sprunghöhe T haben. In Bild 3.14 sind die Verhältnisse für die Werte $T = 1s$ (a) und $T = 2s$ (b) gezeichnet. Innerhalb jedes Abtastintervalls sind die Flächen unter den beiden Zeitfunktionen $v_1(t)$ und $v_2(t)$ gleich. ♣♣♣

Damit ist die Näherung von $G_{I,T}(s)$ für $1/s$ begründet. Löst man die Gleichung

$$\frac{T}{2} \cdot \frac{1+e^{-Ts}}{1-e^{-Ts}} \approx \frac{1}{s} \quad (3.2.22)$$

nach s auf mit

$$s \approx \frac{2}{T} \cdot \frac{1-e^{-Ts}}{1+e^{-Ts}} \quad (3.2.23)$$

und setzt diese Beziehung in Gl.(3.2.15) ein, so ergibt sich:

$$G_{RA}'(s) = \frac{g_0 + g_1\frac{2}{T} + (g_0 - g_1\frac{2}{T})e^{-Ts}}{h_0 + h_1\frac{2}{T} + (h_0 - h_1\frac{2}{T})e^{-Ts}}. \quad (3.2.24)$$

3.2 Regelalgorithmen der quasikontinuierlichen Abtastregelung 111

Diese Übertragungsfunktion kann man mit der Übertragungsfunktion des Regelalgorithmus Gl.(3.2.14) vergleichen und daraus die Koeffizienten d_0, d_1 und c_1 bestimmen. Ein einfacher Koeffizientenvergleich führt zu dem Ergebnis:

$$d_0 = \frac{g_0 + g_1 \frac{2}{T}}{h_0 + h_1 \frac{2}{T}}; \qquad d_1 = \frac{g_0 - g_1 \frac{2}{T}}{h_0 + h_1 \frac{2}{T}}; \qquad c_1 = -\frac{h_0 - h_1 \frac{2}{T}}{h_0 + h_1 \frac{2}{T}} \qquad (3.2.25)$$

Damit sind unter allgemeinen Voraussetzungen Gleichungen für die Koeffizienten des Regelalgorithmus 1. Ordnung hergeleitet, die von der Flächengleichheit unter den Ausgangsfunktionen von kontinuierlichen und digitalen Reglern nach der Trapezregel ausgehen.

3.2.2 Regelalgorithmen 1. Ordnung

Die mit Gl.(3.2.25) erhaltenen Ergebnisse sollen für verschiedene Regelalgorithmen 1. Ordnung durch Beispiele verdeutlicht werden. Dabei werden die Übergangsfunktionen $y(t)$ kontinuierlicher Regler mit den zu den Regelalgorithmen gehörigen Treppenfunktionen $\bar{y}(t)$ verglichen. Der Verlauf der Treppenfunktionen nach Gl.(3.2.14) wird durch die Funktionswerte y_k bestimmt, die der Regelalgorithmus nach Gl.(3.2.13) in jedem Abtastschritt ermittelt.

Die zu den Regelalgorithmen gehörenden Übergangsfunktionen erhält man, indem man in Gl.(3.2.13) $e_k = 0$ für $k < 0$ und $e_k = 1$ für $k \geq 0$ setzt. Mit den Anfangsbedingungen $e_{-1} = 0, y_{-1} = 0$ erhält man

$$y_0 = d_0 \qquad \text{für} \qquad k = 0 \qquad (3.2.26)$$

und

$$y_k = d_0 + d_1 + c_1 y_{k-1} \qquad \text{für} \qquad k > 0. \qquad (3.2.27)$$

Es werden zunächst die zu I- und D-T_1-Verhalten gehörenden elementaren Regelalgorithmen und danach die zu PI- und PD-T_1- Verhalten gehörenden zusammengesetzten Regelalgorithmen untersucht.

3.2.2.1 Elementare Regelalgorithmen

Die zu P-, I- und D-T_1-Verhalten gehörenden Regelalgorithmen sollen als elementare Regelalgorithmen bezeichnet werden. Die zu dem schon besprochenen Regelalgorithmus mit P-Verhalten gehörende Übergangsfunktion Gl.(3.2.10) ist in Bild 3.15 als Nr. 1 dargestellt. Die zu den Regelalgorithmen mit I- und D-T_1-Verhalten gehörenden Koeffizienten nach Gl.(3.2.25) sowie die zugehörigen Übergangsfunktionen sollen nun bestimmt werden.

Beispiel 3.2. Die Koeffizienten und die Übergangsfunktion eines Regelalgorithmus mit I-Verhalten sollen ermittelt werden.

Die Übertragungsfunktion eines kontinuierlichen I-Reglers

$$G_R(s) = \frac{1}{T_I s} \qquad (3.2.28)$$

ist durch die *Integrierzeit* T_I festgelegt. Man hat daher für ihre Parameter in Gl.(3.2.15) $g_0 = 1$; $g_1 = 0$; $h_0 = 0$; $h_1 = T_I$ zu wählen. Aus Gl.(3.2.25) ergibt sich dann für die Koeffizienten **des Regelalgorithmus**

$$d_0 = \frac{T/2}{T_I}; \qquad d_1 = \frac{T/2}{T_I}; \qquad c_1 = 1, \qquad (3.2.29)$$

und der Regelalgorithmus nach Gl.(3.2.13) schreibt sich als

$$y_k = \frac{T/2}{T_I}(e_k + e_{k-1}) + y_{k-1}. \qquad (3.2.30)$$

Für den Anfangswert der Übergangsfunktion ergibt sich $y_0 = (T/2)/T_I$ und für die weiteren Werte $y_k = T/T_I + y_{k-1}$.

Nach einem Anfangssprung der Höhe $(T/2)/T_I$ nimmt die Übergangsfunktion $\bar{y}(t)$ in jedem weiteren Abtastschritt um T/T_I zu. Das ist derselbe Zuwachs, wie bei der zu Gl.(3.2.28) gehörigen Übergangsfunktion $y(t) = t/T_I$ in der Abtastzeit T. Die beiden Übergangsfunktionen $y(t)$ und $\bar{y}(t)$ sind in Bild 3.15 als Nr. 2 eingezeichnet. ♣♣♣

Beispiel 3.3 Es sollen die Koeffizienten und die Übergangsfunktion eines Regelalgorithmus mit D-T_1-Verhalten bestimmt werden.

Ein realisierbarer kontinuierlicher D-T_1-Regler hat die Übertragungsfunktion

$$G_R(s) = \frac{T_D s}{1 + T_d s} \qquad (3.2.31)$$

mit den Kenngrößen *Differenzierzeit* T_D und *Dämpfungszeit* T_d. Damit ergibt sich für die Parameter der Regler-Übertragungsfunktion $g_0 = 0$; $g_1 = T_D$; $h_0 = 1$; $h_1 = T_d$, und für die Koeffizienten des Regelalgorithmus

$$d_0 = \frac{T_D}{T_d + T/2}; \qquad d_1 = -\frac{T_D}{T_d + T/2}; \qquad c_1 = \frac{T_d - T/2}{T_d + T/2}. \qquad (3.2.32)$$

Der D-T_1-Regelalgorithmus lautet damit

$$y_k = \frac{T_D}{T_d + T/2}(e_k - e_{k-1}) + \frac{T_d - T/2}{T_d + T/2} y_{k-1} \qquad (3.2.33)$$

Der Anfangswert der Übergangsfunktion ist $y_0 = d_0 = T_D/(T_d + T/2)$.

Für die weiteren Funktionswerte mit $k > 0$ gilt wegen $d_0 + d_1 = 0$

$$y_k = c_1 y_{k-1}. \qquad (3.2.34)$$

3.2 Regelalgorithmen der quasikontinuierlichen Abtastregelung

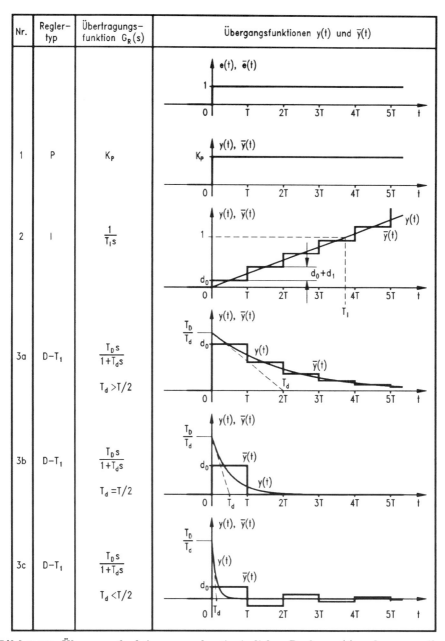

Bild 3.15 Übergangsfunktionen von kontinuierlichen Reglern $y(t)$ und von quasikontinuierlichen Regelalgorithmen $\bar{y}(t)$ mit P-, I- und D-T_1-Verhalten

Die Ausgangsgrößen nehmen nach einem Anfangswert d_0 nach einer geometrischen Reihe mit dem Quotienten $y_k/y_{k-1} = c_1$ ab. Nach der Summenformel der geometrischen Reihe ist die Fläche unter der Treppenkurve $\bar{y}(t)$ für k Abtastschritte, wobei jeder einzelne Funktionswert y_k noch mit T zu multiplizieren ist:

$$A_k' = d_0 \frac{1 - c_1^k}{1 - c_1} T = T_D (1 - c_1^k). \qquad (3.2.35)$$

Die Fläche unter der Übergangsfunktion des kontinuierlichen D-T_1-Reglers $y(t) = (T_D/T_d) e^{-t/T_d}$ ist bis zur Zeit $t = kT$

$$A_k = \frac{T_D}{T_d} \int_0^{kT} e^{-t/T_d} dt = T_D \left[1 - (e^{-T/T_d})^k\right]. \qquad (3.2.36)$$

Die Flächen unter der Treppenfunktion und der abklingenden Exponentialfunktion innerhalb k Abtastschritten stimmen umso besser überein, je mehr der Koeffizient c_1 mit e^{-T/T_d} übereinstimmt. Das ist bei den als Nr. 3a in Bild 3.15 eingezeichneten Kurven noch gegeben, wo zu $T_d = 2T$ die Werte $c_1 = 0,6$ und $e^{-T/T_d} = 0,6065$ sowie $d_0 = 0,8 (T_D/T_d)$ gehören.

Da der Koeffizient

$$c_1 = \frac{T_d - T/2}{T_d + T/2} \qquad (3.2.37)$$

von den beiden Kenngrößen Differenzierzeit T_D und Dämpfungszeit T_d abhängt, sind drei Fälle zu unterscheiden:

$$c_1 > 0 \quad \text{für} \quad T_d > T/2 \qquad (3.2.38)$$

$$c_1 = 0 \quad \text{für} \quad T_d = T/2 \qquad (3.2.39)$$

$$c_1 < 0 \quad \text{für} \quad T_d < T/2. \qquad (3.2.40)$$

Für alle drei Fälle gilt jedoch, daß die Flächengleichheit von A_k' und A_k nach Gl.(3.2.35) und Gl.(3.2.36) für $k \to \infty$ gegeben ist und daß sich dann $A_k' = A_k = T_D$ ergibt. Der Fall $c_1 = 0$ mit $T_d = T/2$ ist als Nr. 3b in Bild 3.15 dargestellt. Wegen $c_1 = 0$ klingt die Treppenfunktion $\bar{y}(t)$ bereits nach einem Abtastschritt wieder auf Null ab. Hier wird $d_0 = 0,5 (T_D/T_d)$ und der Flächeninhalt des Rechtecks $d_0 T$ ist gleich der gesamten Fläche unter der Exponentialfunktion $y(t)$, die bei $t = T$ auf 14 % und bei $t = 2T$ auf 2 % ihres Anfangswertes abgesunken ist.

Wird schließlich $T_d < T/2$ gewählt, so ergibt sich mit $c_1 < 0$ eine oszillatorisch abnehmende Treppenfunktion $\bar{y}(t)$. Für eine Regelung muß davon ausgegangen werden, daß der oszillatorische Anteil von $\bar{y}(t)$ durch die Tiefpaßwirkung der Regelstrecke genügend weit gedämpft wird, und nur der Gesamtinhalt der Fläche $A_k = T_D$ als Vorhalt wirksam wird. Es zeigt sich, daß diese Voraussetzungen erfüllt sind, solange

$$c_1 > -0,6 \qquad (3.2.41)$$

bleibt. Damit erhält man aus Gl.(3.2.37) für die minimal zulässige Dämpfungszeit

$$T_d > 0,25 \cdot \frac{T}{2}. \qquad (3.2.42)$$

3.2 Regelalgorithmen der quasikontinuierlichen Abtastregelung   115

In Bild 3.15 ist der Fall $c_1 = -0,6$ als Nr. 3c dargestellt. Hierzu gehört der Wert $d_0 = 0,2\,(T_D/T_d)$. ♣♣♣

Die Koeffizienten zum P-, I- und D-T_1-Regelalgorithmus sind in Tafel 3.1 (Seite 122) aufgeführt.

3.2.2.2 Zusammengesetzte Regelalgorithmen

Es soll das Regelverhalten der zusammengesetzten Regelalgorithmen 1. Ordnung betrachtet werden, worunter PI- und PD-T_1-Regelalgorithmus fallen. Ihre Koeffizienten erhält man wiederum direkt aus Gl.(3.2.25), was die *Regelalgorithmen* zur *Pol-Nullstellen-Form* liefert.

Beispiel 3.4 Man bestimme die Koeffizienten und Übergangsfunktion eines Regelalgorithmus mit PI-Verhalten zur Pol-Nullstellen-Form.

Die Übertragungsfunktion eines kontinuierlichen PI-Reglers

$$G_R(s) = K_P \frac{1 + T_n s}{T_n s} \tag{3.2.43}$$

mit *Proportionalbeiwert* K_P und *Nachstellzeit* T_n hat in der Darstellung nach Gl.(3.2.15) die Parameter: $g_0 = K_P$; $g_1 = K_P T_n$; $h_0 = 0$; $h_1 = T_n$. Daraus erhält man mit Gl.(3.2.25):

$$d_0 = K_P \frac{T_n + T/2}{T_n};\qquad d_1 = -K_P \frac{T_n - T/2}{T_n};\qquad c_1 = 1 \tag{3.2.44}$$

und damit für den PI-Regelalgorithmus:

$$y_k = K_P\left(1 + \frac{T/2}{T_n}\right) e_k - K_P\left(1 - \frac{T/2}{T_n}\right) e_{k-1} + y_{k-1}. \tag{3.2.45}$$

Die Übergangsfunktion $\bar{y}(t)$ hat den Anfangswert $y_0 = d_0 = K_P\left[1 + (T/2)/T_n\right]$, und für die weiteren Werte gilt: $y_k = K_P(T/T_n) + y_{k-1}$.

Der Anfangssprung der Höhe $K_P\left[1 + (T/2)/T_n\right]$ mit dem Zuwachs um $K_P T/T_n$ in jedem weiteren Abtastschritt ergibt eine Treppenfunktion $\bar{y}(t)$, die innerhalb jedes Abtastschrittes flächengleich mit der kontinuierlichen Übergangsfunktion $y(t) = K_P\left(1 + t/T_n\right)$ verläuft.
In Bild 3.16 sind die beiden Übergangsfunktionen $y(t)$ und $\bar{y}(t)$ dargestellt. ♣♣♣

Beispiel 3.5 Für einen Regelalgorithmus mit PD-T_1-Verhalten sollen die Koeffizienten und die Übergangsfunktion zur Pol-Nullstellen-Form bestimmt werden.

Zur Übertragungsfunktion des kontinuierlichen PD-T_1-Reglers

$$G_R(s) = K_P \frac{1 + T_{vP} s}{1 + T_d s} \tag{3.2.46}$$

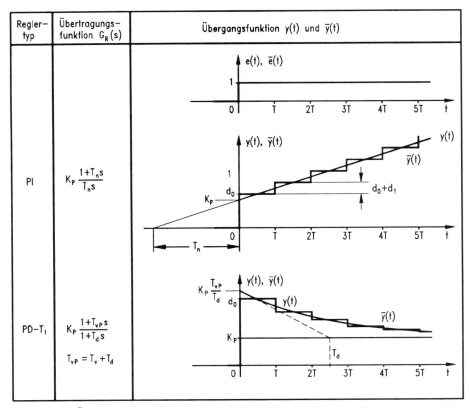

Bild 3.16 Übergangsfunktionen von kontinuierlichen Reglern $y(t)$ und von quasikontinuierlichen Regelalgorithmen $\bar{y}(t)$ mit PI- und PD-T_1-Verhalten

mit den Parametern $g_0 = K_P$; $g_1 = K_P T_{vP}$; $h_0 = 1$; $h_1 = T_d$ erhält man als Koeffizienten des Regelalgorithmus

$$d_0 = K_P \frac{T_{vP} + T/2}{T_d + T/2}; \qquad d_1 = -K_P \frac{T_{vP} - T/2}{T_d + T/2}; \qquad c_1 = \frac{T_d - T/2}{T_d + T/2}. \qquad (3.2.47)$$

Der PD-T_1-Regelalgorithmus lautet damit:

$$y_k = K_P \frac{T_{vP} + T/2}{T_d + T/2} e_k - K_P \frac{T_{vP} - T/2}{T_d + T/2} e_{k-1} + \frac{T_d - T/2}{T_d + T/2} y_{k-1}. \qquad (3.2.48)$$

Die Übergangsfunktion hat den Anfangswert $y_0 = d_0 = K_P(T_{vP} + T/2)/(T_d + T/2)$, und für die weiteren Funktionswerte gilt:

$$y_k = K_P \frac{T}{T_d + T/2} + \frac{T_d - T/2}{T_d + T/2} y_{k-1}. \qquad (3.2.49)$$

3.2 Regelalgorithmen der quasikontinuierlichen Abtastregelung 117

Für den stationären Endwert y_∞ für $k \to \infty$ erhält man wegen $y_\infty = y_k = y_{k-1}$ als Ergebnis

$$y_\infty = K_P. \qquad (3.2.50)$$

In Bild 3.16 (Seite 116) sind die Übergangsfunktionen $y(t)$ und $\overline{y}(t)$ für den Fall $c_1 > 0$ dargestellt. Für die anderen beiden Fälle $c_1 = 0$ und $c_1 < 0$, sowie für die Übereinstimmung unter den Flächen von $y(t)$ und $\overline{y}(t)$ gilt das beim D-T$_1$-Regelalgorithmus Gesagte. ♣♣♣

In Tafel 3.1 (Seite 122) sind die Koeffizienten der verschiedenen Regelalgorithmen mit den Übertragungsfunktionen der zugehörigen kontinuierlichen Regler zusammenfassend notiert. Bild 3.17 zeigt den Regelalgorithmus 1. Ordnung in Form eines Struktogramms.

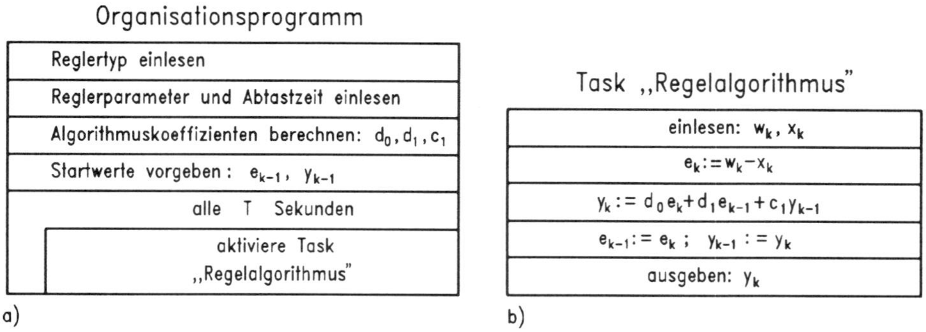

Organisationsprogramm

Reglertyp einlesen
Reglerparameter und Abtastzeit einlesen
Algorithmuskoeffizienten berechnen: d_0, d_1, c_1
Startwerte vorgeben: e_{k-1}, y_{k-1}
alle T Sekunden
aktiviere Task „Regelalgorithmus"

a)

Task „Regelalgorithmus"

einlesen: w_k, x_k
$e_k := w_k - x_k$
$y_k := d_0 e_k + d_1 e_{k-1} + c_1 y_{k-1}$
$e_{k-1} := e_k$; $y_{k-1} := y_k$
ausgeben: y_k

b)

Bild 3.17 Der für die Regelaufgabe zuständige Teil des Organsationsprogramms (a) und die hiervon zyklisch aufgerufene Task „Regelalgorithmus" (b)

Zweckmäßigerweise wird das Programm in zwei Teile aufgespalten. Der erste Teil dient der Eingabe von Reglertyp und Reglerparameter sowie der Berechnung der Koeffizienten des Regelalgorithmus und der Vorgabe seiner Startwerte. Dieser erste Teil ist im allgemeinen Organisationsprogramm enthalten (Bild 3.17a). Beginnend mit den Startwerten wird dann der eigentliche Regelalgorithmus zyklisch in einem festen Zeitraster mit der Abtastzeit T aufgerufen, um die jeweilige Stellgröße y_k zu ermitteln (Bild 3.17b). Dazu muß das Meßwerterfassungsprogramm rechtzeitig vor dem jeweiligen Abtastzeitpunkt gestartet werden, um jeweils den neuesten Wert der Regelgröße x_k zur Verfügung zu stellen. Eine Verzögerung zwischen dem Zeitpunkt der Erfassung der Regelgröße und ihrer Verwertung im Regelalgorithmus würde sich als Totzeit auswirken und die Stabilität verringern. Ebenso muß das Zeitraster zur Bearbeitung des Regelalgorithmus möglichst gut eingehalten werden, weil die Abtastzeit T in die Reglerparameter eingearbeitet ist. Im Multitaskingkonzept des Echtzeitbetriebssystems muß daher die Task „Regelalgorithmus" die höchste Priorität nach der Task „Alarm" bekommen.

Wenn die Führungsgröße w_k zeitveränderlich ist wie bei einer Folgeregelung, muß auch diese kurz vor dem jeweiligen Abtastzeitpunkt übernommen werden, damit keine zusätzlichen Totzeiten entstehen. Nach dem Berechnen der Stellgröße y_k werden die Werte e_k und y_k für den nächsten Rechenschritt als e_{k-1} und y_{k-1} abgespeichert. Mit der Ausgabe der Stellgröße y_k an den Digital-Analog-Umsetzer der Prozeßperipherie ist jeweils ein **Rechenzyklus** beendet.

3.2.3 Regelalgorithmen 2. Ordnung

Beim *Regelalgorithmus 2. Ordnung*

$$\boxed{y_k = d_0 e_k + d_1 e_{k-1} + d_2 e_{k-2} + c_1 y_{k-1} + c_2 y_{k-2}} \qquad (3.2.51)$$

werden zur Berechnung der Stellgröße y_k neben dem augenblicklichen Wert der Regeldifferenz e_k auch deren vorhergehende Werte e_{k-1} und e_{k-2} sowie die vorhergehenden Werte der Stellgröße y_{k-1} und y_{k-2} herangezogen. Gl.(3.2.51) stellt eine *Differenzengleichung 2. Ordnung* dar.

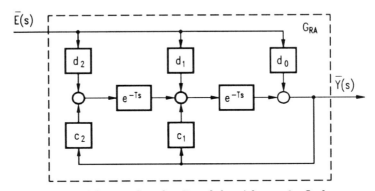

Bild 3.18 Wirkungsplan des Regelalgorithmus 2. Ordnung

Aus Gl.(3.2.3) erhält man die hierzu gehörige *Übertragungsfunktion des Regelalgorithmus 2. Ordnung* mit dem Wirkungsplan nach Bild 3.18:

$$\boxed{G_{RA}(s) = \frac{\overline{Y}(s)}{\overline{E}(s)} = \frac{d_0 + d_1 e^{-Ts} + d_2 e^{-2Ts}}{1 - c_1 e^{-Ts} - c_2 e^{-2Ts}} \cdot} \qquad (3.2.52)$$

3.2 Regelalgorithmen der quasikontinuierlichen Abtastregelung

Zur Erzielung eines bestimmten Regelverhaltens durch die Koeffizienten d_0, d_1, d_2, c_1 und c_2 wird die *Reglerübertragungsfunktion 2. Ordnung*

$$\boxed{G_R(s) = \frac{Y(s)}{E(s)} = \frac{g_0 + g_1 s + g_2 s^2}{h_0 + h_1 s + h_2 s^2}} \tag{3.2.53}$$

der kontinuierlichen Regler herangezogen. Setzt man hierin die sich aus der Übertragungsfunktion des digitalen Integrators ergebende Näherung für s nach Gl.(3.2.23) ein, so erhält man:

$$G_{RA}{'}(s) =$$

$$\frac{g_0 + g_1 \frac{2}{T} + g_2 \left(\frac{2}{T}\right)^2 + 2\left(g_0 - g_2 \left(\frac{2}{T}\right)^2\right) e^{-Ts} + \left(g_0 - g_1 \frac{2}{T} + g_2 \left(\frac{2}{T}\right)^2\right) e^{-2Ts}}{h_0 + h_1 \frac{2}{T} + h_2 \left(\frac{2}{T}\right)^2 + 2\left(h_0 - h_2 \left(\frac{2}{T}\right)^2\right) e^{-Ts} + \left(h_0 - h_1 \frac{2}{T} + h_2 \left(\frac{2}{T}\right)^2\right) e^{-2Ts}}.$$

$$\tag{3.2.54}$$

Der Koeffizientenvergleich mit Gl.(3.2.52) ergibt:

$$\boxed{\begin{aligned}
d_0 &= \frac{g_0 + g_1 \frac{2}{T} + g_2 \left(\frac{2}{T}\right)^2}{h_0 + h_1 \frac{2}{T} + h_2 \left(\frac{2}{T}\right)^2}; \\
d_1 &= \frac{2g_0 - 2g_2 \left(\frac{2}{T}\right)^2}{h_0 + h_1 \frac{2}{T} + h_2 \left(\frac{2}{T}\right)^2}; \quad c_1 = -\frac{2h_0 - 2h_2 \left(\frac{2}{T}\right)^2}{h_0 + h_1 \frac{2}{T} + h_2 \left(\frac{2}{T}\right)^2}; \\
d_2 &= \frac{g_0 - g_1 \frac{2}{T} + g_2 \left(\frac{2}{T}\right)^2}{h_0 + h_1 \frac{2}{T} + h_2 \left(\frac{2}{T}\right)^2}; \quad c_2 = -\frac{h_0 - h_1 \frac{2}{T} + h_2 \left(\frac{2}{T}\right)^2}{h_0 + h_1 \frac{2}{T} + h_2 \left(\frac{2}{T}\right)^2}.
\end{aligned}} \tag{3.2.55}$$

Bild 3.19 zeigt das Struktogramm zum Regelalgorithmus 2. Ordnung. Von den möglichen Regelalgorithmen zweiter Ordnung sollen nur der PID-T_1-Regelalgorithmus mit reellen Nullstellen und der PID$_0$-T_1-Regelalgorithmus mit komplexen Nullstellen betrachtet werden.

einlesen: w_k, x_k
$e_k := w_k - x_k$
$y_k := d_0 e_k + d_1 e_{k-1} + d_2 e_{k-2} + c_1 y_{k-1} + c_2 y_{k-2}$
$e_{k-2} := e_{k-1}$; $e_{k-1} := e_k$; $y_{k-2} := y_{k-1}$; $y_{k-1} := y_k$
ausgeben: y_k

Bild 3.19 Struktogramm des Regelalgorithmus 2. Ordnung

Beispiel 3.6. Es sollen die Koeffizienten des PID-T_1-Regelalgorithmus ermittelt werden.
Die Übertragungsfunktion des kontinuierlichen PID-T_1-Reglers ist nach Gl. (2.4.70):

$$G_R(s) = K_{PP} \frac{1 + T_{nP}s}{T_{nP}s} \cdot \frac{1 + T_{vP}s}{1 + T_d s} \qquad (3.2.56)$$

mit den Kenngrößen *Proportionalbeiwert* K_{PP}, *Nachstellzeit* T_{nP} und *Vorhaltzeit* T_{vP} in der *Pol-Nullstellen-Form* und *Dämpfungszeit* T_d. Aus den Parametern $g_0 = K_{PP}$; $g_1 = K_{PP}(T_{nP} + T_{vP})$; $g_2 = K_{PP} T_{nP} T_{vP}$; $h_0 = 0$; $h_1 = T_{nP}$; $h_2 = T_{nP} T_d$ erhält man mit Gl.(3.2.55) für die **Koeffizienten** des Regelalgorithmus:

$$\left.\begin{aligned}
d_0 &= K_{PP} \frac{T_{nP} + T/2}{T_{nP}} \cdot \frac{T_{vP} + T/2}{T_d + T/2}; \\
d_1 &= -2 K_{PP} \frac{T_{nP} T_{vP} - (T/2)^2}{T_{nP}(T_d T/2)}; \quad c_1 = 1 - c_2 = \frac{2 T_d}{T_d + T/2}; \\
d_2 &= K_{PP} \frac{T_{nP} - T/2}{T_{nP}} \cdot \frac{T_{vP} - T/2}{T_d + T/2}; \quad c_2 = -\frac{T_d - T/2}{T_d + T/2}.
\end{aligned}\right\} \qquad (3.2.57)$$

Wie man leicht nachprüft, hat der das Integralverhalten kennzeichnende Wert $h_0 = 0$ bei der Reglerübertragungsfunktion zur Folge, daß $c_1 + c_2 = 1$ gilt.

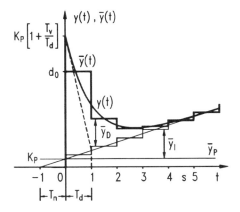

Bild 3.20
Übergangsfunktion des kontinuierlichen Reglers $y(t)$ und des quasikontinuierlichen Regelalgorithmus $\bar{y}(t)$ mit PID-T_1-Verhalten für $T = 1s$

Bild 3.20 zeigt die Übergangsfunktionen $\bar{y}(t)$ des PID-T_1-Regelalgorithmus und $y(t)$ des kontinuierlichen Reglers. Wie schon aus der Aufteilung der Übergangsfunktion in Proportional-, Integral- und Differentialanteil hervorgeht, ist die allgemeine Ermittlung der Übergangsfunktion in der Summendarstellung einfacher (siehe hierzu Abschn. 3.2.4). ♣♣♣

3.2 Regelalgorithmen der quasikontinuierlichen Abtastregelung

Neben dem in Beispiel 3.6 betrachteten PID-T_1-Regler mit reellen Nullstellen wird bei einer Anzahl von Regelaufgaben auch ein PID-T_1-Regler mit komplexem Nullstellenpaar benötigt, der durch die besondere Schreibweise PID$_0$-T_1-Regler gekennzeichnet wird.

Beispiel 3.7. Es sind die Koeffizienten für den PID$_0$-T_1-Regelalgorithmus in der Pol-Nullstellen-Form zu bestimmen.

Für die Übertragungsfunktion des kontinuierlichen PID$_0$-T_1-Reglers gilt nach Gl. (2.4.76)

$$G_R(s) = K_{PR} \frac{1 + 2\vartheta_R T_{0R} s + T_{0R}^2 s^2}{T_{0R}\, s\, (1 + T_d s)} \qquad (3.2.58)$$

mit den Kenngrößen *Proportionalbeiwert* K_{PR}, *Kennzeit* T_{0R}, *Dämpfungsgrad* ϑ_R und *Dämpfungszeit* T_d. Aus den Parametern $g_0 = K_{PR}$; $g_1 = K_{PR} \cdot 2\vartheta_R T_{0R}$; $g_2 = K_{PR} T_{0R}^2$; $h_0 = 0$; $h_1 = T_{0R}$; $h_2 = T_{0R} T_d$ ergibt sich für die Koeffizienten des Regelalgorithmus:

$$\left.\begin{aligned}
d_0 &= K_{PR} \frac{T_{0R}^2 + 2\vartheta_R T_{0R}(T/2) + (T/2)^2}{T_{0R}\,(T_d + T/2)}; \\[1em]
d_1 &= -2 K_{PR} \frac{T_{0R}^2 - (T/2)^2}{T_{0R}\,(T_d + T/2)}; \qquad c_1 = 1 - c_2 = \frac{2 T_d}{T_d + T/2}; \\[1em]
d_2 &= K_{PR} \frac{T_{0R}^2 - 2\vartheta_R T_{0R}(T/2) + (T/2)^2}{T_{0R}\,(T_d + T/2)}; \qquad c_2 = -\frac{T_d - T/2}{T_d + T/2}.
\end{aligned}\right\} \quad (3.2.59)$$

♣♣♣

Die Koeffizienten der Regelalgorithmen zur Pol-Nullstellen-Form sind in Tafel 3.1 zusammengestellt.

Benen-nungen	Übertragungsfunktionen $G_R(s)$ kontinuierlicher Regler	Koeffzienten der Regelalgorithmen zu den zugehörigen Übertragungsfunktionen $G_{RA}(s)$	
		$y_k = d_0 e_k$	
P	$G_R(s) = K_P$	$d_0 = K_P$	
I	$G_R(s) = \dfrac{1}{T_I s}$	$d_0 = \dfrac{T/2}{T_I}$;	
		$d_1 = \dfrac{T/2}{T_I}$;	$c_1 = 1$
D-T_1	$G_R(s) = \dfrac{T_D s}{1 + T_d s}$	$d_0 = \dfrac{T_D}{T_d + T/2}$;	
		$d_1 = -\dfrac{T_D}{T_d + T/2}$;	$c_1 = \dfrac{T_d - T/2}{T_d + T/2}$
		$y_k = d_0 e_k + d_1 e_{k-1} + c_1 y_{k-1}$	
PI	$G_R(s) = K_P \dfrac{1 + T_n s}{T_n s}$	$d_0 = K_P \dfrac{T_n + T/2}{T_n}$;	
		$d_1 = -K_P \dfrac{T_n - T/2}{T_n}$;	$c_1 = 1$
PD-T_1	$G_R(s) = K_P \dfrac{1 + T_{vP} s}{1 + T_d s}$	$d_0 = K_P \dfrac{T_{vP} + T/2}{T_d + T/2}$;	
		$d_1 = -K_P \dfrac{T_{vP} - T/2}{T_d + T/2}$;	$c_1 = \dfrac{T_d - T/2}{T_d + T/2}$

3.2 Regelalgorithmen der quasikontinuierlichen Abtastregelung

$PID-T_1$	$G_R(s) = K_{PP}\dfrac{1+T_{nP}s}{T_{nP}s}\cdot\dfrac{1+T_{vP}s}{1+T_d s}$	$y_k = d_0 e_k + d_1 e_{k-1} + d_2 e_{k-2} +$ $c_1 y_{k-1} + c_2 y_{k-2}$ $1 = c_1 + c_2$	$d_0 = K_{PP}\dfrac{T_{nP}+T/2}{T_{nP}}\cdot\dfrac{T_{vP}+T/2}{T_d+T/2}$ $d_1 = -2K_{PP}\dfrac{T_{nP}T_{vP}-(T/2)^2}{T_{nP}(T_d+T/2)}$; $d_2 = K_{PP}\dfrac{T_{nP}-T/2}{T_{nP}}\cdot\dfrac{T_{vP}-T/2}{T_d+T/2}$; $c_1 = \dfrac{2T_d}{T_d+T/2}$; $c_2 = -\dfrac{T_d-T/2}{T_d+T/2}$
PID_0-T_1	$G_R(s) = K_{PR}\dfrac{1+2\vartheta_R T_{0R}s+T_{0R}^2 s^2}{T_{0R}s(1+T_d s)}$		$d_0 = K_{PR}\dfrac{T_{0R}^2+2\vartheta_R T_{0R}(T/2)+(T/2)^2}{T_{0R}(T_d+T/2)}$; $d_1 = -2K_{PR}\dfrac{T_{0R}^2-(T/2)^2}{T_{0R}(T_d+T/2)}$; $d_2 = K_{PR}\dfrac{T_{0R}^2-2\vartheta_R T_{0R}(T/2)+(T/2)^2}{T_{0R}(T_d+T/2)}$; $c_1 = \dfrac{2T_d}{T_d+T/2}$; $c_2 = -\dfrac{T_d-T/2}{T_d+T/2}$

Tafel 3.1: Koeffizienten der Regelalgorithmen zur Pol-Nullstellen-Form

3.2.4 Regelalgorithmen in der Summenform

Die zusammengesetzten Regelalgorithmen 1. und 2. Ordnung sind bisher mit der Pol-Nullstellen-Form beschrieben worden. Diese Darstellung bietet sich an, wenn Regler-Nullstellen dazu verwendet werden sollen, um Strecken-Pole zu kompensieren (siehe Abschn. 3.3.1.1.). Man bezeichnet den so entworfenen Regler daher auch als Kompensationsregler. Diese Vorgehensweise beim Reglerentwurf kommt auch der Darstellung mittels Frequenzkennlinien im Bode-Diagramm entgegen.

Andererseits wird schon in Abschn. 2.4.3 darauf hingewiesen, daß sich PI-, PD-T_1- und PID-T_1-Regler auch additiv aus den elementaren P-, I- und D-T_1-Reglern zusammensetzen lassen. Diese Summenform bietet besonders Vorteile, wenn es um die Begrenzung des I-Anteils an den Stellbereichsgrenzen geht. Dieses Problem der sogenannten Anti-Reset-Windup-Maßnahmen wird in Abschn. 4 behandelt.

3.2.4.1 Regelalgorithmen 1. Ordnung in der Summenform

Bereits in Abschn. 2.4.3.7 wird darauf hingewiesen, daß die Übertragungsfunktion des PI-Reglers in der Form

$$G_R(s) = K_P + \frac{1}{T_I s} = K_P \left(1 + \frac{1}{T_n s}\right) \tag{3.2.60}$$

mit

$$T_n = K_P T_I . \tag{3.2.61}$$

geschrieben werden kann. Mit den in Abschn. 3.2.2 hergeleiteten P- und I-Regelalgorithmen erhält man den *PI-Regelalgorithmus in der Summenform*

$$y_k = y_{P,k} + y_{I,k} . \tag{3.2.62}$$

Der Proportionalanteil ist hierin nach Gl.(3.2.9) und Gl.(3.2.12) gegeben durch

$$y_{P,k} = K_P e_k \tag{3.2.63}$$

mit dem *Proportionalbeiwert* K_P. Für den Integralanteil gilt nach Gl.(3.2.30)

$$y_{I,k} = y_{I,k-1} + d_I (e_k + e_{k-1}) \tag{3.2.64}$$

mit dem *Integrierbeiwert der Summenform*

$$d_I = K_P \frac{T/2}{T_n} . \tag{3.2.65}$$

3.2 Regelalgorithmen der quasikontinuierlichen Abtastregelung 125

Beispiel 3.8. Es soll die Gleichwertigkeit des PI-Regelalgorithmus in der Summenform mit der Pol-Nullstellen-Form gezeigt werden.

Für diesen Nachweis stellt man Gl.(3.2.45) der Pol-Nullstellen-Form um in

$$y_k - y_{k-1} = K_P(e_k - e_{k-1}) + K_P \frac{T/2}{T_n}(e_k + e_{k-1}). \qquad (3.2.66)$$

Zieht man andererseits von der Summenform Gl.(3.2.62) den entsprechenden Wert für y_{k-1} ab, so ergibt sich:

$$y_k - y_{k-1} = y_{P,k} - y_{P,k-1} + y_{I,k} - y_{I,k-1}.$$

Durch Einsetzen von Gl.(3.2.63) bis Gl.(3.2.65) erhält man wiederum Gl.(3.2.66). Damit ist gezeigt, daß beide Darstellungsformen bei beliebigem Verlauf der Eingangswertefolge (e_k) dieselbe Ausgangswertefolge (y_k) liefern. ♣♣♣

In entsprechender Weise läßt sich der PD-T_1-Regelalgorithmus aus P- und D-T_1-Regelalgorithmus additiv zusammensetzen. In Abschn. 2.4.3.9 wird gezeigt, daß die Darstellungen

$$G_R(s) = K_P + \frac{T_D s}{1 + T_d s} = K_P\left(1 + \frac{T_v s}{1 + T_d s}\right) = K_P \frac{1 + T_{vP} s}{1 + T_d s} \qquad (3.2.67)$$

gleichwertig sind, wenn die Beziehungen

$$T_D = K_P T_v \qquad (3.2.68)$$

$$T_v = T_{vP} - T_d. \qquad (3.2.69)$$

beachtet werden. Damit ergibt sich der *PD-T_1-Regelalgorithmus in der Summenform*

$$y_k = y_{P,k} + y_{D,k} \qquad (3.2.70)$$

mit dem Proportionalanteil nach Gl.(3.2.63) $y_{P,k} = K_P e_k$. Für den D-T_1-Regelalgorithmus gilt entsprechend Gl.(3.2.33)

$$y_{D,k} = c_D\, y_{D,k-1} + d_D\,(e_k - e_{k-1}) \qquad (3.2.71)$$

mit dem *Differenzierbeiwert der Summenform*

$$d_D = K_P \frac{T_v}{T_d + T/2} \qquad (3.2.72)$$

und dem *Abklingkoeffizienten*

$$c_D = \frac{T_d - T/2}{T_d + T/2}. \qquad (3.2.73)$$

Der Abklingkoeffizient gibt an, wie stark der D-Anteil nach einer sprungförmigen Regeldifferenz abklingt. Er stimmt mit dem Koeffizienten c_1 des D-T_1-Regelalgorithmus in der Pol-Nullstellen-Form überein. Der Nachweis der Gleichwertigkeit des PD-T_1-Regelalgorithmus in der Summenform mit der Pol-Nullstellen-Form ist umfangreicher als beim PI-Regelalgorithmus und soll daher unterbleiben.

Die Koeffizienten zu den Regelalgorithmen in der Summenform sind in Tafel 3.2 zusammengestellt.

3.2.4.2 Regelalgorithmen 2. Ordnung in der Summenform

Für das PID-T_1-Glied wird in Abschn. 2.4.3.8 gezeigt, daß die Übertragungsfunktionen

$$G_R(s) = K_P + \frac{1}{T_I s} + \frac{T_D s}{1 + T_d s} = K_P \left(1 + \frac{1}{T_n s} + \frac{T_v s}{1 + T_d s}\right) \quad (3.2.74)$$

gleichwertig sind mit

$$G_R(s) = K_{PP} \frac{(1 + T_{nP} s)(1 + T_{vP} s)}{T_{nP} s (1 + T_d s)}, \quad (3.2.75)$$

wenn man die Beziehungen Gl.(2.4.73) bis Gl.(2.4.75):

$$T_n = T_{nP} + T_{vP} - T_d,$$
$$T_v = T_{vP} T_{nP}/T_n - T_d,$$
$$K_P = K_{PP} T_n/T_{nP}$$

beachtet. Daher erhält man für den *PID-T_1-Regelalgorithmus in der Summenform*:

$$y_k = y_{P,k} + y_{I,k} + y_{D,k}. \quad (3.2.76)$$

Für den P-Anteil, den I-Anteil und den D-T_1-Anteil gelten dabei dieselben Beziehungen, wie sie für den PI-Regelalgorithmus mit Gl.(3.2.63) bis Gl.(3.2.65) und den D-T_1-Regelalgorithmus mit Gl.(3.2.71) bis Gl.(3.2.73) hergeleitet werden. Das PID_0-T_1-Glied

$$G_R(s) = K_{PR} \frac{1 + 2\vartheta_R T_{0R} s + T_{0R}^2 s^2}{T_{0R} s (1 + T_d s)}, \quad (3.2.77)$$

ist gleichwertig mit Gl.(3.2.74), wenn man die Beziehungen Gl.(2.4.80) bis Gl.(2.4.82):

$$T_n = 2\vartheta_R T_{0R} - T_d,$$
$$T_v = T_{0R}^2/T_n - T_d,$$
$$K_P = K_{PR} T_n/T_{0R}$$

3.2 Regelalgorithmen der quasikontinuierlichen Abtastregelung

anwendet. In Tafel 3.2 sind ebenfalls die Koeffizienten für den PID-T_1- und den PID$_0$-T_1-Regelalgorithmus angegeben, und in Tafel 3.3 sind insbesondere die Beziehungen zwischen den entsprechenden Reglerparametern zusammengefaßt.

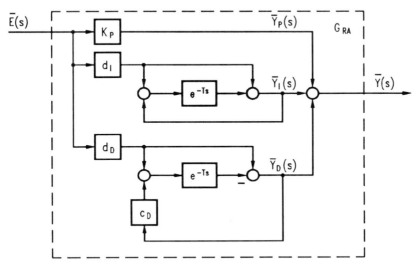

Bild 3.21 Wirkungsplan der Regelalgorithmen in der Summenform

Im Wirkungsplan Bild 3.21 und im Struktogramm Bild 3.22, die für den PID-Regler dargestellt sind, muß man für PI- bzw. PD-Regelverhalten d_D und c_D bzw. d_I gleich Null setzen.

einlesen: w_k, x_k		
$e_k := w_k - x_k$		
$y_{I,k} := y_{I,k-1} + d_I(e_k + e_{k-1})$		
$y_{D,k} := c_D y_{D,k-1} + d_D(e_k - e_{k-1})$		
$y_k := K_P e_k + y_{I,k} + y_{D,k}$		
$e_{k-1} := e_k$;	$y_{I,k-1} := y_{I,k}$;	$y_{D,k-1} := y_{D,k}$;
ausgeben: y_k		

Bild 3.22
Struktogramm der Regelalgorithmen in der Summenform

Es soll noch darauf hingewiesen werden, daß man bei der Summenform des PID-T_1-Reglers nicht zwischen reellen und konjugiert komplexen Nullstellen zu unterscheiden braucht. In Tafel 3.2 gibt es daher nur eine gemeinsame Berechnungsvorschrift für die Koeffizienten d_I, d_D und c_D, dagegen zwei Berechnungsvorschriften in Tafel 3.1 für die Koeffizienten d_0, d_1, d_2, c_1 und c_2 mit $c_2 = -c_D$.

Tafel 3.2: Koeffizienten der Regelalgorithmen in der Summenform

Benennungen	Übertragungsfunktionen $G_R(s)$ kontinuierlicher Regler in der Summenform	Koeffizienten der Regelalgorithmen in der Summenform	Koeffizienten der Regelalgorithmen in der Summenform zu den zugehörigen Übertragungsfunktionen $G_{RA}(s)$
P	$G_R(s) = K_P$	$y_{P,k} = K_P e_k$	—
I	$G_R(s) = \dfrac{1}{T_I s}$	$y_{I,k} = y_{I,k-1} + d_I(e_k + e_{k-1})$	$d_I = \dfrac{T/2}{T_I}$
$D-T_1$	$G_R(s) = \dfrac{T_D s}{1 + T_d s}$	$y_{D,k} = c_D y_{D,k-1} + d_D(e_k - e_{k-1})$	$d_D = \dfrac{T_D}{T_d + T/2}$ $c_D = \dfrac{T_d - T/2}{T_d + T/2}$
PI	$G_R(s) = K_P \left(1 + \dfrac{1}{T_n s}\right)$	$y_{I,k} = y_{I,k-1} + d_I(e_k + e_{k-1})$ $y_k = K_P e_k + y_{I,k}$	$d_I = K_P \dfrac{T/2}{T_n}$

3.2 Regelalgorithmen der quasikontinuierlichen Abtastregelung

	$G_R(s)$	Algorithmus	Koeffizienten
$PD-T_1$	$G_R(s) = K_P\left(1 + \dfrac{T_v s}{1+T_d s}\right)$	$y_{D,k}=c_D y_{D,k-1}+d_D(e_k-e_{k-1})$ $y_k=K_P e_k + y_{D,k}$	$d_D = K_P\dfrac{T_v}{T_d + T/2}$ $c_D = \dfrac{T_d - T/2}{T_d + T/2}$
$PID-T_1$	$G_R(s) = K_P\left(1 + \dfrac{1}{T_n s} + \dfrac{T_v s}{1+T_d s}\right)$	$y_{I,k}=y_{I,k-1}+d_I(e_k+e_{k-1})$ $y_{D,k}=c_D y_{D,k-1}+d_D(e_k-e_{k-1})$ $y_k=K_P e_k + y_{I,k} + y_{D,k}$	$d_I = K_P\dfrac{T/2}{T_n}$ $d_D = K_P\dfrac{T_v}{T_d + T/2}$ $c_D = \dfrac{T_d - T/2}{T_d + T/2}$

$PD-T_1$	$T_v = T_{vP} - T_d$
$PID-T_1$	$T_n = T_{nP} + T_{vP} - T_d$ $T_v = T_{vP} T_{nP}/T_n - T_d$ $K_P = K_{PP} T_n/T_{nP}$
PID_0-T_1	$T_n = 2\vartheta_R T_{0R} - T_d$ $T_v = T_{0R}^2/T_n - T_d$ $K_P = K_{PR} T_n/T_{0R}$

Tafel 3.3: Beziehungen zwischen den Reglerparametern zur Pol-Nullstellen-Form und zur Summenform.

3.3 Rechnergestützter Reglerentwurf für einschleifige Abtast-Regelkreise

Beim Reglerentwurf besteht die Aufgabe, für eine gegebene Regelstrecke einen Regler möglichst niederer Ordnung auszuwählen und dessen Parameter so anzupassen, daß die Führungsübergangsfunktion bestimmte Kriterien erfüllt. Eines der wichtigsten Kriterien ist zweifellos die Überschwingweite. Damit eng verbunden ist die Anschwingzeit, die sich verringern läßt, wenn man größere Überschwingweiten in Kauf nimmt. Im stationären Fall sollte keine bleibende Regeldifferenz mehr bestehen.

Obwohl sich die üblichen Entwurfskriterien auf die Führungsübergangsfunktion beziehen, sollte man nicht vergessen, daß in praktischen Fällen oft das Störverhalten wichtiger als das Führungsverhalten ist (siehe auch Abschn. 2.6). Bei den verschiedenen Beispielen werden daher auch immer die Führungs- und die Störübergangsfunktion dargestellt.

Der Reglerentwurf wird beispielhaft für die beiden großen Klassen der Verzögerungsstrecken mit und ohne Ausgleich (P-T_k- und I-T_k-Strecken) durchgeführt. Dazu werden die Reglerentwurfsverfahren der Polkompensation und der Betragsanpassung herangezogen. Besonders wichtig ist bei Abtastregelungen die Abhängigkeit des Regelverhaltens von der Abtastzeit. Daher werden für jedes Reglerentwurfsverfahren zwei Übergangsfunktionen mit unterschiedlichen Abtastzeiten dargestellt, für die Werte gleich 10 % bzw. 20 % von der Summe der Streckenverzögerungszeiten gewählt werden.

Um die mit verschiedenen Reglertypen bzw. Reglerentwurfsverfahren erhaltenen Ergebnisse miteinander vergleichen zu können, müssen vergleichbare Übergangsfunktionen für das Führungs- und Störverhalten dargestellt werden. Für die Beurteilung des Störverhaltens wird dabei der erfahrungsgemäß schwierigste Fall

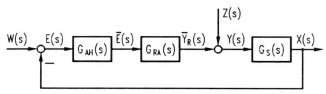

Bild 3.23 Wirkungsplan der einschleifigen Abtastregelung mit der Störgröße am Eingang der Regelstrecke

3.3 Rechnergestützter Reglerentwurf für einschleifige Abtast-Regelkreise 131

ausgewählt, daß die Störgröße am Eingang der Regelstrecke angreift (vergl. auch Bild 2.24). Bild 3.23 zeigt den sich damit ergebenden Wirkungsplan für einschleifige Abtastregelkreise. Im Unterschied zu Bild 3.11 muß hierbei zwischen der *Reglerausgangsgröße* $\overline{Y}_R(s)$ und der *Stellgröße* $Y(s)$ unterschieden werden. Für den Reglerentwurf ist dies jedoch ohne Belang.

Bei den Gleichungen zum Reglerentwurf wird im Frequenzgang des Abtast-Haltegliedes neben der halben Abtastzeit auch die Rechenzeit berücksichtigt. Bei den Beispielen in diesem Abschnitt wird jedoch $T_R = 0$ angenommen, da die verwendeten Abtastzeiten sich im Sekundenbereich bewegen.

3.3.1 Reglerentwurf für Verzögerungsstrecken mit Ausgleich (P-T_k-Strecken)

Am häufigsten finden sich Regelstrecken mit Ausgleich und Verzögerung k-ter Ordnung mit dem Frequenzgang

$$G_S(j\omega) = \frac{K_S}{(1+T_1 j\omega)(1+T_2 j\omega)\ldots(1+T_k j\omega)} = K_S \prod_{i=1}^{k} \frac{1}{1+T_i j\omega} \,. \quad (3.3.1)$$

Zur Vereinfachung sollen die *Verzögerungszeiten* T_i immer so numeriert werden, daß T_1 den größten Wert hat und die weiteren Verzögerungszeiten nach fallenden Werten geordnet sind: $T_{i+1} \leq T_i$. Mit K_S wird der *Proportionalbeiwert der Strecke* bezeichnet.

3.3.1.1 Reglerentwurf mittels Polkompensation

Die einfachste Form des Reglerentwurfs ergibt sich durch Kompensation von Polstellen der Regelstrecke durch Nullstellen des Reglers. Als Regler niedriger Ordnung kommen der PI-Abtastregler und der PID-Abtastregler infrage. Deren I-Anteil sorgt dafür, daß die bleibende Regeldifferenz verschwindet.

a)   Entwurf mit PI-Abtastregler

Beim PI-Abtastregler mit dem Frequenzgang

$$G_{AR}(j\omega) = K_P \frac{1+T_n j\omega}{T_n j\omega} e^{-(T/2+T_R)j\omega} \quad (3.3.2)$$

kann ein Streckenpol durch die Reglernullstelle kompensiert werden. Hierfür nimmt man zweckmäßigerweise den zur größten Verzögerungszeit T_1 gehörenden Pol, damit wenigstens für niedrige Frequenzen $G_O(j\omega)$ ein I-T_1-Verhalten und $G_W(j\omega)$ ein P-T_2-Verhalten bekommt. Damit wird also für die *Nachstellzeit* gewählt:

$$T_n = T_1 \,, \quad (3.3.3)$$

und für den Frequenzgang des offenen Regelkreises erhält man:

$$
\begin{aligned}
G_O(j\omega) &= K_P K_S \frac{1}{T_1 j\omega \, (1+T_2 j\omega)\ldots(1+T_k j\omega)} e^{-(T/2+T_R)j\omega} = \\
&= K_P K_S \frac{1}{T_1 j\omega} \prod_{i=2}^{k} \frac{1}{1+T_i j\omega} \, e^{-(T/2+T_R)j\omega} \, .
\end{aligned} \qquad (3.3.4)
$$

Somit hat man noch den *Proportionalbeiwert* K_P des Reglers als freien Parameter, mit dem man das Regelverhalten in gewünschter Weise beeinflußen kann. Entsprechend den Überlegungen im vorigen Kapitel soll eine bestimmte Phasenreserve φ_r eingestellt werden, die einer vorgegebenen Überschwingweite h_m entspricht.

Dazu betrachtet man den Phasengang des offenen Regelkreises:

$$
\varphi_O(j\omega) = -90° - \left[\sum_{i=2}^{k} \arctan(T_i \omega) + \left(\frac{T}{2} + T_R\right)\omega \right] \frac{180°}{\pi} \, . \qquad (3.3.5)
$$

Der Phasenwinkel in der eckigen Klammer ist im Bogenmaß angegeben, und mit dem Faktor $180°/\pi$ erfolgt die Umrechnung in das Gradmaß. Mit der Festlegung der Phasenreserve durch

$$
\varphi_r = 180° + \varphi_O(j\omega_d) \qquad (3.3.6)
$$

ist die *Durchtrittskreisfrequenz* ω_d bestimmt. Um sie zu errechnen, bildet man durch Umstellen der letzten Gleichung eine neue Funktion

$$
\varphi(\omega) = \varphi_O(j\omega) + 180° - \varphi_r \, . \qquad (3.3.7)
$$

Der Wert dieser Funktion wird $\varphi(\omega) = 0$, wenn die unabhängige Variable ω den Wert der Durchtrittskreisfrequenz $\omega = \omega_d$ annimmt. Die Funktion $\varphi_O(j\omega)$ nach Gl.(3.3.5) ist wegen der arctan-Funktionen nichtlinear, und ebenso ist auch die Funktion $\varphi(\omega)$ nichtlinear. Es ist jedoch ein Leichtes, die Nullstelle der Funktion $\varphi(\omega)$ etwa mit der Regula falsi zu bestimmen. Damit ist der Weg zu einem rechnergestützten Reglerentwurf gewiesen.

Um nun auf rechnerischem Wege aus Gl.(3.3.7) die Durchtrittskreisfrequenz ω_d zu ermitteln, muß die als Programm zu realisierende Vorgehensweise in einem Struktogramm niedergelegt werden. Dazu muß eine Formel angegeben werden, beispielsweise die Regula falsi, die in jedem Fall einen zutreffenden Endwert liefert. Und schließlich muß ein Startwert angegeben werden, von dem aus man in einer endlichen Anzahl von Rechenschritten zum Ergebnis gelangt.

In Bild 3.24 ist der durch Gl.(3.3.7) beschriebene Zusammenhang $\varphi(\omega)$ dargestellt, der mit $\varphi(\omega_d) = 0$ die gesuchte Durchtrittskreisfrequenz ω_d liefert. Um in jedem Fall eine zutreffende Lösung zu finden, muß der Rechenvorgang in

3.3 Rechnergestützter Reglerentwurf für einschleifige Abtast-Regelkreise 133

zwei Teilen durchgeführt werden. Im ersten Teil (Bild 3.24a) wird eine Vorabberechnung durchgeführt, um zwei ω-Werte zu finden, zu denen φ-Werte mit umgekehrter Polarität gehören. Danach wird der genaue Wert von ω_d mit der Regula falsi ermittelt (Bild 3.24b).

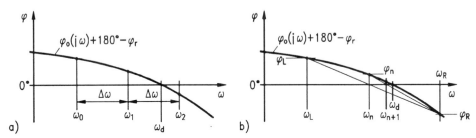

Bild 3.24 Darstellung des Phasenganges nach Gl.(3.3.7) zur Vorabberechnung (a) und zur Berechnung von ω_d mit der Regula falsi (b)

Das dazugehörige Struktogramm Bild 3.25 zeigt die einzelnen Programmschritte. Es wird von einem noch zu ermittelnden Startwert ω_{d0} ausgegangen und festgestellt, ob der dazu gehörende Wert von φ größer Null ist. Wenn dies der Fall ist, so muß ω vergrößert werden, was in mehreren Schritten mit der Schrittweite $\Delta\omega$ geschieht. Dabei ist der erste ω-Wert jeweils als Wert am linken Intervallende ω_L und der neue ω-Wert als Wert am rechten Intervallende ω_R bezeichnet. Nach der Berechnung von $\varphi = \varphi_R$ wird festgestellt, ob der erwartete Vorzeichenwechsel stattgefunden hat. Wenn das noch nicht der Fall ist, so muß ein neuer Schritt mit der Schrittweite $\Delta\omega$ durchgeführt werden. Zuvor muß aber der zuletzt ermittelte ω-Wert als Wert am linken Intervallende ω_L für den nächsten Schritt deklariert werden, und ebenso muß φ_R in φ_L umbenannt werden. Wenn schließlich festgestellt wird, daß $\varphi_R < 0$ ist, dann ist die Vorabberechnung beendet, und es stehen die Werte ω_L und ω_R sowie φ_L und φ_R zur Verfügung.

Ist beim Anfangswert ω_{d0} der dazu gehörende Wert von φ kleiner Null, so weiß man, daß ω verringert werden muß. Es wird ω_{d0} als ω_R abgespeichert, und $\varphi = \varphi_L$ wird für einen kleineren Wert $\omega_L = \omega - \Delta\omega$ ermittelt. Die Vorgehensweise geht also gerade in umgekehrter Richtung vor sich. Am Ende der Vorabrechnung stehen auch hier die Werte ω_L und ω_R sowie φ_L und φ_R zur Verfügung.

Die an die Vorabberechnung anschließende genaue Berechnung von ω_d geschieht mit der Regula falsi (Bild 3.24b). Dazu verbindet man die beiden Funktionswerte φ_L und φ_R durch eine Gerade und bestimmt deren Schnittpunkt ω_n mit der ω-Achse zu:

$$\omega_n = \omega_L - \frac{\varphi_L}{\varphi_R - \varphi_L}(\omega_R - \omega_L). \qquad (3.3.8)$$

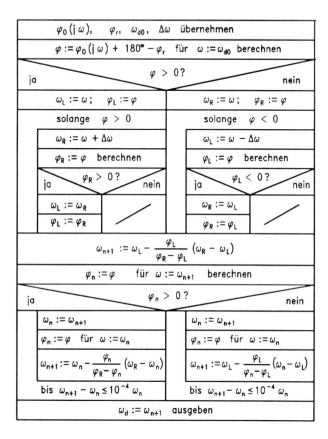

Bild 3.25
Struktogramm zur Berechnung der Durchtrittskreisfrequenz ω_d

Da mit derselben Formel beim weiteren Rechengang aus dem Wert ω_n der neue Wert ω_{n+1} ermittelt wird, wird im Struktogramm auch das Ergebnis der Gl.(3.3.8) mit ω_{n+1} bezeichnet. Der hierzu gehörige Funktionswert φ_n wird berechnet, und es wird festgestellt, ob dieser größer oder kleiner als Null ist. Abhängig davon wird die Formel der Regula falsi verschieden angewendet. Wenn $\varphi_n > 0$ ist, wird ω_{n+1} nach Gl.(3.3.8) berechnet, indem ω_L durch ω_n und φ_L durch φ_n ersetzt wird. Im andern Fall wird ω_R durch ω_n und φ_R durch φ_n ersetzt. Die iterative Berechnung soll abgebrochen werden, wenn die Durchtrittskreisfrequenz ω_d auf drei signifikante Stellen genau berechnet ist. Dazu wird die Ausgangsbedingung $\omega_{n+1} - \omega_n \leq 10^{-4}\omega_n$ am Ausgang der Programm-

3.3 Rechnergestützter Reglerentwurf für einschleifige Abtast-Regelkreise

schleife eingebaut, und wenn diese erfüllt ist, wird die Berechnung abgebrochen und ω_{n+1} als ω_d ausgegeben.

Zum Schluß muß noch ein für alle Fälle zutreffender Startwert ω_{d0} ermittelt werden. Dazu macht man von der Tatsache Gebrauch, daß für hinreichend kleine Argumentwerte die arctan-Funktion durch ihr Argument ersetzt werden kann. Man bildet aus den Gl.(3.3.5) und Gl.(3.3.6) den Zusammenhang

$$\varphi_r = 90° - \left[\sum_{i=2}^{k} \arctan(T_i\,\omega_d) + \left(\frac{T}{2} + T_R\right)\omega_d\right]\frac{180°}{\pi} \qquad (3.3.9)$$

und erhält daraus als Näherung:

$$90° - \varphi_r \approx \left[\sum_{i=2}^{k} T_i + \left(\frac{T}{2} + T_R\right)\right]\frac{180°}{\pi}\omega_d . \qquad (3.3.10)$$

Damit ergibt sich als Startwert ω_{d0} für die Durchtrittskreisfrequenz ω_d:

$$\omega_{d0} = \frac{90° - \varphi_r}{180°} \cdot \frac{\pi}{\sum_{i=2}^{k} T_i + \frac{T}{2} + T_R} . \qquad (3.3.11)$$

Wie man an den in [3.4] gezeigten Beispielen nachprüfen kann, stimmt dieser Anfangswert ω_{d0} mit dem Endwert ω_d mit einem Fehler unter 4 % überein. Daher genügt es, mit einer Schrittweite von 1 % des Startwertes ω_{d0}

$$\Delta\omega = 0,01\,\omega_{d0} \qquad (3.3.12)$$

zu rechnen. Damit ist das Struktogramm Bild 3.25 vollständig bestimmt.

Beim Bild 2.30 (Seite 84) ist darauf hingewiesen worden, daß die zu einer bestimmten Überschwingweite gehörige Phasenreserve von der Ordnung der zu regelnden Strecke abhängt. Um diese Abhängigkeit zu ergründen, wurden Übergangsfunktionen untersucht, die sich bei einer Übertragungsfunktion des offenen Kreises mit n gleichen Verzögerungszeiten T_1 von

$$G_O(s) = \frac{1}{T_I s(1+T_1 s)^n} \qquad (3.3.13)$$

ergeben. Systeme mit diesen Übertragungsfunktionen, die durch n gleiche Verzögerungszeiten gekennzeichnet werden, sollen weiterhin als I-T_n-Systeme bezeichnet werden, während normalerweise Systeme ohne Ausgleich I-T_k-Systeme genannt werden. Die Fälle $n = 2, 3, 4, 5, 7, 10, 20$ und 100 wurden mittels Simulation untersucht und daraus der Zusammenhang $\varphi_r(h_m)$ ermittelt. Hierbei wurde der für praktische Anwendungen interessante Bereich für Überschwingweiten zwischen 5 % und 25 % berücksichtigt.

Tafel 3.4 Werte der Phasenreserve φ_r bei gegengekoppelten I-T_n-Systemen für vorgegebene Überschwingweiten h_m in Abhängigkeit von der Ordnung n (bei Streckenordnung n mit PI-Regler gilt: $m = n - 1$ bzw. mit PID-Regler: $m = n - 2$).

h_m \ m	1	2	3	4	5	7	10	20	100	∞
5 %	64,6	63,0	62,4	62,0	61,8	61,5	61,2	60,9	60,7	60,5
10 %	58,6	57,8	57,6	57,4	57,3	57,2	57,1	57,0	56,8	56,7
15 %	53,2	53,0	53,2	53,3	53,3	53,4	53,4	53,4	53,4	53,4
20 %	48,1	48,5	49,0	49,4	49,6	49,8	49,9	50,1	50,3	50,3
25 %	43,6	44,1	45,0	45,5	45,9	46,3	46,6	46,9	47,2	47,2

Die Methode der Polkompensation bedeutet, daß bei einer Strecke mit n gleichen Verzögerungsgliedern beim Einsatz eines PI-Reglers eine und beim Einsatz eines PID-Reglers zwei Verzögerungszeiten der Strecke durch Reglernullstellen kompensiert werden. Die durch Gl.(3.3.13) beschriebene Übertragungsfunktion des I-T_n-Systems ergibt sich daher aus der Reihenschaltung einer P-T_{n+1}-Strecke mit einem PI-Regler oder einer P-T_{n+2}-Strecke mit einem PID-Regler. In Tafel 3.4 sind die Werte der Phasenreserve für vorgegebene Werte der Überschwingweite in Abhängigkeit von einer Zählgröße m angegeben. Daraus erhält man die Phasenreserve für eine Regelstrecke der Ordnung n mit PI-Regler, wenn man bei $m = n - 1$ abliest und mit PID-Regler, wenn man bei $m = n - 2$ abliest.

In Abschnitt 3.4 wird gezeigt, daß man P-T_k-Strecken mit k unterschiedlichen Verzögerungszeiten in ihrem Zeitverhalten auch durch P-T_n-Strecken mit n gleichen Verzögerungszeiten beschreiben kann. Daher kann Tafel 3.4 auch für Strecken mit k unterschiedlichen Verzögerungszeiten genommen werden, wobei $n = k$ gesetzt wird, wenn sich die Verzögerungszeiten nicht stark unterscheiden. Wenn sich die k Verzögerungszeiten dagegen stark unterscheiden (Verhältnis etwa > 5), dann tragen die kleineren nur wenig zum Zeitverhalten bei und es wird $n < k$.

Nach der Ermittlung der Durchtrittskreisfrequenz ω_d muß der *Proportionalbeiwert* K_P bestimmt werden. Eine zweckmäßige Vorgehensweise besteht darin, daß man zunächst $K_P = 1$ setzt und den dazu gehörigen Frequenzgang des offenen Regelkreises als $G_O{}^*(j\omega)$ bezeichnet:

$$G_O{}^*(j\omega) = G_O(j\omega)\big|_{K_P=1}. \qquad (3.3.14)$$

Aus der Forderung, daß bei der Durchtrittskreisfrequenz

$$\big|G_O(j\omega_d)\big| = K_P\big|G_O{}^*(j\omega_d)\big| = 1 \qquad (3.3.15)$$

3.3 Rechnergestützter Reglerentwurf für einschleifige Abtast-Regelkreise 137

sein soll, ergibt sich der Wert für K_P zu:

$$K_P = \frac{1}{|G_O{}^*(j\omega_d)|} \tag{3.3.16}$$

Im vorliegenden Fall gilt:

$$|G_O{}^*(j\omega_d)| = K_S \frac{1}{T_1 \omega_d} \prod_{i=2}^{k} \frac{1}{\sqrt{1 + (T_i \omega_d)^2}} . \tag{3.3.17}$$

Mit der Festlegung von $K_P = 1/|G_O{}^*(j\omega_d)|$ ist der Reglerentwurf beendet.

Den Entwurf für einen PI-Abtastregler mittels Polkompensation führt man also in mehreren Schritten durch:

– Ermittlung der Phasenreserve aufgrund der gewünschten Überschwingweite,

– Festlegung der Nachstellzeit entsprechend der größten Streckenverzögerungszeit,

– Berechnung der Durchtrittskreisfrequenz aufgrund des Phasenganges des offenen Regelkreises,

– Bestimmung des Proportionalbeiwertes gemäß dem Wert des Amplitudenganges des offenen Regelkreises bei der Durchtrittskreisfrequenz.

Die einzelnen Schritte sind dabei im Umfang so überschaubar, daß sie sich auch mit einem Taschenrechner bewältigen lassen.

Beispiel 3.9. Für eine P-T$_3$-Strecke mit dem Frequenzgang $G_S(j\omega) = K_S/[(1 + T_1 j\omega)(1 + T_2 j\omega)(1 + T_3 j\omega)]$ mit dem Proportionalbeiwert $K_S = 2$ und den Verzögerungszeiten $T_1 = 10\,s, T_2 = 8\,s$ und $T_3 = 6\,s$ soll ein PI-Abtastregler mit den Abtastzeiten $T = 2,4\,s$ und $T' = 4,8\,s$ bei $T_R = 0$ entworfen werden, so daß der geschlossene Regelkreis eine Überschwingweite von 10 % aufweist.

Mit der Wahl von $T_n = 10\,s$ und der Phasenreserve von $\varphi_r = 57,8°$ aus Tafel 3.4 ermittelt das Programm nach dem Struktogramm Bild 3.25 aus der Funktion

$$\varphi(\omega) = 90° - \bigl[\arctan(8\,\omega) + \arctan(6\,\omega) + 1,2\,\omega\bigr]\,180°/\pi - \varphi_r$$

eine Durchtrittskreisfrequenz von $\omega_d = 0,0378\,s^{-1}$. Damit ergibt sich für die Abtastzeit $T = 2,4\,s$ und $h_m = 0,1$ ein Wert von $K_P = 0,202$.

Aus den vorliegenden Werten für K_P, T_n und T erhält man für die Koeffizienten des PI-Algorithmus nach Tafel 3.1:

$$d_0 = 0,202\,(10 + 1,2)/10 = 0,226\,; \quad d_1 = -0,202\,(10 - 1,2)/10 = -0,178\,; \quad c_1 = 1\,.$$

Für die Summenform erhält man nach Tafel 3.2 die Parameter:

$K_P = 0,202$, $d_I = 0,202 \cdot 1,2/10 = 0,024$.

Bei der Abtastzeit $T' = 4,8\,s$ lauten die entsprechenden geänderten Werte:

$\omega_d = 0,0349\,s^{-1}$; $K_P = 0,185$; $d_0 = 0,229$; $d_1 = -0,141$; $d_I = 0,044$.

In Bild 3.26 sind die Frequenzkennlinien für dieses Beispiel mit $T = 2,4\,s$ gezeichnet. Dabei ist zu den Amplitudengängen $|G_S|$ und $|G_O|$ noch jeweils deren asymptotischer Verlauf dünn eingezeichnet. An den asymptotischen Verlauf von $|G_S|$ wird bei der Frequenz $1/T_1 = 1/T_n$ der PI-Regler mit der vorläufigen Wahl von $K_P = 1$ angesetzt. Damit ergibt sich ein Amplitudengang für den offenen Regelkreis, der als $|G_O{}^*(j\omega)|$ bezeichnet wird mit $|G_O{}^*(j\omega)| = |G_O(j\omega)|_{K_P=1}$. Dieser Amplitudengang bezieht sich wie $|G_S|$ auf die 0 dB-Linie des Bodediagramms.

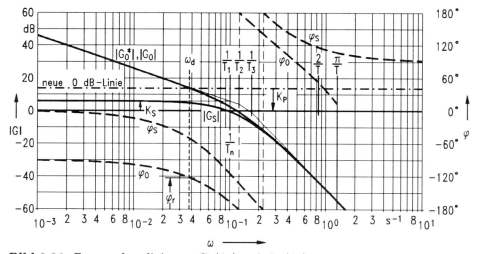

Bild 3.26 Frequenzkennlinien zu $G_S(j\omega)$ und $G_O(j\omega)$ für eine P-T$_3$-Strecke mit $K_S = 2$ und $T_1 = 10s$, $T_2 = 8s$, $T_3 = 6s$ sowie PI-Abtastregler mit $T = 2,4s$ für $\varphi_r = 57,8°$

Aus dem Verlauf des Phasenganges $\varphi_0(j\omega)$ hat das Programm zur angenommenen Phasenreserve φ_r den eingezeichneten Wert der Durchtrittskreisfrequenz ω_d ermittelt. Die Bestimmung von K_P geschieht aufgrund der Festlegung $|G_O(j\omega_d)| = 1$. Um den ermittelten Wert von K_P zu berücksichtigen, müßte man zum Amplitudengang $|G_O{}^*|$ überall K_P in dB addieren, also den gesamten Amplitudengang um K_P dB in der Ordinatenrichtung verschieben. Einfacher ist es, die 0 dB-Linie um $-K_P$ dB zu verschieben. Der bereits gezeichnete Amplitudengang stellt gegenüber dieser „neuen 0 dB-Linie" den Verlauf von $|G_O(j\omega)|$ dar. Formal ist dieser Zusammenhang in Gl.(3.3.15) festgelegt

3.3 Rechnergestützter Reglerentwurf für einschleifige Abtast-Regelkreise

mit $|G_O(j\omega_d)| = K_P|G_O{}^*(j\omega_d)| = 1$. Da sich für K_P ein Wert $K_P < 1$ ergibt, zeigt der entsprechende Pfeil, der die Größe von K_P in dB angibt, nach unten.

Um den Phasengang auch für große Winkel darstellen zu können, wird der Vollkreis durch Winkel zwischen 180° und -180° beschrieben. Überschreitet ein Winkel den Wert -180° in negativer Richtung, so wird danach der Ergänzungswinkel zu -360° als positiver Winkel aufgetragen. Damit können auch große, vorwiegend durch Totzeiten bedingte Phasenwinkel dargestellt werden.

Die zugehörigen Übergangsfunktionen für die Regelgröße $x(t)$ und die mit der Streckenverstärkung K_S multiplizierte Reglerausgangsgröße $\bar{y}_R(t)$ sind in Bild 3.27 dargestellt. Auch bei der Abtastzeit $T' = 4,8\,s$ erhält man die gewünschte Überschwingweite für die Führungsübergangsfunktion der Regelgröße. Jedoch wird wegen des verringerten Proportionalbeiwertes die Ausregelung verlangsamt. Die Anschwingzeiten für die beiden Werte der Abtastzeit sind: $T_a = 49,3\,s$ und $T'_a = 53,1\,s$.

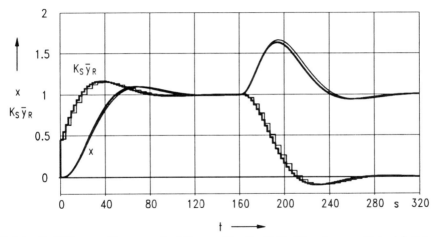

Bild 3.27 Führungsübergangsfunktionen für die P-T$_3$-Strecke von Beispiel 3.9 mit PI-Abtastregler für 10 % Überschwingen und zusätzliche Störübergangsfunktionen $z(t) = 0,5 \cdot \sigma(t-160)$ mit $T = 2,4s$ (dicke Kurve) und $T' = 4,8s$ (dünne Kurve)

In Bild 3.27 sind nach den Führungsübergangsfunktionen die Störübergangsfunktionen als Reaktion auf die nach 160 s hinzukommende Störgröße $z(t) = 0,5 \cdot \sigma(t - 160)$ dargestellt. Der Störort liegt dabei am Eingang der Regelstrecke wie in Bild 3.23. Bei der größeren Abtastzeit hat der dazugehörige kleinere Proportionalbeiwert eine größere Überschwingweite bei der Störübergangsfunktion zur Folge. ♣♣♣

Für Abtastsysteme wird der Phasengang $\varphi_O(j\omega)$ bis zur Frequenz $\omega = \pi/T$ nach Gl.(3.1.21) aufgetragen, wo der Amplitudengang $|G_O(j\omega)| < -25$ dB sein soll.

b) Entwurf mit PID-Abtastregler

Es kommt der PID-T_1-Abtastregler mit reellen Nullstellen und dem Frequenzgang

$$G_{AR}(j\omega) = K_{PP} \frac{(1+T_{nP}j\omega)(1+T_{vP}j\omega)}{T_{nP}j\omega(1+T_d j\omega)} e^{-(T/2+T_R)j\omega} \qquad (3.3.18)$$

infrage. Hierbei werden mit den beiden Nullstellen des Reglers die zu den beiden größten Verzögerungszeiten T_1 und T_2 gehörenden Pole der Strecke kompensiert. Es wird also für die *Nachstellzeit in der Pol-Nullstellen-Form*

$$T_{nP} = T_1 \qquad (3.3.19)$$

und für die *Vorhaltzeit in der Pol-Nullstellen-Form*

$$T_{vP} = T_2 \qquad (3.3.20)$$

gewählt. Damit erhält man für den Frequenzgang des offenen Regelkreises

$$G_O(j\omega) = K_{PP} K_S \cdot \frac{1}{T_1 j\omega (1+T_d j\omega)} \prod_{i=3}^{k} \frac{1}{1+T_i j\omega} e^{-(T/2+T_R)j\omega} \qquad (3.3.21)$$

Für die *Dämpfungszeit* wird bei der Pol-Nullstellen-Form

$$T_d = 0,1 T_{vP} \qquad (3.3.22)$$

gewählt. Der Phasengang des offenen Regelkreises hat die Form:

$$\varphi_O(j\omega) = -90° - \left[\sum_{i=3}^{k} \arctan(T_i \omega) + \arctan(T_d \omega) + \left(\frac{T}{2}+T_R\right)\omega\right] \frac{180°}{\pi}. \qquad (3.3.23)$$

Damit wird jetzt die Funktion $\varphi(\omega)$ nach Gl.(3.3.7) gebildet, mit der nach dem Struktogramm die Durchtrittskreisfrequenz ω_d ermittelt wird.
Für den Startwert ω_{d0} gelten dieselben Überlegungen wie beim PI-Abtastregler in Gl.(3.3.11); es ist nur T_2 durch T_d zu ersetzen:

$$\omega_{d0} = \frac{90° - \varphi_r}{180°} \cdot \frac{\pi}{\sum_{i=3}^{k} T_i + T_d + \frac{T}{2} + T_R}. \qquad (3.3.24)$$

Für die Schrittweite genügt es, wie in Gl.(3.3.12) mit $\Delta\omega = 0,01\omega_{d0}$ zu rechnen.

Nach der Ermittlung der Durchtrittskreisfrequenz ω_d erhält man aus Gl.(3.3.21) mit $K_{PP} = 1$:

$$|G_O^*(j\omega_d)| = K_S \frac{1}{T_1 \omega_d \sqrt{1+(T_d \omega_d)^2}} \prod_{i=3}^{k} \frac{1}{\sqrt{1+(T_i \omega_d)^2}}. \qquad (3.3.25)$$

3.3 Rechnergestützter Reglerentwurf für einschleifige Abtast-Regelkreise

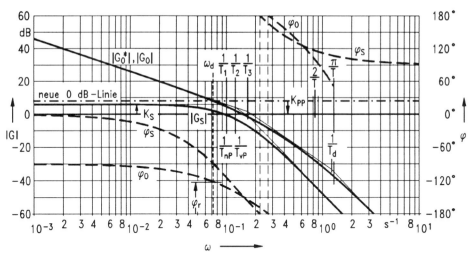

Bild 3.28 Frequenzkennlinien zu $G_S(j\omega)$ und $G_O(j\omega)$ für eine P-T_3-Strecke wie in Bild 3.26 mit PID-Abtastregler mit $T = 2,4\,s$ für $\varphi_r = 58,6°$

Für den Proportionalbeiwert ergibt sich entsprechend Gl.(3.3.16):

$$K_{PP} = \frac{1}{|G_O{}^*(j\omega_d)|} . \qquad (3.3.26)$$

Damit ist der PID-Abtastregler entworfen.

Beispiel 3.10. Für dieselbe P-T_3-Strecke wie im Beispiel 3.9 soll ein PID-Abtastregler mit den Abtastzeiten $T = 2,4\,s$ und $T' = 4,8\,s$ bei $T_R = 0$ für eine Überschwingweite von 10 % entworfen werden.

Mit $T_{nP} = 10\,s, T_{vP} = 8\,s$, und $\varphi_r = 58,6°$ erhält man für $T = 2,4\,s$ aus der Funktion

$$\varphi(\omega) = 90° - \left[\arctan(6\,\omega) + \arctan(0,8\,\omega) + 1,2\,\omega\right] 180°/\pi - \varphi_r$$

die Durchtrittskreisfrequenz $\omega_d = 0,0715\,s^{-1}$ und damit $K_{PP} = 0,390$. Für die Koeffizienten des PID-Regelalgorithmus nach Tafel 3.1 ergibt sich:

$$d_0 = 0,390\,\frac{10+1,2}{10} \cdot \frac{8+1,2}{0,8+1,2} = 2,009\,; \quad d_1 = -2 \cdot 0,390\,\frac{10 \cdot 8 - 1,2^2}{10(0,8+1,2)} = -3,064;$$

$$d_2 = 0,390\,\frac{10-1,2}{10} \cdot \frac{8-1,2}{0,8+1,2} = 1,167\,; \quad c_1 = 0,8\,; \quad c_2 = 0,2\,.$$

In der Summenform nach Tafel 3.2 erhält man: $T_n = 17,2\,s$; $T_v = 3,85\,s$; $T_d = 0,8\,s$; $K_P = 0,671$; $d_I = 0,047$; $d_D = 1,292$; $c_D = -0,2$. Bild 3.28 zeigt die Frequenzkennlinien für dieses Beispiel mit dünn eingezeichneten asymptotischen Amplitudengängen

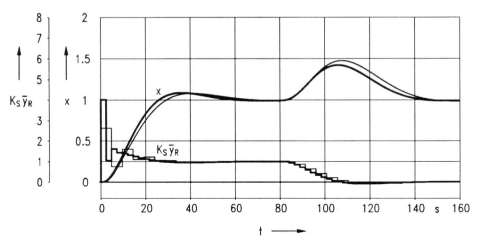

Bild 3.29 Führungsübergangsfunktionen für die P-T_3-Strecke von Beispiel 3.10 mit PID-Abtastregler für 10 % Überschwingen und zusätzliche Störübergangsfunktionen $z(t) = 0,5 \cdot \sigma(t-80)$ mit $T = 2,4s$ (dicke Kurve) und $T' = 4,8s$ (dünne Kurve)

für $|G_S|$ und $|G_O^*|$. An den asymptotischen Verlauf von $|G_S|$ wird bei den Frequenzen $1/T_1 = 1/T_{nP}$ und $1/T_2 = 1/T_{vP}$ der PID-Regler mit der vorläufigen Wahl von $K_{PP} = 1$ angesetzt, was den asymptotischen Amplitudengang zu $|G_0^*|$ ergibt. Die Übergangsfunktionen für $h_m = 0,1$ und die beiden Abtastzeiten $T = 2,4\ s$ und $T' = 4,8\ s$ sind in Bild 3.29 dargestellt. In einem um den Faktor 2 gedehnten Zeitmaßstab zeigen die Führungsübergangsfunktionen für $x(t)$ in Bild 3.29 nahezu denselben Verlauf wie mit PI-Regler in Bild 3.27, während die Überschwingweiten der Störübergangsfunktionen um 34 % bzw. 29 % verringert werden. Bei der Abtastzeit $T' = 4,8\ s$ erhält man die Werte: $\omega_d = 0,0612\ s^{-1}$; $K_{PP} = 0,326$; $d_0 = 1,314$; $d_1 = -1,513$; $d_2 = 0,434$; $c_1 = 0,5$; $c_2 = 0,5$; $K_P = 0,561$; $d_I = 0,078$; $d_D = 0,675$; $c_D = -0,5$. ♣♣♣

c) Berücksichtigung zusätzlicher Totzeiten in der Strecke

Bisher wurden nur Strecken mit reellen Polen in Form der Verzögerungszeiten betrachtet. In manchen Regelstrecken, vor allem bei der Verfahrenstechnik, treten beispielsweise durch Massentransport bedingte Totzeiten auf. Dann lautet der Streckenfrequenzgang

$$G_S(j\omega) = K_S \prod_{i=1}^{k} \frac{1}{1+T_i\,j\omega}\, e^{-T_t j\omega}\ . \tag{3.3.27}$$

3.3 Rechnergestützter Reglerentwurf für einschleifige Abtast-Regelkreise 143

Die Berücksichtigung dieser Totzeit bei der Reglerdimensionierung ist denkbar einfach. Es muß nur anstatt der schon berücksichtigten Totzeit vom Wert $T/2 + T_R$ überall $T/2 + T_R + T_t$ geschrieben werden. Dies gilt bei der Berechnung des Phasenganges des offenen Regelkreises und bei der Berechnung der Startwerte für die Durchtrittskreisfrequenz. Die Totzeit vergrößert den nacheilenden Phasenwinkel des offenen Regelkreises und bewirkt damit eine Verringerung der Durchtrittskreisfrequenz. Das wirkt sich in einer Verminderung des Proportionalbeiwertes aus.

Zusammenfassend läßt sich feststellen, daß die Methode der Polkompensation besonders einfach ist. Die größte bzw. die zwei größten Verzögerungszeiten der Strecke werden durch Reglernullstellen kompensiert. Die Kompensation hat darüber hinaus den Vorteil, daß die Ordnung der Übertragungsfunktion des offenen Regelkreises dieselbe ist wie die der Regelstrecke allein. Dieser Vorteil macht sich jedoch nur beim manuellen Reglerentwurf direkt bemerkbar. Nachteilig wirkt sich bei dieser Methode aus, daß man nicht den mit dem gewählten Reglertyp schnellstmöglichen Regelvorgang erhält, da man nicht alle, sondern nur die wichtigsten ein bzw. zwei Streckenpole berücksichtigt. Sind die Streckenpole alle gleich (wie z.B. bei der Identifikation mit der Zeitprozentkennwert-Methode Abschn.3.4), so ist das Verfahren der Polkompensation weniger geeignet.

3.3.1.2 Reglerentwurf mit der Methode der Betragsanpassung

Es soll nun ein Reglerentwurfsverfahren entwickelt werden, das den offensichtlichen Nachteil des Polkompensationsverfahren vermeidet, daß nur ein bzw. zwei Streckenpole kompensiert werden. Vielmehr sollen sowohl beim PI-Regler als auch beim PID-Regler alle Streckenpole berücksichtigt werden. Dadurch wird das Regelverhalten merklich schneller werden. Die Überschwingweite soll wiederum mit der Phasenreserve einstellbar sein.

a)   Überlegungen zur Betragsanpassung

Will man eine Verbesserung gegenüber der Methode der Polkompensation erreichen, muß man sich zunächst darüber klar werden, was die nichtkompensierten Verzögerungszeiten bewirken. Die Kompensation der größten Verzögerungszeit T_1 durch die Nachstellzeit T_n hat zur Folge, daß der asymptotische Amplitudengang des offenen Regelkreises einen konstanten Abfall von 20 dB/Dekade im Frequenzbereich $0 < \omega < 1/T_2$ zeigt. Die weiteren nicht kompensierten Verzögerungszeiten $T_2, T_3, \ldots$ vergrößern bei jeder Eckfrequenz den Abfall des asymptotischen Amplitudenganges um weitere 20 dB/Dekade. Das hat zur Folge, daß der Amplitudengang des offenen Regelkreises $|G_O(j\omega)|$ immer stärker vom

Amplitudengang des I-T$_1$-Gliedes

$$|G_O(j\omega)| = \frac{1}{T_I\omega\sqrt{1+(T_2\omega)^2}} \qquad (3.3.28)$$

abweicht, der als Grundlage des **Reglerentwurfs** dient. In Bild 3.30a sind die Verhältnisse für eine P-T$_3$-Strecke mit $K_S = 1$ und drei gleichen Verzögerungszeiten $T_1 = T_2 = T_3 = 10\,s$ mit PI-**Regler** und Polkompensation dargestellt. Es ist also $T_n = 10\,s$ und $K_P = 1\,s$ gewählt worden. Man sieht anschaulich, wie sich der Amplitudengang des offenen **Regelkreises** $|G_O{}^*|$ in der logarithmischen Darstellung als Summe der Amplitudengänge der Strecke $|G_S|$ und des Reglers $|G_R|$ ergibt. Dabei sinkt $|G_O{}^*|$ schon bei relativ kleinen Frequenzen, etwa ab $\omega = 0,3/T_1$, gegenüber dem dünn gezeichneten asymptotischen Amplitudengang ab. Etwa ab der Frequenz $\omega = 3/T_1$ stimmen die Amplitudengänge $|G_O{}^*|$ und $|G_S|$ überein.

Will man das Regelverhalten verbessern, so kann man das nur durch eine Vergrößerung der Durchtrittskreisfrequenz ω_d erreichen. Dazu muß der Phasengang φ_O positivere Werte annehmen. Das läßt sich dadurch erreichen, daß man einen möglichst großen Frequenzbereich einstellt, in dem der Amplitudengang des offenen Regelkreises $|G_O{}^*|$ mit der konstanten Neigung von 20 dB/Dekade abfällt. Dann wird auch der zugehörige Phasengang φ_O möglichst lange nahe bei $-90°$ verbleiben, bis er bei hohen Frequenzen in den Phasengang der Strecke übergeht.

Die gewünschte Verbesserung des Regelverhaltens kann durch eine geänderte Einstellung des PI-Reglers erfolgen. Für dessen Amplitudengang, den man zunächst mit $K_P = 1$ ansetzt, gilt:

$$|G_R(j\omega)| = \frac{\sqrt{1+(T_n\,\omega)^2}}{T_n\,\omega}. \qquad (3.3.29)$$

Für kleine Frequenzen $\omega \ll 1/T_n$ ergibt sich I-Verhalten mit $|G_R(j\omega)| \approx 1/(T_n\,\omega)$, und für große Frequenzen $\omega \gg 1/T_n$ ergibt sich P-Verhalten mit $|G_R(j\omega)| \approx 1$. Bei der Eckfrequenz gilt:

$$|G_R(j/T_n)| = \sqrt{2} = 3,01\,\text{dB}\,. \qquad (3.3.30)$$

Nun betrachtet man den Amplitudengang einer P-T$_k$-Strecke, den man durch ihren Streckenbeiwert K_S dividiert hat:

$$\frac{|G_S(j\omega)|}{K_S} = \prod_{i=1}^{k}\frac{1}{\sqrt{1+(T_i\,\omega)^2}}\,. \qquad (3.3.31)$$

3.3 Rechnergestützter Reglerentwurf für einschleifige Abtast-Regelkreise

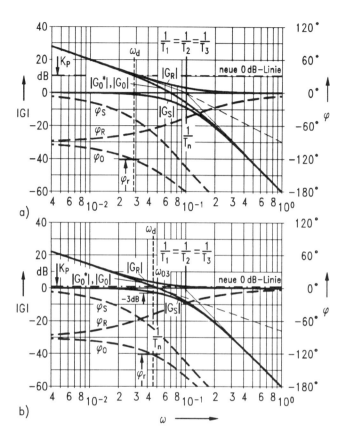

Bild 3.30
Amplitudengänge $|G_S|$, $|G_R|$ und $|G_O|$ sowie Phasengänge φ_S, φ_R und φ_O bei der P-T_3-Strecke mit $K_S = 1$ und $T_1 = T_2 = T_3 = 10s$ mit PI-Regler für:
Polkompensation (a)
Betragsanpassung (b)

Dieser Amplitudengang beginnt bei $\omega = 0$ mit dem Wert 1 und sinkt mit zunehmender Frequenz kontinuierlich gegen den Wert Null ab. Bei einer bestimmten Frequenz, die als *Absenkungskreisfrequenz* ω_{03} bezeichnet werden soll, ist der Amplitudengang gerade auf den Wert $-3,01\,dB = 1/\sqrt{2}$ abgesunken (Bild 3.30b).

Wählt man nun die Eckfrequenz $1/T_n$ genau gleich ω_{03}, so hat man eine Reglereinstellung gefunden, die den Abfall des Amplitudenganges der Strecke bei ω_{03} genau und für $\omega < \omega_{03}$ ziemlich genau kompensiert. Damit garantiert diese Reglereinstellung einen nahezu konstanten Abfall von $|G_O{}^*(j\omega)|$ mit 20 dB/Dekade von der Frequenz $\omega = 0$ bis zur Frequenz ω_{03}. Die Abweichungen zwischen $|G_O{}^*(j\omega)|$ und der Geraden mit $|G| = \omega_{03}/\omega$ bleiben für $k \leq 5$ und $\omega < \omega_{03}$ unterhalb 0,2 dB. Diese Einstellung bewirkt zugleich ein schwächeres Absinken des Amplitudenganges als bei der Polkompensation, wie man durch Vergleich von Bild 3.30a mit Bild 3.30b feststellt. Um diesen Vergleich zu erleichtern, sind in beiden Bildern die **Verlängerungen des Amplitudenganges** $|G_O{}^*|$ mit der konstanten Neigung von 20 dB/Dekade zu hohen Frequenzen hin eingezeichnet. In Bild 3.30b sinkt $|G_O{}^*|$ gegenüber der Geraden mit $|G| = \omega_{03}/\omega$ erst bei etwa $\omega = 0,6/T_1$ ab, und etwa ab $\omega = 1,5/T_1$ stimmt $|G_O{}^*|$ mit $|G_S|$ überein. Mit dem schwächeren Absinken des Amplitudenganges bei der Betragsanpassung ist nach dem von *Bode* angegebenen **Zusammenhang zwischen Amplituden- und Phasenverlauf bei Phasenminimumsystemen** auch ein Anheben des Phasenganges verbunden. Damit ergibt sich eine **vergrößerte Durchtrittskreisfrequenz**, die einen vergrößerten Proportionalbeiwert erlaubt und somit eine verringerte Anschwingzeit zur Folge hat.

Damit lautet das Entwurfsverfahren für den PI-Regler:
Man wähle als *Nachstellzeit*

$$T_n = 1/\omega_{03} \qquad (3.3.32)$$

mit der *Absenkungskreisfrequenz* ω_{03}, bei der gilt:

$$\frac{|G_S(j\omega_{03})|}{K_S} = \prod_{i=1}^{k} \frac{1}{\sqrt{1 + (T_i\,\omega_{03})^2}} = \frac{1}{\sqrt{2}} \qquad (3.3.33)$$

Dieses Entwurfsverfahren ist unabhängig von der Ordnung k der Strecke und den Werten der Verzögerungszeiten T_i.

Um die Absenkungskreisfrequenz ω_{03} bei gegebenen Verzögerungszeiten T_i zu berechnen, formt man Gl.(3.3.33) wie folgt um:

$$\prod_{i=1}^{k} \left[1 + T_i{}^2\,\omega_{03}{}^2\right] = 2\,. \qquad (3.3.34)$$

Das Struktogramm zur rekursiven Ermittlung von ω_{03} (Bild 3.31) ist ähnlich aufgebaut wie dasjenige zur Ermittlung von ω_d. Um die Regula falsi anzuwenden, sucht man die Nullstelle der Funktion:

$$g_{03}(\omega) = \prod_{i=1}^{k} \left[1 + T_i{}^2\,\omega^2\right] - 2\,, \qquad (3.3.35)$$

wobei die Funktionsbezeichnung g an den Betrag des Frequenzganges erinnern soll.

Diese Funktion beginnt für $\omega = 0$ beim Wert -1 und nimmt mit wachsendem ω monoton zu. Daher ist nach der Vorabrechnung nur der Rechengang der Regula falsi für konkave Funktionen erforderlich.

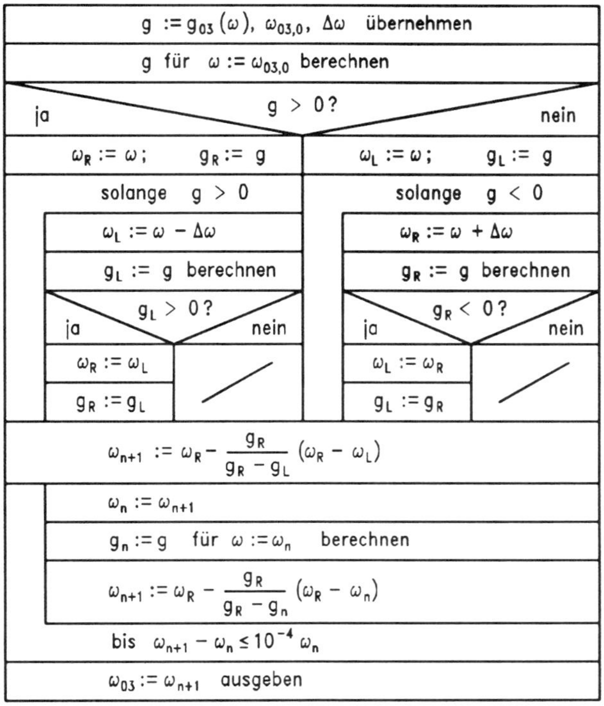

3.3 Rechnergestützter Reglerentwurf für einschleifige Abtast-Regelkreise   147

```
┌─────────────────────────────────────────────────────────┐
│         g := g₀₃(ω), ω₀₃,₀, Δω übernehmen               │
├─────────────────────────────────────────────────────────┤
│            g für ω := ω₀₃,₀ berechnen                   │
├─────────────────────────────────────────────────────────┤
│  ja                    g > 0?                    nein   │
├─────────────────────────────┬───────────────────────────┤
│   ωR := ω;   gR := g        │   ωL := ω;   gL := g      │
│      solange g > 0          │      solange g < 0        │
│   ωL := ω − Δω              │   ωR := ω + Δω            │
│   gL := g berechnen         │   gR := g berechnen       │
│       gL > 0?               │        gR < 0?            │
│  ja           nein          │  ja            nein       │
│  ωR := ωL   /               │  ωL := ωR    /            │
│  gR := gL                   │  gL := gR                 │
├─────────────────────────────┴───────────────────────────┤
│         ωn+1 := ωR − gR/(gR − gL) · (ωR − ωL)           │
├─────────────────────────────────────────────────────────┤
│                     ωn := ωn+1                           │
│              gn := g für ω := ωn berechnen              │
│         ωn+1 := ωR − gR/(gR − gn) · (ωR − ωn)           │
│              bis ωn+1 − ωn ≤ 10⁻⁴ ωn                    │
├─────────────────────────────────────────────────────────┤
│                  ω₀₃ := ωn+1  ausgeben                  │
└─────────────────────────────────────────────────────────┘
```

Bild 3.31
Struktogramm zur Berechnung der Absenkungskreisfrequenz ω_{03}

Um den Startwert $\omega_{03,0}$ für ω_{03} zu bestimmen, kann man folgende Überlegung anstellen. Die Frequenz ω_{03} muß kleiner sein als $1/T_1$, da ja die anderen Verzögerungszeiten mit berücksichtigt werden. Andererseits ist ω_{03} größer als $1/\sum_{i=1}^{k} T_i$, wie man aus den in [3.4] gebrachten Beispielen sieht. Als ein einfach zu bestimmender und doch gut zutreffender Startwert $\omega_{03,0}$ erweist sich der Mittelwert zwischen den beiden zuvor genannten Werten:

$$\omega_{03,0} = \frac{1}{2}\left(\frac{1}{T_1} + \frac{1}{\sum_{i=1}^{k} T_i}\right). \tag{3.3.36}$$

Erfahrungsgemäß stimmt der Anfangswert $\omega_{03,0}$ mit dem Endwert ω_{03} bis auf wenige Prozent überein. Daher kann man mit der Schrittweite

$$\Delta\omega = 0{,}01\,\omega_{03,0}. \tag{3.3.37}$$

rechnen. Damit ist das Struktogramm Bild 3.31 funktionsfähig.

b) Entwurf mit PI-Abtastregler

Bei diesem Entwurfsverfahren wird kein Streckenpol durch eine Reglernullstelle kompensiert, so daß man mit einer **gegebenen Regelstrecke**

$$G_S(j\omega) = K_S \prod_{i=1}^{k} \frac{1}{1+T_i\,j\omega} \tag{3.3.38}$$

für den Frequenzgang des offenen **Regelkreises** erhält;

$$G_O(j\omega) = K_P\, K_S\, \frac{1+T_n\,j\omega}{T_n\,j\omega} \prod_{i=1}^{k} \frac{1}{1+T_i\,j\omega}\, e^{-(T/2+T_R)j\omega}. \tag{3.3.39}$$

Der für den PI-Abtastregler wesentliche Frequenzgang des Abtast-Haltegliedes mit der Rechenzeit T_R wurde in Gl.(3.3.39) wieder hinzugefügt. Dieser Frequenzgang spielte bei den Betrachtungen zur Methode der Betragsanpassung bisher keine Rolle, da sein Betrag konstant 1 ist. Aus dem Phasengang des offenen Regelkreises

$$\varphi_O(j\omega) = -90° - \Big[\sum_{i=1}^{k}\arctan(T_i\omega) - \arctan(T_n\omega) + \Big(\frac{T}{2}+T_R\Big)\omega\Big]\frac{180°}{\pi} \tag{3.3.40}$$

erhält man die Durchtrittskreisfrequenz ω_d entsprechend der gewählten Phasenreserve. Als Startwert ω_{d0} für die Ermittlung der Durchtrittskreisfrequenz nach dem Struktogramm (Bild 3.25) ist hierbei

$$\omega_{d0} = \frac{90°-\varphi_r}{180°} \cdot \frac{\pi}{\sum_{i=1}^{k} T_i - T_n + \frac{T}{2} + T_R} \tag{3.3.41}$$

zu nehmen mit $\Delta\omega = 0,01\omega_{d0}$.

Im Unterschied zur Methode der Polkompensation im vorigen Unterabschnitt beginnt jetzt die Laufvariable bei $i=1$, und zusätzlich ist die Nachstellzeit zu berücksichtigen. Da bei der Methode der Betragsanpassung keine Streckenpole durch Reglernullstellen kompensiert werden, sind die bei der Polkompensation angestellten Überlegungen zur Phasenreserve nicht mehr zutreffend, und es sind auch andere Werte φ_r für eine vorgegebene Überschwingweite zu erwarten. Es wurden daher ebenfalls durch Simulation die Proportionalbeiwerte der PI-Regler für verschiedene Überschwingweiten h_m und Ordnungen n der Regelstrecke $G_S(s) = 1/(1+T_1 s)^n$ ähnlich wie bei Tafel 3.4 bestimmt. Daraus wurden dann die zugehörigen Werte der Phasenreserve berechnet.

Die Ergebnisse sind in Tafel 3.5 zusammengestellt. Eine grafische Darstellung der Funktion $\varphi_r(n)$ für die verschiedenen Überschwingweiten zeigt Bild 3.32.

3.3 Rechnergestützter Reglerentwurf für einschleifige Abtast-Regelkreise   149

Tafel 3.5 Werte der Phasenreserve φ_r für verschiedene Überschwingweiten h_m und Ordnungen n von P-T_n-Strecken mit n gleichen Verzögerungszeiten und PI-Regler nach der Methode der Betragsanpassung.

h_m \ n	2	3	4	5	7	10	20	100	∞
5 %	63,7	63,2	62,9	62,5	61,8	61,2	60,6	60,5	60,5
10 %	57,7	58,3	58,8	58,8	58,4	57,8	57,1	56,8	56,7
15 %	52,2	53,4	54,7	55,1	55,1	54,7	53,9	53,4	53,4
20 %	47,1	48,6	50,5	51,4	51,8	51,6	50,9	50,3	50,3
25 %	42,4	43,9	46,2	47,5	48,5	48,5	47,9	47,3	47,2

Darin sind auch die Zusammenhänge für die Polkompensation nach Tafel 3.4 gestrichelt wiedergegeben. Der Wert für $n = \infty$ in Tafel 3.5, der einem Totzeitglied als Regelstrecke entspricht, ist in Bild 3.32 bei $n = 10^3$ eingetragen.

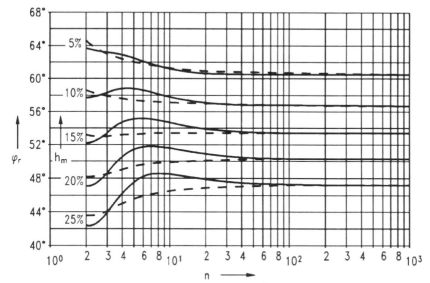

Bild 3.32 Phasenreserven φ_r für verschiedene Überschwingweiten h_m als Funktion der Ordnung n von P-T_n-Strecken mit PI-Regler und Polkompensation (- - -) sowie mit der Methode der Betragsanpassung (—)

Nach der Ermittlung der Durchtrittskreisfrequenz ω_d bestimmt man

$$|G_O{}^*(j\omega_d)| = K_S \frac{\sqrt{1+(T_n\,\omega_d)^2}}{T_n\,\omega_d} \prod_{i=1}^{k} \frac{1}{\sqrt{1+(T_i\,\omega_d)^2}} \qquad (3.3.42)$$

und erhält daraus den Proportionalbeiwert K_P zu:

$$K_P = \frac{1}{|G_O{}^*(j\omega_d)|}. \qquad (3.3.43)$$

Beispiel 3.11. Zur P-T$_3$-Strecke mit $K_S = 2$, $T_1 = 10\,s$, $T_2 = 8\,s$, $T_3 = 6\,s$ soll ein PI-Abtastregler mit den Abtastzeiten $T = 2,4\,s$ und $T' = 4,8\,s$ bei $T_R = 0$ für eine Überschwingweite von 10 % entworfen werden.

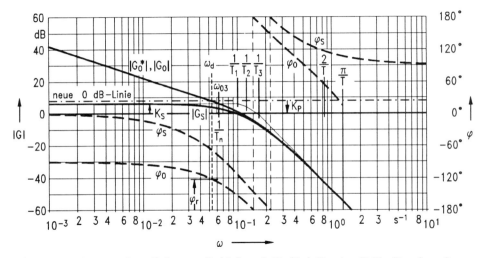

Bild 3.33 Frequenzkennlinien zu $G_S(j\omega)$ und $G_O(j\omega)$ für eine P-T$_3$-Strecke mit $K_S = 2$ und $T_1 = 10s$, $T_2 = 8s$, $T_3 = 6s$ sowie PI-Abtastregler mit $T = 2,4s$ für $\varphi_r = 58,3°$

Als erstes muß die Absenkungskreisfrequenz ω_{03} ermittelt werden. Mit dem Struktogramm Bild 3.31 erhält man bei den angegebenen Verzögerungszeiten: $\omega_{03} = 0,0629 s^{-1}$ und damit für die Nachstellzeit: $T_n = 15,89\,s$. Aus Tafel 3.5 entnimmt man für die Phasenreserve den Wert: $\varphi_r = 58,3°$. Damit ergibt sich mit φ_O nach Gl.(3.3.40) bei $T = 2,4\,s$ für die Durchtrittskreisfrequenz: $\omega_d = 0,0524\,s^{-1}$ und aus Gl.(3.3.43) für den Proportionalbeiwert: $K_P = 0,411$.

Für die Koeffizienten des PI-Regelalgorithmus erhält man:
$d_0 = 0,411(15,89 + 1,2)/15,89 = 0,442$; $d_1 = 0,411(15,89 - 1,2)15,89 = 0,380$;

3.3 Rechnergestützter Reglerentwurf für einschleifige Abtast-Regelkreise

$c_1 = 1$, und für die Summenform: $K_P = 0,411$; $d_I = 0,031$.
Für die Abtastzeit $T' = 4,8\,s$ lauten die entsprechenden Werte: $\omega_d = 0,0476\,s^{-1}$;
$K_P = 0,372$; $d_0 = 0,428$; $d_1 = 0,316$; $d_I = 0,056$.

Bild 3.33 zeigt die Frequenzkennlinien für $T = 2,4\,s$. Die gegenüber der Polkompensation um 59 % vergrößerte Nachstellzeit hat eine um 39 % größere Durchtrittskreisfrequenz zur Folge. Zusammen mit den um über 100 % vergrößerten Proportionalbeiwerten ergeben sich Führungsübergangsfunktionen mit den Anschwingzeiten $T_a = 34,9\,s$ und $T_a' = 36,9\,s$ bei den beiden Abtastzeiten in Bild 3.34. Dies bedeutet eine Verringerung der Anschwingzeiten um 30 % gegenüber der Polkompensation (Bild 3.27).

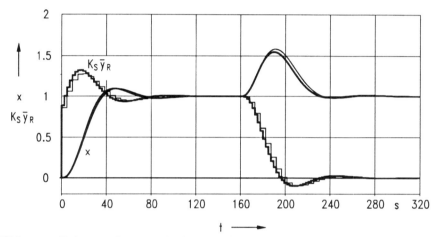

Bild 3.34 Führungsübergangsfunktionen für die P-T$_3$-Strecke von Beispiel 3.11 mit PI-Abtastregler für 10 % Überschwingen und zusätzliche Störübergangsfunktionen $z(t) = 0,5 \cdot \sigma(t - 160)$ mit $T = 2,4s$ (dicke Kurve) und $T' = 4,8s$ (dünne Kurve)

Bei der in der zweiten Hälfte dargestellten Störübergangsfunktion zeigt sich eine Verringerung der Überschwingweite um 14 % bzw. 12 %. Hierbei muß man auch noch die Verringerung der Anschwingzeit berücksichtigen. Dieser dynamische Übergangsfehler läßt sich durch ein einziges Gütemaß kennzeichnen, wenn man ein Integralkriterium benutzt. Als solches bietet sich die Regelfläche an, die zwischen der Regelgröße und ihrem statischen Endwert liegt. Betrachtet man das Intervall, in dem $x(t) - x_\infty \geq 0$ ist, so erhält man eine Verringerung dieser Fläche um 26 % bzw. 24 % gegenüber der Polkompensation. ♣♣♣

c) Entwurf mit PID-Abtastregler

Um die Kenngrößen eines PID-Abtastreglers zu erhalten, muß die Methode der Betragsanpassung systematisch auf den Regler 2. Ordnung erweitert werden.

Hierbei kann zunächst der Frequenzgang des Abtast-Haltegliedes weggelassen werden, da sein Amplitudengang konstant 1 ist. Der PID-Regler muß also so entworfen werden, daß er über einen noch größeren Frequenzbereich als der PI-Regler für einen konstanten Abfall des Amplitudenganges des offenen Regelkreises mit 20 dB/Dekade sorgt. Dazu muß eine weitere Absenkungskreisfrequenz angegeben werden, bis zu welcher der konstante Amplitudenabfall von $|G_O(j\omega)|$ garantiert werden soll. Hierzu bietet sich die Frequenz an, bei der der Amplitudengang der Regelstrecke um nochmals $-3,01$ dB auf insgesamt $-6,02$ dB $= 1/2$ gegenüber dem Wert bei $\omega = 0$ abgesunken ist. Diese Frequenz wird als ω_{06} bezeichnet. Die Wahl dieser Frequenz ergibt sich aus der Vorstellung, daß der zum PI-Regler hinzukommende D-Anteil an der sich ergebenden neuen Eckfrequenz gerade noch einmal 3,01 dB Amplitudenanhebung erzeugt.

Um die Absenkungskreisfrequenz ω_{06} zu bestimmen, muß man die Gleichung

$$\frac{|G_S(j\omega_{06})|}{K_S} = \prod_{i=1}^{k} \frac{1}{\sqrt{1 + (T_i \omega_{06})^2}} = \frac{1}{2} \tag{3.3.44}$$

lösen. Nach Umformung in

$$\prod_{i=1}^{k} \left[1 + T_i \omega_{06}{}^2\right] = 4 \tag{3.3.45}$$

sieht man, daß jetzt die Nullstelle der Funktion

$$g_{06}(\omega) = \prod_{i=1}^{k} \left[1 + T_i{}^2 \omega^2\right] - 4 \ . \tag{3.3.46}$$

zu ermitteln ist. Die Berechnung erfolgt wieder nach dem Struktogramm Bild 3.31, es ist nur $g_{03}(\omega)$ durch $g_{06}(\omega)$ zu ersetzen. Um den Startwert $\omega_{06,0}$ zu bestimmen, kann man davon ausgehen, daß ω_{03} bereits berechnet ist. Aufgrund des mittleren Abstandes von ω_{06} zu ω_{03} ist für den Anfangswert $\omega_{06,0}$ von ω_{06}

$$\omega_{06,0} = 1,5 \omega_{03} \tag{3.3.47}$$

anzunehmen mit der Schrittweite

$$\Delta\omega = 0,01 \omega_{06,0} \ . \tag{3.3.48}$$

Bei der Herleitung des PID-Reglers für die Methode der Betragsanpassung zeigt es sich, daß dieser Regler häufig keine reellen, sondern komplexe Nullstellen besitzt. Daher ist es sinnvoll, die Lösung allgemein mit dem PID_0-Regler für komplexe Nullstellen

$$G_R(j\omega) = K_{PR} \frac{1 + 2\vartheta_R T_{0R} j\omega - T_{0R}{}^2 \omega^2}{T_{0R} j\omega} \tag{3.3.49}$$

3.3 Rechnergestützter Reglerentwurf für einschleifige Abtast-Regelkreise 153

durchzuführen. Die dazugehörigen Amplituden- und Phasengänge mit ϑ_R als Parameter sind bereits in Bild 2.16 dargestellt, wobei die Frequenzen auf $1/T_{0R}$ und die Amplitudengänge auf K_{PR} bezogen sind. Bei Gl.(3.3.57) wird dem Reglerfrequenzgang noch ein Verzögerungglied $1/(1+T_d j\omega)$ hinzugefügt.

Für den Reglerentwurf wird davon ausgegangen, daß der Amplitudengang des Reglers nach Gl.(3.3.49) im niederfrequenten Bereich $\omega \ll 1/T_{0R}$ reines I-Verhalten zeigt:

$$|G_{RI}(j\omega)| = K_{PR}\frac{1}{T_{0R}\,\omega}. \tag{3.3.50}$$

Damit der Amplitudengang des offenen Regelkreises $|G_O(j\omega)|$ über einen möglichst weiten Frequenzbereich eine konstante Neigung von 20 dB/Dekade zeigt, muß der Amplitudengang des Reglers $|G_R(j\omega)|$ gegenüber $|G_{RI}(j\omega)|$ bei der Frequenz ω_{03} eine Anhebung von 3,01 dB und bei der Frequenz ω_{06} eine Anhebung von 6,02 dB erzeugen. Es wird also gefordert, daß bei der Frequenz ω_{03}

$$\frac{|G_R(j\omega_{03})|}{|G_{RI}(j\omega_{03})|} = \sqrt{(1-T_{0R}^{\,2}\omega_{03}^{\,2})^2 + (2\vartheta_R T_{0R}\omega_{03})^2} = \sqrt{2} \tag{3.3.51}$$

und bei der Frequenz ω_{06}

$$\frac{|G_R(j\omega_{06})|}{|G_{RI}(j\omega_{06})|} = \sqrt{(1-T_{0R}^{\,2}\omega_{06}^{\,2})^2 + (2\vartheta_R T_{0R}\omega_{06})^2} = 2 \tag{3.3.52}$$

gilt. Auflösung der beiden Gleichungen nach T_{0R} und ϑ_R ergibt:

$$T_{0R}^{\,4} = \frac{1}{\omega_{06}^{\,2}-\omega_{03}^{\,2}}\left[\frac{3}{\omega_{06}^{\,2}}-\frac{1}{\omega_{03}^{\,2}}\right], \tag{3.3.53}$$

$$2\vartheta_R^{\,2}-1 = \frac{1}{2T_{0R}^{\,2}}\cdot\frac{1}{\omega_{06}^{\,2}-\omega_{03}^{\,2}}\left[\frac{\omega_{06}^{\,2}}{\omega_{03}^{\,2}}-3\frac{\omega_{03}^{\,2}}{\omega_{06}^{\,2}}\right]. \tag{3.3.54}$$

In Bild 3.35 ist dargestellt, wie der Dämpfungsgrad ϑ_R und das Verhältnis $\omega_{03}/(1/T_{0R}) = \omega_{03}T_{0R}$ vom Verhältnis

$$\frac{\omega_{06}}{\omega_{03}} = \lambda \tag{3.3.55}$$

abhängen.

Für den Grenzwert $\lambda_{gr} = 1,5538$ ergibt sich $\vartheta_R = 1$. Für $\lambda \geq \lambda_{gr}$ läßt sich der PID_0-Regler nach Gl.(3.3.49) in den PID-Regler mit reellen Nullstellen nach Gl.(3.3.18) umrechnen. In Bild 3.35 sind für den Bereich $\lambda_{gr} \leq \lambda \leq \sqrt{3}$ mit $\vartheta_R \geq 1$ auch die Funktionen $T_{nP}\omega_{03}$ und $T_{vP}\omega_{03}$ eingezeichnet. Im Fall $\vartheta_R = 1$

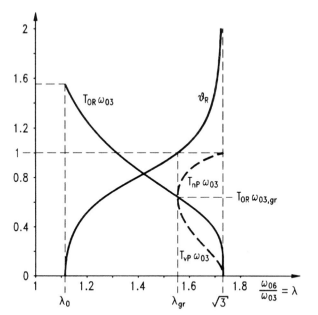

Bild 3.35
Darstellung von ϑ_R, der bezogenen Kennzeit $T_{0R}\omega_{03}$, der bezogenen Nachstellzeit $T_{nP}\omega_{03}$ und der bezogenen Vorhaltzeit $T_{vP}\omega_{03}$ als Funktion des Verhältnisses $\omega_{06}/\omega_{03} = \lambda$.

gilt $T_{nP} = T_{vP}$, und im Fall $\vartheta_R \to \infty$, $\lambda = \sqrt{3}$ entartet der PID-Regler zum PI-Regler mit $T_{vP} = 0$, $T_{nP} = 1/\omega_{03}$.

Für $\lambda < \lambda_{gr}$ ergeben sich Werte $\vartheta_R < 1$, womit PID_0-Regler mit komplexen Nullstellen gekennzeichnet werden. Abnehmende Werte für λ bedeuten, daß die Frequenzen ω_{03} und ω_{06} näher zusammenrücken und damit der Amplitudengang $|G_S|$ über der Frequenz stärker absinkt. Zur Kompensation dieses Verhaltens muß ϑ_R kleiner werden, damit der Amplitudengang des Reglers $|G_R|$ über der Frequenz stärker ansteigt. Der Grenzfall $\vartheta_R = 0$ wird bei $\lambda_0 = 1,1145$ erreicht.

Der durch Gl.(3.3.49) beschriebene PID_0-Regler muß noch mit einem Verzögerungsglied $1/(1 + T_d j\omega)$ versehen werden. Dabei wird

$$T_d = 0,1\, T_{0R} \tag{3.3.56}$$

gewählt.

Nach Festlegung der Parameter T_{0R}, ϑ_R und T_d geht es noch um die Berechnung der Durchtrittskreisfrequenz und des Proportionalbeiwertes. Mit dem Abtast-Halteglied erhält man jetzt für den Frequenzgang des offenen Regelkreises:

$$G_O(j\omega) = K_{PR}\, K_S\, \frac{1 + 2\vartheta_R T_{0R}\, j\omega - T_{0R}^{\,2}\, \omega^2}{T_{0R}\, j\omega\,(1 + T_d\, j\omega)} \prod_{i=1}^{k} \frac{1}{1 + T_i\, j\omega} e^{-(T/2 + T_R)j\omega}. \tag{3.3.57}$$

3.3 Rechnergestützter Reglerentwurf für einschleifige Abtast-Regelkreise   155

Tafel 3.6   Werte der Phasenreserve φ_r für verschiedene Überschwingweiten h_m und Ordnungen n von P-T_n-Strecken mit PID-Regler nach der Methode der Betragsanpassung.

h_m \ n	3	4	5	7	10	20	100	∞
5 %	63,3	63,4	61,8	59,9	59,4	60,5	60,6	60,5
10 %	57,7	59,3	58,4	56,8	55,9	56,6	56,8	56,7
15 %	52,3	55,0	55,0	53,9	52,9	53,2	53,5	53,4
20 %	47,3	50,5	51,4	50,9	49,9	50,0	50,3	50,3
25 %	42,5	45,9	47,6	47,9	47,1	47,0	47,2	47,2

Aus dem Phasengang des offenen Regelkreises

$$\varphi_O(j\omega) = -90° - \Big[\sum_{i=1}^{k} \arctan(T_i\omega) + \arctan(T_d\omega) - \\ - \arctan\frac{2\vartheta_R T_{0R}\omega}{1 - T_{0R}^2\omega^2} + \Big(\frac{T}{2} + T_R\Big)\omega\Big]\frac{180°}{\pi} \qquad (3.3.58)$$

erhält man wiederum die Durchtrittskreisfrequenz ω_d entsprechend der gewählten Phasenreserve φ_r nach dem Struktogramm Bild 3.25. Als Startwert erweist sich dieselbe Formel wie für den PI-Abtastregler nach Gl.(3.3.41) (Seite 148) brauchbar:

$$\omega_{d0} = \frac{90° - \varphi_r}{180°} \cdot \frac{\pi}{\sum_{i=1}^{k} T_i - T_n + \frac{T}{2} + T_R}.$$

Dabei ist nach Gl.(3.3.58) $T_n = 2\vartheta_R T_{0R} - T_d$ zu setzen. Auch hier kann mit der Schrittweite $\Delta\omega = 0,01\omega_{d0}$ gerechnet werden.

Die Zusammenhänge zwischen Überschwingweite h_m, Phasenreserve φ_r und Ordnung n der Regelstrecke mit PID-Regler und Betragsanpassung sind in Tafel 3.6 zusammengestellt. In der grafischen Darstellung nach Bild 3.36 sind auch die Zusammenhänge für die Polkompensation nach Tafel 3.4 (Seite 136) gestrichelt eingetragen.

Nach der Ermittlung der Durchtrittskreisfrequenz ω_d bestimmt man:

$$|G_O^*(j\omega_d)| = K_S \frac{\sqrt{\Big[1 - (T_{0R}\omega_d)^2\Big]^2 + (2\vartheta_R T_{0R}\omega_d)^2}}{T_{0R}\omega_d\sqrt{1 + (T_d\omega_d)^2}} \prod_{i=1}^{k} \frac{1}{\sqrt{1 + (T_i\omega_d)^2}}$$

$$(3.3.59)$$

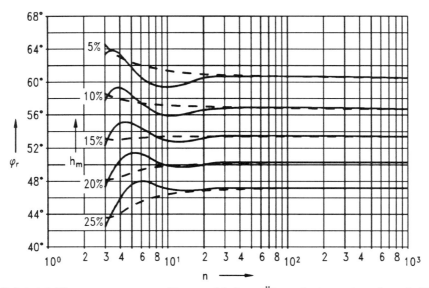

Bild 3.36 Phasenreserven φ_r für verschiedene Überschwingweiten h_m als Funktion der Ordnung n von P-T$_n$-Strecken mit n gleichen Verzögerungszeiten mit PID-Regler und Polkompensation (- - -) sowie mit der Methode der Betragsanpassung (——).

und erhält daraus:

$$K_{PR} = \frac{1}{|G_O{}^*(j\omega_d)|}.\qquad(3.3.60)$$

Damit ist der Reglerentwurf abgeschlossen.

Beispiel 3.12. Für die schon mehrfach benutzte P-T$_3$-Teststrecke soll ein PID$_0$-Abtastregler mit $T = 2,4\,s$ und $T' = 4,8\,s$ bei $T_R = 0$ für 10 % Überschwingweite entworfen werden.

Zusätzlich zur schon bekannten Absenkungskreisfrequenz $\omega_{03} = 0,0629\,s^{-1}$ muß noch ω_{06} bestimmt werden, wofür man $\omega_{06} = 0,0953\,s^{-1}$ erhält. Mit Hilfe der Gl.(3.3.53) und Gl.(3.3.54) ermittelt man daraus die Kennzeit $T_{0R} = 11,09\,s$ und den Dämpfungsgrad $\vartheta_R = 0,944$. Aus der Kennzeit ergibt sich die Dämpfungszeit nach Gl.(3.3.56) zu $T_d = 1,11\,s$. In Bild 3.37 sind die Frequenzgänge der Regelstrecke G_S und des offenen Regelkreises G_O nach Betrag und Phase dargestellt. Zu den Amplitudengängen sind auch deren asymptotische Verläufe dünn eingezeichnet. Zu der nach Tafel 3.6 gehörenden Phasenreserve von $\varphi_r = 57,7°$ ergibt sich für $T = 2,4\,s$ eine Durchtrittskreisfrequenz von $\omega_d = 0,1021\,s^{-1}$.

Vergleicht man Bild 3.37 mit Bild 3.28, so sieht man, daß der Amplitudengang des of-

3.3 Rechnergestützter Reglerentwurf für einschleifige Abtast-Regelkreise   157

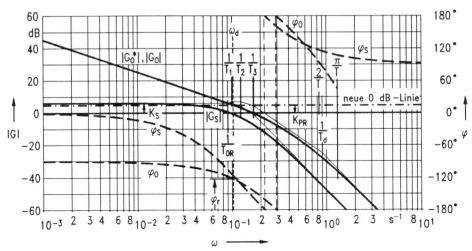

Bild 3.37 Frequenzkennlinien zu $G_S(j\omega)$ und $G_O(j\omega)$ für eine P-T$_3$-Strecke wie in Bild 3.33 mit PID-Abtastregler mit $T = 2,4 s$ für $\varphi_r = 57,7°$

fenen Regelkreises $|G_O|$ mit der Methode der Betragsanpassung über einen wesentlich größeren Frequenzbereich mit der konstanten Neigung von 20 dB/Dekade abfällt als bei der Polkompensation. Dies ist jedoch nur der vordergründige Effekt der Betragsanpassung und die Grundlage zur numerischen Bestimmung der Reglerparameter. Der für den Reglerentwurf wesentliche Effekt ist die damit verbundene Anhebung des Phasenganges φ_0, die sich in einer deutlich erhöhten Durchtrittskreisfrequenz bemerkbar macht. Das Verhältnis der beiden Durchtrittskreisfrequenzen beträgt 1,43.

Aus Gl.(3.3.60) ergibt sich für den Wert $K_{PR} = 0,572$.

Für die Koeffizienten des Regelalgorithmus erhält man nach Tafel 3.1:
$d_0 = 3,339$; $d_1 = -5,428$; $d_2 = 2,217$; $c_1 = 0,961$; $c_2 = 0,039$.
Für die Summenform erhält man nach Tafel 3.2 und Tafel 3.3:
$T_n = 19,83 s$; $T_v = 5,09 s$; $T_d = 1,11 s$; $K_P = 1,023$; $d_I = 0,062$; $d_D = 2,254$;
$c_D = -0,039$.
Für die Abtastzeit $T' = 4,8 s$ lauten die entsprechenden Werte:
$\omega_d = 0,0851 s^{-1}$; $K_{PR} = 0,474$ und damit:
$d_0 = 2,180$; $d_1 = -2,855$; $d_2 = 0,956$; $c_1 = 0,632$; $c_2 = 0,368$,
und für die Summenform $K_P = 0,848$; $d_I = 0,103$; $d_D = 1,230$; $c_D = -0,368$.

Bild 3.38 zeigt die Führungs- und Störübergangsfunktionen für beide Abtastzeiten. Gegenüber dem Entwurf mit Polkompensation (Bild 3.29) zeigt sich eine Verringerung der Anschwingzeit von 34% bzw. 31% bei den beiden Abtastzeiten, sowie eine Verringerung um 21% bzw. 19% bei den Überschwingweiten der Störübergangsfunktionen.

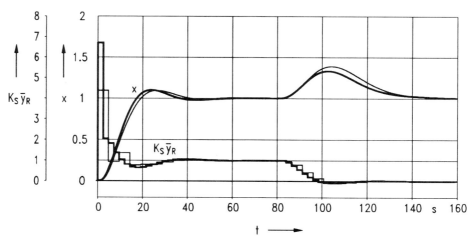

Bild 3.38 Führungsübergangsfunktionen für die P-T$_3$-Strecke von Beispiel 3.12 mit PID$_0$-T$_1$-Abtastregler für 10 % Überschwingen und zusätzliche Störübergangsfunktionen $z(t) = 0,5 \cdot \sigma(t - 80)$ mit $T = 2,4s$ (dicke Kurve) und $T' = 4,8s$ (dünne Kurve) bei Betragsanpassung

♣♣♣

d) Entwurf mit PID-Abtastregler in Summenform

Die hier gegebene Herleitung des PID$_0$-Reglers mit komplexen Nullstellen ergibt sich folgerichtig aus der Forderung nach Betragsanpassung in den Frequenzen ω_{03} und ω_{06} und damit im gesamten Frequenzbereich $\omega \leq \omega_{06}$. Für die praktische Anwendung wird jedoch häufig die Summenform des PID-Reglers

$$G_R(j\omega) = K_P \left(1 + \frac{1}{T_n j\omega} + \frac{T_v j\omega}{1 + T_d j\omega}\right) \tag{3.3.61}$$

bevorzugt. Diese Form bietet Vorteile bei der Begrenzung des Integralanteils als Anti-Reset-Windup-Maßnahme, wenn die Stellgröße an die Grenzen des Stellbereiches stößt. Zur Ermittlung dieser Parameter in Summenform ergeben sich zwei Möglichkeiten.

Als erste Möglichkeit bietet es sich an, aus den Parametern der Pol-Nullstellen-Form in die Parameter der Summenform umzurechnen, wie es schon im Abschnitt 2.4.3.12 angegeben ist. Dafür gelten die Gl.(2.4.80) bis Gl.(2.4.82), die hier noch einmal wiedergegeben werden:

$$T_n = 2\vartheta_R T_{0R} - T_d \tag{3.3.62}$$

3.3 Rechnergestützter Reglerentwurf für einschleifige Abtast-Regelkreise

$$T_v = \frac{T_{0R}^2}{T_n} - T_d \qquad (3.3.63)$$

$$K_P = K_{PR} T_n / T_{0R} . \qquad (3.3.64)$$

Entsprechend der Bedeutung der Summenform wird als zweite Möglichkeit ein Weg gezeigt, wie man deren **Parameter auf direktem Wege aus den Frequenzen** ω_{03} und ω_{06} gewinnen kann [3.5]. Dazu werden zwei neue, mit p^2 und q bezeichnete Kenngrößen eingeführt:

$$p^2 = \frac{1}{\omega_{06}^2 - \omega_{03}^2}\left[\frac{3}{\omega_{06}^2} - \frac{1}{\omega_{03}^2}\right], \qquad (3.3.65)$$

$$q = \frac{1}{\omega_{06}^2 - \omega_{03}^2}\left[\frac{\omega_{06}^2}{\omega_{03}^2} - 3\frac{\omega_{03}^2}{\omega_{06}^2}\right] . \qquad (3.3.66)$$

Durch Vergleich mit den Gl.(3.3.53) und Gl.(3.3.54) erhält man:

$$T_{0R}^2 = p; \quad 2\vartheta_R T_{0R} = \sqrt{2p+q} . \qquad (3.3.67)$$

Die Dämpfungszeit T_d wird hierbei mit der *Vorhaltverstärkung*

$$\alpha = T_v/T_d \qquad (3.3.68)$$

festgelegt, wofür bevorzugt die Werte $\alpha = 5$ bzw. $\alpha = 4$ gewählt werden. Die Werte $\alpha = 5$ bzw. $\alpha = 4$ entsprechen ungefähr den Verhältnissen $T_{0R}/T_d = 10$ bzw. $T_{0R}/T_d = 5$. Aus den Gl.(3.3.62) und Gl.(3.3.63) erhält man mit Einsetzen von Gl.(3.3.67) und Gl.(3.3.68) die Bestimmungsgleichung für die Dämpfungszeit und dazu die einfachen Gleichungen für Nachstellzeit und Vorhaltzeit:

$$T_d = \frac{\sqrt{2p+q}}{2}\left[1 - \sqrt{1 - \frac{1}{\alpha+1}\cdot\frac{4p}{2p+q}}\right] \qquad (3.3.69)$$

$$T_n = \sqrt{2p+q} - T_d \qquad (3.3.70)$$

$$T_v = \alpha T_d \qquad (3.3.71)$$

Nach Festlegung der Reglerparameter geht es noch um die Bestimmung der Durchtrittskreisfrequenz ω_d und des Proportionalbeiwertes K_P. Beim Frequenzgang des offenen Regelkreises muß jetzt wieder das Abtast-Halteglied berücksichtigt werden:

$$G_O(j\omega) = K_P K_S \frac{1 + (T_n + T_d)j\omega - T_n(T_v + T_d)\omega^2}{T_n j\omega(1 + T_d j\omega)} \prod_{i=1}^{k}\frac{1}{1 + T_i j\omega} e^{-(T/2 + T_R)j\omega}. \qquad (3.3.72)$$

Aus dem Phasengang des offenen Regelkreises

$$\varphi_O(j\omega) = -90° - \Big[\sum_{i=1}^{k} \arctan(T_i\omega) + \arctan(T_d\omega) - \arctan\frac{(T_n + T_d)\omega}{1 - T_n(T_v + T_d)\omega^2} + \Big(\frac{T}{2} + T_R\Big)\omega\Big]\frac{180°}{\pi} \quad (3.3.73)$$

erhält man wiederum die Durchtrittskreisfrequenz ω_d entsprechend der gewählten Phasenreserve φ_r nach dem **Struktogramm** (Bild 3.25). Als Startwert gilt dieselbe Formel wie für den PI-Abtastregler

$$\omega_{d0} = \frac{90° - \varphi_r}{180°} \cdot \frac{\pi}{\sum_{i=1}^{k} T_i - T_n + \frac{T}{2} + T_R} \quad (3.3.74)$$

mit einer Schrittweite von $\Delta\omega = 0,01\,\omega_{d0}$. Nach der Bestimmung der Durchtrittskreisfrequenz ω_d errechnet man den Wert:

$$|G_O^*(j\omega_d)| = K_S \frac{\sqrt{[1 - T_n(T_v + T_d)\omega_d^2]^2 + (T_n + T_d)^2\omega_d^2}}{T_n\omega_d\sqrt{1 + (T_d\omega_d)^2}} \prod_{i=1}^{k} \frac{1}{\sqrt{1 + (T_i\omega_d)^2}} \quad (3.3.75)$$

Daraus ergibt sich der Proportionalbeiwert K_P zu:

$$K_P = \frac{1}{|G_O^*(j\omega_d)|} \,. \quad (3.3.76)$$

Damit ist der Reglerentwurf abgeschlossen.

Beispiel 3.13. Für die P-T$_3$-Strecke mit $K_S = 2$, $T_1 = 10\,s$, $T_2 = 8\,s$, $T_3 = 6\,s$ soll ein PID-Abtastregler für die Summenform mit $T = 2,4\,s$ bei $T_R = 0\,s$ für 10 % Überschwingweite entworfen werden.

Aus den Absenkungskreisfrequenzen $\omega_{03} = 0,0629\,s^{-1}$ und $\omega_{06} = 0,0953\,s^{-1}$ bestimmt man die Größen $p^2 = 15132.8\,s^4$ und $q = 192.88\,s^2$. Mit der üblichen Vorhaltverstärkung $\alpha = 5$ erhält man $T_d = 1,03\,s$, $T_n = 19,92\,s$, $T_v = 5,15\,s$. Zu der aus Tafel 3.6 abgelesenen Phasenreserve $\varphi_r = 57,7°$ gehört eine Durchtrittskreisfrequenz $\omega_d = 0,1036\,s^{-1}$ und ein Proportionalbeiwert $K_{PR} = 0,580$ entsprechend $K_P = 1,042$. Wie man sieht, unterscheiden sich die auf diese Weise erhaltenen Werte nur unwesentlich von den im vorigen Beispiel durch Umrechnung erhaltenen Werten. Der Unterschied in der Übergangsfunktion gegenüber dem Beispiel 3.12 liegt innerhalb der Strichstärke. Die im vorigen Beispiel getroffene Annahme $T_d = 0,1\,T_{0R} = 1,11\,s$ entspricht ziemlich genau dem durch die Vorhaltverstärkung $\alpha = 5$ festgelegten Wert $T_d = 1,03\,s$. ♣♣♣

3.3.2 Reglerentwurf für Verzögerungsstrecken ohne Ausgleich (I-T_k-Strecken)

Regelstrecken ohne Ausgleich mit Verzögerung k-ter Ordnung haben den Frequenzgang:

$$G_S(j\omega) = \frac{1}{T_S j\omega} \cdot \frac{1}{(1+T_1 j\omega)(1+T_2 j\omega)\ldots(1+T_k j\omega)} =$$
$$= \frac{1}{T_S j\omega} \prod_{i=1}^{k} \frac{1}{1+T_i j\omega} \, . \qquad (3.3.77)$$

Das integrale Verhalten wird durch den *Integrierbeiwert der Strecke* T_S gekennzeichnet. Wegen des integralen Verhaltens der Regelstrecke kommt hierbei als einfachster Regler ein P-Regler oder ein PD-Regler infrage. Wenn keine Störgröße vorliegt, bewirkt der Integralanteil der Strecke, daß die bleibende Regeldifferenz zu Null wird. Soll auch bei statisch vorliegender Störgröße keine bleibende Regeldifferenz auftreten, muß ein Regler mit I-Anteil eingesetzt werden. Der Reglerentwurf kann dann nicht mittels Polkompensation oder Betragsanpassung durchgeführt werden. Es kommt dann die als symmetrisches Optimum bezeichnete Methode infrage. Diese wird in Abschn. 4.3.2 angewendet, worauf hier verwiesen sei.

Eine am Eingang der Regelstrecke statisch auftretende Störgröße z hat eine bleibende Regeldifferenz $e_\infty \neq 0$ zur Folge, die gleich

$$e_\infty = -\frac{z}{K_P} \qquad (3.3.78)$$

ist. Diese läßt sich durch Vergrößern von K_P verringern. Da mit D-Anteil ein größerer Proportionalbeiwert K_P möglich ist, wird ausschließlich dieser Fall mit dem Frequenzgang eines PD-Abtastreglers

$$G_{AR}(j\omega) = K_P \frac{1+T_{vP}\, j\omega}{1+T_d\, j\omega} e^{-(T/2+T_R)j\omega} \qquad (3.3.79)$$

betrachtet. Dabei wird

$$T_d = 0,1\, T_{vP} \qquad (3.3.80)$$

genommen.

3.3.2.1 Reglerentwurf mittels Polkompensation

Durch die Reglernullstelle kann ein Streckenpol kompensiert werden. Dafür nimmt man den zur größten Verzögerungszeit T_1 gehörenden Pol und wählt für die *Vorhaltzeit*:

$$T_{vP} = T_1 \, . \qquad (3.3.81)$$

Damit ergibt sich für den **Frequenzgang des** offenen Regelkreises:

$$
\begin{aligned}
G_O(j\omega) &= K_P \frac{1}{T_S j\omega} \cdot \frac{1}{(1+T_2 j\omega)\ldots(1+T_k j\omega)(1+T_d j\omega)} e^{-(T/2+T_R)j\omega} = \\
&= K_P \frac{1}{T_S j\omega (1+T_d j\omega)} \prod_{i=2}^{k} \frac{1}{1+T_i j\omega} e^{-(T/2+T_R)j\omega}
\end{aligned}
\qquad (3.3.82)
$$

Somit verbleibt noch der Proportionalbeiwert K_P des Reglers, um das Regelverhalten in gewünschter Weise zu beeinflussen. Auch hier wird eine bestimmte Phasenreserve φ_r vorgegeben, um eine **gewünschte** Überschwingweite h_m zu erhalten.

Für den Phasengang des offenen Regelkreises ergibt sich:

$$
\varphi_O(j\omega) = -90° - \left[\sum_{i=2}^{k} \arctan(T_i \omega) + \arctan(T_d \omega) + \left(\frac{T}{2} + T_R \right) \omega \right] \frac{180°}{\pi}.
\qquad (3.3.83)
$$

Als Startwert für das Struktogramm Bild 3.25 ist zu setzen:

$$
\omega_{d0} = \frac{90° - \varphi_r}{180°} \cdot \frac{\pi}{\sum_{i=2}^{k} T_i + T_d + \frac{T}{2} + T_R}
\qquad (3.3.84)
$$

und für die Schrittweite $\Delta\omega = 0,01 \omega_{d0}$.

Zur Ermittlung des *Proportionalbeiwerts* errechnet man:

$$
|G_O{}^*(j\omega_d)| = \frac{1}{T_S \omega_d \sqrt{1+(T_d \omega_d)^2}} \prod_{i=2}^{k} \frac{1}{\sqrt{1+(T_i \omega_d)^2}}.
\qquad (3.3.85)
$$

und erhält damit K_P wiederum nach Gl.(3.3.16) zu

$$
K_P = \frac{1}{|G_O{}^*(j\omega_d)|}.
\qquad (3.3.86)
$$

Um den Zusammenhang zwischen Phasenreserve und Überschwingweite zu klären, vergleiche man den Frequenzgang Gl.(3.3.82) mit Gl.(3.3.4).
Mit $T_S = T_1/K_S$ stimmen beide Frequenzgänge bis auf das zusätzliche Verzögerungsglied $1/(1+T_d j\omega)$ in Gl.(3.3.82) überein. Dessen Einfluß ist jedoch relativ gering, da $T_d = 0,1 T_{vP} = 0,1 T_1$ angenommen wird. Es wurden auch für diesen Fall I-T_n-Strecken mit n gleichen Verzögerungszeiten und PD-T_1-Regler untersucht. Als Ergebnis erhielt man nahezu dieselben Werte für den Zusammenhang zwischen Phasenreserve und Überschwingweite, wie in Tafel 3.4, wenn man bei einer Strecke der Ordnung n bei $m = n - 1$ abliest. Lediglich bei der Ordnung

3.3 Rechnergestützter Reglerentwurf für einschleifige Abtast-Regelkreise

$n = 2$ erhält man um bis zu $1,4°$ größere Werte der Phasenreserve, sonst sind die Abweichungen erheblich kleiner. Dieses Ergebnis ist auch durchaus einleuchtend. Denn, wenn man einem Regelkreis mit der Übertragungsfunktion des offenen Kreises $G_O(s) = 1/[T_I s (1 + T_1 s)^n]$ nach Gl.(3.3.13) noch ein Verzögerungsglied $1/(1 + T_d s)$ mit $T_d = 0,1 T_1$ hinzufügt, so kann dies die Überschwingweite oder Phasenreserve nur in verschwindend geringem Maße verändern. Daher kann auf eine gesonderte Tafel verzichtet werden, und es werden die Werte der Tafel 3.4 (Seite 136) mit $m = n - 1$ verwendet.

Beispiel 3.14. Für eine I-T$_3$-Regelstrecke mit dem Frequenzgang
$G_S(j\omega) = 1/[T_S j\omega(1 + T_1 j\omega)(1 + T_2 j\omega)(1 + T_3 j\omega)]$ mit dem Integrierbeiwert $T_S = 5\,s$ und den Verzögerungszeiten $T_1 = 10\,s$, $T_2 = 8\,s$ und $T_3 = 6\,s$ soll ein PD-Abtastregler mit der Abtastzeit $T = 2,4\,s$ bei $T_R = 0$ für eine Überschwingweite von 10 % entworfen werden. Mit der aus Tafel 3.4 entnommenen Phasenreserve von $\varphi_r = 57,8°$ und mit $T_{vP} = 10\,s$, $T_d = 1\,s$ ermittelt das Programm nach Bild 3.25 für $T = 2,4\,s$ aus $\varphi(\omega) = 90° - [\arctan(8\omega) + \arctan(6\omega) + \arctan\omega + 1,2\omega]\,180°/\pi - \varphi_r$ eine Durchtrittskreisfrequenz von $\omega_d = 0,0353\,s^{-1}$. Damit erhält man aus Gl.(3.3.85) und Gl.(3.3.86) den Proportionalbeiwert zu $K_P = 0,188$.

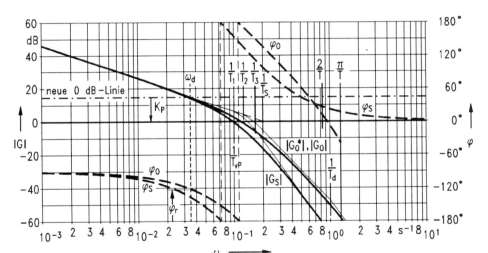

Bild 3.39 Frequenzkennlinien zu $G_S(j\omega)$ und $G_O(j\omega)$ für eine I-T$_3$-Strecke mit $T_S = 5\,s$, $T_1 = 10\,s$, $T_2 = 8\,s$, $T_3 = 6\,s$ sowie PD-T$_1$-Abtastregler mit $T = 2,4s$ für $\varphi_r = 57,8°$ bei Polkompensation

Für die Koeffizienten des Regelalgorithmus erhält man: $d_0 = 0,957$; $d_1 = -0,752$; $c_1 = -0,091$ und für die Summenform: $K_P = 0,188$; $d_D = 0,769$; $c_D = -0,091$.
Das zu diesem Beispiel gehörige Bode-Diagramm zeigt Bild 3.39. Durch die hierbei getroffene Wahl von $T_1/T_S = 2$ stimmt der Amplitudengang für $|G_O\,^*(j\omega)|$ bis auf das

164　　　3 QUASIKONTINUIERLICHE ABTASTREGELUNGEN

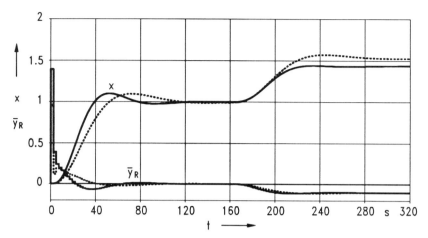

Bild 3.40 Führungsübergangsfunktionen für die I-T$_3$-Strecke von Bild 3.39 mit PD-T$_1$-Abtastregler bei $T = 2,4\,s$ für 10 % Überschwingen und Störübergangsfunktionen mit $z(t) = 0,5 \cdot \sigma(t - 160)$ mit Reglerentwurf mittels Polkompensation (- - - -) und mittels Betragsanpassung (——)

zusätzliche Verzögerungsglied $1/(1 + T_d j\omega)$ mit dem entsprechenden Amplitudengang in Beispiel 3.9 überein. In Bild 3.40 sind die Führungs- und Störübergangsfunktionen für die Strecke ohne Ausgleich mit Reglerentwurf mittels Polkompensation und Betragsanpassung für $T = 2,4\,s$ zusammen dargestellt, da die Abhängigkeit der Regelergebnisse von der Abtastzeit schon mehrmals behandelt wurde. Die Regelergebnisse mit der Polkompensation sind in Bild 3.40 gestrichelt gezeichnet. ♣♣♣

3.3.2.2 Reglerentwurf mit der Methode der Betragsanpassung

Bei der Methode der Betragsanpassung wird für die *Vorhaltzeit* T_{vP} das Reziproke der *Absenkungskreisfrequenz* ω_{03} gewählt, bei der der Amplitudengang der Regelstecke gegenüber seinem Wert bei $\omega = 0$ um $-3,01$ dB auf den Anteil $1/\sqrt{2}$ abgesunken ist. Diese Festlegung ist auch für I-T$_k$-Strecken zutreffend, wenn man bedenkt, daß dafür gilt:

$$|G_S(j\omega)| = \frac{1}{T_S\omega} \quad \text{für} \quad \omega \ll 1/T_1 . \tag{3.3.87}$$

Entsprechend der Vorgehensweise bei den P-T$_k$-Strecken bildet man auch hier das Verhältnis des Amplitudenganges der I-T$_k$-Strecke zu ihrem Verlauf für

3.3 Rechnergestützter Reglerentwurf für einschleifige Abtast-Regelkreise 165

kleine ω-Werte $1/(T_S\omega)$:

$$|G_S(j\omega)|\, T_S\omega \;=\; \prod_{i=1}^{k} \frac{1}{\sqrt{1+(T_i\omega)^2}} \;. \tag{3.3.88}$$

Das Entwurfsverfahren für PD-Regler bei I-T_k-Strecken lautet daher: Man wähle als *Vorhaltzeit*

$$T_{vP} \;=\; 1/\omega_{03} \tag{3.3.89}$$

mit der *Absenkungskreisfrequenz* ω_{03}, bei der gilt:

$$\prod_{i=1}^{k} \frac{1}{\sqrt{1+T_i^{\,2}\,\omega_{03}^{\,2}}} \;=\; \frac{1}{\sqrt{2}} \;. \tag{3.3.90}$$

Man erhält dieselbe Formel zur Bestimmung der Absenkungskreisfrequenz ω_{03} wie für P-T_k-Strecken mit Gl.(3.3.33).

Für den Frequenzgang des offenen Regelkreises ergibt sich damit:

$$\begin{aligned}
G_O(j\omega) \;&=\; K_P \frac{1}{T_S j\omega} \cdot \frac{1+T_{vP}\, j\omega}{(1+T_1 j\omega)\ldots(1+T_k j\omega)(1+T_d j\omega)}\, e^{-(T/2+T_R)j\omega} \;=\; \\
&=\; K_P \frac{1+T_{vP}\, j\omega}{T_S j\omega (1+T_d j\omega)} \prod_{i=1}^{k} \frac{1}{1+T_i j\omega}\, e^{-(T/2+T_R)j\omega}\;. \tag{3.3.91}
\end{aligned}$$

Da hierbei kein Pol der Strecke durch die Reglernullstelle kompensiert wird, beginnt die Laufvariable beim Wert $i=1$.

Der Phasengang des offenen Regelkreises lautet: $\varphi_O(j\omega) = -90° -$

$$-\left[\sum_{i=1}^{k}\arctan(T_i\omega) + \arctan(T_d\omega) - \arctan(T_{vP}\omega) + \left(\frac{T}{2}+T_R\right)\omega\right]\frac{180°}{\pi}. \tag{3.3.92}$$

Für die Berechnung der Durchtrittskreisfrequenz ω_d mit dem Struktogramm Bild 3.25 ist als Startwert

$$\omega_{d0} \;=\; \frac{90°-\varphi_r}{180°} \cdot \frac{\pi}{\sum_{i=1}^{k} T_i + T_d + \frac{T}{2} + T_R} \tag{3.3.93}$$

und als Schrittweite $\Delta\omega = 0,01\omega_{d0}$ zu nehmen.

Aus

$$|G_0^*(j\omega_d)| \;=\; \frac{\sqrt{1+(T_{vP}\omega_d)^2}}{T_S\omega_d\sqrt{1+(T_d\omega_d)^2}} \prod_{i=2}^{k} \frac{1}{\sqrt{1+(T_i\omega_d)^2}} \;. \tag{3.3.94}$$

erhält man K_P nach Gl.(3.3.16) zu

$$K_P = \frac{1}{|G_0^*(j\omega_d)|}. \qquad (3.3.95)$$

Für den Zusammenhang zwischen **Phasenreserve** und Überschwingweite gelten ebenfalls die unter 3.3.2.1 bei der Polkompensation angestellten Überlegungen.

Beispiel 3.15. Für die I-T_3-Strecke vom Beispiel 3.14 ist ein PD-Abtastregler mit $T = 2,4 s$ und $T_R = 0$ für 10 % Überschwingweite zu entwerfen. Aus Tafel 3.5 entnimmt man für $n = 3$ die Phasenreserve $\varphi_r = 58,3°$.

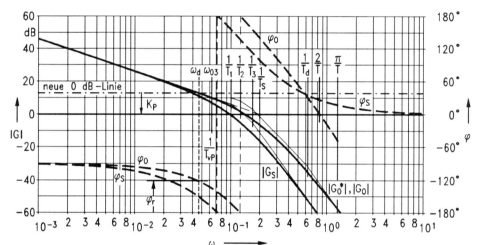

Bild 3.41 Frequenzkennlinie für eine I-T_3-Strecke mit $T_S = 5 s$, $T_1 = 10 s$, $T_2 = 8 s$, $T_3 = 6 s$ sowie PD-T_1-Regler mit $T = 2,4 s$ für $\varphi_r = 58,3°$ bei Betragsanpassung

Für die Absenkungskreisfrequenz gilt wie beim Beispiel 3.11: $\omega_{03} = 0,0629\ s^{-1}$ und damit $T_{vP} = 15,89\ s$, $T_d = 1,59\ s$. Aus der Funktion $\varphi(\omega) = 90° -$ [$\arctan(10\,\omega) + \arctan(8\,\omega) + \arctan(6\,\omega) + \arctan(1,59\,\omega) - \arctan(15,89\,\omega) + 1,2\,\omega$] · $180°/\pi - \varphi_r$ ermittelt das Programm nach Bild 3.25 für $T = 2,4 s$ die Durchtrittskreisfrequenz $\omega_d = 0,0462\ s^{-1}$. Mit dem daraus folgenden Proportionalbeiwert $K_P = 0,228$ erhält man: $d_0 = 1,397$; $d_1 = -1,201$; $c_1 = 0,140$ und für die Summenform: $K_P = 0,228$; $d_D = 1,169$; $c_D = 0,140$. Das hierzu gehörige Bode-Diagramm zeigt Bild 3.41. Die Reglerergebnisse mit der Betragsanpassung sind in Bild 3.40 durchgezogen gezeichnet. Der Vergleich mit der Polkompensation zeigt eine um 25 % geringere Anschwingzeit und eine um 18 % geringere bleibende Regeldifferenz bei der Störübergangsfunktion. ♣♣♣

3.3 Rechnergestützter Reglerentwurf für einschleifige Abtast-Regelkreise 167

3.3.3 Zusammenfassende und vergleichende Betrachtungen

3.3.3.1 Zusammenfassende Betrachtung

In den zuvor betrachteten Beispielen wird großer Wert darauf gelegt, die Reglerergebnisse mit Polkompensation und Betragsanpassung bei jeweils denselben Werten der Überschwingweite zu vergleichen. Die Überschwingweite hat eine überragende Bedeutung für den Reglerentwurf, da die mit ihr zusammenhängende Phasenreserve unmittelbar auch die Stabilitätsreserve darstellt. Für den rechnergestützten Reglerentwurf kann man die Werte der Phasenreserve aus den Tafeln 3.4, 3.5 und 3.6 übernehmen.

Für den manuellen Reglerentwurf oder auch für überschlägige Rechnungen mag es genügen, einen genähert gültigen aber möglichst einfachen Zusammenhang zwischen der Überschwingweite und der Phasenreserve zu besitzen. Im Bereich niedriger Ordnungen ($n \leq 4$) kann man aus Bild 3.32 und Bild 3.36 folgenden einfachen Zusammenhang herleiten:

$$\varphi_r \approx (68 - h_m)° \,, \tag{3.3.96}$$

wobei die Überschwingweite h_m in Prozent anzugeben ist. Für Strecken mit dominierender Totzeit ist dagegen anzunehmen:

$$\varphi_r \approx (63 - 0{,}6 h_m)° \,. \tag{3.3.97}$$

3.3.3.2 Vergleich zwischen Polkompensation und Betragsanpassung

Aus dem zuvor betrachteten Beispiel sowie aus den in [3.4] zusammengestellten Ergebnissen geht hervor, daß die Betragsanpassung immer schnellere Regelvorgänge als die Polkompensation liefert, weil beim Reglerentwurf nach der Betragsanpassung alle Streckenpole berücksichtigt werden und bei der Polkompensation nur ein oder zwei. Die Anschwingzeiten verhalten sich in guter Näherung reziprok zu den Durchtrittskreisfrequenzen und nehmen demzufolge mit der Betragsanpassung ab. Es ist einleuchtend, daß der Unterschied bei harmlosen Regelstrecken mit niedriger Ordnung oder weit auseinanderliegenden Verzögerungszeiten geringer ist als bei schwierigen Strecken. Bei den Beispielen in [3.4] ist daher die größte Abnahme der Anschwingzeit um 44 % bei der P-T_3-Strecke mit drei gleichen Verzögerungszeiten zu verzeichnen.

Der Vorteil der Betragsanpassung gegenüber der Polkompensation ergibt sich unmittelbar aus dem von *Bode* angegebenen eindeutigen Zusammenhang zwischen Amplituden- und Phasenverlauf von Phasenminimumsystemen. Danach ist jede Verringerung der Amplitude bei anwachsender Frequenz mit einem Auftreten nacheilender Phasenwinkel verknüpft, während voreilende Phasenwinkel einen Amplitudenanstieg mit der Frequenz verlangen. Aufgrund des Reglerentwurfs mit Hilfe der Frequenzen ω_{03} und ω_{06} kann man sicher sein, zu einer gegebenen Regelstrecke den Amplitudengang $|G_O(j\omega)|$ so bestimmt zu haben, daß er, von niederen Frequenzen herkommend, über einen möglichst weiten Frequenzbereich einen konstanten Abfall von 20 dB/Dekade aufweist und danach monoton stärker abfällt. Der mit anwachsenden Frequenzen unvermeidbar zunehmende Abfall des Amplitudenganges wird damit soweit wie irgend möglich hinausgeschoben. Der dazu gehörende Phasenverlauf verbleibt dann ebenfalls solange wie möglich nahe bei $-90°$ und nimmt danach monoton ab. Somit ergibt sich die größte Durchtrittskreisfrequenz, die zum gegebenen Streckenfrequenzgang, zur gegebenen Reglerstruktur und zur gewünschten Phasenreserve möglich ist. Die Betragsanpassung liefert daher die schnellstmögliche Regelung, die bei einer vorgegebenen Phasenreserve und Überschwingweite bei Anpassung der Reglerparameter im Frequenzbereich möglich ist.

Die oben angestellten Überlegungen gelten auch dann, wenn der Frequenzgang der Regelstrecke zusätzlich zu den Verzögerungszeiten eine Totzeit enthält. Da die Methode der Betragsanpassung zunächst den Amplitudengang der Regelstrecke zum Reglerentwurf heranzieht, gelten die obigen Überlegungen unverändert für den minimalphasigen Anteil des offenen Regelkreises. Bei der Bestimmung der Durchtrittskreisfrequenz zu einer gegebenen Phasenreserve ist die Totzeit zu berücksichtigen. Insofern kommt das Frequenzkennlinienverfahren mit seiner getrennten Behandlung von Amplituden- und Phasengang der Methode der Betragsanpassung entgegen.

3.3.3.3 Vergleich mit dem Betragsoptimum

Hinsichtlich seiner Ergebnisse soll die Methode der Betragsanpassung auch mit dem Betragsoptimum verglichen werden. Beim Betragsoptimum werden die Reglerparameter so gewählt, daß für einen möglichst großen Frequenzbereich die Beziehung

$$|G_W(j\omega)| = 1 \qquad (3.3.98)$$

erfüllt wird. Damit wird stationäre Genauigkeit garantiert, und die Einstellvorschriften für PI- und PID-Regler ergeben relativ gut gedämpfte Führungsübergangsfunktionen [3.6]. Die Überschwingweite ist durch die Methode festgelegt und nicht vorgebbar. Abhängig von der Regelstrecke ergeben sich Überschwingweiten um 6 bis 7 % mit PI-Regler und um 11 bis 12 % mit PID-Regler. Für diese Ergebnisse vergleiche man [3.4] und für die Herleitung der Reglerparameter [3.8].

Das Betragsoptimum liefert ebenfalls merklich schnellere Regelvorgänge als die Polkompensation. In [3.7] werden die Ergebnisse mit Betragsanpassung und

3.3 Rechnergestützter Reglerentwurf für einschleifige Abtast-Regelkreise 169

Betragsoptimum verglichen. Dabei zeigt sich, daß die Betragsanpassung noch schnellere Regelvorgänge als das Betragsoptimum ergibt. Der Unterschied in den Anschwingzeiten ist mit 15 % am größten bei $n=2$ und PI-Regler sowie bei $n=3$ und PID-Regler, wobei gleiche Überschwingweiten vorausgesetzt werden.

Das Betragsoptimum hat den großen Vorteil, daß man die Reglerparameter direkt aus den Streckenparametern a_i von
$G_S(j\omega) = 1/\left(a_0 + a_1 s + a_2 s^2 + \ldots + a_n s^n\right)$
erhält, ohne sich über Durchtrittskreisfrequenzen und Phasenreserve Gedanken machen zu müssen. Diesem Vorteil stehen allerdings auch nicht zu übersehende Nachteile gegenüber.

Die offensichtliche Schwachstelle des Betragsoptimums ist, daß es nicht alle Kenntnisse über die Regelstrecke ausnutzt. Es wird nur der Amplitudengang verwendet, um sowohl die Parameter Nachstellzeit und Vorhaltzeit als auch den Proportionalbeiwert zu bestimmen. Dagegen wird bei der Betragsanpassung der Amplitudengang zur Bestimmung der Nachstellzeit und der Vorhaltzeit benutzt, während der Phasengang zur Ermittlung des Proportionalbeiwertes dient. Aufgrund dieser Verhältnisse besteht beim Betragsoptimum auch keine Freiheit mehr in der Wahl der Überschwingweite, und die Streckenordnung muß größer als die Reglerordnung sein.

Bei Strecken mit Totzeit muß der Totzeitanteil $e^{-T_t j\omega}$ durch eine Reihenentwicklung von $e^{T_t j\omega}$ mit entsprechend hoher Ordnung berücksichtigt werden, der multiplikativ zum Nennerpolynom der Strecke hinzukommt.

Bei Strecken mit komplexen Polstellen ist kein stabiler Reglerentwurf mehr möglich, wenn der Dämpfungsgrad $\vartheta < 0,5$ ist.

Schließlich kann das Betragsoptimum nicht auf Strecken ohne Ausgleich, also Strecken mit I-Anteil angewendet werden, da immer $a_0 \neq 0$ vorausgesetzt wird.

3.3.3.4 Vergleich mit der Darstellung durch z- und w-Transformation

Zur Beschreibung von Abtastsystemen wurde in den 50er Jahren die z-Transformation entwickelt. Bei ihr werden die Werte der verschiedenen Größen konsequent nur in den Abtastzeitpunkten betrachtet. Das Verhalten kontinuierlicher Übertragungsglieder mit der Übertragungsfunktion $G(s)$ muß in eine entsprechende z-Übertragungsfunktion $G_z(z)$ transformiert werden. Aus der z-Übertragungsfunktion des geschlossenen Regelkreises gewinnt man durch Ermittlung ihrer Pole Aussagen über die Stabilität. Die meisten Lehrbücher über Abtastregelungen beruhen auf der z-Transformation [3.1, 3.3, 3.9, 3.10].

Ende der 60er Jahre entstanden die ersten Untersuchungen, um eine zur z-

Transformation äquivalente Beschreibung von Abtastsystemen in einem transformierten Frequenzbereich, der w-Ebene, zu ermöglichen. Die komplexen Variablen z und w sind über die Beziehung

$$z = e^{Ts} = \frac{1 + \frac{T}{2}w}{1 - \frac{T}{2}w}. \qquad (3.3.99)$$

miteinander verknüpft. Diese Definition legt eine umkehrbar eindeutige Abbildung der z-Ebene auf die w-Ebene fest. Die Beschreibung kontinuierlicher Übertragungsglieder durch eine w-Übertragungsfunktion $G_w(w)$ ermöglicht die Herleitung des Abtastfrequenzganges $G_w(j\Omega)$, genauso wie man aus der Übertragungsfunktion $G(s)$ den Frequenzgang $G(j\omega)$ erhält. Die Darstellung des Abtastfrequenzganges über der transformierten Frequenz Ω ergibt mit dem Amplitudengang $|G_w(j\Omega)|$ und dem Phasengang $\varphi_w(j\Omega)$ eine anschauliche Beschreibung, die dem ingenieurmäßigen Verständnis entgegenkommt [3.11].

Die Beschreibung von Abtastsystemen durch z- und w-Transformation ist ausführlich in [3.12] durchgeführt. Es wird daher hier darauf verzichtet, die Grundzüge der z- und w-Transformation zu wiederholen. Es ist jedoch nötig, zwischen der durch die w-Transformation ermöglichten Beschreibung und der hier gewählten quasikontinuierlichen Abtastregelung die gegenseitige Abgrenzung und einen geeigneten Übergang aufzuzeigen.

Die Motivation zur Bevorzugung der quasikontinuierlichen Abtastregelung ergibt sich ganz klar aus der technischen Entwicklung. Als in den 60er Jahren erstmals Digitalrechner als Regler eingesetzt wurden, waren dies Gerätekonfigurationen von Zimmergröße mit der Leistungsfähigkeit heutiger Kleinrechner. Um den Einsatz von Prozeßrechnern damals zu rechtfertigen, war es nötig, mit einem Rechner gleichzeitig möglichst viele Regelungen durchzuführen.

Diese Lage hat sich aufgrund der Fortschritte in der Halbleitertechnologie grundlegend geändert. Der Platzbedarf heutiger Rechner hat sich um Größenordnungen verringert, gleichzeitig hat sich die Abtastfrequenz um etwa ebensoviel vergrößert und das alles zu wesentlich geringeren Kosten. Dabei ist die Zuverlässigkeit der Rechner gestiegen, und der Trend zu dezentralisierten Regelungen hat die Zuverlässigkeit des Gesamtsystems nochmals erhöht. Bei Abtastzeiten bis in den Bereich von Millisekunden und Rechenzeiten zusammen mit Umsetzzeiten bis in den Bereich von Mikrosekunden genügt es, diese zusammengefaßt im Abtast-Halteglied beim Reglerentwurf zu berücksichtigen.

Im Interesse einer schnellen Störgrößenausregelung wird man die Abtastzeit so klein wie möglich wählen. Die in den Beispielen gewählten Werte mit zehn und zwanzig Prozent von der Summe der Streckenverzögerungszeiten dürfte in vielen Fällen noch unterschritten werden. Damit entfällt aber die Notwendigkeit, die

3.4 Modellbildung und Einstellregeln 171

Übertragungsfunktion der Strecke in den z- oder w-Bereich zu transformieren, um den Abtastregler zu entwerfen. Die mit diesem Buch angestrebte anwendungsorientierte Beschreibung findet darin sichtbaren Ausdruck, daß unnötige Manipulationen mit der Übertragungsfunktion der Regelstrecke unterbleiben, und daß das Verhalten des Abtast-Haltegliedes sowie die Rechenzeit beim Reglerentwurf berücksichtigt werden.

Abschließend soll noch ein quantitativer Vergleich zwischen Ergebnissen mit der s- und der w-Ebene hergestellt werden. Dazu wird Gl. (4.78) aus [3.12]

$$\tau_1 = \frac{T/2}{\tanh\left(\frac{T/2}{T_1}\right)} \qquad (3.3.100)$$

herangezogen, die den Zusammenhang zwischen einer Verzögerungszeit T_1 des s-Bereichs und der zugehörigen transformierten Verzögerungszeit τ_1 des w-Bereichs angibt. Als Beispiel wird die P-T$_3$-Strecke mit $T_1 = 10\,s$, $T_2 = 8\,s$ und $T_3 = 6s$ herangezogen. Mit der Abtastzeit $T = 4,8s$ erhält man für die zugeordneten transformierten Verzögerungszeiten die Werte: $\tau_1 = 10,19\,s$, $\tau_2 = 8,24s$ und $\tau_3 = 6,32\,s$. Die bezogenen Abweichungen zwischen den Verzögerungszeiten $(\tau_i - T_i)/T_i$ betragen 1,9 %, 3,0 % und 5,3 %. An diesen relativ geringen Abweichungen erkennt man, daß die getroffene Wahl der Abtastzeit mit 20 % der Summe der Verzögerungszeiten noch keine so gravierenden Fehler zur Folge hat, daß die Anwendung der w-Transformation erforderlich wäre. Diese Wahl der Abtastzeit kann als geeigneter Übergang von der quasikontinuierlichen Abtastregelung zur Abtastregelung mit der w-Transformation angesehen werden.

3.4 Modellbildung und Einstellregeln

Die in den bisherigen Betrachtungen angenommenen Übertragungsfunktionen oder Frequenzgänge von Regelstrecken liegen häufig nicht so konkret vor. In vielen Fällen existieren nur Übergangsfunktionen der Regelstrecke, und aufgrund dieser Kenntnisse soll ein Regler entworfen werden. Dann muß zunächst ein Modell der Regelstrecke entwickelt werden, auf das ein Regler angepaßt werden kann. Um die Reglerparameter in einfacher Weise angeben zu können, sind von verschiedenen Autoren Einstellregeln entwickelt worden, die sich stets auf die am häufigsten vorkommenden Verzögerungsstrecken mit Ausgleich (P-T$_k$-Strecken) beziehen. Es werden Einstellregeln betrachtet, die auf der Wendetangenten-Methode beruhen, und es werden Einstellregeln entwickelt, die auf der Zeitprozentkennwert-Methode beruhen.

Beim Vorhandensein eines Datenerfassungssystems kann man die Übergangsfunktion einer Regelstrecke zwar relativ genau aufnehmen, braucht aber trotzdem noch ein mathematisches Modell der Regelstrecke, auf das ein Regler anzupassen ist. Hier liefern die „ Einstellregeln für vorgegebene Überschwingweiten " im Vergleich mit den anderen Einstellregeln die besten Ergebnisse. Sie können auch dazu benutzt werden, nach der selbsttätigen Streckenidentifikation die Parameter für adaptive Regler zu errechnen.

3.4.1 Einstellregeln zur Wendetangenten-Methode

Aufgabe der Modellbildung ist es, eine vorgegebene Übergangsfunktion $h(t)$ durch die entsprechende Modellübergangsfunktion $h_M(t)$ eines möglichst einfachen Übertragungsgliedes anzunähern. Dabei nimmt man im allgemeinen eine Modellstruktur an und bestimmt die darin vorkommenden Kenngrößen aus der Übergangsfunktion $h(t)$.

Bei der Wendetangenten-Methode bestimmt man den Wendepunkt P_w der Übergangsfunktion (Bild 3.42) und legt hieran die Tangente. Diese trifft die Zeitachse bei der *Verzugszeit* T_u und die Parallele zur Zeitachse im Abstand des *Proportionalbeiwertes der Strecke* K_S im Zeitpunkt $T_u + T_g$, womit die *Ausgleichszeit* T_g gekennzeichnet ist.

Das einfachste denkbare Übertragungsglied, das dieses Übergangsverhalten einigermaßen zutreffend wiedergibt, ist das Verzögerungsglied 1. Ordnung mit Totzeit:

$$G_M(s) \;=\; K_S \,\frac{1}{1+T_1 s}\, e^{-T_t s}\;. \tag{3.4.1}$$

Dabei hat man für die Modellparameter zu wählen [3.13]:

$$T_1 \;=\; T_g\,; \qquad T_t \;=\; T_u\,. \tag{3.4.2}$$

In Bild 3.42 ist auch die sich damit ergebende Modellübergangsfunktion $h_M(t)$ eingezeichnet. Die auf diese Weise erhaltene Näherung ist nicht sehr gut.

Eine Verbesserung der Modellanpassung wurde in der Weise versucht, daß die Modellübergangsfunktion $h_M(t)$ so gelegt wird, daß sie die gegebene Übergangsfunktion $h(t)$ in zwei Punkten schneidet [3.14]. Wählt man die beiden Punkte so, daß sie unterhalb und oberhalb des Wendepunktes liegen, so ergibt sich eine merklich bessere Annäherung als mit Gl.(3.4.2). Dennoch bleiben sowohl bei kleinen Werten $\bigl(h(t) < 0,1\,K_S\bigr)$, als auch bei großen Werten $\bigl(h(t) \sim 0,8\,K_S\bigr)$ merkliche Abweichungen zwischen $h(t)$ und $h_M(t)$ bestehen, da sich eine Übergangsfunktion höherer Ordnung nur schlecht durch ein Verzögerungsglied 1. Ordnung mit Totzeit annähern läßt.

3.4 Modellbildung und Einstellregeln

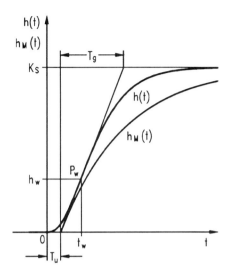

Bild 3.42
Übergangsfunktion $h(t)$ zur Bestimmung von Verzugszeit T_u und Ausgleichszeit T_g mit Modellübergangsfunktion $h_M(t)$ aus Totzeit T_t und Verzögerungszeit T_1

Die bekannten Einstellregeln von *Ziegler* und *Nichols* [3.15] sowie von *Chien, Hrones* und *Reswick* [3.16], die sich auf die Wendetangenten-Methode beziehen, sind in Tafel 3.7 angegeben. Sie sind durch Simulation entstanden, wobei nicht die Modellübertragungsfunktion Gl.(3.4.1) benutzt wurde, sondern Verzögerungsglieder $G_M(s) = 1/(1 + T_1 s)^n$ mit Ordnungen $3 \leq n \leq 5$. Die Einstellregeln von Ziegler und Nichols zeigen relativ große Überschwingweiten bei den Führungsübergangsfunktionen, da sie vorwiegend für Störgrößenregelung konzipiert sind. Bei den Einstellregeln von Chien, Hrones und Reswick wird zwischen Führung und Störung unterschieden sowie zwischen aperiodischem Einlaufen und solchem mit 20 % Überschwingen.

Als dritte Einstellregel zur Wendetagenten-Methode wird ein Verfahren von *Latzel* [3.17] betrachtet, bei dem die Reglerparameter analytisch mit Hilfe des Frequenzkennlinienverfahrens bestimmt werden. Von der in [3.17] angegebenen Tabelle werden hier nur die Einstellregeln wiedergegeben, die dort für Strecken der Ordnung $n \geq 3$ ermittelt wurden, und die auch allgemein zufriedenstellende Ergebnisse liefern [3.20]. Die Parameterwerte für Führung entsprechen einer Phasenreserve von $\varphi_r = 60°$ und die für Störung einer solchen von $\varphi_r = 45°$. Diese Einstellregeln können auch auf quasikontinuierliche Abtastregler angewendet werden, deren Parameter mit Hilfe der Trapezregel ermittelt werden.

a)

P	K_P	$\dfrac{1}{K_S} \cdot \dfrac{T_g}{T_u}$	
PI	K_P	$\dfrac{0,9}{K_S} \cdot \dfrac{T_g}{T_u}$	
	T_n	$3,3\, T_u$	
PID	K_P	$\dfrac{1,2}{K_S} \cdot \dfrac{T_g}{T_u}$	
	T_n	$2\, T_u$	
	T_v	$0,5\, T_u$	

Tafel 3.7

a) Einstellregeln nach Ziegler und Nichols

b) Einstellregeln nach Chien, Hrones und Reswick

c) Einstellregeln nach Latzel

b)

		Aperiodisch		20% Überschwingen	
		Führung	Störung	Führung	Störung
P	K_P	$\dfrac{0,3}{K_S} \cdot \dfrac{T_g}{T_u}$	$\dfrac{0,3}{K_S} \cdot \dfrac{T_g}{T_u}$	$\dfrac{0,7}{K_S} \cdot \dfrac{T_g}{T_u}$	$\dfrac{0,7}{K_S} \cdot \dfrac{T_g}{T_u}$
PI	K_P	$\dfrac{0,35}{K_S} \cdot \dfrac{T_g}{T_u}$	$\dfrac{0,6}{K_S} \cdot \dfrac{T_g}{T_u}$	$\dfrac{0,6}{K_S} \cdot \dfrac{T_g}{T_u}$	$\dfrac{0,7}{K_S} \cdot \dfrac{T_g}{T_u}$
	T_n	$1,2\, T_g$	$4\, T_u$	T_g	$2,3\, T_u$
PID	K_P	$\dfrac{0,6}{K_S} \cdot \dfrac{T_g}{T_u}$	$\dfrac{0,95}{K_S} \cdot \dfrac{T_g}{T_u}$	$\dfrac{0,95}{K_S} \cdot \dfrac{T_g}{T_u}$	$\dfrac{1,2}{K_S} \cdot \dfrac{T_g}{T_u}$
	T_n	T_g	$2,4\, T_u$	$1,35\, T_g$	$2\, T_u$
	T_v	$0,5\, T_u$	$0,42\, T_u$	$0,47\, T_u$	$0,42\, T_u$

c)

		Führung	Störung
PI	K_P	$\dfrac{0,28}{K_S} \cdot \dfrac{T_g}{T_u + 0,1\, T_g}$	$\dfrac{0,42}{K_S} \cdot \dfrac{T_g}{T_u + 0,1\, T_g}$
	T_n	$0,53\, T_g$	$0,53\, T_g$
PID	K_P	$\dfrac{0,39}{K_S} \cdot \dfrac{T_g}{T_u - 0,08\, T_g} \leq \dfrac{6,5}{K_S}$	$\dfrac{0,58}{K_S} \cdot \dfrac{T_g}{T_u - 0,08\, T_g} \leq \dfrac{10}{K_S}$
	T_n	$0,74\, T_g$	$0,74\, T_g$
	T_v	$0.14\, T_g$	$0,14\, T_u$
	T_d	$0,024\, T_g$	$0,024\, T_g$

3.4 Modellbildung und Einstellregeln

3.4.2 Streckenidentifikation mit der Zeitprozentkennwert-Methode

Bei der in [3.18] beschriebenen Methode wird eine gegebene Streckenübertragungsfunktion mit k reellen Polen (P-T_k-Strecke)

$$G_S(s) = K_S \frac{1}{(1+T_1 s)(1+T_2 s)\ldots(1+T_k s)} \quad (3.4.3)$$

durch eine Modellübertragungsfunktion

$$G_M(s) = K_S \frac{1}{(1+T_M s)^n} \quad (3.4.4)$$

mit n gleichen Verzögerungszeiten T_M angenähert. Die Strecken mit n gleichen Verzögerungszeiten werden weiterhin als P-T_n-Strecken bezeichnet. Der Proportionalbeiwert K_S wird gleich dem der gegebenen Regelstrecke gewählt.

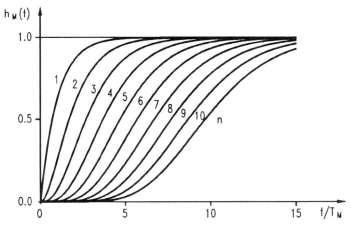

Bild 3.43 Modellübergangsfunktion $h_M(t)$ von n in Reihe geschalteten gleichen Verzögerungsgliedern 1. Ordnung

Um die Verzögerungszeit T_M und die Ordnung n zu bestimmen, ermittelt man die zur Übertragungsfunktion $G_M(s)/K_S$ gehörende Übergangsfunktion $h_M(t)$. Durch Partialbruchzerlegung von $G_M(s)/K_S$ und Rücktransformation in den Zeitbereich erhält man für diese Modellübergangsfunktionen

$$h_M(t) = 1 - e^{-t/T_M} \sum_{\nu=0}^{n-1} \frac{1}{\nu!} \left(\frac{t}{T_M}\right)^\nu. \quad (3.4.5)$$

In Bild 3.43 sind die zu den Ordnungen $n = 1, 2, \ldots, 10$ gehörenden Übergangsfunktionen gezeigt [3.12].

Die Methode von *Schwarze* geht von den Zeiten t_{Mm} aus, bei denen die Modellübergangsfunktion $h_M(t)$ m Prozent des Endwertes (mit $m = 10$, 50 und 90) erreicht hat. Setzt man in Gl.(3.4.5) für $h_M(t_{Mm}) = m/100$ so erhält man die Zeit t_{Mm} aus der Gleichung

$$e^{-t_{Mm}/T_M} \sum_{\nu=0}^{n-1} \frac{1}{\nu!} \left(\frac{t_{Mm}}{T_M}\right)^\nu = 1 - \frac{m}{100} . \qquad (3.4.6)$$

In Tafel 3.8 sind die Ergebnisse dieser Berechnung für $n = 2, \ldots, 10$ zusammengestellt. Darin bezeichnen $\alpha_{10} = T_M/t_{M10}$, $\alpha_{50} = T_M/t_{M50}$ und $\alpha_{90} = T_M/t_{M90}$ die reziproken Werte der auf die Modellverzögerungszeit T_M bezogenen Zeitprozentwerte und $\mu_a = \alpha_{90}/\alpha_{10} = t_{M10}/t_{M90}$ das entsprechende Verhältnis.

μ_a	n	α_{10}	α_{50}	α_{90}
0,137	2	1,880	0,596	0,257
0,174	2,5	1,245	0,460	0,216
0,207	3	0,907	0,374	0,188
0,261	4	0,573	0,272	0,150
0,304	5	0,411	0,214	0,125
0,340	6	0,317	0,176	0,108
0,370	7	0,257	0,150	0,095
0,396	8	0,215	0,130	0,085
0,418	9	0,184	0,115	0,077
0,438	10	0,161	0,103	0,070

Tafel 3.8
Zur Bestimmung der Ordnungszahl n und der Verzögerungszeit T_M der Modellübertragungsfunktionen

Aus der gemessenen Übergangsfunktion $h(t)$ bildet man $h(t)/K_S$ und ermittelt durch Parallelen zur Zeitachse im Abstand von 10 %, 50 % und 90 % des Endwertes die zugehörigen Zeitwerte t_{10}, t_{50} und t_{90} sowie das Verhältnis $\mu = t_{10}/t_{90}$ (Bild 3.44). Aus Tafel 3.8 entnimmt man den Wert μ_a mit der geringsten Differenz $|\mu - \mu_a|$ und erhält damit die zugehörige Ordnungszahl n. Mit den in der gleichen Zeile abzulesenden Zeitprozentkennwerten α_{10}, α_{50} und α_{90} ermittelt man die Verzögerungszeit T_M der Näherung als

$$T_M = \frac{1}{3} \left[\alpha_{10} t_{10} + \alpha_{50} t_{50} + \alpha_{90} t_{90} \right] . \qquad (3.4.7)$$

Durch die darin enthaltene Mittelwertbildung werden die Fehler der Approximation verringert.

3.4 Modellbildung und Einstellregeln

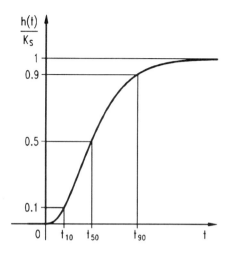

Bild 3.44
Übergangsfunktion $h(t)/K_S$ zur Bestimmung der Zeitwerte t_{10}, t_{50}, und t_{90}

Die Zeitprozentkennwerte α_m zeigen als reziproke Werte der auf die Modellverzögerungszeit bezogenen Zeitprozentwerte bei abnehmenden Werten der Ordnung eine damit zunehmende Nichtlinearität. Daher wurde noch ein durch nichtlineare Interpolation ermittelter Zwischenwert für die Ordnung $n = 2,5$ in Tafel 3.8 eingearbeitet. Das Einschieben dieses Zwischenwertes für $n = 2,5$ soll lediglich die Genauigkeit verbessern, mit der man die Reglerparameter T_n und K_P nach Tafel 3.9 im nächsten Abschn. 3.4.3 zu einer gegebenen Regelstrecke bestimmt. Als Exponent in Gl.(3.4.4) haben natürlich nur ganzzahlige Werte von n einen Sinn.

3.4.3 Einstellregeln für vorgegebene Überschwingweiten

Um die Reglerparameter an eine durch Streckenidentifikation ermittelte Modelübertragungsfunktion nach Gl.(3.4.4) anzupassen, erweist sich die Methode der Betragsanpassung als besonders geeignet. Dabei lassen sich Vorgaben für bestimmte Überschwingweiten und für bestimmte Werte der Abtastzeit mit berücksichtigen [3.19].

3.4.3.1 Einstellregeln für kontinuierliche PI-Regler und PI-Abtastregler

a) *Kontinuierliche PI-Regler*

Nach der Methode der Betragsanpassung wählt man bei einem PI-Regler mit $G_R(j\omega) = K_P(1 + T_n j\omega)/(T_n j\omega)$ für die Nachstellzeit $T_n = 1/\omega_{03}$.

Aus der Modellübertragungsfunktion Gl.(3.4.4) erhält man

$$|G_M(j\omega_{03})| = K_S \frac{1}{\left(\sqrt{1 + (T_M \omega_{03})^2}\right)^n} = K_S \frac{1}{\sqrt{2}}. \qquad (3.4.8)$$

Die sich ergebenden Werte für $T_M \omega_{03} = T_M/T_n$ sind in der Form

$$\frac{T_n}{T_M} = \frac{1}{\sqrt{\sqrt[n]{2} - 1}} \qquad (3.4.9)$$

für die Ordnungen n von 2 bis 10 in Tafel 3.9 zusammengestellt.

Um die Werte des Proportionalbeiwertes K_P und der Phasenreserve φ_r für verschiedene Überschwingweiten h_m zu ermitteln, wurden Regelstrecken mit n gleichen Verzögerungszeiten T_M und PI-Regler mit der Nachstellzeit T_n nach Gl.(3.4.9) simuliert. Die zu den Überschwingweiten von 10 % und 20 % gehörenden Werte $K_P K_S$ sind in Tafel 3.9 eingetragen. Damit ist Tafel 3.9 ausreichend, um die Parameter K_P und T_n eines kontinuierlichen PI-Reglers (mit $T = T_R = 0$) zu ermitteln.

Tafel 3.9 Kenngrößen von PI-Reglern ($T = T_R = 0$) und PI-Abtastreglern mit $(T + 2T_R)/(nT_M) = 0,1$ und $0,2$ in Abhängigkeit von der Ordnung n für Überschwingweiten h_m von 10 % und 20 %.

n	$\dfrac{T_n}{T_M}$	$T = T_R = 0$		$\dfrac{T + 2T_R}{nT_M} = 0,1$		$\dfrac{T + 2T_R}{nT_M} = 0,2$	
		h_m		h_m		h_m	
		0,1	0,2	0,1	0,2	0,1	0,2
		$K_P K_S$		$K_P K_S$		$K_P K_S$	
2	1,55	1,590	2,487	1,432	2,139	1,309	1,895
2,5	1,77	1,202	1,683	1,024	1,387	0,896	1,193
3	1,96	0,877	1,168	0,829	1,098	0,787	1,037
4	2,30	0,659	0,858	0,629	0,818	0,602	0,782
5	2,59	0,543	0,705	0,520	0,675	0,499	0,648
6	2,86	0,468	0,608	0,449	0,584	0,432	0,562
7	3,10	0,415	0,540	0,399	0,520	0,384	0,501
8	3,32	0,375	0,489	0,360	0,472	0,347	0,455
9	3,53	0,343	0,449	0,330	0,433	0,319	0,418
10	3,73	0,318	0,417	0,306	0,402	0,295	0,389

3.4 Modellbildung und Einstellregeln

Die auf diese Weise ermittelten Werte für $K_P K_S$ zu einer vorgegebenen Überschwingweite sind nur zutreffend bei n gleichen Verzögerungszeiten. Hat man davon abweichende Verzögerungszeiten, so bleibt die Überschwingweite nahezu unverändert, wenn man die gleiche **Phasenreserve** einstellt. Dieser Zusammenhang stellt einen der wesentlichen Vorzüge des Frequenzkennlinienverfahrens dar.

Um diesen Zusammenhang zwischen Überschwingweite und Phasenreserve zu bestimmen, ermittelt man aus dem **Frequenzgang** des offenen Regelkreises

$$G_O(j\omega) = K_S \frac{1}{(1+T_M j\omega)^n} \cdot K_P \frac{1+T_n j\omega}{T_n j\omega} \qquad (3.4.10)$$

mit $|G_O(j\omega_d)|^2 = 1$ die Beziehung:

$$K_P{}^2 K_S{}^2 \left[1 + \left(\frac{T_n}{T_M}\right)^2 (T_M \omega_d)^2\right] = \left(\frac{T_n}{T_M}\right)^2 (T_M \omega_d)^2 \left[1 + (T_M \omega_d)^2\right]^n. \qquad (3.4.11)$$

Zu gegebenen Werten $K_P K_S$ erhält man daraus $T_M \omega_d$ und berechnet aus dem Phasengang

$$\varphi_O(j\omega) = -90° + \Big[\arctan(T_n \omega) - n \cdot \arctan(T_M \omega)\Big] \frac{180°}{\pi}$$

mit $\varphi_r = 180° + \varphi_O(j\omega_d)$ für die Phasenreserve:

$$\varphi_r = 90° + \left[\arctan\left(\frac{T_n}{T_M} T_M \omega_d\right) - n \cdot \arctan(T_M \omega_d)\right] \frac{180°}{\pi} \qquad (3.4.12)$$

Die sich ergebenden Werte der Phasenreserve sind bereits in Tafel 3.5 zusammengefaßt und in Bild 3.32 mit eingearbeitet (S. 149).

Zur Überprüfung der Ergebnisse werden die beiden Regelstrecken S1 und S2 mit $G_{S1}(s) = 1/[(1+10\,s)(1+8\,s)(1+6\,s)]$ und $G_{S2}(s) = 1/[(1+10\,s)(1+8\,s)(1+6\,s)(1+4\,s)(1+2\,s)]$ ausgewählt. Für S1 ergeben sich aus $t_{10} = 8,6\,s$, $t_{50} = 21,2\,s$ und $t_{90} = 42,8\,s$ die Parameter der Modellstrecke zu $n_1 = 3$ und $T_{M1} = 7,93\,s$. Entsprechend ergeben sich für S2 aus $t_{10} = 13,4\,s$, $t_{50} = 27,4\,s$ und $t_{90} = 49,6\,s$ die Werte: $n_2 = 4$ und $T_{M2} = 7,52\,s$.

Bild 3.45 zeigt die Führungsübergangsfunktionen dieser Strecken mit kontinuierlichen PI-Regler für 10 % und 20 % Überschwingen. Vergleichsweise sind auch die Ergebnisse eingezeichnet, die sich mit den drei Einstellregeln nach *Ziegler* und *Nichols* [3.15], *Chien, Hrones* und *Reswick* [3.16] und *Latzel* [3.17] ergeben. Diese drei Einstellregeln benutzen als Streckenkenngrößen die Verzugszeit T_u und die Ausgleichszeit T_g mit den Werten $T_u = 6,5\,s$ bzw. 11,5 s und $T_g = 29,5\,s$

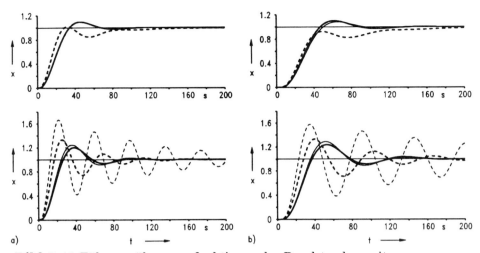

Bild 3.45 Führungsübergangsfunktionen der Regelstrecken mit
a) $G_{S1}(s) = 1/[(1+10s)(1+8s)(1+6s)]$ und
b) $G_{S2}(s) = 1/[(1+10s)(1+8s)(1+6s)(1+4s)(1+2s)]$
für $h_m = 0,1$ (oben) und $h_m = 0,2$ (unten) mit kontinuierlichem PI-Regler nach den vorgeschlagenen Einstellregeln (—— dick), den Einstellregeln von Ziegler und Nichols [3.15] (- - - dünn), von Chien, Hrones und Reswick [3.16] (- - - dick) für aperiodisches Verhalten und 20 % Überschwingen und von Latzel [3.17] (—— dünn) für 60° und 45° Phasenreserve

bzw. $31,5\,s$ für die P-T$_3$- bzw. P-T$_5$-Strecke. Die Kurven nach Ziegler und Nichols werden jeweils bei den Übergangsfunktionen mit $h_m = 0,2$ eingeordnet. Im Falle $h_m = 0,1$ stimmt in Bild 3.45a die Kurve nach [3.17] mit der Kurve mit den hier ermittelten Reglerparametern bis auf Strichdicke überein. Die hier vorgeschlagenen Einstellregeln führen zu den Reglerergebnissen mit den kleinsten Einschwingzeiten. Sie zeigen zugleich die beste Übereinstimmung mit den vorgegebenen Überschwingweiten.

b)   PI-Abtastregler

Die für kontinuierliche PI-Regler abgeleiteten Einstellregeln lassen sich leicht auf PI-Abtastregler übertragen mit dem Frequenzgang:

$$G_{AR}(j\omega) = K_P \frac{1+T_n j\omega}{T_n j\omega} e^{-(T/2+T_R)j\omega} .$$

Die zum Frequenzgang des kontinuierlichen PI-Reglers hinzukommende Totzeit

3.4 Modellbildung und Einstellregeln

gleich der halben Abtastzeit plus der Rechenzeit ist noch beim Reglerentwurf zu berücksichtigen.

Dazu muß Gl.(3.4.12) lediglich um den Phasengang des Totzeitgliedes

$$\varphi\left(e^{-(T/2+T_R)j\omega}\right) = -\left(\frac{T}{2}+T_R\right)\omega \qquad (3.4.13)$$

erweitert werden. Die Abtastzeit wird in vielen Fällen gleich zehn Prozent von der Summe der Streckenverzögerungszeiten gewählt, wofür man auch das n-fache der Modellverzögerungszeit nehmen kann:

$$T = 0,1\cdot\sum_{i=1}^{k}T_i = 0,1\cdot nT_M. \qquad (3.4.14)$$

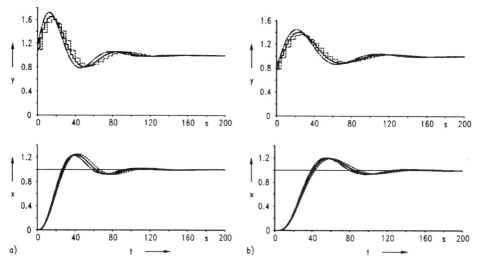

Bild 3.46 Führungsübergangsfunktionen der Regelstrecken mit
a) $G_{S1}(s)$ und b) $G_{S2}(s)$ nach Bild 3.45 für $h_m = 0,2$
nach den vorgeschlagenen Einstellregeln bei kontinuierlichem
PI-Regler (- · · · -) sowie PI-Abtastregler mit $T = 2,5\,s$ (——)
und $T = 5\,s$ (- - -) bei $T_R = 0$.

Damit ist für den Entwurf des PI-Abtastreglers die Durchtrittskreisfrequenz in der Form $T_M\omega_d$ aus der Gleichung

$$\varphi_r = 90° + \left[\arctan\left(\frac{T_n}{T_M}T_M\omega_d\right) - n\cdot\arctan(T_M\omega_d) - (0,05nT_M+T_R)\omega_d\right]\frac{180°}{\pi} \qquad (3.4.15)$$

zu ermitteln. Dabei wird für die **Phasenreserve** φ_r derselbe von h_m und n abhängige Wert wie beim kontinuierlichen PI-Regler (Tafel 3.5) genommen. Zu der sich ergebenden geringeren Durchtrittskreisfrequenz $T_M\omega_d$ erhält man aus Gl.(3.4.11) auch einen verringerten Wert für K_PK_S. Um die Werte K_PK_S für verschiedene Abtastzeiten und Rechenzeiten anzugeben, wird dafür als Bezugsgröße nT_M angenommen, da diese als Ersatzgröße für $\sum T_i$ bei der Methode der Zeitprozentkennwerte zur Verfügung steht. In Tafel 3.9 sind auch die Werte K_PK_S für $(T+2T_R)/(nT_M) = 0,1$ und $0,2$ angegeben.

In Bild 3.46 sind zum Vergleich die **Regelergebnisse** gezeigt, die sich mit dem vorgeschlagenen Entwurfsverfahren bei kontinuierlichem PI-Regler sowie PI-Abtastregler ergeben, wenn bei $T_R = 0$ für die Abtastzeit T Werte von $2,5\,s$ und $5\,s$ gewählt werden, was etwa $T = 0,1nT_M$ bzw. $T = 0,2nT_M$ entspricht. Mit zunehmender Abtastzeit nimmt wegen des abnehmenden Proportionalbeiwertes die Anschwingzeit zu, während die Überschwingweite von 20 % unabhängig von der Abtastzeit mit guter Genauigkeit angenommen wird. Zur Verdeutlichung werden hierbei auch die Stellgrößen mit dargestellt. In [3.20] sind weitere Einstellregeln angegeben, mit denen die Parameter digitaler PI-Regler ermittelt werden können.

3.4.3.2 Einstellregeln für kontinuierliche PID-Regler und PID-Abtastregler

a) Kontinuierliche PID-Regler

Zum Reglerentwurf benötigt man neben der Frequenz ω_{03} noch die Frequenz ω_{06}, bei der der Amplitudengang der Regelstrecke um $-6,02$ dB auf den Anteil $1/2$ gegenüber dem Wert bei $\omega = 0$ abgesunken ist.

Aus Gl.(3.4.4) erhält man

$$|G_M(j\omega_{06})| = K_S \frac{1}{\left(\sqrt{1+(T_M\,\omega_{06})^2}\right)^n} = K_S \frac{1}{2} \qquad (3.4.16)$$

und damit

$$T_M\,\omega_{06} = \sqrt{\sqrt[n]{4}-1} \qquad (3.4.17)$$

Der PID-Regler soll in der üblichen Summenform

$$G_R(j\omega) = K_P\left(1 + \frac{1}{T_n j\omega} + \frac{T_v j\omega}{1+T_d j\omega}\right) \qquad (3.4.18)$$

mit der Vorhaltverstärkung

$$\alpha = \frac{T_v}{T_d} \qquad (3.4.19)$$

3.4 Modellbildung und Einstellregeln

geschrieben werden. Setzt man zur Abkürzung für die in Gl.(3.4.9) und Gl.(3.4.17) auftretenden Größen

$$r_{2,n} = \sqrt[n]{2} - 1; \quad r_{4,n} = \sqrt[n]{4} - 1, \tag{3.4.20}$$

so erhält man für die in Gl.(3.3.65) und Gl.(3.3.66) festgelegten Größen:

$$p^2 = T_M{}^4 \frac{1}{r_{4n} - r_{2n}} \cdot \frac{3r_{2n} - r_{4n}}{r_{2n} r_{4n}} \tag{3.4.21}$$

$$q = T_M{}^2 \frac{1}{r_{4n} - r_{2n}} \cdot \frac{r_{4n}{}^2 - 3r_{2n}{}^2}{r_{2n} r_{4n}} \tag{3.4.22}$$

Tafel 3.10 Kenngrößen von PID-Reglern ($T = T_R = 0$) und PID-Abtastreglern mit $(T + 2T_R)/(nT_M) = 0,1$ und $0,2$ in Abhängigkeit von der Ordnung n für Überschwingweiten h_m von 10 % und 20 % mit Vorhaltverstärkung $\alpha = 5$.

n	$\dfrac{T_n}{T_M}$	$\dfrac{T_v}{T_M}$	$T = T_R = 0$		$\dfrac{T + 2T_R}{nT_M} = 0,1$		$\dfrac{T + 2T_R}{nT_M} = 0,2$	
			h_m		h_m		h_m	
			0,1	0,2	0,1	0,2	0,1	0,2
			$K_P K_S$		$K_P K_S$		$K_P K_S$	
3	2,47	0,66	2,543	3,510	2,013	2,662	1,674	2,185
3,5	2,71	0,76	1,832	2,522	1,503	1,944	1,269	1,647
4	2,92	0,84	1,461	1,830	1,246	1,573	1,082	1,375
5	3,31	0,99	1,109	1,337	0,967	1,174	0,854	1,042
6	3,66	1,13	0,914	1,082	0,808	0,960	0,723	0,861
7	3,97	1,25	0,782	0,922	0,698	0,824	0,630	0,745
8	4,27	1,36	0,689	0,812	0,620	0,731	0,563	0,664
9	4,54	1,47	0,617	0,727	0,559	0,658	0,510	0,601
10	4,80	1,57	0,559	0,660	0,509	0,601	0,467	0,551

Damit erhält man aus den Gleichungen Gl.(3.3.69) bis Gl.(3.3.71) die Reglerparameter für Strecken aus n gleichen Verzögerungszeiten T_M. Mittels Simulation wurden die zu den Überschwingweiten von 10 % und 20 % gehörenden Werte $K_P K_S$ eines kontinuierlichen PID-Reglers (mit $T = T_R = 0$) gewonnen. Damit genügt Tafel 3.10, um die Parameter K_P, T_n, T_v und T_d eines kontinuierlichen PID-Reglers zu bestimmen.

Aus dem Frequenzgang des offenen Regelkreises

$$G_O(j\omega) = K_S \frac{1}{(1+T_M j\omega)^n} K_P \frac{1+(T_n+T_d)j\omega - T_n(T_v+T_d)\omega^2}{T_n j\omega(1+T_d j\omega)}$$

(3.4.23)

erhält man mit $|G_O(j\omega_d)|^2 = 1$ die Beziehung:

$$K_P^2 K_S^2 \left\{ \left[1 - \frac{T_n}{T_M}\left(\frac{T_v}{T_M}+\frac{T_d}{T_M}\right)(T_M\omega_d)^2\right]^2 + \left(\frac{T_n}{T_M}+\frac{T_d}{T_M}\right)^2 (T_M\omega_d)^2 \right\} =$$

$$= \left(\frac{T_n}{T_M}\right)^2 (T_M\omega_d)^2 \left[1+\left(\frac{T_d}{T_M}\right)^2 (T_M\omega_d)^2\right]\left[1+(T_M\omega_d)^2\right]^n . \quad (3.4.24)$$

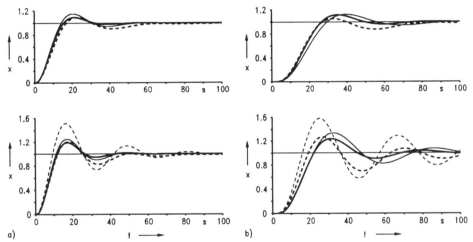

Bild 3.47 Führungsübergangsfunktionen der Regelstrecken mit $G_{S1}(s)$ (a) und $G_{S2}(s)$ (b) für $h_m = 0,1$ (oben) und $h_m = 0,2$ (unten) mit PID-Regler nach den verschiedenen Einstellregeln wie in Bild 3.45

Zu gegebenen Werten $K_P K_S$ ermittelt man daraus $T_M \omega_d$ und erhält aus dem Phasengang die Phasenreserve:

$$\varphi_r = 90° + \left[\arctan \frac{\left(\frac{T_n}{T_M}+\frac{T_d}{T_M}\right)T_M\omega_d}{1-\frac{T_n}{T_M}\left(\frac{T_v}{T_M}+\frac{T_d}{T_M}\right)(T_M\omega_d))^2} - \right.$$

$$\left. - \arctan\left(\frac{T_d}{T_M}T_M\omega_d\right) - n\cdot\arctan(T_M\omega_d)\right] \frac{180°}{\pi} . \quad (3.4.25)$$

3.4 Modellbildung und Einstellregeln

Die sich ergebenden Werte der **Phasenreserve** sind in Tafel 3.6 zusammengefaßt und in Bild 3.36 mit eingearbeitet (S. 155/ 156). In Bild 3.47 sind die Übergangsfunktionen mit PID-Regler für dieselben Regelstrecken wie in Bild 3.45 nach den verschiedenen Einstellregeln gezeigt. Auch hierbei liefert die vorgeschlagene Methode die kleinsten Einschwingzeiten und zugleich die beste Übereinstimmung mit den vorgegebenen Überschwingweiten.

b) PID-Abtastregler

Zur Übertragung der Ergebnisse auf PID-Abtastregler schreibt man deren Algorithmus in der Summenform (Abschn. 3.2.4.2, S.126):

$$y_{I,k} = y_{I,k-1} + K_P \frac{T/2}{T_n} (e_k + e_{k-1}) \tag{3.4.26}$$

$$y_{D,k} = \frac{T_d - T/2}{T_d + T/2} y_{D,k-1} + K_P \frac{T_v}{T_d + T/2} (e_k - e_{k-1}) \tag{3.4.27}$$

$$y_k = K_P e_k + y_{I,k} + y_{D,k} . \tag{3.4.28}$$

Mit Berücksichtigung der Phase des Totzeitgliedes $T/2 + T_R$ sind in gleicher Weise wie im vorigen Abschnitt die geänderten Werte $K_P K_S$ für PID-Abtastregler ermittelt worden. In Tafel 3.10 sind auch die Werte $K_P K_S$ für $(T + 2T_R)/(nT_M) = 0,1$ und $0,2$ eingetragen.

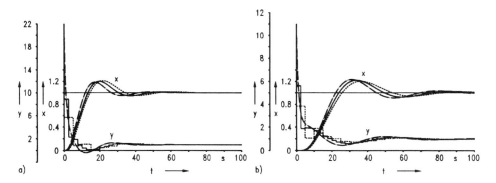

Bild 3.48 Führungsübergangsfunktionen der Regelstrecken mit $G_{S1}(s)$ (a) und $G_{S2}(s)$ (b) nach Bild 3.45, $h_m = 0,2$ mit den vorgeschlagenen Einstellregeln und kontinuierlichem PID-Regler (-·-·-) sowie PID-Abtastregler mit $T = 2,5\,s$ (——) und $T = 5s$ (- - - -) bei $T_R = 0$

Bild 3.48 zeigt die Reglerergebnisse, die sich mit kontinuierlichem PID-Regler und PID-Abtastregler ergeben, wenn für die Abtastzeit Werte von $T = 2,5\,s$ und

$T = 5\,s$ bei $T_R = 0$ gewählt werden. Mit Veränderung des Proportionalbeiwertes entsprechend Tafel 3.10 bleibt die Überschwingweite nahezu unabhängig von der Abtastzeit.

Die vorgeschlagene Entwurfsmethode erlaubt auch ohne weiteres eine Anwendung auf totzeitbehaftete Regelstrecken. Durch die in der Regelstrecke auftretende Totzeit erhöht sich deren Modellordnung teilweise auf $n > 10$, so daß die Tafeln bis auf die Ordnung 20 erweitert werden. Die damit erhaltenen Ergebnisse mit PI-Regler sind in [3.19] wiedergegeben.

3.4.3.3 Vergleich mit numerischer Parameteroptimierung

Bei gegebener Regelstrecke kann man die unbekannten Parameter eines Reglers auch mit den Methoden der numerischen Parameteroptimierung ermitteln. Hierzu muß ein Gütekriterium angegeben werden, das als Ergebnis des Optimierungsverfahrens zum Minimum gebracht werden soll. Als abschließendes Beispiel sollen die Ergebnisse mit einem derart optimierten Regler mit den Ergebnissen verglichen werden, die ein Regler nach den vorgeschlagenen Einstellregeln liefert. Dazu eignet sich die Regelstrecke mit der Übertragungsfunktion

$$G_{III}(s) = \frac{1+2\,s}{(1+10\,s)(1+7\,s)(1+3\,s)}\,e^{-4\,s}, \qquad (3.4.29)$$

die in Verbindung mit einem PID-Abtastregler in Abschn. 5.4.2 von [3.3] ausführlich behandelt wird. Dort erfolgt die Optimierung der Reglerparameter unter Verwendung des quadratischen Regelgütekriteriums

$$S_{ey}^2 = \sum_{k=0}^{M} \left[e^2(k) + r K_S^{\,2}\,\Delta y^2(k) \right]. \qquad (3.4.30)$$

Dabei bedeutet $e(k)$ die Regeldifferenz und $\Delta y(k)$ die Abweichung der Stellgröße vom Endwert:

$$\Delta y(k) = y(k) - y(\infty). \qquad (3.4.31)$$

r ist ein Gewichtungsfaktor für die Stellgröße. Die in [3.3] verwendeten Bezeichnungen K_P und u werden durch die hier verwendeten Bezeichnungen K_S und y ersetzt.

Die Methode der Streckenidentifikation mittels Zeitprozentkennwerten ergibt mit $t_{10} = 9,1\,s$; $t_{50} = 19,2\,s$ und $t_{90} = 38,5\,s$ für das Verhältnis $\mu = t_{10}/t_{90} = 0,236$. Dieser Wert liegt ziemlich genau in der Mitte zwischen den Werten von μ_a für $n = 3$ und $n = 4$ nach Tafel 3.8, so daß mit $n = 3,5$ gerechnet wird. Man erhält damit $T_M = 6,48\,s$ und $nT_M = 22,68\,s$. Die in [3.3] betrachteten Werte der Abtastzeit von $T = 1\,s$ und $T = 4\,s$ entsprechen

3.4 Modellbildung und Einstellregeln

damit den Verhältnissen $T = 0,044 \cdot nT_M$ und $T = 0,176 \cdot nT_M$, für die in Tafel 3.10 die Werte für K_P durch Interpolation zu ermitteln sind. Der Vergleich der Regelergebnisse soll in der Weise geschehen, daß für die in [3.3] dargestellten Übergangsfunktionen mit den Abtastzeiten von $T = 1\,s$ und $T = 4\,s$ und den Werten für $r = 0$ und $r = 0,1$ die vergleichbaren Übergangsfunktionen mit den vorgeschlagenen Einstellregeln gegenübergestellt werden. [1] Dem Wert $r = 0$ entspricht dabei etwa eine Überschwingweite von 20 % und dem Wert $r = 0,1$ eine solche von 10 %. Mit $n = 3,5$ und $T_M = 6,48\,s$ erhält man nach Tafel 3.10 die folgenden Parameter:

$$T_n = 17,56\,s\,;\qquad T_v = 4,92\,s\,;\qquad T_d = 0,99\,s$$

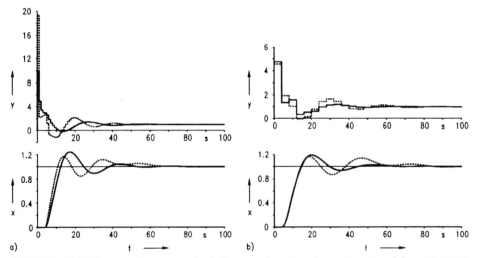

Bild 3.49 Führungsübergangsfunktionen der Regelstrecke $G_{III}(s)$ mit PID-Abtastregler bei $T = 1\,s$ (a) und $T = 4\,s$ (b) nach den Einstellregeln für $h_m = 0,2$ (——) und mit den Reglerparametern aus [3.3] für $r = 0$ (- - -)

und für K_P in Abhängigkeit von T und h_m:

	$T = 0,044 \cdot nT_M$	$T = 0,176 \cdot nT_M$
$h_m = 0,1$	$K_P = 1,67$	$K_P = 1,33$
$h_m = 0,2$	$K_P = 2,27$	$K_P = 1,72$

---

[1] Dabei wurden die zu $T = 1\,s$ und $r = 0,1$ gehörenden Werte, die nicht in [3.3] angegeben sind, mit $q_0 = 2,6405$, $q_1 = -3,4802$, $q_2 = 0,9052$ freundlicherweise zur Verfügung gestellt.

Die vergleichenden Regelergebnisse sind in Bild 3.49 und Bild 3.50 dargestellt. Dabei kann man zunächst einmal feststellen, daß die Regelergebnisse mit den Einstellregeln sich vor denen mit der aufwendigeren numerischen Parameteroptimierung keinesfalls zu verstecken brauchen. Ganz im Gegenteil zeigen die Ergebnisse mit den Einstellregeln einen stärker gedämpften Verlauf, der in allen vier Fällen kürzere Einschwingzeiten zur Folge hat.

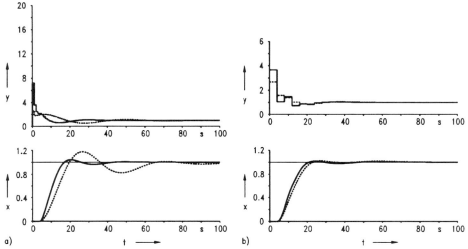

Bild 3.50 Führungsübergangsfunktionen der Regelstrecke $G_{\mathrm{III}}(s)$ mit PID-Abtastregler bei $T = 1\,s$ (a) und $T = 4\,s$ (b) nach den Einstellregeln für $h_m = 0,1$ (——) und mit den Reglerparametern aus [3.3] für $r = 0,1$ (- - -)

Beim Vergleich der Regelvorgänge mit der Abtastzeit $T = 1\,s$ zeigt in Bild 3.49a die numerische Parameteroptimierung eine doppelt so große Anfangsamplitude der Stellgröße wie die Einstellregeln, ohne daß sich dies in einer schnelleren Ausregelung auswirkt. In Bild 3.50a dagegen führt die größere Anfangsstellamplitude mit der Einstellregel auch zu einer merklich schnelleren Ausregelung. Bei den Regelvorgängen mit der Abtastzeit $T = 4\,s$ in Bild 3.49b und Bild 3.50b zeigen sich keine so gravierenden Unterschiede. Insgesamt gesehen schneiden die Ergebnisse mit den Einstellregeln eher besser ab als die mit der numerischen Parameteroptimierung.

Daß einfache Einstellregeln, die für alle Strecken anwendbar sind, es in ihren Regelergebnissen mit denen aufnehmen können, die sich aufgrund numerischer Parameteroptimierung einer speziellen Strecke ergeben, ist nur dadurch zu erklären,

3.5 Kaskaden-Abtastregelung

daß diese Einstellregeln auf der Methode der Betragsanpassung beruhen. Die Betragsanpassung garantiert, daß der Amplitudengang des offenen Regelkreises über einem möglichst weiten **Frequenzbereich** einen konstanten Abfall von 20 dB/Dekade aufweist. Der mit **steigenden** Frequenzen unvermeidbar zunehmende Abfall des Amplitudenganges wird damit soweit wie möglich hinausgeschoben. Somit ergibt sich die **größte** Durchtrittsfrequenz, die beim gegebenen Streckenfrequenzgang, bei gegebener Reglerstruktur und gewünschter Phasenreserve möglich ist. Die Betragsanpassung liefert daher die schnellstmögliche Regelung, die mit einer vorgegebenen Phasenreserve bei Anpassung der Reglerparameter im Frequenzbereich möglich ist. Die Bilder 3.48 und 3.49 demonstrieren noch einmal eindrucksvoll die Leistungsfähigkeit der Betragsanpassung und der darauf beruhenden Einstellregeln.

3.5 Kaskaden-Abtastregelung

Eine Kaskadenregelung ergibt sich, wenn man der Regeleinrichtung neben der Hauptregelgröße noch weitere Prozeßgrößen als sogenannte *Hilfsregelgrößen* zuführt. Mit jeder einzelnen Regelgröße wird ein Regelkreis gebildet, wodurch sich eine Hierarchie der Regelkreise ergibt. Jeder Regelkreis erhält seine Führungsgröße von dem ihm *überlagerten Regler*. Bezüglich dieses Reglers ist er der *unterlagerte Regelkreis*.

Dadurch, daß man die Regelaufgabe auf mehrere Regler aufteilt, kann man ein besseres Regelverhalten vor allem gegenüber Störgrößen erreichen. Die Kaskadenregelung ist damit eines der stärksten Mittel zur Verbesserung der gesamten Regelung [3.8, 3.12]. Der Vorteil der verbesserten Regelung setzt allerdings für jeden unterlagertem Kreis einen zusätzlichen Meßwertgeber voraus, was vermehrten Aufwand bedeutet. Beim industriellen Einsatz ist dieser Mehraufwand gegenüber dem Nutzen der verbesserten Regelung abzuwägen. Bei der hier zu betrachtenden Kaskaden-Abtastregelung ergibt sich als zusätzliches Problem die mathematische Beschreibung der Wirkung von Abtaster und Halteglied in den verschiedenen Regelkreisen. Dazu genügt die Betrachtung einer zweischleifigen Kaskadenregelung.

3.5.1 Beschreibung der Abtaster mit Halteglied

Bild 3.51 zeigt den Wirkungsplan einer zweischleifigen Kaskaden-Abtastregelung. Dem Rechner werden die von innen nach außen mit $x_1(t)$ und $x_2(t)$ bezeichneten Regelgrößen zugeführt, die über A-D-Umsetzer, die als Taster wirken, in die Wertefolgen $(x_{1,k})$ und $(x_{2,k})$ umgesetzt werden. Die digital codierten Werte der Führungsgröße $w_2(t)$ werden direkt im Rechner erzeugt, wie es in Bild

1.2 angedeutet ist. Der Regelalgorithmus 2 ermittelt die Stellgröße $(y_{2,k})$, die zugleich die Führungsgröße $(w_{1,k})$ des unterlagerten Regelkreises ist. Auf der Ausgabeseite des Rechners gibt ein als Speicher wirkender D-A-Umsetzer die treppenförmige Stellgröße $\bar{y}(t)$ an die Regelstrecke aus.

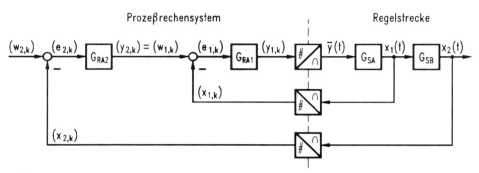

Bild 3.51 Wirkungsplan einer Kaskaden-Abtastregelung im Zeitbereich

Für den Reglerentwurf soll das gesamte Regelungssystem im Frequenzbereich beschrieben werden. Dazu ersetzt man die zeitkontinuierlichen Größen durch ihre Laplace-Transformierten, die Wertefolgen durch Impulsfolgefunktionen, die Taster durch Abtaster und den Speicher durch ein Halteglied (s. auch Abschn. 3.1.1). Auf diese Weise erhält man Bild 3.52a. Für die weitere Behandlung wird von der genügend genau zu verwirklichenden Annahme ausgegangen, daß alle Abtaster zeitsynchron arbeiten. Damit kann man zwei vor einer Additions- oder Subtraktionsstelle befindliche Abtaster, die ja linear arbeiten, durch einen Abtaster dahinter ersetzen.

Zunächst wird der unterlagerte Regelkreis betrachtet. Hier ersetzt man die Abtaster 1 und 2 durch einen Abtaster hinter dem Vergleicher 1. Außerdem vertauscht man den Regelalgorithmus 1 mit dem Halteglied, was bei zwei linearen Übertragungsgliedern zulässig ist. Damit ergibt sich die Struktur von Bild 3.52b, die für den unterlagerten Regelkreis mit der Struktur von Bild 3.8 übereinstimmt.

Danach wird der überlagerte Regelkreis untersucht, wobei eine etwas andere Betrachtungsweise erforderlich ist. Die vom A-D-Umsetzer als Taster erzeugte Wertefolge $(x_{2,k})$ ersetzt man durch die gleichwertige Treppenfunktion $\bar{x}_2(t)$, indem man in Bild 3.51 hinter dem Taster gedanklich ein Speicherglied anordnet. Taster und Speicherglied werden im Frequenzbereich durch Abtaster 3 und Halteglied ersetzt, die in Bild 3.52a eingetragen sind. Auf die gleiche Weise wird die Führungsgröße in eine Treppenfunktion umgewandelt. Der Regelalgorithmus 2 arbeitet dabei mit Treppenfunktionen $\overline{E}_2$ und $\overline{Y}_{R2}$, wie es mit Gl.(3.2.2)

3.5 Kaskaden-Abtastregelung

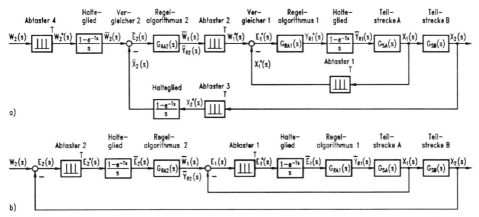

Bild 3.52 Wirkungsplan einer Kaskaden-Abtastregelung im Frequenzbereich (a) und nach Umformung (b)

und Gl.(3.2.3) beschrieben wird. Der nachgeschaltete Abtaster 2 stellt dem unterlagerten Regelkreis die Reglerausgangswerte in den Abtastzeitpunkten zur Verfügung. Indem man die beiden Abtast-Halteglieder für X_2 und W_2 durch ein Abtast-Halteglied für E_2 hinter Vergleicher 2 ersetzt, kommt man zu Bild 3.52b.

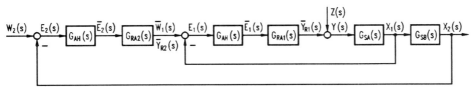

Bild 3.53 Umgeformter Wirkungsplan der Kaskaden-Abtastregelung mit Eingriffsort der Störgröße am Eingang der Regelstrecke

Bild 3.53 zeigt schließlich den Wirkungsplan mit Störgröße, wie er den weiteren Betrachtungen zugrunde liegt. Sowohl im unterlagerten als auch im überlagerten Regelkreis muß ein Abtast-Halteglied berücksichtigt werden. Diese Überlegung gilt auch, wenn noch eine weitere Regelschleife überlagert wird.

Es ist selbstverständlich möglich, für den unterlagerten Regelkreis dieselbe Betrachtungsweise wie für den überlagerten Regelkreis anzuwenden. Dann würde man den Abtastern 1 und 2 je ein Halteglied nachschalten, und die beiden Abtast-Halteglieder durch ein Abtast-Halteglied hinter dem Vergleicher 1 ersetzen. Damit erhielte der Regelalgorithmus 1 die Treppenfunktion $\overline{E}_1$ zugeführt und würde daraus $\overline{Y}_{R1}$ erzeugen, was dem nächsten Halteglied zugeführt wird. Man macht sich aber leicht klar, daß eine bereits vorliegende Treppenfunktion durch ein Halteglied nicht verändert wird. Das Ergebnis wäre lediglich eine Struktur, in der im unterlagerten Regelkreis zwei Halteglieder auftauchen. Da dieses keinen Vorteil bietet, soll es bei der bis jetzt benutzten Struktur bleiben.

Die zusätzliche Berücksichtigung der Rechenzeit T_R bereitet keine Schwierigkeiten. Man kann davon ausgehen, daß sowohl die Aktivierung der beiden A-D-Umsetzer wie auch die Berechnung der beiden Regelalgorithmen in einem Prozeßrechensystem erfolgt. Dafür ist nach dem Regelalgorithmus 1 in Bild 3.51 ein Totzeitglied mit $T_t = T_R$ anzuordnen, und in Bild 3.53 ist eine Übertragungsfunktion $e^{-T_R s}$ in Reihe mit $G_{RA1}(s)$ vorzusehen. Im unterlagerten Regelkreis ist somit der halben Abtastzeit des Abtast-Haltegliedes die Rechenzeit hinzuzufügen, wie es in Gl.(3.2.5)(S.106) angegeben ist. Um die Beschreibung und Darstellung nicht unübersichtlich zu machen, wird für die Beispiele unter Abschn. 3.5.3 und 3.5.4 mit $T_R = 0$ gerechnet. Im Abschnitt 4.4.3 wird bei der Kaskaden-Abtastregelung für Strom und Drehzahl eines Gleichstrommotors die Rechenzeit mit $T_R = T$ berücksichtigt.

3.5.2 Entwurfsdurchführung für die Kaskaden-Abtastregelung

Außer den Anforderungen zum Entwurf der beiden Regelalgorithmen 1 und 2 muß noch die Führungsübertragungsfunktion des inneren Regelkreises ermittelt werden. Der Entwurf der gesamten Regelung erfolgt also in drei Schritten:

1. Ermittlung von Regelalgorithmus 1 für den unterlagerten Regelkreis mit Berücksichtigung des Abtast-Haltegliedes und der Rechenzeit entsprechend der Übertragungsfunktion des offenen Regelkreises 1:

$$G_{O1}(s) = \frac{X_1(s)}{E_1(s)} = G_{RA1}(s)\, G_{SA}(s)\, e^{-(T/2 + T_R)s} \,. \qquad (3.5.1)$$

2. Ermittlung der Führungsübertragungsfunktion des unterlagerten Regelkreises

$$G_{W1}(s) = \frac{X_1(s)}{W_1(s)} = \frac{G_{O1}(s)}{1 + G_{O1}(s)} \qquad (3.5.2)$$

3. Ermittlung von Regelalgorithmus 2 für den überlagerten Regelkreis aufgrund der Übertragungsfunktion des offenen Regelkreises 2:

$$G_{O2}(s) = \frac{X_2(s)}{E_2(s)} = G_{RA2}(s)\, G_{W1}(s)\, G_{SB}(s)\, e^{-(T/2)s} \,. \qquad (3.5.3)$$

3.5 Kaskaden-Abtastregelung

Von diesen drei Schritten bringen Schritt 1 und 3 nichts Besonderes gegenüber der bisherigen Vorgehensweise. Lediglich Schritt 2 stellt etwas Neues dar, da hier die explizite Ermittlung der Führungsübertragungsfunktion des unterlagerten Regelkreises $G_{W1}(s)$ verlangt wird, die man für die Berechnung von $G_{O2}(s)$ benötigt. Bei der Berechnung von $G_{W1}(s)$ stellt das in $G_{O1}(s)$ enthaltene Totzeitglied $e^{-(T/2+T_R)s}$ eine Schwierigkeit dar. Enthält $G_{O1}(s)$ nur rationale Übertragungsglieder, so kann man $G_{W1}(s)$ nach Ausdividieren gemäß Gl.(3.5.2) als Quotient zweier Polynome und damit wieder als rationale Übertragungsfunktion darstellen. Wollte man diese Vorgehensweise auch mit dem Totzeitglied anwenden, müßte man dessen Übertragungsfunktion durch eine Reihenentwicklung annähern. Das führt dann jedoch zu Übertragungsfunktionen höherer Ordnung, wobei man immer noch nicht sicher ist, das Totzeitglied genügend genau angenähert zu haben. Dies gilt besonders dann, wenn auch in $G_{SA}(s)$ eine größere Totzeit enthalten ist.

Eine einfachere Methode, die auch mit Totzeitanteilen richtige Ergebnisse liefert, ist die direkte quantitative Ermittlung des Führungsfrequenzganges $G_W(j\omega)$ nach Betrag und Phase:

$$G_W(j\omega) = |G_W|e^{j\varphi_W} \tag{3.5.4}$$

aus dem Frequenzgang des offenen Regelkreises:

$$G_O(j\omega) = |G_O|e^{j\varphi_O} \,. \tag{3.5.5}$$

Man setzt diese Beziehungen in Gl.(3.5.2) ein und zerlegt gemäß $e^{j\varphi} = \cos\varphi + j\sin\varphi$ in Real- und Imaginärteil:

$$|G_W|\cos\varphi_W + j|G_W|\sin\varphi_W = \frac{|G_O|\cos\varphi_O + j|G_O|\sin\varphi_O}{1 + |G_O|\cos\varphi_O + j|G_O|\sin\varphi_O} =$$

$$= \frac{|G_O|\bigl(|G_O| + \cos\varphi_O\bigr) + j|G_O|\sin\varphi_O}{1 + 2|G_O|\cos\varphi_O + |G_O|^2} \,, \tag{3.5.6}$$

wobei mit dem konjugiert komplexen Nenner erweitert wird.

Damit hat man zwei Gleichungen für $|G_W|\cos\varphi_W$ und $|G_W|\sin\varphi_W$, die man nach $|G_W|$ und φ_W auflöst:

$$|G_W| = \frac{|G_O|}{\sqrt{1 + 2|G_O|\cos\varphi_O + |G_O|^2}} \,, \tag{3.5.7}$$

$$\varphi_W = \arctan\frac{\sin\varphi_O}{|G_O| + \cos\varphi_O} \,. \tag{3.5.8}$$

Gerade für den rechnergestützten Entwurf ist es wichtig, eine eindeutige und immer zutreffende Formel für den Führungsfrequenzgang zu besitzen.

Man muß dabei allerdings beachten, daß mit Gl.(3.5.8) nur der Hauptwert des arctan geliefert wird, der im Bereich zwischen $-90°$ und $+90°$ liegt. Daher muß man gegebenfalls zu dem ermittelten Wert ein ganzzahliges Vielfaches von $180°$ addieren, und zwar so, daß ein kontinuierlicher Verlauf des Phasenganges zustandekommt. Die errechneten Werte des Phasenwinkels müssen in die aus Grenzwertbetrachtungen bekannten Werte für kleine und große ω übergehen:

$$G_W(j\omega) = \frac{G_O(j\omega)}{1+G_O(j\omega)} \approx \begin{cases} 1 & \text{für} \quad |G_O(j\omega)| \gg 1 \\ G_O(j\omega) & \text{für} \quad |G_O(j\omega)| \ll 1 \end{cases} \quad (3.5.9)$$

Als einfachste Reglerauslegung zieht man je einen PI-Abtastregler in Betracht. Man spricht dann von einer PI-PI-Kaskade. Im unterlagerten Regelkreis kann auch ein P-Abtastregler zum Einsatz kommen, da dessen ungenügende statische Genauigkeit bei einem PI-Abtastregler im überlagerten Kreis ohne Bedeutung ist. Man spricht dann von einer P-PI-Kaskade, wobei man in der Reihenfolge der Benennungen von innen nach außen geht. Der P-Regler macht den unterlagerten Regelkreis schneller als ein PI-Regler, da der PI-Regler gegenüber dem P-Regler einen nacheilenden Phasenwinkel aufweist. Die Ergebnisse beider Regelungen kann man mit denen mit PI- und PID-Abtastreglern vergleichen, die in Abschn. 3.3.1 ermittelt wurden.

3.5.3 Entwurf der PI-PI-Kaskade

Als Beispiel wird wiederum die Teststrecke verwendet, wobei der Frequenzgang $G_S(j\omega)$ entsprechend Bild 3.53 in die beiden Teilfrequenzgänge

$$G_{SA}(j\omega) = K_{SA}\frac{1}{(1+T_1 j\omega)(1+T_2 j\omega)}, \quad (3.5.10)$$

$$G_{SB}(j\omega) = K_{SB}\frac{1}{1+T_3 j\omega} \quad (3.5.11)$$

aufgeteilt wird mit:
$K_{SA} = 1,6; \quad T_1 = 8\,s; \quad T_2 = 6\,s; \quad K_{SB} = 1,25; \quad T_3 = 10\,s$.
Die Abtastzeit wird zu $T = 0,1\,(T_1 + T_2) = 1,4\,s$ und $T_R = 0$ gewählt.

3.5.3.1 Entwurf des unterlagerten Reglers

Der unterlagerte Regler sieht die Regelstrecke $G_{S1}(j\omega) = G_{SA}(j\omega)$ vor sich mit $G_{SA}(j\omega) = 1,6/[(1+8j\omega)(1+6j\omega)]$. Schon bei Strecken zweiter Ordnung bringt die Betragsanpassung merklich schnellere Regelungen, so daß der unterlagerte Regelkreis nach der Methode der Betragsanpassung ausgelegt wird.

3.5 Kaskaden-Abtastregelung

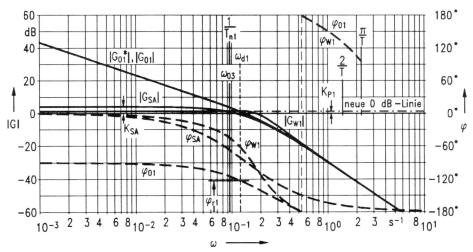

Bild 3.54 Frequenzgänge des unterlagerten Regelkreises mit PI-Abtastregler mit Betragsanpassung

Der Frequenzgang des offenen Regelkreises lautet:

$$G_{O1}{}^*(j\omega) = K_{SA} \frac{1 + T_{n1} j\omega}{T_{n1} j\omega} \cdot \frac{1}{(1 + T_1 j\omega)(1 + T_2 j\omega)} e^{-\frac{T}{2} j\omega} . \quad (3.5.12)$$

Zu den Streckenverzögerungszeiten $T_1 = 8\,s$ und $T_2 = 6\,s$ ermittelt man mit Hilfe des Struktogramms Bild 3.31 eine Absenkungskreisfrequenz $\omega_{03} = 0,0916\,s^{-1}$, woraus die Nachstellzeit $T_{n1} = 10,92\,s$ folgt. Mit einer Abtastzeit von $T = 1,4\,s$ erhält man für den Frequenzgang des offenen inneren Regelkreises:

$$G_{O1}{}^*(j\omega) = 1,6 \frac{1 + 10,92\, j\omega}{10,92\, j\omega} \cdot \frac{1}{(1 + 8j\omega)(1 + 6j\omega)} e^{-0,7j\omega} .$$

Beide Frequenzgänge $G_{SA}(j\omega)$ und $G_{O1}^*(j\omega)$ sind in Bild 3.54 dargestellt. Zur Phasenreserve von $\varphi_{r1} = 57,7°$ ($h_m = 0,1$) ergibt sich eine Durchtrittskreisfrequenz $\omega_{d1} = 0,122\,s^{-1}$ und daraus $|G_{O1}^*(j\omega_{d1})| = 1,155$. Als reziproker Wert hiervon ist der Proportionalbeiwert $K_{P1} = 0,866$ bestimmt. Die sich damit ergebende neue 0 dB-Linie ist in Bild 3.54 eingezeichnet. Bezüglich dieser gilt nun für den Frequenzgang des offenen unterlagerten Regelkreises:

$$G_{O1}(j\omega) = K_{P1} K_{SA} \frac{1 + T_{n1} j\omega}{T_{n1} j\omega} \cdot \frac{1}{(1 + T_1 j\omega)(1 + T_2 j\omega)} e^{-\frac{T}{2} j\omega} \quad (3.5.13)$$

und mit der quantitativen Festlegung $K_{P1} \cdot K_{SA} = 1,386$:

$$G_{O1}(j\omega) = 1,386 \frac{1 + 10,92\, j\omega}{10,92\, j\omega} \cdot \frac{1}{(1 + 8\, j\omega)(1 + 6\, j\omega)} e^{-0,7j\omega} .$$

Der im zweiten Entwurfsschritt zu ermittelnde Führungsfrequenzgang $G_{W1}(j\omega) = G_{O1}(j\omega)/[1 + G_{O1}(j\omega)]$ kann wegen des Totzeitgliedes nicht in geschlossener mathematischer Form angegeben, sondern nur numerisch berechnet und als Kurve dargestellt werden. Er ist ebenfalls in Bild 3.54 eingezeichnet, wobei darauf zu achten ist, daß er sich auf die neue 0 dB-Linie bezieht. Wegen des I-Anteils in $G_{O1}(j\omega)$ gilt: $\lim\limits_{\omega \to 0} |G_{W1}(j\omega)| = 1$ (bezüglich der neuen 0 dB-Linie).

3.5.3.2 Entwurf des überlagerten Reglers

Der überlagerte Regler sieht als Regelstrecke vor sich die Teilstrecke $G_{SB}(j\omega)$ in Reihe mit dem Führungsverhalten des unterlagerten Regelkreises:

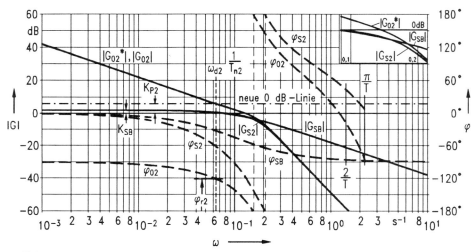

Bild 3.55 Frequenzgänge des überlagerten Regelkreises mit PI-Abtastregler mit Polkompensation (mit Ausschnittvergrößerung der Bildmitte)

$$G_{S2}(j\omega) = G_{W1}(j\omega) K_{SB} \frac{1}{1 + T_3 j\omega} . \tag{3.5.14}$$

Sowohl $G_{SB}(j\omega)$ als auch $G_{S2}(j\omega)$ sind in Bild 3.55 nach Betrag und Phase dargestellt. Da der unterlagerte Regelkreis durch die Betragsanpassung so schnell gemacht wurde, daß dessen Führungsfrequenzgang $G_{W1}(j\omega)$ bei der Frequenz $1/T_3$ praktisch den Wert 1 ergibt, genügt es, für Regler 2 die Polkompensation anzuwenden mit $T_{n2} = T_3 = 10\,s$. Damit ergibt sich für

$$G_{O2}^{*}(j\omega) = G_{W1}(j\omega) K_{SB} \frac{1}{T_3 j\omega} e^{-\frac{T}{2} j\omega} , \tag{3.5.15}$$

3.5 Kaskaden-Abtastregelung

Zur Phasenreserve von $\varphi_{r2} = 58,6°$ gehört die Durchtrittskreisfrequenz $\omega_{d2} = 0,0638\,s^{-1}$ mit $|G_{O2}{}^*(j\omega_{d2})| = 1,981$. Damit erhält man schließlich den letzten noch zu bestimmenden Reglerparameter $K_{P2} = 1/1,981 = 0,505$.

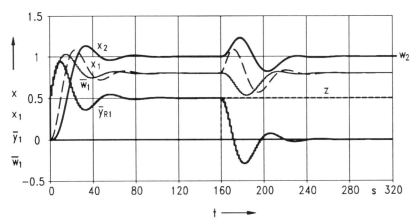

Bild 3.56 Führungsübergangsfunktion der PI-PI-Kaskade mit zusätzlichen Störübergangsfunktionen zu $z(t) = 0,5\sigma(t-160)$ mit $T = 1,4\,s$

Die damit erhaltenen Regelergebnisse zeigt Bild 3.56. Hier sind neben der Regelgröße $x = x_2$ und der Reglerausgangsgröße $\overline{y}_{R1}$ noch die Führungsgröße $\overline{w}_1$ des unterlagerten Regelkreises und die Hilfsregelgröße x_1 dargestellt. Gegenüber den Regelergebnissen von Bild 3.34 zeigt sich eine Verringerung der Anschwingzeit um 23 % und der Überschwingweite gegenüber Störung um 56 %. Gerade gegenüber der Einwirkung von Störgrößen bringt also die Kaskadenregelung eine erhebliche Verbesserung.

3.5.4 Entwurf der P-PI-Kaskade

Der unterlagerte Regler wird als P-Regler entworfen, während der überlagerte PI-Regler nach der Polkompensation entworfen wird, da $G_{SB}(j\omega)$ nur von erster Ordnung ist.

3.5.4.1 Zum Entwurf von P-Reglern für P-T_2-Strecken

Für den unterlagerten Regelkreis aus einem P-Regler und einer P-T_2-Strecke kann man die bisherigen Überlegungen zum Reglerentwurf nicht anwenden, da diese immer einen I-Anteil im Regler vorausgesetzt haben. Um zu einer möglichst einfachen Lösung zu kommen, wird die Regelstrecke mit zwei gleichen Verzögerungszeiten angesetzt: $G_S(s) = K_S/(1+T_1s)^2$. Mit $G_R(s) = K_P$ und $K_O = K_P K_S$ erhält man für den offenen Regelkreis:

$$G_O(s) = \frac{K_O}{(1+T_1s)^2}. \tag{3.5.16}$$

Für die Führungsübertragungsfunktion des geschlossenen Regelkreises ergibt sich damit:

$$G_W(s) = \frac{G_O(s)}{1+G_O(s)} = \frac{K_O}{K_O + 1 + 2T_1s + T_1{}^2 s^2}. \tag{3.5.17}$$

Um diese Übertragungsfunktion mit Gl. (2.6.13) vergleichen zu können, zieht man $K_O + 1$ vor den Nenner und erhält

$$G_W(s) = \frac{K_O}{1+K_O} \cdot \frac{1}{1 + 2\vartheta T_0 s + T_0{}^2 s^2} \tag{3.5.18}$$

mit den Beziehungen:

$$T_0 = \frac{T_1}{\sqrt{1+K_O}}; \qquad \vartheta = \frac{1}{\sqrt{1+K_O}}. \tag{3.5.19}$$

Das Einsetzen von ϑ in die Gleichung für die Überschwingweite

$$h_m = e^{-\pi\vartheta/\sqrt{1-\vartheta^2}} \tag{3.5.20}$$

liefert:

$$h_m = e^{-\pi/\sqrt{K_O}}. \tag{3.5.21}$$

Um die zu einer bestimmten Überschwingweite gehörige Phasenreserve zu ermitteln, muß zunächst die Durchtrittskreisfrequenz bestimmt werden. Mit $|G_O(j\omega_d)|^2 = 1$ erhält man aus Gl.(3.5.16): $K_O{}^2 = \left[1 + (T_1\omega_d)^2\right]^2$ und daraus durch Auflösen nach ω_d:

$$\omega_d = \frac{\sqrt{K_O - 1}}{T_1}. \tag{3.5.22}$$

Aus dem zu $G_O(s)$ gehörenden Phasengang $\varphi_O(j\omega) = -2\arctan(T_1\omega)$ und $\varphi_r = \pi + \varphi_O(j\omega_d)$ ergibt sich: $\varphi_r = \pi - 2\arctan\sqrt{K_O - 1}$. Setzt man die Beziehung zwischen K_O und ϑ nach Gl.(3.5.19) ein, so erhält man schließlich den Zusammenhang zwischen Phasenreserve (im Bogenmaß) und Dämpfungsgrad:

$$\varphi_r = \pi - 2\arctan\frac{\sqrt{1-2\vartheta^2}}{\vartheta}. \tag{3.5.23}$$

3.5 Kaskaden-Abtastregelung

Löst man die Gl.(3.5.20) nach ϑ auf mit $\vartheta = |\ln h_m|/\sqrt{\pi^2 + (\ln h_m)^2}$ und setzt dies in die vorige Gleichung ein, so ergibt sich die direkte Beziehung zwischen Überschwingweite und Phasenreserve:

$$\varphi_r = \pi - 2\arctan\frac{\sqrt{\pi^2 - (\ln h_m)^2}}{|\ln h_m|}. \qquad (3.5.24)$$

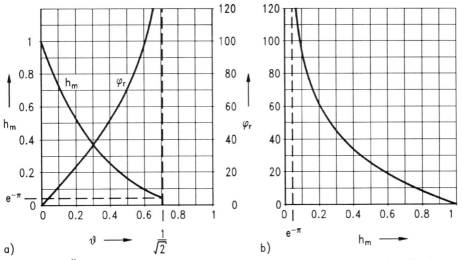

Bild 3.57 Überschwingweite h_m und Phasenreserve φ_r als Funktion des Dämpfungsgrades ϑ (a) und direkter Zusammenhang zwischen Überschwingweite h_m und Phasenreserve φ_r (b) beim gegengekoppelten P-T$_2$-Glied

In Bild 3.57a sind die Überschwingweite und die Phasenreserve als Funktion des Dämpfungsgrades dargestellt, während Bild 3.57b den direkten Zusammenhang zwischen Überschwingweite und Phasenreserve zeigt. Dabei ist die Phasenreserve wieder im Gradmaß angegeben. Für eine reelle Lösung der Gl.(3.5.22) für ω_d ist erforderlich, daß $K_O > 1$ ist. Daraus folgen die Bedingungen: $\vartheta < 1/\sqrt{2}$ und $h_m > e^{-\pi} = 0,0432$. Die Grenzen dieser zulässigen Bereiche sind in Bild 3.57a und b gestrichelt eingezeichnet.

Zusammenfassend kann man feststellen, daß beim gegengekoppelten P-T$_2$-Glied zu einer vorgegebenen Überschwingweite mit $h_m < 0,95$ immer eine größere Phasenreserve gehört als beim gegengekoppelten I-T$_1$-Glied. Dies zeigt ein Vergleich von Bild 3.57a und b mit Bild 2.29 und Bild 2.30a. Lediglich beim technisch uninteressanten Grenzfall $h_m \to 1 (\vartheta \to 0, \varphi_r \to 0)$ ergeben sich in beiden Fällen dieselben Werte für die Phasenreserve.

Abschließend sollen noch die Änderungen betrachtet werden, die sich ergeben, wenn man eine Regelstrecke mit **zwei** unterschiedlichen Verzögerungszeiten ansetzt: $G_S(s) = K_S / [(1+T_1 s)(1+T_2 s)]$. In der Gl.(3.5.21) für die Überschwingweite ist dann im Exponenten K_O durch $K_O - (T_1 - T_2)^2 / (4 T_1 T_2)$ zu ersetzen. Bezeichnet man das Verhältnis der beiden Verzögerungszeiten mit $T_2/T_1 = \kappa$, so erhält man für die Überschwingweite:

$$h_m = -exp\left[\pi / \sqrt{K_O - (1-\kappa)^2 / (4\kappa)}\right] . \tag{3.5.25}$$

Geht man von $h_m = 0,1$ aus bei $\kappa = 1$, so erhält man dazu aus Gl.(3.5.21) $K_O = 1,862$ und aus Gl.(3.5.24) $\varphi_r = 94,3°$. Ändert man beim selben Wert von K_O das Verhältnis κ auf 2 (3), so ändert sich die Überschwingweite auf $h_m = 0,092 (0,079)$ und die Phasenreserve auf $\varphi_r = 98,7° (108,0°)$.

Beim Anfangswert $h_m = 0,2$ mit $K_O = 3,810$ und $\varphi_r = 61,6°$ für $\kappa = 1$ erhält man für $\kappa = 2(3)$ folgende Werte: $h_m = 0,195 (0,185)$ und $\varphi_r = 62,8° (64,9°)$. Die Empfindlichkeit gegenüber Änderungen von κ ist also bei $h_m = 0,2$ erheblich geringer als bei $h_m = 0,1$.

3.5.4.2 Entwurf des unterlagerten Reglers

Der unterlagerte Regler sieht die Regelstrecke $G_{SA}(j\omega) = 1,6 / [(1+8 j\omega)(1+6 j\omega)]$ vor sich. Betrachtet man zunächst einen P-Abtastregler mit $K_{P1} = 1$, so erhält man für den Frequenzgang des offenen inneren Regelkreises:

$$G_{O1}{}^*(j\omega) = K_{SA} \frac{1}{(1+T_1 j\omega)(1+T_2 j\omega)} e^{-(T/2) j\omega} . \tag{3.5.26}$$

Bei den in Bild 3.58 dargestellten Frequenzgängen $G_{SA}(j\omega)$ und $G_{O1}^*(j\omega)$ sind die Amplitudengänge identisch, während sich die Phasengänge φ_{SA} und φ_{O1} um den Phasengang des Abtast-Haltegliedes $\varphi_{AH}(j\omega) = -\frac{T}{2}\omega$ unterscheiden.

Um die Durchtrittskreisfrequenz ω_d mit dem Struktogramm Bild 3.25 zu ermitteln, braucht man den Phasengang des offenen Regelkreises mit P-Regler:

$$\varphi_O(j\omega) = -\left[\sum_{i=1}^{k} \arctan(T_i \omega) + \frac{T}{2}\omega\right] \frac{180°}{\pi} . \tag{3.5.27}$$

Die Festlegung der Phasenreserve $\varphi_r = 180° + \varphi_O(j\omega_d)$ und der Funktion $\varphi(\omega) = \varphi_O(j\omega) + 180° - \varphi_r$ nach Gl.(3.3.6) und Gl.(3.3.7) gilt unverändert. Mit der zu $h_m = 0,1$ gehörenden Phasenreserve $\varphi_{r1} = 94,3°$ ermittelt man aus

$$\varphi(\omega) = 180° - [\arctan(8\omega) + \arctan(6\omega) + 0,7\omega] 57,3° - 94,3°$$

3.5 Kaskaden-Abtastregelung

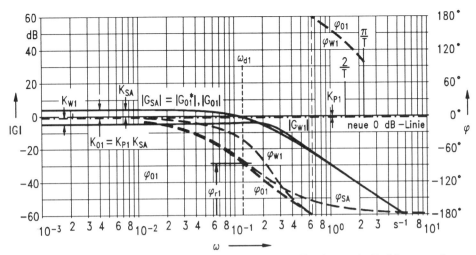

Bild 3.58 Frequenzgänge des unterlagerten Regelkreises mit P-Abtastregler

die Durchtrittskreisfrequenz $\omega_{d1} = 0,1226\,s^{-1}$. Aus dem dazugehörigen Wert $|G_{O1}^*(j\omega_d)| = 0,920$ erhält man als reziproken Wert $K_{P1} = 1,087$. Auf die sich damit ergebende neue 0 dB-Linie bezieht sich der Frequenzgang

$$G_{O1}(j\omega) = K_{P1}\,K_{SA}\frac{1}{(1+T_1\,j\omega)(1+T_2\,j\omega)}\,e^{-\frac{T}{2}j\omega}\,. \quad (3.5.28)$$

Dabei gilt: $K_{O1} = K_{P1} \cdot K_{SA} = 1,087 \cdot 1,6 = 1,739..$

Der sich daraus ergebende Führungsfrequenzgang
$G_{W1}(j\omega) = G_{O1}(j\omega)/[1+G_{O1}(j\omega)]$ ist ebenfalls in Bild 3.58 eingezeichnet. Bezogen auf die neue 0 dB-Linie hat er den statischen Wert
$K_{W1} = K_{O1}/(1+K_{O1}) = 0,635$.

3.5.4.3 Entwurf des überlagerten Reglers

Für die Regelstrecke $G_{S2}(j\omega)$, die der überlagerte Regler vor sich sieht, gilt formal wiederum Gl.(3.5.14):

$$G_{S2}(j\omega) = G_{W1}(j\omega)\,K_{SB}\,\frac{1}{1+T_3\,j\omega}\,.$$

Der statische Wert $G_{S2}(j0)$ ist durch das Produkt $K_{W1}K_{SB}$ festgelegt, weil im unterlagerten Regelkreis kein I-Anteil wirksam ist.

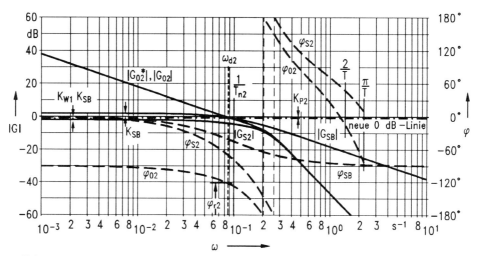

Bild 3.59 Frequenzgänge des überlagerten Regelkreises mit PI-Abtastregler mit Polkompensation

Da die Regelstrecke $G_{SB}(j\omega)$ nur von erster Ordnung ist, kommt für Regler 2 die Polkompensation mit $T_{n2} = T_3 = 10\,s$ infrage. Für den Frequenzgang des offenen überlagerten Regelkreises gilt dann ebenfalls Gl.(3.5.15):

$$G_{O2}{}^*(j\omega) = G_{W1}(j\omega)\, K_{SB}\, \frac{1}{T_3\, j\omega}\, e^{-\frac{T}{2}j\omega}\,. \tag{3.5.29}$$

Zur Phasenreserve von $\varphi_{r2} = 57,8°$ für die Strecke 3. Ordnung gehört die Durchtrittskreisfrequenz $\omega_{d2} = 0,0872\,s^{-1}$. Aus dem Wert $|G_{O2}{}^*(j\omega_{d2})| = 0,952$ mit der neuen 0 dB-Linie in Bild 3.59 erhält man als reziproken Wert: $K_{P2} = 1,050$.

Bild 3.60 zeigt die Regelergebnisse. Gegenüber Bild 3.56 ergibt sich eine nochmalige Verringerung der Anschwingzeit um 28 % und der Überschwingweite bei Störungen um 9 %. Dabei ist der Verlauf der Regelgröße bei Störung wesentlich ruhiger als bei der PI-PI-Kaskade. Es müssen allerdings auch merklich größere Stellgrößen aufgebracht werden. Gegenüber den Regelergebnissen von Bild 3.34 mit $T = 2,4\,s$ lauten die entsprechenden Verbesserungen: 48 % bei der Anschwingzeit und 62 % bei der Überschwingweite bei Störgrößen. Insgesamt gesehen stellt die P-PI-Kaskade die Regelung dar, die die Einflüsse der Störgröße auf den kleinstmöglichen Wert verringert. Sie wird in der Schnelligkeit der Regelung, ausgedrückt durch die Anschwingzeit, nur noch vom PID-Regler nach der Betragsanpassung übertroffen.

3.5 Kaskaden-Abtastregelung

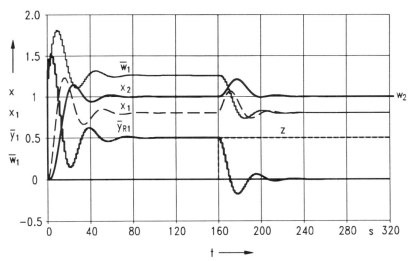

Bild 3.60 Führungsübergangsfunktionen der P-PI-Kaskade mit zusätzlichen Störübergangsfunktionen zu $z(t) = 0,5\sigma(t-160)$ bei $T = 1,4\,s$

3.5.5 Störverhalten bei P-PI- und PI-PI-Kaskade

Der zeitliche Verlauf der Hilfsregelgröße x_1 und der Regelgröße x_2 beim Auftreten der Störgröße unterscheidet sich bei Verwendung der P-PI-Kaskade so stark von dem mit PI-PI-Kaskade, daß dieser Unterschied einer genaueren Betrachtung wert ist. Zunächst wird die P-PI-Kaskade (Bild 3.60) untersucht. Die Einwirkung der sprungförmigen Störgröße z vergrößert x_1, woraufhin der proportional wirkende Regler 1 mit einer Verringerung der Reglerausgangsgröße $\overline{y}_{R1}$ reagiert. Die Regelgröße x_2 vergrößert sich ähnlich wie x_1, jedoch infolge T_3 mit zusätzlicher Verzögerung. Die Vergrößerung von x_2 kompensiert Regler 2 mit einer Verringerung seiner Ausgangsgröße $\overline{y}_{R2} = \overline{w}_1$, womit wiederum Regler 1 beeinflußt wird. Der Regelvorgang ist beendet, wenn ein neuer statischer Zustand mit $x_2 = w_2$ und $e_2 = 0$ erreicht ist. Aufgrund der Übertragungsfunktionen G_{SA} und G_{SB} besteht ein fester statischer Zusammenhang zwischen x_1 und x_2. Daher stimmt sowohl für x_1 wie auch für x_2 der Wert vor dem Auftreten der Störgröße mit dem Wert nach dem Ausregeln der Störgröße überein.

Bei Verwendung der PI-PI-Kaskade (Bild 3.56) fällt auf, daß x_1 und x_2 eine aus zwei Teilbewegungen bestehende Wellenbewegung ausführen. Durch Vergleich sieht man, daß die ersten Teilbewegungen fast mit denen in Bild 3.60 übereinstimmen. Die sich daran anschließende zweite Teilbewegung von x_1 und

x_2 ist erforderlich, damit $\overline{y}_{R2} = \overline{w}_1$ nach dem Ende des Regelvorganges wieder denselben Wert annimmt wie vor dem Auftreten der Störgröße. Dies ist erforderlich, weil der unterlagerte Regler 1 ebenfalls einen I-Anteil besitzt, der dafür sorgt, daß statisch $x_1 = \overline{w}_1$ wird. Betrachtet man nur den I-Anteil von Regler 1, so bedeutet das, daß nach dem positiven Überschwingen von x_1 über w_1 ein flächenmäßig gleichgroßes Unterschwingen in der anderen Polarität auftreten muß. Nur dadurch kann der I-Anteil wieder auf den alten Wert gebracht werden. Der P-Anteil von Regler 1 bewirkt, daß die zu den beiden Polaritäten gehörenden Flächen ungleich groß werden. Für den statischen Zusammenhang zwischen x_1 und x_2 gilt ebenfalls die zuvor gemachte Aussage. Der Regelvorgang ist beendet, wenn für die beiden PI-Regler im statischen Zustand $e_1 = 0$ und $e_2 = 0$ gilt.

3.5.6 Vergleich der verschiedenen Regelverfahren

Die verschiedenen Regelverfahren für die gleiche Regelstrecke sollen noch einmal gegenübergestellt werden. Zum Vergleich kommen die drei Kenngrößen $T_a, h_{m,z}, y_{max}$ infrage. Die Anschwingzeit T_a gibt die Schnelligkeit der Regelung nach einem Führungsgrößensprung wieder, wobei die Überschwingweite stets auf 10 % eingestellt ist.

Die Überschwingweite $h_{m,z}$ gehört zum Störgrößensprung $z = 0,5$ bei einer Streckenverstärkung von $K_S = 2$. Die maximale Stellamplitude y_{max} bezieht sich auf den Führungsgrößensprung und gibt die Belastung des Stellgliedes wieder. Die maximale Stellamplitude beim Störgrößensprung ist immer kleiner.

	T_a	$h_{m,z}$	y_{max}
PI-Polkompensation	49,2 s	63 %	0,58
PI-Betragsanpassung	34,9 s	55 %	0,66
PID-Polkompensation	25,8 s	42 %	2,00
PID-Betragsanpassung	17,3 s	33 %	3,36
PI-PI	27,0 s	23 %	0,95
P-PI	18,4 s	21 %	1,52

Zusammenfassend kann man feststellen, daß die Werte der Überschwingweite zur Störgröße von oben nach unten laufend abnehmen. Die Kaskadenregelungen sind hier unbestrittene Sieger. In der Anschwingzeit liegt der PID-Regler mit Betragsanpassung knapp vor der P-PI-Kaskade, und der PID-Regler mit Polkompensation liegt knapp vor der PI-PI-Kaskade. Die Schnelligkeit beim Einsatz von PID-Reglern muß mit einer entsprechend großen Belastung der Stellglieder erkauft werden.

A Literaturverzeichnis Kapitel 3

Literatur

[3.1] Ackermann, J.:
Abtastregelung. 3. Aufl.
Springer Verlag. Berlin 1988

[3.2] Ackermann, J.:
Über die Prüfung der Stabilität von Abtast-Regelungen mit der Beschreibungsfunktion.
Regelungstechnik 9 (1961), S. 467-471

[3.3] Isermann, R.:
Digitale Regelsysteme. 2. Aufl.
Springer Verlag. Berlin 1987

[3.4] Latzel, W.:
Die Methode der Betragsanpassung.
Automatisierungstechnik 38 (1990), S. 48-58

[3.5] Latzel, W.:
Zusätzliche Ergebnisse zur Methode der Betragsanpassung.
Automatisierungstechnik 39 (1991), S. 291-292

[3.6] Keßler, C.:
Über die Vorausberechnung optimal abgestimmter Regelkreise. Teil III.
Regelungstechnik 3 (1955), S. 40-49

[3.7] Latzel, W.:
Die Methode der Betragsanpassung im Vergleich
mit dem Betragsoptimum.
Automatisierungstechnik 38 (1990), S. 351-353

[3.8] Föllinger, O.:
Regelungstechnik. 8. Aufl.
Hüthig-Verlag, Heidelberg 1994

[3.9] Föllinger, O.:
Lineare Abtastsysteme. 2. Aufl.
Oldenbourg-Verlag. München 1982

[3.10] Unbehauen. H.:
Regelungstechnik II. 5. Aufl.
Vieweg-Verlag. Braunschweig 1989

[3.11] Gausch, R.; Hofer, A.; Schlacher, K.:
Digitale Regelkreise.
Oldenbourg-Verlag. München 1991

[3.12] Dörrscheidt, F.; Latzel, W.:
Grundlagen der Regelungstechnik. 2. Aufl.
Teubner-Verlag. Stuttgart 1993

[3.13] Küpfmüller, K.:
Über die Dynamik der selbsttätigen Verstärkungsregler.
ENT5 (1928), S. 459-467

[3.14] Strejc. V.:
Approximation aperiodischer Übertragungscharakteristiken.
Regelungstechnik 7 (1959), S. 124-128

LITERATUR

[3.15] Ziegler, J.G., and Nichols, N.B.:
Optimum settings for Automatic Controllers.
Trans. ASME 64 (1942), S. 759-768

[3.16] Chien, K.L., Hrones, J.A., and Reswick, J.B.:
On the Automatic Control of Generalized Passive System.
Trans. ASME 74 (1982), S. 175-185

[3.17] Latzel, W.:
Einstellregeln für kontinuierliche und Abtast-Regler
nach der Methode der Betragsanpassung.
Automatisierungstechnik 36 (1988), S. 170-178 und S. 222-227

[3.18] Schwarze, G.:
Bestimmung der regelungstechnischen Kennwerte von P-Gliedern
aus der Übergangsfunktion ohne Wendetangentenkonstruktion.
Zmsr5 (1962), S. 447-449

[3.19] Latzel, W.:
Einstellregeln für vorgegebene Überschwingweiten.
Automatisierungstechnik 41 (1993), S. 103-113

[3.20] Klein, M.; Walter, H.; Pandit, M.:
Digitale PI-Regler: Neue Einstellregeln mit Hilfe der
Streckensprungantwort.
Automatisierungstechnik 40 (1992), S. 291-299

4 Regelungssysteme mit Begrenzungen

Bisher sind nur lineare Regelungssysteme betrachtet worden, und damit können auch die meisten vorliegenden Probleme mit genügender Genauigkeit beschrieben werden. Der Einfluß von einfachen Nichtlinearitäten, wie etwa nichtlineare Ventilkennlinien, wird durch die Wirkung der Regelung stark verringert. Regelungsprobleme bei Strecken mit wesentlichen Nichtlinearitäten, wie etwa Titrationskurven mit pH-Wert-Kennlinien oder exotherme Reaktionsgleichungen, erfordern eine speziell angepaßte Betrachtung. Eine allgemein zutreffende Theorie zur Behandlung nichtlinearer Regelungsprobleme existiert nicht.

Eine wesentliche Nichtlinearität, die auch in allen als linear betrachteten Regelkreisen auftritt, ist durch den endlichen Stellbereich der Stellglieder gegeben. Solange die Stellgröße innerhalb des Stellbereichs verbleibt, verhält sich das als linear beschriebene Regelungssystem auch linear. Wenn durch Änderung der Führungsgröße oder durch Auftreten einer Störgröße die Stellgröße zeitweilig an die stets vorhandenen Grenzen des Stellbereichs kommt, ändert sich das Übertragungsverhalten der Regelstrecke, zu der das Stellglied gezählt wird, wesentlich. Im statischen Zustand, also nach Ablauf des Regelvorganges, muß die Stellgröße wieder innerhalb des Stellbereichs liegen.

Das eigentliche Problem der Stellgrößenbegrenzung ergibt sich dadurch, daß die überwiegende Zahl der Regler mit einem Integralanteil ausgestattet ist, damit im statischen Zustand keine bleibende Regeldifferenz auftritt. Der Integralanteil hat zur Folge, daß die Überschwingweite sich vergrößert, wenn die Reglerausgangsgröße die Grenzen des Stellbereichs überschreitet. Da alle Stellglieder nur einen begrenzten Stellbereich aufweisen, ist das Problem der *Stellgrößenbegrenzung* ein grundsätzliches Problem der Regelungstechnik. In Abschnitt 4.1 wird dieses Problem behandelt, und nach der Betrachtung einfacher Abhilfemaßnahmen wird eine verbesserte Abhilfemaßnahme hergeleitet.

Neben diesem Problem der unerwünschten Stellgrößenbegrenzung besteht häufig die Aufgabe, neben der Regelung einer Größe, der Regelgröße, noch die Begrenzung einer weiteren Größe, der Begrenzungsgröße, sicherzustellen. Wenn die Begrenzungsgröße einen vorgegebenen oberen oder unteren Grenzwert erreicht, so soll die Regelung für die Begrenzungsgröße mit Vorrang behandelt werden. Eine solche Regelung, die als *Begrenzungsregelung* bezeichnet wird, übernimmt damit Sicherheitsfunktionen für die gesamte Anlage. Die Begrenzungsregelungen werden in den Abschnitten 4.2 bis 4.4 behandelt.

4.1 Stellgrößenbegrenzung

Die Probleme der Stellgrößenbegrenzung erkennt man durch Vergleich mit einem linearen Regelkreis. Daraus ergibt sich zunächst eine einfache Abhilfemaßnahme.

4.1.1 Stellgrößenbegrenzung bei Systemen mit PI-Abtastreglern

In Bild 4.1a ist der Wirkungsplan eines linearen Regelkreises mit PI-Abtastregler dargestellt. Dabei wird der PI-Regelalgorithmus durch seine Summendarstellung

$$G_{RA}(s) = K_P \left(1 + \frac{1}{T_n s}\right) \tag{4.1.1}$$

beschrieben.

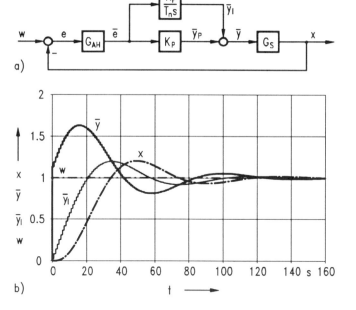

Bild 4.1 Wirkungsplan eines Regelkreises aus PI-Abtastregler und Regelstrecke (a) und Führungsübergangsfunktion zu $G_S(s) = 1/(1+10\,s)^3$ bei $T = 1\,s$ (b)

Beispiel 4.1: Für eine Regelstrecke mit der Übertragungsfunktion $G_S(s) = 1/(1+10\,s)^3$ entwerfe man einen PI-Abtastregler mit $T = 1\,s$ nach der Methode der Betragsanpassung für $h_m = 0,2$. Dazu gehört $\varphi_r = 48,6°$ nach Tafel 3.5.

Zunächst bestimmt man die Absenkungskreisfrequenz $\omega_{03} = 0,0510\,s^{-1}$ und findet $T_n = 19,62\,s$. Zur Phasenreserve $\varphi_r = 48,6°$ erhält man mit dem Struktogramm Bild 3.24 $\omega_d = 0,0557\,s^{-1}$ und $K_P = 1,106$. Für den Integrierbeiwert der Summenform ergibt das $d_I = 0,0282$. ♣♣♣

Bild 4.1b zeigt die zugehörige Führungsübergangsfunktion. Neben der Regelgröße $x(t)$ und der Stellgröße $\bar{y}(t)$ ist noch der I-Anteil der Stellgröße $\bar{y}_I(t)$ gezeichnet. Im statischen, ausgeregelten Zustand wird die Stellgröße allein vom I-Anteil getragen: $\bar{y}_\infty = \bar{y}_{I,\infty}$, und für den P-Anteil gilt: $\bar{y}_{P,\infty} = \bar{y}_\infty - \bar{y}_{I,\infty} = 0$.

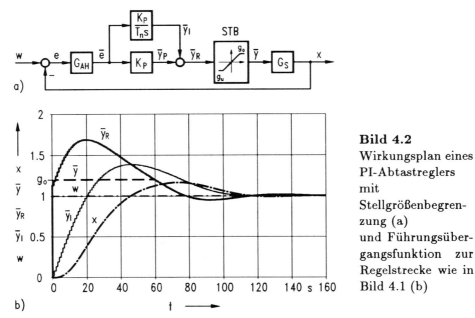

Bild 4.2
Wirkungsplan eines PI-Abtastreglers mit Stellgrößenbegrenzung (a) und Führungsübergangsfunktion zur Regelstrecke wie in Bild 4.1 (b)

In Bild 4.2a ist zwischen Regler und Regelstrecke ein Stellglied mit Begrenzung eingefügt, das durch die Stellgrößenbegrenzung STB gekennzeichnet wird. Daher muß für die weiteren Rechnungen zwischen der Stellgröße $\bar{y}(t)$ und der Reglerausgangsgröße $\bar{y}_R(t)$ unterschieden werden:

$$\bar{y} = \begin{cases} g_o & \text{für } \bar{y}_R > g_o \\ \bar{y}_R & \text{für } g_u \leq \bar{y}_R \leq g_o \\ g_u & \text{für } \bar{y}_R < g_u \end{cases} \quad (4.1.2)$$

Mit g_o und g_u werden der obere und der untere Grenzwert des Stellbereichs bezeichnet. Bild 4.2b zeigt die Verhältnisse, die sich mit $g_o = 1,2$ ergeben.

Als ersten Effekt erkennt man, daß die Regelgröße langsamer ansteigt als in Bild 4.1b. Um das zu verhindern, kann man das Stellglied überdimensionieren. Man wählt dann einen größeren Wert für die obere Stellbereichsgrenze g_o, etwa 1,3 oder 1,4. Jedoch ist diese Überdimensionierung im allgemeinen mit erheblichen Kosten verbunden, so daß wirtschaftliche Gesichtspunkte dem entgegenstehen.

4.1 Stellgrößenbegrenzung

Der I-Anteil der Stellgröße $\bar{y}_I$ stellt das Integral der Regeldifferenz $\bar{e}$ dar. Daher ist umgekehrt $\bar{e}(t)$ die Ableitung von $\bar{y}_I(t)$. Wie man in Bild 4.1b und Bild 4.2b sieht, nimmt $\bar{y}_I$ bei positiver Regeldifferenz $e = w - x$ zu und bei negativer Regeldifferenz ab. Bei vorhandener Stellgrößenbegrenzung nimmt $\bar{y}_I(t)$ einen größeren Maximalwert an, und dieser Maximalwert wird zu einem späteren Zeitpunkt erreicht. Wegen der größeren Überschwingweite von $\bar{y}_I(t)$ muß die Regeldifferenz für eine längere Zeit negativ sein, damit $\bar{y}_I(t)$ seinen statischen Endwert $\bar{y}_{I,\infty}$ annehmen kann. Nach dem längeren Überschwingen der Regelgröße läuft diese schleichend in den Endwert ein.

4.1.2 Einfache Anti-Reset-Windup-Maßnahme

Die in Bild 4.2b dargestellten Verläufe haben ihre Ursache darin, daß die Größe $\bar{y}_I$ zu große Werte annimmt.
Das Weiterlaufen des Integrierers nach dem Erreichen der Stellgrößenbegrenzung wird im Englischen „reset windup" genannt. Methoden, die dieses verhindern, werden als „anti-reset-windup-(ARW-)Maßnahmen" bezeichnet.

Eine denkbar einfache Methode besteht offenbar darin, daß man den Integrierer "festhält", wenn die Stellgröße den oberen oder unteren Grenzwert g_o oder g_u erreicht. Der Wirkungsplan für eine mögliche Realisierung ist in Bild 4.3a gezeigt, wobei eine nichtlineare Gegenkopplung auf den Integriereingang geführt wird mit:

$$\bar{r} = \begin{cases} -m(\bar{y}_R - y_o) & \text{für} \quad \bar{y}_R > y_o \\ 0 & \text{für} \quad y_u \leq \bar{y}_R \leq y_o \\ m(y_u - \bar{y}_R) & \text{für} \quad \bar{y}_R < y_u \,. \end{cases} \quad (4.1.3)$$

Dabei sind die Größen y_o und y_u gleich oder betragsmäßig etwas kleiner als die Größen g_o und g_u zu wählen.

Bei analogen Reglern wird man den Parameter m möglichst groß wählen, um den Integrierer gezielt festzuhalten. Im Falle eines digitalen Reglers kann m nicht beliebig groß gewählt werden. Um den zulässigen Maximalwert von m zu bestimmen, betrachtet man die aus den Blöcken 2 und 3 und den Summierern 4 und 5 gebildete Schleife für den Fall $\bar{e} = 0$. Für den Integrierer gilt Gl. (3.2.64) mit r_k statt e_k als Eingangsgröße:

$$y_{I,k} = y_{I,k-1} + d_I (r_k + r_{k-1}), \quad (4.1.4)$$

$$d_I = K_P \frac{T/2}{T_n}. \quad (4.1.5)$$

Wenn $y_{R,k} = y_{I,k} + y_{P,k} > y_o$ ist, ergibt sich:

$$r_k = -m(y_{R,k} - y_o) = -m(y_{I,k} + y_{P,k} - y_o). \quad (4.1.6)$$

212   4 REGELUNGSSYSTEME MIT BEGRENZUNGEN

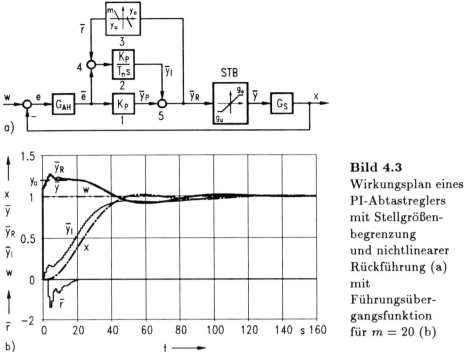

Bild 4.3
Wirkungsplan eines
PI-Abtastreglers
mit Stellgrößen-
begrenzung
und nichtlinearer
Rückführung (a)
mit
Führungsüber-
gangsfunktion
für $m = 20$ (b)

Damit wirkt r_k ebenso wie $y_{I,k}$ auf sich selbst zurück mit der Verstärkung $-m\,d_I = -m\,K_P \frac{T/2}{T_n}$. Um zu verhindern, daß eine sich aufschaukelnde Schwingung entsteht, muß diese Verstärkung betragsmäßig < 1 gewählt werden. Damit ergibt sich für m:

$$m < \frac{1}{K_P} \cdot \frac{T_n}{T/2}\,. \tag{4.1.7}$$

Mit den zuvor gewählten Reglerparametern erhält man:

$$m < 35,5\,.$$

Bild 4.3b zeigt die Regelergebnisse mit der Wahl von $m = 20$. Durch die einfache ARW-Maßnahme wird $\overline{y}_I(t)$ stark gebremst und läuft daher schleichend von unten in den statischen Endwert ein. Als Folge davon zeigt die Regelgröße $x(t)$ nach dem kurzzeitigen Erreichen des Sollwertes nochmal ein Absinken. Auch dieses Regelverhalten muß als unbefriedigend bezeichnet werden.

Um die einfache ARW-Maßnahme mit einem digitalen Regler zu realisieren, braucht man nicht die dem analogen Regler nachempfundene Gegenkopplung

4.1 Stellgrößenbegrenzung

nach Gl.(4.1.3) durchzurechnen. Es gibt eine wesentlich elegantere Vorgehensweise, die noch dazu den Vorzug hat, daß sie direkt auf den Digitalrechner zugeschnitten ist. Dazu werden die Gleichungen des PI-Regelalgorithmus Gl. (3.2.62) bis Gl. (3.2.64) in der ursprünglichen Form angeschrieben:

$$y_{I,k} = y_{I,k-1} + d_I (e_k + e_{k-1}), \qquad (4.1.8)$$

$$y_{R,k} = y_{I,k} + K_P e_k . \qquad (4.1.9)$$

Wenn nun der obere Grenzwert erreicht wird ($y_{R,k} \geq y_o$), so wird einfach $y_{I,k}$ auf den Wert gesetzt, der sich aus Gl.(4.1.9) für $y_{R,k} = y_o$ ergibt:

$$y_{I,k} = y_o - K_P e_k . \qquad (4.1.10)$$

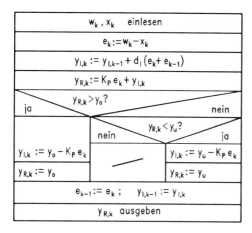

Bild 4.4
Struktogramm für das Umschalten vom Regelalgorithmus in den Abgleichalgorithmus an den Stellgrenzen

In jedem Abtastschritt wird damit ein Wert für $y_{I,k}$ errechnet, der zusammen mit $y_{P,k} = K_P e_k$ gerade den Wert y_o ergibt. Hiermit wird die Stellgröße auf y_o abgeglichen. Daher wird dieser Algorithmus im Unterschied zum Regelalgorithmus als *Abgleichalgorithmus* bezeichnet. Das Ablösen von der Stellgrenze geschieht selbsttätig, wenn sich mit Gl.(4.1.9) $y_{R,k} < y_o$ ergibt. Dann beeinflußt wieder der Regelalgorithmus aktiv die Regelstrecke. Bild 4.4 zeigt das hierzu gehörige Struktogramm.

Die zu diesem Struktogramm gehörige Übergangsfunktion und die Übergangsfunktion mit nichtlinearer Rückführung und zugehörigem Wert für m nach Bild 4.3 zeigen keine erheblichen Unterschiede. Dennoch ist die zweite Methode nach dem Struktogramm Bild 4.4 vorzuziehen, da kein maximal zulässiger Wert für m berechnet und beachtet werden muß. Trotzdem entspricht das Ergebnis nach Gl.(4.1.10) dem Wert $m \to \infty$, denn nur dafür würde man nach Bild 4.3a $y_{R,k}$ genau auf den Wert y_o begrenzen.

4.1.3 Verbesserte Anti-Reset-Windup-Maßnahme

Die bisher betrachtete einfache ARW-Maßnahme ist rein statischer Natur. Sie verhindert nur das ungebremste Anwachsen von $\bar{y}_I(t)$, hat aber keinen Einfluß darauf, wann die Reglerausgangsgröße $\bar{y}_R$ wieder den Grenzwert y_o unterschreitet. Um die Möglichkeiten einer verbesserten ARW-Maßnahme zu erkennen, vergleiche man die Bilder 4.1b, 4.2b und 4.3b. Das schleichende Ansteigen von $\bar{y}_I$ in Bild 4.3b ist ebenso ungünstig, wie das starke Überschwingen von $\bar{y}_I$ in Bild 4.2b. Ausgehend von den Verhältnissen in Bild 4.2b sollte man $\bar{y}_I$ so beeinflussen, daß möglichst früh $\bar{y}_R < y_o$ wird, so daß danach in einem linearen Einschwingvorgang der Endzustand erreicht wird. Die große Anzahl der hierzu bis in die neueste Zeit vorliegenden Veröffentlichungen [4.1] $\cdots$ [4.7] unterstreicht die Bedeutung dieser Problemstellung.

4.1.3.1 Struktur der verbesserten ARW-Maßnahme

Zur Durchführung der gewünschten Beeinflussung von $\bar{y}_I$ erweist sich die in Bild 4.5 dargestellte Struktur als geeignet, die der in [4.7] angegebenen entspricht. Die in der Regelstrecke vorhandene Stellgrößenbegrenzung STB wird im Regler durch die Nichtlinearität RB1 nachgebildet.

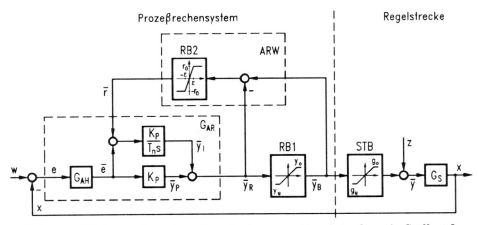

Bild 4.5 Wirkungsplan eines Regelkreises aus Regelstrecke mit Stellgrößenbegrenzung und PI-Abtastregler mit ARW-Maßnahme

Die Berechnungen werden ausschließlich für den oberen Grenzwert y_o und für zeitkontinuierliche Größen durchgeführt. Die notwendigen Modifikationen für den PI-Abtastregler werden nach dem Ende der Berechnungen vorgenommen.

4.1 Stellgrößenbegrenzung 215

Sorgt man dafür, daß die Grenzwerte y_o und y_u innerhalb des Bereichs liegen, der durch die Grenzwerte g_o und g_u gegeben ist, so braucht man die Stellgrößenbegrenzung STB nicht mehr zu berücksichtigen. Wenn die Reglerausgangsgröße $y_R(t)$ den oberen Grenzwert y_o überschreitet, gilt für die Differenz $y_o - y_R(t) < 0$. Wenn diese Differenz dem Betrag nach größer als eine bestimmte Schranke ε wird, so wird dem Integralteil des Reglers zusätzlich die Größe $r = -r_0$ zugeführt. Damit läßt sich der Zeitpunkt t_q beeinflussen, zu dem $y_R(t)$ wieder den oberen Grenzwert y_o unterschreiten soll. Dieser Zeitpunkt t_q sollte vor dem Zeitpunkt t_m liegen, an dem die Regeldifferenz $e(t)$ zum ersten Mal den Wert $e(t_m) = 0$ annimmt. Auf diese Weise erreicht man ein genügend gedämpftes Einlaufen der Regelgröße in den statischen Endwert. Dieselben Überlegungen gelten sinngemäß für den unteren Grenzwert y_u, bei dessen Unterschreiten dem Integralanteil des Reglers zusätzlich die Größe $r = r_0$ zugeführt wird.

In dem Zeitintervall $0 < t < t_q$, in dem die Reglerausgangsgröße y_R den oberen Grenzwert y_o überschreitet, ist der Regelkreis aufgetrennt, und die Regelstrecke wird durch den Maximalwert der Stellgröße gesteuert. Diese Tatsache ermöglicht die nachfolgend durchgeführten Rechnungen. Nach dem Zeitpunkt t_q, in dem die Reglerausgangsgröße den oberen Grenzwert y_o wieder unterschreitet, ist der Regelkreis geschlossen, und das Verhalten des geschlossenen Regelkreises wird durch die Reglerparameter bestimmt, die beim Reglerentwurf ermittelt werden.

4.1.3.2 Beschreibung der Reglerausgangsgröße

Bei Vorgabe einer sprungförmigen Führungsgröße

$$w(t) = w_1\, \sigma(t) \tag{4.1.11}$$

ergibt sich für den durch y_o begrenzten Ausgang des PI-Reglers, falls $K_P w_1 \geq y_o$ ist:

$$y_B(t) = y_o \quad \text{für} \quad t \geq 0. \tag{4.1.12}$$

Falls $K_P w_1 < y_o$ ist, ergibt sich der in Bild 4.6 dargestellte geknickte Geradenzug:

$$y_B(t) = \begin{cases} K_P w_1 (1 + t/T_n) & \text{für} \quad 0 \leq t < t_1 \\ y_o & \text{für} \quad t \geq t_1 \,. \end{cases} \tag{4.1.13}$$

Für den Zeitpunkt t_1, in dem die Reglerausgangsgröße die Begrenzung y_o erreicht, erhält man:

$$t_1 = T_n \left(\frac{y_o}{K_P w_1} - 1 \right); \quad t_1 \geq 0. \tag{4.1.14}$$

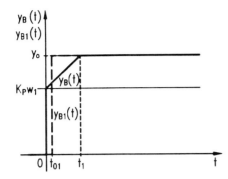

Bild 4.6
Übergangsfunktion der begrenzten
Ausgangsgröße $y_B(t)$ eines PI-Reglers
und dazu gleichwertige
Ersatzfunktion $y_{B1}(t)$

Auch für den Fall $K_P w_1 < y_o$, soll eine möglichst einfache Beschreibung gefunden werden. Dies geschieht in der Weise, daß man den Verlauf $y_B(t)$ nach Gl.(4.1.13) durch einen Sprung $y_{B1}(t) = y_o$ ersetzt, der bei $t = t_{01}$ einsetzt:

$$y_{B1}(t) = \begin{cases} 0 & \text{für} \quad 0 \leq t < t_{01} \\ y_o & \text{für} \quad t \geq t_{01}. \end{cases} \qquad (4.1.15)$$

Damit die Wirkung für die Regelstrecke dieselbe ist, muß die Fläche unter beiden Kurven für $t \geq t_1$ gleich sein. Zur Bestimmung von t_{01} erhält man damit die Gleichung:

$$(t_1 - t_{01})\, y_o = \frac{1}{2}\, t_1 \left(K_P w_1 + y_o\right). \qquad (4.1.16)$$

Unter Benutzung der Beziehung

$$y_o = K_P w_1 \frac{T_n + t_1}{T_n}, \qquad (4.1.17)$$

die aus Gl.(4.1.14) folgt, erhält man nach leichten Umformungen:

$$t_{01} = \frac{1}{2} \cdot \frac{t_1^{\,2}}{T_n + t_1}. \qquad (4.1.18)$$

4.1.3.3 Näherungsweise Beschreibung der Streckenübergangsfunktion

Um ARW-Maßnahmen durchführen zu können, muß zunächst ermittelt werden, wie die Regelstrecke auf den sprungförmigen, nach oben durch y_0 begrenzten Verlauf der Reglerausgangsgröße $y_B(t)$ reagiert. Dazu muß eine möglichst allgemein gültige und doch einfach zu ermittelnde Beschreibung des Streckenverhaltens gefunden werden. Bei einer sprungförmig vorgegebenen Stellgröße mit dem konstanten Wert 1 antwortet die Regelstrecke mit der Streckenübergangsfunktion $h(t)$. Diese Übergangsfunktion von P-T_k-Strecken, möglicherweise noch mit

4.1 Stellgrößenbegrenzung 217

zusätzlicher Totzeit, läßt sich in einfacher Weise und doch sehr allgemein durch die drei Kenngrößen Streckenverstärkung K_S, Verzugszeit T_u und Ausgleichszeit T_g beschreiben, indem man im Wendepunkt WP der Übergangsfunktion die Tangente anlegt (Bild 4.7). Damit kann man die Übergangsfunktion $h(t)$ mit guter Genauigkeit durch einen geknickten Geradenzug mit einem um die Verzugszeit verschobenen I-Anteil

$$\hat{h}(t) = K_S \left[\frac{t - T_u}{T_g} \sigma(t - T_u) - \frac{t - T_u - T_g}{T_g} \sigma(t - T_u - T_g) \right] \quad (4.1.19)$$

annähern. Dabei hängen Verzugszeit T_u und Ausgleichszeit T_g von den Verzögerungszeiten T_i der Streckenübertragungsfunktion

$$G_S(s) = K_S \prod_{i=1}^{k} \frac{1}{1 + T_i s} \quad (4.1.20)$$

ab. Eine hinzukommende Totzeit vergrößert demgegenüber lediglich T_u um T_t.

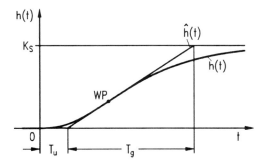

Bild 4.7
Übergangsfunktion $h(t)$ von P-T_k-Strecken und näherungsweise Beschreibung durch $\hat{h}(t)$ mit den Kenngrößen K_S, T_u und T_g

Bei sprungförmig vorgegebener begrenzter Reglerausgangsgröße mit dem konstanten Wert $y_B(t) = y_o$ nach Gl.(4.1.12) erhält man die Regelgröße durch Multiplikation von $\hat{h}(t)$ mit y_o. Infolge der Regelung muß die Reglerausgangsgröße schon vor dem Zeitpunkt $t = T_u + T_g$ den Grenzwert y_o wieder unterschritten haben. Für die weiteren Berechnungen zur Bestimmung der Rückführgröße genügt es daher, nur den ersten Term von Gl.(4.1.19) zu berücksichtigen. Damit gilt für die Übergangsfunktion mit $y_B(t) = y_o$:

$$x(t) = y_o K_S \frac{t - T_u}{T_g} \sigma(t - T_u) \qquad \text{für} \qquad t < T_u + T_g. \quad (4.1.21)$$

Wird die Reglerausgangsgröße durch den geknickten Geradenzug $y_B(t)$ nach Bild 4.6 und Gl.(4.1.13) beschrieben, so wird stattdessen mit der gleichwertigen Sprungfunktion $y_{B1}(t)$ nach Gl.(4.1.15) gerechnet. Damit erhält man für die Sprungantwort der Regelgröße wiederum $x(t)$ nach Gl.(4.1.21), jedoch um die

Zeit t_{01} verschoben. Es ist also in Gl.(4.1.21) T_u durch T_{u1} mit

$$T_{u1} = T_u + t_{01}, \qquad (4.1.22)$$

zu ersetzen. Auf diese Weise erhält man eine für beide Fälle $K_P w_1 \geq y_o$ und $K_P w_1 < y_o$ zutreffende Beschreibung der Regelgröße:

$$x(t) = y_o K_S \frac{t - T_{u1}}{T_g} \sigma(t - T_{u1}). \qquad (4.1.23)$$

4.1.3.4 Bestimmung der Rückführgröße beim kontinuierlichen PI-Regler und beim PI-Abtastregler

Die Rückführgröße r soll so bemessen werden, daß die Reglerausgangsgröße $y_R(t)$ zum Zeitpunkt t_q wieder den oberen Grenzwert y_o unterschreitet. Um ein genügend gedämpftes Einlaufen in den statischen Endzustand zu erreichen, soll t_q vor dem Zeitpunkt t_m liegen, an dem die Regeldifferenz $e(t)$ zum ersten Mal den Wert 0 annimmt. Mit Gl.(4.1.23) für die Regelgröße und Gl.(4.1.11) für die Führungsgröße ergibt sich für die Regeldifferenz:

$$e(t) = w_1 \sigma(t) - y_o K_S \frac{t - T_{u1}}{T_g} \sigma(t - T_{u1}). \qquad (4.1.24)$$

Dieser Verlauf ist in Bild 4.8 dargestellt. Hierbei ist zur Verdeutlichung auch der Endzustand nach der Zeit $t = T_{u1} + T_g$ gezeichnet.

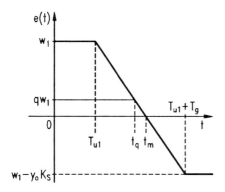

Bild 4.8
Verlauf der Regeldifferenz $e(t)$ zum Verlauf der Regelgröße $x(t)$ entsprechend der Näherung $\hat{h}(t)$ nach Bild 4.7

Aus Gl.(4.1.24) erhält man für den Zeitpunkt t_m, an dem die Regeldifferenz Null wird:

$$t_m = T_{u1} + \frac{w_1 T_g}{y_o K_S}. \qquad (4.1.25)$$

4.1 Stellgrößenbegrenzung

Setzt man die sich hieraus ergebende Größe $t_m - T_{u1}$ in Gl.(4.1.24) ein, so erhält man:

$$e(t) = w_1 \left[\sigma(t) - \frac{t - T_{u1}}{t_m - T_{u1}} \sigma(t - T_{u1}) \right]. \qquad (4.1.26)$$

Der Zeitpunkt t_q, an dem die Stellgröße wieder aus der Begrenzung kommt, soll dadurch festgelegt werden, daß hierbei die Regeldifferenz vom Wert $e(0) = w_1$ auf den Wert

$$e(t_q) = q w_1 \quad \text{mit} \quad 0 < q < 1 \qquad (4.1.27)$$

abgesunken ist. Aus dem Vergleich zweier Dreiecke mit den Höhen $q w_1$ und w_1 in Bild 4.8 erhält man für den Zusammenhang zwischen t_m und t_q:

$$t_q = t_m - q(t_m - T_{u1}). \qquad (4.1.28)$$

Für eine einfache Ermittlung der Rückführgröße r_0 erweist es sich als zweckmäßig, die Größe t_m in Gl.(4.1.26) durch t_q zu ersetzen. Dazu schreibt man Gl.(4.1.28) in der Form: $t_q = (1-q)t_m + q T_{u1}$ und zieht danach auf beiden Seiten T_{u1} ab, so daß man erhält:

$$t_q - T_{u1} = (1-q)(t_m - T_{u1}). \qquad (4.1.29)$$

Durch Einsetzen in Gl.(4.1.26) erhält man schließlich für die Zeitfunktion $e(t)$ bei einem Sprung der Führungsgröße:

$$e(t) = w_1 \left[\sigma(t) - (1-q) \frac{t - T_{u1}}{t_q - T_{u1}} \sigma(t - T_{u1}) \right]. \qquad (4.1.30)$$

Zusammen mit der Beziehung für die Ausgangsgröße des PI-Reglers

$$y_R(t) = K_P e(t) + K_P \frac{1}{T_n} \int_0^t e(\tau) d\tau \qquad (4.1.31)$$

erhält man mit Einsetzen von Gl.(4.1.30) schließlich:

$$y_R(t) =$$
$$K_P w_1 \left\{ \left(1 + \frac{t}{T_n}\right) \sigma(t) - (1-q) \left[\frac{t - T_{u1}}{t_q - T_{u1}} + \frac{(t - T_{u1})^2}{2 T_n (t_q - T_{u1})} \right] \sigma(t - T_{u1}) \right\}.$$
$$(4.1.32)$$

Ab dem Zeitpunkt t_1, wo zum ersten Mal $y_R > y_o$ wird, wirkt die zusätzliche Rückführgröße $r(t)$ mit dem konstanten Wert $-r_0$ auf den Integrator und wird dort zu einer zeitproportional zunehmenden Größe $-r_0 \frac{K_P}{T_n} (t - t_1) \sigma(t - t_1)$

aufintegriert. Damit ab dem Zeitpunkt t_q wieder $y_R < y_o$ gilt, muß für $t = t_q$ die Gleichung

$$K_P w_1 \left\{ 1 + \frac{t}{T_n} - (1-q) \left[\frac{t - T_{u1}}{t_q - T_{u1}} + \frac{(t - T_{u1})^2}{2T_n(t_q - T_{u1})} \right] \right\} -$$

$$- r_0 \frac{K_P}{T_n} (t - t_1) = y_o \qquad (4.1.33)$$

erfüllt sein. Damit erhält man zur Bestimmung von r_0 die Gleichung:

$$r_0 = \frac{w_1}{t_q - t_1} \left[qT_n + t_q - (1-q) \frac{t_q - T_{u1}}{2} - \frac{T_n y_o}{K_P w_1} \right]. \qquad (4.1.34)$$

Sollten sich für den Rückführkoeffizienten Werte $r_0 < 0$ ergeben, so entfällt die ARW-Maßnahme.

Der Zeitpunkt t_q, zu dem die Reglerausgangsgröße wieder aus der Begrenzung kommt, wird wesentlich durch den Wert von q bestimmt. Nach dem Zeitpunkt t_q ist der Regelkreis wieder geschlossen, und es folgt ein linearer Regelvorgang, in dem die Regelgröße auf die vorgegebene Führungsgröße einläuft. Dafür wählt man zweckmäßigerweise die Größe q nach der Beziehung

$$q = \frac{y_o}{w_1} - 1. \qquad (4.1.35)$$

Diese Ergebnisse können ohne Probleme auch bei *digitalen Reglern* angewendet werden, die nach den Darlegungen in Abschn. 3.3 entworfen sind. Nur bei der Wahl der Schranke ε im Begrenzungsglied RB2 ist Vorsicht geboten. Bei analogen Reglern wird man ε möglichst klein wählen. Bei digitalen Reglern existiert für ε eine untere Grenze, die nicht unterschritten werden darf, da sonst aufklingende Schwingungen entstehen. Die hierzu erforderlichen Überlegungen sind bereits in Abschn. 4.1.2 durchgeführt. Die dort verwendete Steigung m entspricht dem Verhältnis r_0/ε. Aus der Ungleichung $\frac{r_0}{\varepsilon} < \frac{1}{K_P} \cdot \frac{T_n}{T/2}$ erhält man als untere Schranke für ε :

$$\varepsilon > r_0 K_P \frac{T/2}{T_n}. \qquad (4.1.36)$$

Beispiel 4.2: Für den in Beispiel 4.1 ermittelten PI-Abtastregler soll zu einer ARW-Maßnahme für $y_o = 1,2$; $w_1 = 1$ die Größe r_0 festgelegt werden. Von der Streckenübergangsfunktion sind $T_u = 8\,s$ und $T_g = 37\,s$ gegeben, und es wird $q = 0,2$ gewählt.

Für die ARW-Maßnahme bestimmt man der Reihe nach:
$t_1 = 1,67\,s$; $T_{u1} = 8,07\,s$; $t_m = 38,90\,s$; $t_q = 32,73$; $r_0 = 0,177$; $\varepsilon > 0,0050$.

Bild 4.9 zeigt die zum Führungsgrößensprung $w = \sigma(t)$ gehörige Übergangsfunktion für $\varepsilon = 0,01$. In dem nach dem Zeitpunkt t_q stattfindenden linearen Regelvorgang

4.1 Stellgrößenbegrenzung

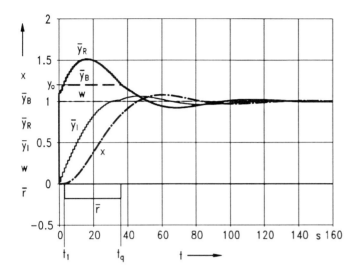

Bild 4.9
Führungsübergangsfunktion des Kreises aus Regelstrecke mit
$G_S(s) = 1/(1 + 10\,s)^3$
und
PI-Abtastregler
$(T = 1\,s)$ mit
ARW-Maßnahme nach Bild 4.5

läuft die Reglerausgangsgröße auf den statischen Endwert $y_\infty = w_1/K_S$ ein. Wie das Bild zeigt, befindet sich der I-Anteil der Stellgröße $\bar{y}_I$ bereits zum Zeitpunkt t_q nahe beim statischen Endwert y_∞. ♣♣♣

Die Zeitspanne t_q ist um 9 % größer als errechnet. Diese Abweichung kommt von der einfachen Annäherung der Streckenübergangsfunktion nach Gl.(4.1.19). Auch beträgt die Größe $e(t_q)$ nur 0,16 statt 0,2. Trotzdem ist eine deutliche Verbesserung im Regelverhalten gegenüber Bild 4.2b und Bild 4.3b zu erkennen.

4.1.3.5 Bestimmung der Rückführgröße beim kontinuierlichen PID-Regler und beim PID-Abtastregler

Für den PID-Regler mit verbesserter ARW-Maßnahme ergibt sich die in Bild 4.10 dargestellte Struktur. Hierauf können die bisherigen Überlegungen unverändert angewendet werden. Es ist lediglich der neu hinzugekommene D-T_1-Anteil zu berücksichtigen.

Zunächst einmal kann man davon ausgehen, daß die Reglerausgangsgröße $y_R(t)$ mit dem zusätzlichen D-Anteil sofort den Grenzwert y_o übersteigt. Damit ist $t_{01} = 0$ und in Gl.(4.1.30) kann T_{u1} durch T_u ersetzt werden, so daß hier gilt:

$$e(t) = w_1 \left[\sigma(t) - (1-q) \frac{t - T_u}{t_q - T_u} \sigma(t - T_u) \right]. \qquad (4.1.37)$$

Zur Ermittlung der Reglerausgangsgröße benutzt man die Laplace-Transfor-

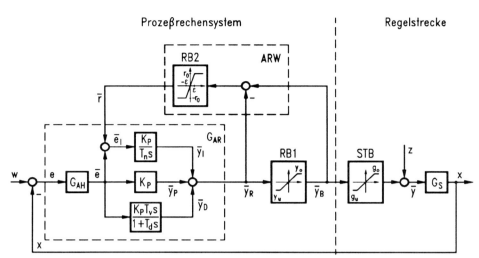

Bild 4.10 Wirkungsplan eines Regelkreises aus Regelstrecke mit Stellgrößenbegrenzung und PID-Abtastregler mit ARW-Maßnahme

mation und schreibt:
$$E(s) = w_1 \left[\frac{1}{s} - \frac{1-q}{t_q - T_u} \cdot \frac{1}{s^2} e^{-T_u s} \right]. \tag{4.1.38}$$

Mit der Reglerübertragungsfunktion
$$G_R(s) = \frac{Y_R(s)}{E(s)} = K_P \left[1 + \frac{1}{T_n s} + \frac{T_v s}{1 + T_d s} \right] \tag{4.1.39}$$

erhält man für die Reglerausgangsgröße:
$$Y_R(s) = K_P w_1 \left[\frac{1}{s} + \frac{1}{T_n s^2} + \frac{T_v}{1 + T_d s} - \frac{1-q}{t_q - T_u} \cdot \frac{1}{s^2} e^{-T_u s} - \right.$$
$$\left. - \frac{1-q}{t_q - T_u} \cdot \frac{1}{T_n s^3} e^{-T_u s} - \frac{1-q}{t_q - T_u} \cdot \frac{T_v}{s} \cdot \frac{1}{1 + T_d s} e^{-T_u s} \right].$$
$$\tag{4.1.40}$$

Beim letzten Term muß man in Partialbrüche zerlegen:
$$\frac{1}{s} \cdot \frac{1}{1 + T_d s} = \frac{1}{s} - \frac{1}{s + 1/T_d}. \tag{4.1.41}$$

Dann kann man alle Terme gliedweise in den Zeitbereich transformieren und erhält nach entsprechender Zusammenfassung:
$$y_R(t) = K_P w_1 \left\{ \left[1 + \frac{t}{T_n} + \frac{T_v}{T_d} e^{-t/T_d} \right] \sigma(t) - \right.$$

4.1 Stellgrößenbegrenzung

$$-\frac{1-q}{t_q - T_u}\left[t - T_u + \frac{(t-T_u)^2}{2T_n} + T_v\left(1 - e^{-(t-T_*)/T_d}\right)\right]\sigma(t - T_u)\right\}. \quad (4.1.42)$$

Die Rückführung $-r_0\,\sigma(t)$ ergibt die zusätzliche Reglerausgangsgröße $-r_0\,\frac{K_P}{T_n}\,t\sigma(t)$. Aus der Forderung $y_R(t) \leq y_o$ für $t \geq t_q$ erhält man als Bestimmungsgleichung für r_0:

$$r_0 = \frac{w_1 T_n}{t_q}\left\{q + \frac{t_q}{T_n} + \frac{T_v}{T_d}e^{-t_q/T_d} - \right.$$

$$\left. - (1-q)\left[\frac{t_q - T_u}{2T_n} + \frac{T_v}{t_q - T_u}\left(1 - e^{-(t_q - T_*)/T_d}\right)\right] - \frac{y_o}{K_P w_1}\right\}. \quad (4.1.43)$$

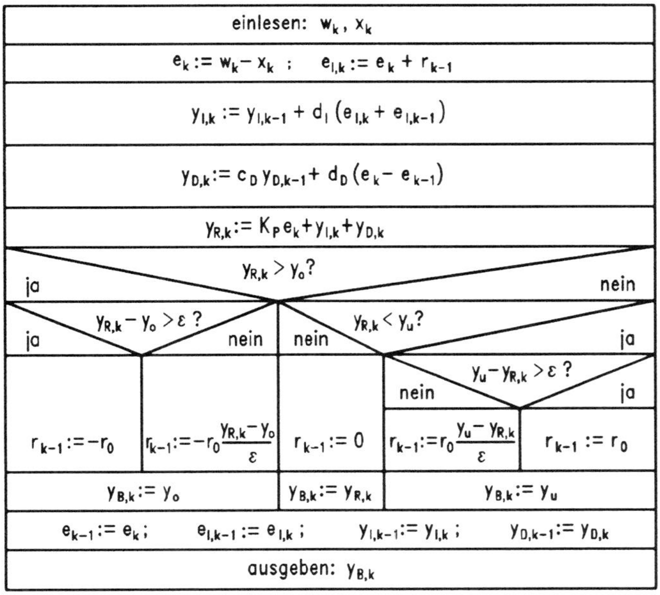

Bild 4.11
Struktogramm zum PID-Abtastregler mit verbesserter ARW-Maßnahme

```
einlesen: w_k, x_k
e_k := w_k - x_k  ;  e_{I,k} := e_k + r_{k-1}
y_{I,k} := y_{I,k-1} + d_I (e_{I,k} + e_{I,k-1})
y_{D,k} := c_D y_{D,k-1} + d_D (e_k - e_{k-1})
y_{R,k} := K_P e_k + y_{I,k} + y_{D,k}
                y_{R,k} > y_o ?
ja                                            nein
  y_{R,k} - y_o > ε ?          y_{R,k} < y_u ?
ja          nein          nein              ja
                                y_u - y_{R,k} > ε ?
                             nein                ja
r_{k-1}:=-r_0  r_{k-1}:=-r_0(y_{R,k}-y_o)/ε  r_{k-1}:=0  r_{k-1}:=r_0(y_u-y_{R,k})/ε  r_{k-1}:=r_0
y_{B,k}:= y_o              y_{B,k}:= y_{R,k}              y_{B,k}:= y_u
e_{k-1}:= e_k ;  e_{I,k-1}:= e_{I,k} ;  y_{I,k-1}:= y_{I,k} ;  y_{D,k-1}:= y_{D,k}
ausgeben: y_{B,k}
```

Die Übertragung auf *digitale Regler* bereitet keine Schwierigkeiten. Es muß nur die mit Gl.(4.1.36) festgelegte untere Schranke für ε beachtet werden. Bild 4.11 zeigt das Struktogramm für den PID-Abtastregler mit verbesserter ARW-Maßnahme. Bei der Bestimmung des I-Anteils $y_{I,k}$ muß die Rückführgröße r_{k-1} berücksichtigt werden. Zur Verwirklichung des PI-Reglers werden $c_D = 0$ und $d_D = 0$ gesetzt.

Beispiel 4.3: Für die Strecke mit $G_S(s) = 1/(1 + 10\,s)^3$ soll ein PID-Abtastregler mit Betragsanpassung für $T = 1\,s$ und $h_m = 0,2$ entworfen werden. Es ist für eine ARW-Maßnahme mit $y_o = 1,2$; $w_1 = 1$; $q = 0,2$ die Größe r_0 zu bestimmen.

Neben der schon in Beispiel 4.1 bestimmten Absenkungskreisfrequenz $\omega_{03} = 0,0510\,s^{-1}$ ist noch $\omega_{06} = 0,0766\,s^{-1}$ zu ermitteln. Nach den Gleichungen (3.3.65) bis (3.3.71) erhält man: $T_n = 24,70\,s$; $T_v = 6,65\,s$; $T_d = 1,33\,s$ (Dabei darf man die dort verwendete Zwischengröße q nicht mit der hier vorgegebenen Größe q verwechseln!) Zur Phasenreserve $\varphi_r = 47,3°$ ermittelt man mit dem Struktogramm Bild 3.24 $\omega_d = 0,1202\,s^{-1}$ und $K_P = 3,164$. Mit $q = 0,2$; $t_q = 32,67\,s$ erhält man $r_0 = 0,461$. Für ε ermittelt man $\varepsilon > 0,0295$ und wählt $\varepsilon = 0,04$.

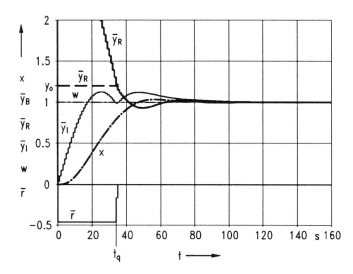

Bild 4.12
Führungsübergangsfunktion des Kreises aus Regelstrecke mit $G_S(s) = 1/(1 + 10\,s)^3$ und PID-Abtastregler für $T = 1\,s$ mit ARW-Maßnahme nach Bild 4.11

Bild 4.12 zeigt die Übergangsfunktionen. Die Reglerausgangsgröße $\bar{y}_R$ springt auf den Anfangswert $y_o = 18,98$ und schwingt dann auf den Endwert ein. Auch hierbei steht $\bar{y}_I$ im Zeitpunkt t_q schon ziemlich genau auf dem stationären Endwert. Der D-Anteil im Regelalgorithmus, der beim Hochlaufen an der Begrenzung ohne Einfluß ist, sorgt dafür, daß beim Einschwingvorgang eine wesentlich kleinere Überschwingweite als in Bild 4.9 auftritt. ♣♣♣

4.2 Begrenzungsregelungen

Häufig besteht die Aufgabe, neben der Regelung einer Größe, der Regelgröße, noch die Begrenzung einer weiteren Größe, der Begrenzungsgröße, sicherzustellen. Wenn die Begrenzungsgröße den vorgegebenen oberen oder unteren Grenzwert erreicht, soll die *Regelung für die Begrenzungsgröße mit Vorrang* behandelt

4.2 Begrenzungsregelungen

werden. Die Regelaufgabe für die **Regelgröße** darf erst wieder bearbeitet werden, wenn die Begrenzungsgröße innerhalb ihrer Grenzwerte verbleibt.

In vielen Fällen ist die Regelgröße von der Begrenzungsgröße abhängig. Bei einem Gleichstrommotor mit Drehzahlregelung und Strombegrenzung beispielsweise ergibt sich die Drehzahl als das Integral über den Ankerstrom, und der Ankerstrom soll begrenzt werden. Derartige Probleme lassen sich durch eine Kaskadenregelung lösen. Bild 4.13 zeigt den Wirkungsplan dieser *Kaskaden-Begrenzungsregelung*.

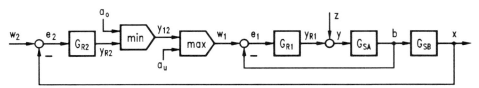

Bild 4.13 Wirkungsplan der Kaskaden-Begrenzungsregelung mit Begrenzung der unterlagerten Regelgröße (Begrenzungsgröße)

Der unterlagerte Regelkreis regelt die Begrenzungsgröße, die mit b bezeichnet wird. Die Ausgangsgröße y_{R2} des überlagerten Reglers ist die Führungsgröße w_1 für den unterlagerten Regler. Sie wird auf den oberen Grenzwert a_o durch ein Kleinstwertglied *min* und auf den unteren Grenzwert a_u durch ein Größtwertglied *max* begrenzt. Für das *Kleinstwertglied* gilt, wenn die Eingangsgrößen mit u_1, u_2 und die Ausgangsgröße mit v_{min} bezeichnet wird:

$$v_{min} = \begin{cases} u_1, & \text{wenn} \quad u_1 \leq u_2 \\ u_2, & \text{wenn} \quad u_1 > u_2 \end{cases} \quad (4.2.1)$$

und entsprechend für das *Größtwertglied* mit der Ausgangsgröße v_{max}:

$$v_{max} = \begin{cases} u_1, & \text{wenn} \quad u_1 \geq u_2 \\ u_2, & \text{wenn} \quad u_1 < u_2 \end{cases} \quad (4.2.2)$$

Der unterlagerte Regelkreis arbeitet linear. Die geforderten Grenzwerte für die Begrenzungsgröße werden also dadurch eingehalten, daß die Führungsgröße w_1 auf die entsprechenden Grenzwerte begrenzt wird. Soll der überlagerte Regler Integralverhalten bekommen, so muß er mit einer entsprechenden ARW-Maßnahme versehen werden. Um die Übersichtlichkeit zu erhalten, wird auf die Darstellung der ARW-Maßnahme bei den Regelungen mit Begrenzung verzichtet.

Das Problem der Regelung einer Größe bei gleichzeitiger Begrenzung einer zweiten wird bei der Kaskaden-Begrenzungsregelung durch zwei Regler in Reihenstruktur gelöst. Dazu muß es auch eine in ihrer Wirkung gleichwertige Struktur mit Parallelschaltung zweier Regler geben. Bild 4.14 zeigt den Wirkungsplan dieser *Parallel-Begrenzungsregelung* aus einem Hauptregler für die Regelgröße x und je einem Begrenzungsregler für den oberen und den unteren Grenzwert der Begrenzungsgröße b. In aufsteuernder Richtung der Begrenzungsgröße ist dem Hauptregler R2 der Begrenzungsregler R1 parallel geschaltet, und R1 wird erst dann wirksam, wenn die Begrenzungsgröße ihren oberen Grenzwert a_o überschreitet. Damit ab diesem Zeitpunkt der Begrenzungsregler Vorrang vor dem Hauptregler hat, muß eine Auswahl der beiden Reglerausgangsgrößen y_{R1} und y_{R2} durch ein Kleinstwertglied *min* erfolgen, denn die Größe y_{R1} nimmt mit wachsender Begrenzungsgröße b ab. Entsprechend wird der Begrenzungsregler R3 wirksam, wenn die Begrenzungsgröße ihren unteren Grenzwert a_u unterschreitet. Die Auswahl der beiden Größen y_{12} und y_{R3} erfolgt hierbei durch ein Größtwertglied *max*, denn die Größe y_{R3} steigt mit abnehmender Begrenzungsgröße b.

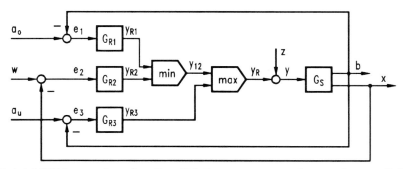

Bild 4.14 Wirkungsplan der Parallel-Begrenzungsregelung mit Parallelschaltung vom Hauptregler und je einem Begrenzungsregler für den oberen und unteren Grenzwert der Begrenzungsgröße

Die in Bild 4.14 gewählte Darstellung für die Größen b und x als Ausgangsgrößen der Regelstrecke soll darauf hinweisen, daß ein beliebiger Zusammenhang zwischen der Regelgröße x und der Begrenzungsgröße b bestehen kann.

Die Parallel-Begrenzungsregelung ist die allgemeine Struktur der Begrenzungsregelung, da sie keinen bestimmten Zusammenhang zwischen Regelgröße und Begrenzungsgröße voraussetzt. Außerdem ist sie auch dann anwendbar, wenn mehr als eine Größe zu begrenzen ist. Auch zu den Begrenzungsregelungen existieren eine große Anzahl von Veröffentlichungen mit [4.8]...[4.11] als Auswahl, die sich jedoch alle auf analoge Regler beziehen.

4.3 Kaskaden-Begrenzungsregelung

Die Kaskaden-Begrenzungsregelung stellt den bekannteren Typ der Begrenzungsregelung dar. Es genügt daher, ihre Wirkungsweise an einem Beispiel zu erläutern und den Reglerentwurf herzuleiten. Dafür soll das häufig auftretende Problem der *Drehzahlregelung von Gleichstrommotoren mit Strombegrenzung* herangezogen werden [4.12]. Es wird zunächst die Regelstrecke Gleichstrommotor analysiert, und nach dem Reglerentwurf werden die ARW-Maßnahmen ermittelt.

4.3.1 Gleichstrommotor als Regelstrecke

Aufbauend auf den in Abschn. 2.2.1 gegebenen Darstellungen sind in Bild 4.15 das Anlagenschema und die Wirkungspläne zur Drehzahlregelung eines Gleichstrommotors mit Strombegrenzung wiedergegeben. Die mathematische Beschreibung der Wirkungszusammenhänge erfolgt durch die folgenden vier Gleichungen mit der Ankerspannung u_A, der Gegenspannung u_0, dem Ankerstrom i_A, dem Antriebs- und Lastmoment M_A und M_L und der Winkelgeschwindigkeit Ω:

$$R_A\, i_A(t) + L_A \frac{di_A(t)}{dt} = u_A(t) - u_0(t); \quad R_A\, I_A(s)\,(1 + T_A s) = U_A(s) - U_0(s) \tag{4.3.1}$$

$$u_0(t) = c\,\Omega(t); \quad U_0(s) = c\,\Omega(s) \tag{4.3.2}$$

$$M_A(t) = c\, i_A(t); \quad M_A(s) = c\, I_A(s) \tag{4.3.3}$$

$$J\frac{d\Omega(t)}{dt} = M_A(t) - M_L(t); \quad Js\,\Omega(s) = M_A(s) - M_L(s) \tag{4.3.4}$$

Zur Verdeutlichung sind die Gleichungen im Zeitbereich und im Bildbereich nebeneinander geschrieben. Für die Winkelgeschwindigkeit des Motors wird der Buchstabe Ω im Zeit- und Bildbereich gewählt, um ihn von der Frequenz ω der Frequenzkennlinien zu unterscheiden. Für das Drehmoment wird M zur Unterscheidung von der Masse m geschrieben; daher ist auch hier kein Unterschied zwischen Zeit- und Bildbereich. In der Beschreibung durch diese vier Gleichungen hat der Motor die Eingangsgrößen Ankerspannung u_A und Lastmoment M_L und die Ausgangsgrößen Ankerstrom i_A und Winkelgeschwindigkeit Ω. Bild 4.15b zeigt den zu diesen Gleichungen gehörenden Wirkungsplan im Bildbereich.

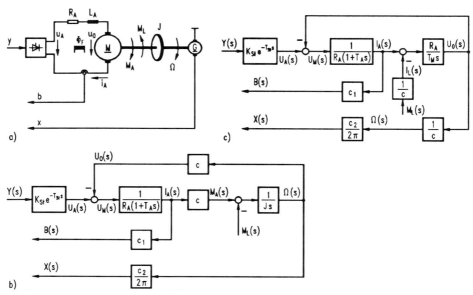

Bild 4.15 Anlagenschema (a) und Wirkungspläne (b, c) eines Gleichstrommotors

Die erste Gleichung

$$I_A(s) = \frac{1}{R_A(1+T_As)}[U_A(s) - U_0(s)] \qquad (4.3.5)$$

beschreibt den Ankerstromkreis mit der *Ankerkreisverzögerungszeit* T_A:

$$T_A = \frac{L_A}{R_A} \qquad (4.3.6)$$

mit den Werten von $T_A = 10\ldots100\,ms$.

Der in den Gleichungen für das Induktionsgesetz Gl.(4.3.2) und für die Drehmomentbildung Gl.(4.3.3) auftretende Koeffizient c ist eine vom Erregerfluß abhängige Maschinenkonstante. Hier soll nur ein konstanter Erregerfluß Φ_F betrachtet werden. J ist das Trägheitsmoment in Nms^2.

Für eine komprimierte Darstellung ersetzt man in Gl.(4.3.4) die Drehmomente durch die Ströme und erhält für die Gegenspannung nach Gl.(4.3.2)

$$U_0(s) = \frac{c^2}{Js}[I_A(s) - I_L(s)]. \qquad (4.3.7)$$

4.3 Kaskaden-Begrenzungsregelung 229

Erweitert man die rechte Seite mit dem **Ankerkreiswiderstand** R_A, so kann man schreiben:

$$U_0(s) = \frac{1}{T_M s} R_A [I_A(s) - I_L(s)] \ . \tag{4.3.8}$$

Hier wird mit der *mechanischen Motoranlaufzeit* T_M

$$T_M = \frac{R_A J}{c^2} \tag{4.3.9}$$

ein zweiter Systemparameter festgelegt, der zusammen mit T_A das dynamische Verhalten des Motors bestimmt. Da in T_M das gesamte Trägheitsmoment von Motor und Last eingeht, kann die mechanische Motoranlaufzeit Werte von einigen Millisekunden bis zu einigen Sekunden annehmen.

Mit der Festlegung nach Gl.(4.3.5) und Gl.(4.3.8) reduzieren sich die zuerst angeschriebenen vier Gleichungen auf zwei. Bild 4.15c zeigt den sich damit ergebenden Wirkungsplan, der zur Beschreibung des Motors nur noch zwei Blöcke mit Übertragungsfunktionen nach Gl.(4.3.5) und Gl.(4.3.8) und zwei Vergleichsstellen enthält.

Zur Ansteuerung des Motors dient das Stellglied mit der Übertragungsfunktion:

$$G_{St}(s) = \frac{U_A(s)}{Y(s)} = K_{St}\, e^{-T_{St} s} \tag{4.3.10}$$

Nimmt man ein Stromrichter-Stellglied mit vollgesteuerter Drehstrombrückenschaltung an, so ergibt sich eine mittlere Totzeit von $T_{St} = 1,7\, ms$. Dies ist bereits in Abschn. 2.2.1 hergeleitet.

Für die weiteren Betrachtungen wird mit linearen Verhältnissen gerechnet. Etwaige nichtlineare Effekte wie Änderungen der Wicklungs- und Bürstenübergangswiderstände oder Wirbelstromverluste werden vernachlässigt, und auch der Lückbetrieb wird nicht betrachtet.

Die im Regler zu bearbeitende Begrenzungsgröße $B(s)$ wird aus dem Ankerstrom $I_A(s)$ über den Koeffizienten c_1 mit

$$B(s) = c_1 I_A(s) \tag{4.3.11}$$

erzeugt. Der Koeffizient c_1, der etwa durch das Übersetzungsverhältnis des Stromwandlers bestimmt ist, legt fest, bei welchem Wert des Ankerstroms die Begrenzung wirksam werden soll.

Die Winkelgeschwindigkeit $\Omega(s)$ entsteht aus der Gegenspannung U_0 nach Gl.(4.3.2). Aus Ω erhält man die Drehzahl in s^{-1} durch Division durch 2π, und der Koeffizient c_2, der beispielsweise durch den Tachodynamo oder einen

Impulsgeber festgelegt ist, bestimmt den zum Nennwert von U_0 gehörenden Nennwert der Regelgröße X

$$X(s) = \frac{c_2}{2\pi c} \Omega(s).\qquad(4.3.12)$$

Natürlich lassen sich die Werte c_1 und c_2 auch einfach im Rechner verändern.

Den weiteren Berechnungen werden folgende Kenndaten zugrunde gelegt (Index N für Nennwert)

$R_A = 0,5\,\Omega$; $L_A = 10\,mH$; $u_{AN} = 400\,V$; $i_{AN} = 25\,A$; $P_N = 10\,kW$;

$n_N = 50\,s^{-1}$; $\Omega_N = 314,2\,s^{-1}$; $J = 0,38\,Nms^2$; $i_{A,Begr} = 75\,A$; $K_{ST} = 80$.

Die Eingangsgröße des A-D-Umsetzers und die Ausgangsgröße des D-A-Umsetzers sind auf $\pm 5\,V$ begrenzt. Damit erhält man für die restlichen Kenngrößen:

$$c_1 = \frac{b_N}{i_{A,Begr}} = \frac{5\,V}{75\,A} = 0,0667\,\Omega\,;$$

$$c_2 = \frac{2\pi x_N}{\Omega_N} = \frac{x_N}{n_N} = \frac{5\,V}{50\,s^{-1}} = 0,1\,Vs,$$

$$c = \frac{u_{0N}}{\Omega_N} = \frac{u_{AN} - u_{MN}}{\Omega_N} = \frac{u_{AN} - R_A i_{AN}}{\Omega_N} =$$

$$= \frac{400\,V - 0,5\,\Omega \cdot 25\,A}{2\pi \cdot 50\,s^{-1}} = 1,233\,Vs\,.$$

4.3.2 Umsetzung des Wirkungsplans vom Zeitbereich in den Frequenzbereich

In Bild 4.16 ist der Wirkungsplan des Gleichstrommotors zusammen mit der im Prozeßrechensystem zu verwirklichenden Regeleinrichtung im Zeitbereich dargestellt. Der Regelalgorithmus des Drehzahlreglers G_{RA2} erhält die vom Analog-Digital-Umsetzer in die Wertefolge (x_k) umgesetzte Regelgröße $x(t)$ zugeführt. Die digital codierten Werte $(w_{2,k})$ die Führungsgröße $w_2(t)$ werden direkt im Rechner erzeugt, wie es auch in Bild 1.2 angedeutet ist. Das gleiche gilt auch für die Wertefolgen (a_o) und (a_u) der konstanten Grenzwerte a_o und a_u.

Der Regelalgorithmus des Drehzahlreglers erzeugt aus der Wertefolge $(e_{2,k})$ der Regeldifferenz die Ausgangswertefolge $(y_{R2,k})$. Die Reihenschaltung des Kleinst-

4.3 Kaskaden-Begrenzungsregelung

und des Größtwertgliedes ergibt für die Elemente der Wertefolge $(w_{1,k})$ der Führungsgröße die Beziehung

$$w_{1,k} = \begin{cases} a_o & \text{für} \quad y_{R2,k} > a_o \\ y_{R2,k} & \text{für} \quad a_u \leq y_{R2,k} \leq a_o \\ a_u & \text{für} \quad y_{R2,k} < a_u \, . \end{cases} \quad (4.3.13)$$

Innerhalb der Grenzwerte a_o und a_u gilt also $y_{R2,k} = w_{1,k}$, so daß man für den Reglerentwurf das Größt- und Kleinstwertglied nicht zu berücksichtigen braucht.

Die Eingangswertefolge $(e_{1,k})$ des **Regelalgorithmus 1** ergibt sich aus der Differenz der Wertefolge $(w_{1,k})$ und der Wertefolge (b_k), die der A-D-Umsetzer aus der **Begrenzungsgröße** $b(t)$ erzeugt. Daraus wird die Ausgangswertefolge $(y_{R1,k})$ ermittelt. Durch Addieren einer Wertefolge $(y_{U,k})$, die mit G_U proportional zu (x_k) ist, das aus der Drehzahl $x(t)$ entsteht, erhält man $(y_{R,k})$. Auf diese Störgrößenaufschaltung mit G_U wird im übernächsten Abschnitt eingegangen.

Für die Abtastzeit T, mit der die A-D-Umsetzer immer wieder aktiviert und die Regelalgorithmen gerechnet werden, kann man bei den heutigen Prozessoren mit einem Wert von $T = 1\,ms$ rechnen. Bei dieser kleinen Abtastzeit kann man nicht, wie es bisher geschehen ist, die Rechenzeit vernachlässigen. Vielmehr muß man davon ausgehen, daß der größte Teil der Abtastzeit als Rechenzeit benötigt wird. Es wird daher mit einer Rechenzeit von $T_R = T = 1\,ms$ gerechnet. Um diese Rechenzeit T_R erscheint die Wertefolge (y_k) der Stellgröße verspätet gegenüber $(y_{R,k})$ was in Bild 4.16 als Totzeitglied dargestellt wird. Der D-A-Umsetzer erzeugt aus (y_k) die treppenförmige Stellgröße $\overline{y}(t)$. Auf dem Wirkungsweg über die Regelstrecke werden die beiden Regelkreise für Ankerstrom und Drehzahl geschlossen.

Für die weitergehende Beschreibung des gesamten Regelungssystems sowie für den Reglerentwurf ist der Übergang von der Darstellung im Zeitbereich zur Darstellung im Frequenzbereich erforderlich. Dazu ersetzt man die zeitabhängigen Größen durch ihre Laplace-Transformierten, die Wertefolgen durch Impulsfolgefunktionen, die als Taster wirkenden A-D-Umsetzer durch Abtaster und den als Speicher wirkenden D-A-Umsetzer durch ein Halteglied (s. auch Abschn. 3.1.1). Damit gelangt man von Bild 4.16 zu Bild 4.17a. Aus Platzgründen wird bei den Größen im Bildbereich der Laplace-Transformation die Variable s weggelassen. Entsprechend der Vorgehensweise, wie sie bei den Bildern 3.50 und 3.51 gezeigt ist, wird zunächst der innere Regelkreis für den Ankerstrom betrachtet.

Bei den Abtastern handelt es sich um lineare Glieder, die jedoch durch keine Übertragungsfunktion beschrieben werden. Als lineare Glieder darf man die Abtaster 1 und 2 über den Vergleicher 1 verschieben und durch den Abtaster 1, 2 ersetzen. Das im Stellgrößenpfad befindliche Halteglied wird mit dem Totzeitglied vertauscht, was bei linearen, zeitinvarianten Übertragungsgliedern zulässig

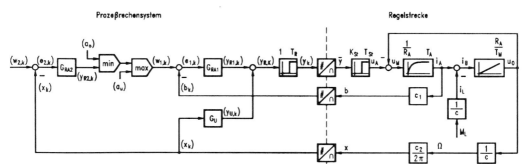

Bild 4.16 Wirkungsplan der Drehzahlregelung eines Gleichstrommotors mit unterlagerter Stromregelung und Störgrößenaufschaltung der Drehzahl im Zeitbereich

ist. Danach wird das Halteglied entgegen der Wirkungsrichtung in die beiden zu ihm hinführenden Wirkungslinien verschoben (Bild 4.17b). Nach Vertauschen des Regelalgorithmus 1 mit dem Halteglied kann man dieses mit dem Abtaster 1, 2 zum Abtast-Halteglied 1 zusammenfassen (Bild 4.17c).

Der äußere Regelkreis für die Drehzahl in Bild 4.16 wird gedanklich um einen Speicher erweitert, der die Wertefolge (x_k) in die zeitkontinuierliche Funktion $\overline{x}(t)$ umsetzt, die in den Abtastzeitpunkten jeweils mit x_k identisch ist. Auf die gleiche Weise wird die Wertefolge der Führungsgröße $(w_{2,k})$ in die Zeitfunktion $\overline{w}_2(t)$ umgesetzt. Zu den als Taster wirkenden A-D-Umsetzern mit den Speichern sind die Abtaster 3 und 4 mit Haltegliedern in Bild 4.17a äquivalent. Diese werden zu dem einen Abtaster 3, 4 mit Halteglied hinter Vergleicher 2 zusammengefaßt (Bild 4.17b) und weiterhin als Abtast-Halteglied 2 bezeichnet (Bild 4.17c).

Abtaster 3 in Bild 4.17a muß auch in den Zweig mit der Störgrößenaufschaltung durch G_U verschoben werden (Bild 4.17b). Nach Vertauschen des Haltegliedes mit G_U erscheint hier das Abtast-Halteglied 3 (Bild 4.17c).

Die Summe aus der Ausgangsgröße $\overline{Y}_{R1}$ des unterlagerten Reglers und der Störgrößenaufschaltung $\overline{Y}_U$ wird als $\overline{Y}_R$ bezeichnet (Bild 4.17c). Die um die Rechenzeit T_R als Totzeit verschobene Stellgröße $\overline{Y}$ wird vom Rechner an die Regelstrecke ausgegeben. Der Wirkungsplan Bild 4.17c stellt die Grundlage zum Reglerentwurf dar.

4.3 Kaskaden-Begrenzungsregelung

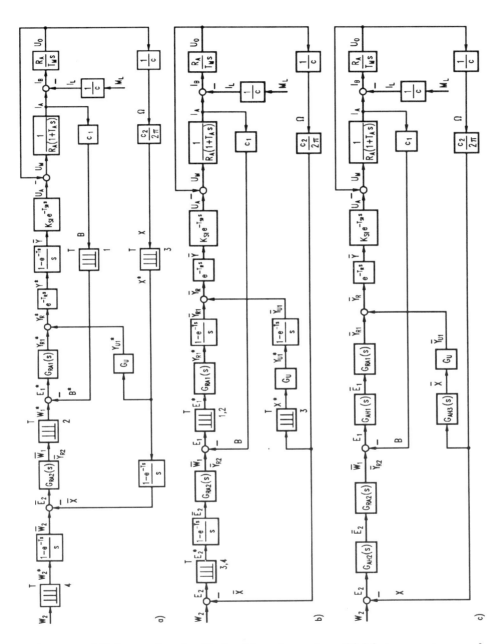

Bild 4.17 Wirkungsplan der Drehzahlregelung eines Gleichstrommotors nach Bild 4.16 im Frequenzbereich (a) und nach Umformung nach den Regeln der Wirkungsplan-Algebra (b, c)

4.3.3 Regelung des Ankerstroms

In diesem Abschnitt wird die Ankerstromregelung zunächst ohne Störgrößenaufschaltung betrachtet. Der in Bild 4.16 und Bild 4.17 bereits eingezeichnete Zweig für die Störgrößenaufschaltung der Drehzahl über G_U ist dabei nicht wirksam.

Um die Übertragungsfunktion der Regelstrecke Ankerstromkreis zu erhalten, bildet man $\tilde{G}_S(s) = B(s)/\overline{Y}(s)$ mit Berücksichtigung der Gegenkopplung von $U_0(s)$. Dazu verwendet man die Beziehung $G_v/(1 + G_v G_r)$, mit der man aus dem Vorwärtsübertragungsglied G_v und dem Rückwärtsübertragungsglied G_r für $\tilde{G}_S(s)$ erhält:

$$\tilde{G}_S(s) = \frac{B(s)}{\overline{Y}(s)} = K_{St}\, e^{-T_{St}s}\, \frac{1/[R_A(1+T_A s)]}{1+1/[T_M s(1+T_A s)]}\, c_1 =$$

$$= K_{St} \frac{c_1}{R_A} e^{-T_{St}s} \frac{T_M s}{1+T_M s(1+T_A s)} \,. \qquad (4.3.14)$$

Mit den hier gewählten Kenndaten $K_{St} = 400/5 = 80$, $c_1 = 0,0667\,\Omega$, $R_A = 0,5\,\Omega$ erhält man für den Proportionalbeiwert der Strecke:

$$K_{S1} = K_{St} \frac{c_1}{R_A} \qquad (4.3.15)$$

mit dem numerischen Wert: $K_{S1} = 10,67$.

Der Nenner der Übertragungsfunktion läßt sich für $T_M \geq 4T_A$ durch zwei Verzögerungsglieder 1. Ordnung darstellen:

$$1 + T_M s(1+T_A s) = (1+T_1 s)(1+T_2 s) \quad \text{mit}$$

$$T_M = T_1 + T_2\,,\ T_M T_A = T_1 T_2 \quad \text{und:}$$

$$T_{1,2} = \frac{T_M}{2}\left[1 \pm \sqrt{1 - \frac{4T_A}{T_M}}\right]\,. \qquad (4.3.16)$$

Bild 4.18a zeigt die zur Übertragungsfunktion $T_M s/[1 + T_M s(1+T_A s)]$ gehörende Übergangsfunktion

$$h(t) = \frac{T_1 + T_2}{T_1 - T_2}\left(e^{-t/T_1} - e^{-t/T_2}\right) \qquad (4.3.17)$$

als Kurve I. Dabei wurden gewählt: $T_M = 125\,ms$, $T_A = 20\,ms$, was zu $T_1 = 100\,ms$, $T_2 = 25\,ms$ führt. Für große Zeiten strebt die Übergangsfunktion gegen Null, was auf den Einfluß der mit dem Strom hochlaufenden Gegenspannung U_0 zurückzuführen ist.

4.3 Kaskaden-Begrenzungsregelung 235

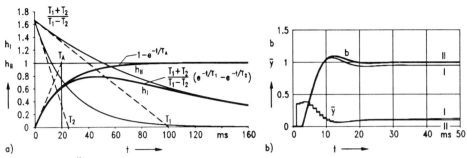

Bild 4.18 Übergangsfunktionen des Stromes im Ankerkreis des Gleichstrommotors (I) sowie mit Störgrößenaufschaltung der Drehzahl (II) (a) und zugehörige Übergangsfunktionen mit PI-Stromregler (b)

Mit einem PI-Abtastregler erhält man für den offenen Regelkreis:

$$G_{O1}^*(s) = \frac{1+T_{n1}s}{T_{n1}s} K_{S1} \frac{T_M s}{(1+T_1 s)(1+T_2 s)} e^{-(T_{St}+T/2+T_R)s},$$

und mit der Wahl von $T_{n1} = T_2 = 25\,ms$ ergibt sich:

$$G_{O1}^*(s) = K_{S1} \frac{T_M}{T_2} \cdot \frac{1}{1+T_1 s} e^{-(T_{St}+T/2+T_R)s}. \qquad (4.3.18)$$

mit den numerischen Werten: $G_{O1}^*(s) = 53,35 \frac{1}{1+0,1\,s} e^{-0,0032\,s}$.

Hierbei erhebt sich die Frage, warum die Nachstellzeit T_n auf die kleinere Verzögerungszeit T_2 und nicht, wie sonst üblich, auf die größere Verzögerungszeit T_1 angepaßt wird. Dies kann man sich leicht anhand des asymptotischen Amplitudenganges für $T_M \omega / [\sqrt{1+T_1^2\omega^2}\sqrt{1+T_2^2\omega^2}]$ klarmachen. Der asymptotische Amplitudengang zeigt für $\omega < 1/T_1$ einen Anstieg von 20 dB/Dekade, verläuft im Bereich $1/T_1 < \omega < 1/T_2$ waagerecht und knickt bei $\omega = 1/T_2$ um 20 dB/Dekade nach unten. Daher ist nur die Eckfrequenz $1/T_2$ einem Verzögerungsglied 1. Ordnung zugeordnet, wie es auch in Abschn. 2.4.2.1 besprochen wird.

Für eine Phasenreserve $\varphi_{r1} = 58,6°$ für $h_m = 0,1$ mit $T_{St}+T/2+T_R = 3,2\,ms$ erhält man aus $\varphi_{O1}(j\omega_{d1}) = -121,4°$ die Werte: $\omega_{d1} = 188\,s^{-1}$ und $K_{P1} = 0,353$. In Bild 4.18b sind die Übergangsfunktionen für die Begrenzungsgröße $b(t)$ und die Stellgröße $\bar{y}(t)$ als Kurve I gezeigt. Dabei muß die Stellgröße und damit die Ankerspannung u_A fortlaufend erhöht werden, um dem Absinken des Stroms infolge der ansteigenden Gegenspannung u_0 entgegenzuwirken. Da hierzu eine Regeldifferenz für den Stromregler erforderlich ist, kann der vorgegebene Wert des Stroms trotz I-Anteil im Regler nie erreicht werden.

4.3.4 Ankerstromkreis mit Störgrößenaufschaltung

Für den Stromregelkreis stellt die sich ändernde Gegenspannung u_0 eine Störgröße dar, die den Stromregelkreis erkennbar beeinflußt. Um diesen Einfluß zu kompensieren, wird die *Störgrößenaufschaltung* G_U eingeführt, die bereits in Bild 4.16 und Bild 4.17 eingezeichnet ist. Man benutzt dazu die Regelgröße x, die zur Gegenspannung proportional und bereits im Rechner verfügbar ist. Da die Störgrößenaufschaltung im Rechner erfolgt, muß $G_U\,e^{-(T/2+T_R)s}$ berücksichtigt werden.

Den erforderlichen Wert von G_U kann man durch folgende Überlegung ermitteln: Die Verringerung der Differenzspannung $U_M(s) = U_A(s) - U_0(s)$ durch $U_0(s)$ soll durch eine gleichgroße Erhöhung von $U_A(s)$ ausgeglichen werden. Dazu muß das Verhältnis $U_A(s)/U_0(s)$ bestimmt werden:

$$\frac{U_A(s)}{U_0(s)} = \frac{c_2}{2\pi c}\,G_U\,K_{St}\,e^{-(T_{St}+T/2+T_R)s}\,.$$

Dieses soll gleich 1 sein. Damit erhält man:

$$G_U = \frac{2\pi c}{c_2}\cdot\frac{1}{K_{St}}\,e^{(T_{St}+T/2+T_R)s}\,. \qquad (4.3.19)$$

Natürlich kann man $e^{(T_{St}+T/2+T_R)s}$ nicht realisieren, da das eine Vorhersagefunktion bedeuten würde. Man kann aber den davorstehenden konstanten Koeffizienten G_U verwirklichen, für den sich mit den auf S. 230 angegebenen Kenndaten $G_U = 0{,}968$ ergibt. Zur Vereinfachung wird $G_U = 1$ gesetzt.

Es soll nun das Übertragungsverhalten der Regelstecke mit der Störgrößenaufschaltung G_U und der Eingangsgröße $\overline{Y}_1(s)$ ermittelt werden nach der Beziehung:

$$G_S(s) = \frac{I_A(s)}{\overline{Y}_1(s)} = \frac{G_v(s)}{1-G_v(s)\,G_r(s)}\,. \qquad (4.3.20)$$

Das Minuszeichen im Nenner kommt infrage, weil die Störgrößenaufschaltung mitkoppelnd einwirkt. Für $G_v(s)$ ist die in Gl.(4.3.14) ermittelte Übertragungsfunktion $\tilde{G}_S(s)$ ohne den Koeffizienten c_1 zu nehmen. Für $G_r(s)$ erhält man mit dem realisierbaren Teil von $G_U = 2\pi c/(c_2 K_{St})$:

$$\begin{aligned}
G_r(s) &= \frac{\overline{Y}_U(s)}{I_A(s)} = \frac{R_A}{T_M s}\cdot\frac{c_2}{2\pi c}\cdot\frac{2\pi c}{c_2}\cdot\frac{1}{K_{St}}\,e^{-(T/2+T_R)s} = \\
&= \frac{R_A}{T_M s}\cdot\frac{1}{K_{St}}\,e^{-(T/2+T_R)s}\,.
\end{aligned} \qquad (4.3.21)$$

4.3 Kaskaden-Begrenzungsregelung

Das Einsetzen von G_v und G_r in Gl.(4.3.20) liefert:

$$G_S(s) = \frac{I_A(s)}{\overline{Y}_1(s)} = K_{St}\, e^{-T_{St}s}\, \frac{1}{R_A} \cdot \frac{T_M s}{1 + T_M s\,(1 + T_A s) - e^{-(T_{St}+T/2+T_R)s}} . \tag{4.3.22}$$

Für genügend kleine Werte von s gilt: $e^{-(T_{St}+T/2+T_R)s} \approx 1$. Damit ergibt sich:

$$G_S(s) = \frac{I_A(s)}{\overline{Y}_1(s)} = K_{St}\, e^{-T_{St}s}\, \frac{1}{R_A\,(1 + T_A s)} . \tag{4.3.23}$$

Man erhält also dieselbe Übertragungsfunktion, als würde das Stellglied auf den Ankerkreis des stehenden Motors einwirken. Die Übergangsfunktion zu $1/(1+T_A s)$ ist in Bild 4.18a als Kurve II eingezeichnet.

Zieht man in Gl.(4.3.22) den Term $T_M s\,(1+T_A s)$ aus dem Nenner vor den Bruchstrich, so erhält man für die genaue Übertragungsfunktion $G_S(s) = I_A(s)/\overline{Y}_1(s)$ die Gl.(4.3.23) mit dem zusätzlichen Korrekturfaktor:

$$G_K(s) = 1 \Big/ \left[1 + \frac{1 - e^{-(T_{St}+T/2+T_R)s}}{T_M s\,(1 + T_A s)} \right] . \tag{4.3.24}$$

Dieser Korrekturfaktor liefert bei der Eckfrequenz $\omega = 1/T_A$ einen vernachlässigbar kleinen Beitrag von $-0{,}01$ dB und $-0{,}08°$. Dieser Beitrag nimmt bei kleineren Frequenzen ab wegen des abnehmenden Zählers und wird bei größeren Frequenzen wegen des anwachsenden Nenners ebenfalls kleiner. Daher ist Gl.(4.3.23) eine sehr gute Näherung für $G_S(s)$ mit Störgrößenaufschaltung.

Es soll zum Vergleich noch der Fall betrachtet werden, daß man vereinfachend $G_U = 1$ setzt. Dann wird anstelle von $G_r(s)$ nach Gl.(4.3.21) mit

$$G_r'(s) = \frac{R_A}{T_M s} \cdot \frac{c_2}{2\pi c}\, e^{-(T/2+T_R)s} \tag{4.3.25}$$

gerechnet. Im Nenner von Gl.(4.3.22) erscheint bei der Exponentialfunktion anstelle des Faktors 1 der Faktor $c_2 K_{St}/(2\pi c)$, der als

$$\frac{c_2}{2\pi c} K_{St} = 1 + \Delta \tag{4.3.26}$$

bezeichnet werden soll mit $1+\Delta = 1{,}033$. Der Korrekturfaktor nach Gl.(4.3.24) lautet jetzt:

$$G_K'(s) = 1 \Big/ \left[1 + \frac{1 - (1+\Delta)\, e^{-(T_{St}+T/2+T_R)s}}{T_M s\,(1 + T_A s)} \right] \tag{4.3.27}$$

Für diesen Korrekturfaktor erhält man bei der Eckfrequenz $\omega = 1/T_A$ den Betrag $-0{,}12$ dB und den Phasenwinkel $-0{,}6°$. Der Betrag entspricht einem

Fehler von 1,4 %. Auch mit der Annahme $G_U = 1$ stellt die Gl.(4.3.23) noch eine gute Näherung für $G_S(s)$ nach Gl.(4.3.20) dar.

Beim Einsatz eines Rechners ist es jedoch ein leichtes, für G_U den genauen Wert $G_U = 0,968$ zu berücksichtigen.

4.3.5 Kaskadenregelung von Strom und Drehzahl mit proportional wirkendem Drehzahlregler

Zum Entwurf von Strom- und Drehzahlregler wird der Wirkungsplan Bild 4.17c mit der Störgrößenaufschaltung zugrunde gelegt.

Für die Regelstrecke des *Stromreglers* gilt Gl.(4.3.23) mit dem zusätzlichen Koeffizienten c_1:

$$G_{S1}(s) = \frac{B(s)}{\overline{Y}(s)} = K_{St} \frac{c_1}{R_A} \cdot \frac{1}{1+T_A s} e^{-T_{St}s} . \qquad (4.3.28)$$

Hierbei wird entsprechend Gl.(4.3.15) $K_{S1} = K_{St} c_1/R_A$ gesetzt (s. Bild 4.19).

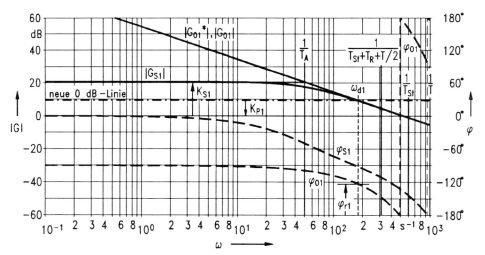

Bild 4.19 Frequenzkennlinien zur Stromregelung

Bei der Wahl eines PI-Abtastreglers mit $T_{n1} = T_A = 20\,ms$ gilt:

$$G_{O1}^*(s) = K_{S1} \frac{1}{T_A s} e^{-(T_{St}+T/2+T_R)s} . \qquad (4.3.29)$$

In diesem Fall ist das Verzögerungsglied 1.Ordnung in Gl.(4.3.28) direkt durch die Ankerkreisverzögerungszeit $T_A = 20\,ms$ bestimmt. Im vorhergehenden

4.3 Kaskaden-Begrenzungsregelung

Abschnitt ergibt sich durch die **Rückwirkung** der Gegenspannung und ohne Störgrößenaufschaltung ein Übertragungsglied 2. Ordnung. Dieses läßt sich in zwei Terme 1. Ordnung, $T_M s/(1+T_1 s)$ und $1/(1+T_2 s)$ aufspalten, wobei $T_2 \approx T_A$ ist.

Für den vorliegenden offenen Regelkreis mit I-T_t-Verhalten läßt sich auf einfache Weise der Proportionalbeiwert K_{P1} des PI-Abtastreglers ermitteln. Dazu wird auf die unter Abschn. 2.6.4 angestellten Überlegungen zurückgegriffen. Mit der Gl. (2.6.45) erhält man für die Überschwingweite $h_m = 0,10$ die Phasenreserve $\varphi_r = 0,9906 \hat{=} 56,8°$. Mit $\varphi_O(j\omega) = -90° - (T_{St} + T/2 + T_R)\omega \cdot 180°/\pi$ und $\varphi_O(j\omega_{d1}) = -123,2°$ erhält man:

$$\omega_{d1} = \frac{33,2°}{180°} \cdot \frac{\pi}{T_{St} + T/2 + T_R} . \qquad (4.3.30)$$

Mit dem Wert $T_{St} + T/2 + T_R = 3,2\,ms$ ergibt sich: $\omega_{d1} = 181\,s^{-1}$ und damit $|G_{O1}^*(j\omega_{d1})| = 2,946$, $K_{P1} = 1/|G_{O1}^*(j\omega_d)| = 0,339$. Bei der Grenzfrequenz π/T nach Shannon und Gl.(3.1.21) ist $|G_0| = -24,8\,dB$, wobei zur vorliegenden Strecke 1. Ordnung $T = 0,05\,T_A$ gewählt ist. Die Übergangsfunktion Kurve II in Bild 4.18b ist mit den hier errechneten Reglerparametern ermittelt worden.

Der *Drehzahlregler* sieht folgende Regelstrecke vor sich:

$$G_{S2}(s) = \frac{X(s)}{W_1(s)} = \frac{B(s)}{W_1(s)} \cdot \frac{X(s)}{B(s)} . \qquad (4.3.31)$$

$B(s)/W_1(s)$ ist die zu $G_{O1}(s)$ gehörende Führungsübertragungsfunktion $G_{W1}(s)$.

Für $X(s)/B(s)$ ergibt sich:

$$\frac{X(s)}{B(s)} = \frac{c_2}{2\pi c} \cdot \frac{R_A}{c_1} \cdot \frac{1}{T_M s} . \qquad (4.3.32)$$

Dafür läßt sich schreiben:

$$\frac{X(s)}{B(s)} = \frac{1}{T_H s} \qquad (4.3.33)$$

mit der *Motorhochlaufzeit* T_H

$$T_H = \frac{c_1}{R_A} \cdot \frac{2\pi c}{c_2} T_M . \qquad (4.3.34)$$

Mit den durch c_1 und c_2 getroffenen Festlegungen zum Begrenzungsstrom $I_{A,Begr}$ und zur Nenndrehzahl n_N gilt für die Motorhochlaufzeit:
Die *Motorhochlaufzeit* T_H ist die Zeit, in der der Motor mit dem Begrenzungsstrom von der Drehzahl Null auf die Nenndrehzahl hochläuft.

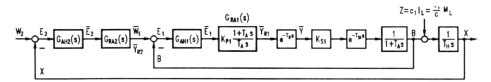

Bild 4.20 Wirkungsplan der Kaskadenregelung für Strom und Drehzahl mit Störgrößenaufschaltung der Drehzahl

Für die Übertragungsfunktion der Drehzahlregelstrecke gilt damit:

$$G_{S2}(s) = G_{W1}(s) \frac{1}{T_H s}. \qquad (4.3.35)$$

Mit den gewählten Parametern ergibt sich: $T_H = 1,292\,s$. Mit der Störgrößenaufschaltung durch G_U läßt sich das gesamte Regelungssystem vereinfacht beschreiben. Bild 4.20 zeigt die damit mögliche Darstellung durch zwei in Kaskade geschaltete einfache Regelkreise für Strom und Drehzahl. Dabei wird das System zunächst als linear betrachtet, es ist also vorerst noch kein Begrenzer für $\overline{y}_{R2}$ wirksam.

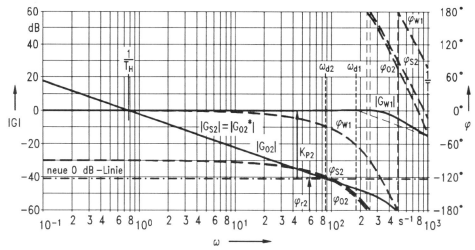

Bild 4.21 Frequenzkennlinien zur Drehzahlregelung mit P-Abtastregler bei unterlagerter Stromregelung mit Störgrößenaufschaltung

Wegen des integrierenden Verhaltens der Regelstrecke genügt bereits ein *propor-*

4.3 Kaskaden-Begrenzungsregelung

tional wirkender Abtastregler als Drehzahlregler:

$$G_{RA2}(s) = K_{P2}. \qquad (4.3.36)$$

Berücksichtigt man das Abtast-Halteglied 2, so erhält man für den offenen Drehzahlregelkreis:

$$G_{O2}^*(s) = G_{W1}(s)\frac{1}{T_H s} e^{-(T/2)s} : . \qquad (4.3.37)$$

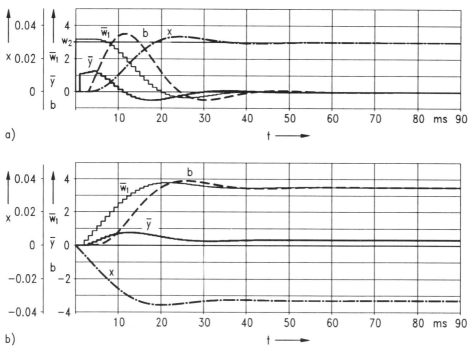

Bild 4.22 Führungsübergangsfunktion mit $w_2 = 0,03\,\sigma(t)$ (a) und Störübergangsfunktion mit $M_L = 0,7\,M_{max}\,\sigma(t)$ entsprechend $b_L = 3,5\,\sigma(t)$ (b) mit P-Abtastregler für die Drehzahl

Die dazu gehörenden Frequenzkennlinien sind in Bild 4.21 gezeichnet. Der Führungsfrequenzgang $G_{W1}(j\omega)$ ergibt sich aus dem Frequenzgang $G_{O1}^*(j\omega)$ nach Gl.(4.3.29) mit $K_{P1} = 0,339$. Zusammen mit dem Frequenzgang $1/(T_H j\omega)$ erhält man den Streckenfrequenzgang $G_{S2}(j\omega)$ nach Gl.(4.3.35). Für den Phasengang $\varphi_{S2}(j\omega)$ gilt dabei der einfache Zusammenhang: $\varphi_{S2}(j\omega) = \varphi_{W1}(j\omega) - 90°$. Da bisher nur ein P-Drehzahlregler verwendet wird, gilt für die

Amplitudengänge $|G_{O2}{}^*(j\omega)| = |G_{S2}(j\omega)|$, während $|G_{O2}(j\omega)|$ auf die neue 0 dB-Linie bezogen wird. Um den **Phasengang** $\varphi_{O2}(j\omega)$ zu erhalten, muß zu $\varphi_{S2}(j\omega)$ noch der Phasengang des Totzeitgliedes $e^{-(T/2)j\omega}$ addiert werden:

$$\varphi_{O2}(j\omega) = \varphi_{W1}(j\omega) - 90° - 0,0005\frac{180°}{\pi}\omega . \qquad (4.3.38)$$

Zur Bestimmung des Proportionalbeiwerts K_{P2} für einen P-Abtastregler für die Drehzahl nähert man die in Bild 4.18b als Kurve II dargestellte Übergangsfunktion des Ankerstroms durch ein P-T_1-Glied an. Aus Gl.(4.3.37) folgt damit, daß die Strecke des Drehzahlreglers sich als I-T_1-Strecke mit einer vernachlässigbaren Totzeit beschreiben läßt. Damit kann man wieder eine Phasenreserve von $\varphi_{r2} = 58,6°$ zugrunde legen und erhält mit $\varphi_{O2}(j\omega_{d2}) = -121,4°$ die Werte:

$$\omega_{d2} = 89\,s^{-1}; \quad |G_{O2}{}^*(j\omega_{d2})| = 0,00885; \quad K_{P2} = 113 .$$

In Bild 4.22 sind die damit erzielte Führungsübergangsfunktion mit der vorgegebenen Überschwingweite von 10 % und die Störübergangsfunktion dargestellt. Bei der Führungsübergangsfunktion kann man deutlich die Totzeiten von $T_R = 1\,ms$ für $\bar{y}$ und $T_R + T_{St} = 2,7\,ms$ für b erkennen. Die beim Störgrößensprung auftretende bleibende Regeldifferenz für die Regelgröße Drehzahl macht den Einsatz eines PI-Abtastreglers für die Drehzahl erforderlich.

4.3.6 Kaskadenregelung von Strom und Drehzahl mit PI-Drehzahlregler

Soll der Drehzahlregler zur Vermeidung bleibender Regeldifferenzen auch bei Störgrößen PI-Verhalten bekommen, so sind zusätzliche Überlegungen nötig. Da die Regelstrecke bereits I-Verhalten besitzt, nimmt der Phasengang des offenen Regelkreises $G_{O2}(j\omega)$ mit dem zusätzlichen I-Anteil des Reglers bei niedriger Frequenz den Wert $-180°$ an. Damit erhält die Ortskurvendarstellung von $G_{O2}(j\omega)$ den in Bild 2.21c dargestellten Verlauf. Bei hohen Frequenzen nimmt der Phasengang $\varphi_{O2}(j\omega)$ wegen des Totzeitgliedes beliebig große negative Werte an. Durch entsprechende Wahl der Nachstellzeit T_{n2} muß dafür gesorgt werden, daß sich bei einer bestimmten Frequenz annähernd die geforderte Phasenreserve von $\varphi_{r2} = 58,6°$ ergibt.

Für die weiteren Überlegungen wird zunächst die Totzeit $T_{St} + T_R + T/2$ in der Übertragungsfunktion $G_{O1}(s)$ nach Gl.(4.3.29) nicht berücksichtigt. Zu dem dann verbleibenden I-Glied

$$G_{O1}'(s) = K_{P1}K_{S1}\frac{1}{T_A s} = \frac{1}{T_{A1} s} \qquad (4.3.39)$$

4.3 Kaskaden-Begrenzungsregelung

ergibt sich als Führungsübertragungsfunktion die eines Verzögerungsgliedes 1. Ordnung

$$G_{W1}'(s) = \frac{1}{1 + T_{A1}s}.\qquad(4.3.40)$$

Mit dieser vorläufigen Annahme für $G_{W1}'(s)$ und einem PI-Drehzahlregler erhält man:

$$G_{O2}'(s) = K_{P2} \frac{1 + T_{n2}s}{T_{n2}s} \cdot \frac{1}{1 + T_{A1}s} \cdot \frac{1}{T_Hs},\qquad(4.3.41)$$

was man auch in der Form

$$G_{O2}'(s) = K_{P2} \frac{1}{T_{n2}T_H s^2} \cdot \frac{1 + T_{n2}s}{1 + T_{A1}s}\qquad(4.3.42)$$

schreiben kann. Diese Übertragungsfunktion ist das Produkt der Übertragungsfunktionen eines I^2-Gliedes und eines PD-T_1-Gliedes. Der Frequenzgang hierzu

$$G_{O2}'(j\omega) = -K_{P2} \frac{1}{T_{n2}T_H \omega^2} \cdot \frac{1 + T_{n2}j\omega}{1 + T_{A1}j\omega}\qquad(4.3.43)$$

ist in Bild 4.23 gezeichnet.

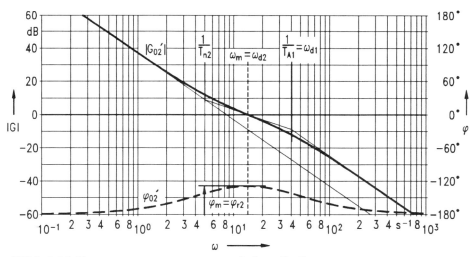

Bild 4.23 Frequenzgang zum symmetrischen Optimum

Der Amplitudengang des I^2-Gliedes ist für $\omega > 1/T_{n2}$ dünn gezeichnet, und sein Phasengang beträgt konstant $-180°$. Das hinzukommende PD-T_1-Glied ist in Abschntt 2.4.3.9 beschrieben, und sein Phasengang ist in Bild 2.15 dargestellt.

Offenbar erhält man den größtmöglichen Wert der Phasenreserve, wenn man die in Bild 4.23 gezeichnete Anordnung wählt, wo die Eckfrequenzen $1/T_{n2}$ und $1/T_{A1}$ symmetrisch zur Durchtrittskreisfrequenz ω_{d2} liegen. Diese Entwurfsvorgabe wird als das *symmetrische Optimum* bezeichnet [4.13]. Nach Gl. (2.4.60) gilt für die Durchtrittskreisfrequenz mit $\omega_{d2} = \omega_m$

$$\omega_{d2} = \frac{1}{\sqrt{T_{n2} T_{A1}}}. \tag{4.3.44}$$

Mit dem Verhältnis $a = T_{n2}/T_{A1}$ gilt für die erzielbare Phasenreserve nach Gl. (2.4.59):

$$\varphi_{r2} = \arctan \frac{a-1}{2\sqrt{a}}, \qquad a = T_{n2}/T_{A1}. \tag{4.3.45}$$

Zu einer Phasenreserve von $\varphi_{r2} = 58,6°$ gehört nach Gl.(4.3.45) der Wert $a = 12,7$. Mit der vom unterlagerten Regelkreis verfügbaren Bezugsgröße $T_{A1} = 1/\omega_{d1}$ erhält man für die Nachstellzeit des Drehzahlreglers:

$$T_{n2} = a T_{A1}, \tag{4.3.46}$$

und mit $T_{A1} = 1/\omega_{d1} = 5,5\,ms$ ergibt sich: $T_{n2} = 70,2\,ms$. Die sich damit ergebenden Führungs- und Störübergangsfunktionen sind wesentlich langsamer als mit P-Drehzahlregler. Um ein schnelleres Regelverhalten zu erzielen, muß man einen kleineren Wert für die Nachstellzeit wählen und dafür größere Überschwingweiten in Kauf nehmen. Dies ist jedoch nicht besonders problematisch, da die später noch einzubauende Strombegrenzung die Anstiegsgeschwindigkeit der Drehzahl begrenzt.

Bild 4.24 zeigt die Frequenzgänge zum PI-Abtastregler für die Drehzahl mit der Wahl von $T_{n2} = 27,5\,ms$ entsprechend $a = 5$. Mit $K_{P2} = 1$ gilt für

$$G_{O2*}(j\omega) = \frac{1 + T_{n2} j\omega}{T_{n2} j\omega} G_{W1}(j\omega) \frac{1}{T_H j\omega} e^{-(T/2)j\omega}. \tag{4.3.47}$$

Der Phasengang φ_{O2} zeigt eine merkliche Abweichung gegenüber der Darstellung in Bild 4.23. Der Grund dafür liegt in der Vernachlässigung der Totzeit $T_{St} + T/2 + T_R$, die die Phasengänge φ_{O1} und φ_{W1} und damit auch φ_{O2} stark beeinflußt. Außerdem kommt bei φ_{O2} nach Gl.(4.3.47) nochmals der Phasengang eines Totzeitgliedes für $T/2$ hinzu. Daher kann die Phasenreserve niemals den zum Verhältnis $T_{n2}/T_{A1} = a$ gehörenden Wert erreichen, sondern muß merklich darunter bleiben. In Bild 4.24 nimmt $\varphi_{O2}(j\omega)$ den kleinsten negativen Wert bei $\omega_{d2}' = 68\,s^{-1}$ mit $\varphi_{r2}' = 38,1°$ an (zu $a = 5$ gehört $\varphi_{r2} = 41,8°$). Aus dem hierzu gehörigen Betrag $|G_{O2}^*(j\omega_{d2}')|$ erhält man:

$$K_{P2}' = 76,7.$$

4.3 Kaskaden-Begrenzungsregelung

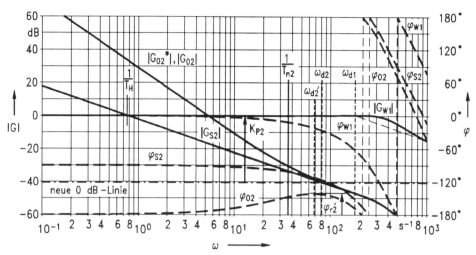

Bild 4.24 Frequenzkennlinien zur Drehzahlregelung mit PI-Abtastregler bei unterlagerter Stromregelung mit Störgrößenaufschaltung

Betrachtet man nur den Amplitudengang von Bild 4.23, so kann man mit der Gl.(4.3.44) für ω_{d2} eine andere Größe K_{P2} für den Proportionalbeiwert erhalten. In dem Frequenzbereich zwischen $1/T_{n2}$ und $1/T_{A1}$, in dem ω_{d2} liegt, kann man mit guter Näherung ansetzen:

$$|G_{W1}(j\omega)| = 1/\sqrt{1+(T_{A1}\omega)^2} \approx 1 \quad \text{und} \quad \sqrt{1+(T_{n2}\omega)^2}/(T_2\omega) \approx 1 \,.$$

Damit erhält man aus Gl.(4.3.43) mit $K_{P2}/(T_H \omega_{d2}) = 1$ und Gl.(4.3.44) die Beziehung:

$$K_{P2} = \frac{T_H}{\sqrt{T_{n2} T_{A1}}} \,. \tag{4.3.48}$$

Mit den hier verwendeten Werten ergibt sich: $\omega_{d2} = 81\,s^{-1}$ und

$$K_{P2} = \frac{1,292}{\sqrt{27,5 \cdot 5,5 \cdot 10^{-6}}} = 105 \,.$$

Dieser Wert unterscheidet sich doch erheblich von dem zuvor errechneten Wert $K_{P2}' = 76,7$. Der wesentliche Grund liegt darin, daß die Frequenz ω_{d2} als geometrisches Mittel zwischen ω_{d1} und $1/T_{n2}$ größer ist als die Frequenz ω_{d2}', bei der der größtmögliche Wert der Phasenreserve erreicht wird. Daß diese beiden Frequenzen, im Unterschied zu Bild 4.23, nicht zusammenfallen, liegt in der unsymmetrischen Form des Phasenganges φ_{O2} begründet. Ein weiterer, nicht

246   4 REGELUNGSSYSTEME MIT BEGRENZUNGEN

ganz so gewichtiger Grund ist, daß bei der Frequenz ω_{d2}' der Amplitudengang des offenen Regelkreises $|G_{O2*}|$ und bei der Frequenz ω_{d2} der Amplitudengang der Regelstrecke $|G_{S2}|$ für die Bestimmung von K_{P2}' bzw. K_{P2} herangezogen wird.

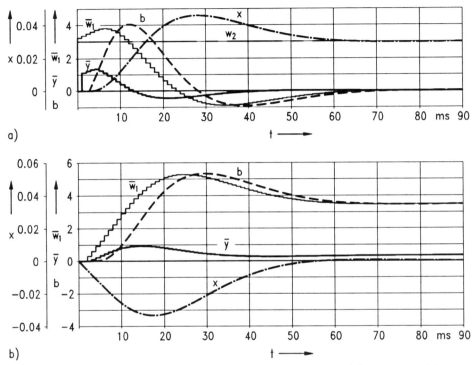

Bild 4.25 Führungs- (a) und Störübergangsfunktionen (b) wie in Bild 4.22, jedoch mit PI-Abtastregler für die Drehzahl

Die Wahl der größeren Frequenz ω_{d2} mit dem größeren Proportionalbeiwert hat eine größere Überschwingweite und kleinere An- und Einschwingzeiten zur Folge. Bild 4.25 zeigt die Führungs- und Störübergangsfunktionen mit dem gewählten Proportionalbeiwert $K_{P2} = 105$ und $T_{n2} = 27,5\,ms$.

4.3.7 Drehzahlregelung mit Strombegrenzung und Festlegung der ARW-Maßnahme

Die bisher betrachteten Führungs- und Störübergangsfunktionen wurden mit dem linearen Regelungssystem ermittelt. Deren stabiles und genügend gedämpf-

4.3 Kaskaden-Begrenzungsregelung

tes Regelverhalten ist Voraussetzung für das Anbringen der Ankerstrombegrenzung. Da sowohl im unterlagerten wie im überlagerten Regelkreis PI-Abtastregler eingesetzt werden, müssen in beiden Fällen Überlegungen zu den erforderlichen ARW-Maßnahmen angestellt werden.

4.3.7.1 ARW-Maßnahme für den Stromregler

Die in Abschn. 4.3.2 und 4.3.4 berechneten Werte für $K_{S1} = 10,67$ und $K_{P1} = 0,339$ gelten zwar für das hier betrachtete Beispiel. Es zeigt sich aber, daß in vielen Fällen etwa 10 % der Nennankerspannung genügen, um den Begrenzungsstrom aufzubringen, und daß der Proportionalbeiwert des Stromreglers nahe dem Wert 0,5 liegt. Damit arbeitet der Stromregelkreis fast immer linear. Nur bei hohen Drehzahlen und hohem Lastmoment kann die Grenze des Linearitätsbereichs erreicht werden. Deshalb genügt für den Stromregler eine einfache ARW-Maßnahme wie in Abschn. 4.1.2.

4.3.7.2 ARW-Maßnahme für den Drehzahlregler

Bei der Kaskaden-Begrenzungsregelung erhält der Drehzahlregler einen sehr großen Proportionalbeiwert in der Größenordnung von $K_{P2} \approx 100$. Diese Aussage gilt nicht nur für dieses Beispiel, sondern ziemlich allgemein. Wenn beim Hochlaufen mit dem durch a_o vorgegebenen Begrenzungsstrom der Drehzahlsollwert erreicht ist, so genügt bereits ein Überschreiten um wenige Promille, damit der Drehzahlregler sich von der Begrenzung löst und als linearer Regler arbeitet. Daher genügt auch für den Drehzahlregler eine einfache ARW-Maßnahme, wie sie in Abschn. 4.1.2 mit den Gleichungen (4.1.8) bis (4.1.10) beschrieben ist.

4.3.7.3 Verhalten der Drehzahlregelung mit Strombegrenzung

Um das Führungsverhalten beurteilen zu können, werden in Bild 4.26 Führungsübergangsfunktionen für die Drehzahlsollwerte $w_2 = 0,1$ (a) und $w_2 = 1,0$ (b) gezeigt. In beiden Fällen ist die Regelung zufriedenstellend. In Bild 4.27 sind Störübergangsfunktionen gezeigt, die nach dem Hochfahren auf $w_1 = 0,1$ angeregt werden. Dem Begrenzungsstrom $i_{A,Begr} = 75A$ entspricht das maximale Drehmoment $M_{max} = 92,5 Nm$. Im Fall a mit $M_L = 0,7 M_{max}$ wird die Störung voll ausgeregelt. Im Fall b mit $M_L = 1,2 M_{max}$ verhindert der Stromregler eine Überlastung des Motors und erzwingt ein Absinken der Drehzahl.

248   4 REGELUNGSSYSTEME MIT BEGRENZUNGEN

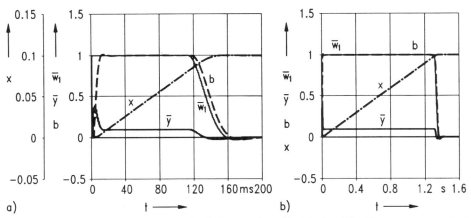

Bild 4.26 Führungsübergangsfunktionen für die Drehzahlsollwerte $w_2 = 0,1$ (a) und $w_2 = 1,0$ (b) mit Ankerstrombegrenzung

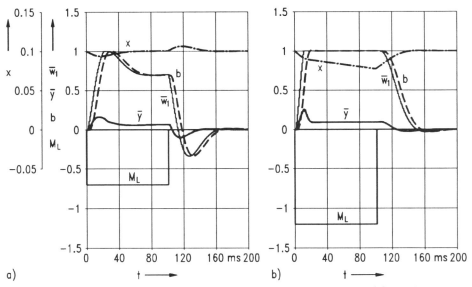

Bild 4.27 Störübergangsfunktionen mit $M_L = 0,7 M_{max}$ (a) und $M_L = 1,2 M_{max}$ (b) mit Ankerstrombegrenzung bei der Drehzahl $w_2 = 0,1$

4.4 Parallel-Begrenzungsregelung

Die Systeme mit Parallel-Begrenzungsregelung unterscheiden sich von den bisher betrachteten linearen Regelungen durch die beiden neu hinzugekommenen *nichtlinearen* Übertragungsglieder *min* und *max* (Bild 4.14, S.226). Dadurch werden die Systeme mit Begrenzungsregelung zwar zu nichtlinearen Systemen, aber zu sehr einfachen nichtlinearen Systemen. **Das** Größt- und das Kleinstwertglied wirken nämlich lediglich als Umschalter zwischen zwei linearen Regelkreisen, wobei immer nur ein Regelkreis geschlossen ist, während der zweite Regelkreis aufgetrennt ist. Man kann daher jeden Regler für sich entwerfen, ohne die anderen berücksichtigen zu müssen.

Das wesentliche Problem der Parallel-Begrenzungsregelung liegt in der Verbindung vom Größt- und Kleinstwertglied mit den verschiedenen Reglern. Zur Klärung dieses Problems sollen zwei einfache Systeme betrachtet werden, die ähnliche Aufgabenstellungen haben und trotzdem wesentliche strukturelle Unterschiede aufweisen. Zugleich geht daraus hervor, daß die mit der Begrenzungsregelung gesicherte Vorrangbehandlung einzelner Regler die Voraussetzung dafür ist, *Regelungen mit Sicherheitsfunktionen* aufzubauen.

4.4.1 Massenstromregelung im Zulauf mit Füllstandsbegrenzung

Als erstes Beispiel wird ein Ausschnitt aus einem verfahrenstechnischen Prozeß betrachtet (Bild 4.28). Einem Behälter wird durch eine Pumpe ein Produktmassenstrom $\dot{m}_{zu}$ zugeführt, während gleichzeitig am Auslauf der *zeitlich veränderliche* Massenstrom $\dot{m}_{ab}$ entnommen wird. Bei vereinfachter Betrachtung lassen sich die Zusammenhänge zwischen der Stellgröße y, der Pumpendrehzahl n, dem zugeführten Produktmassenstrom $\dot{m}_{zu}$ und der Füllstandshöhe h durch folgendes mathematische Modell beschreiben:

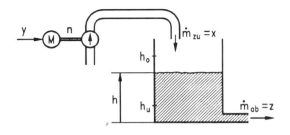

Bild 4.28
Anlagenschema eines verfahrenstechnischen Teilprozesses

$$T_1 \dot{n}(t) + n(t) = K_1 y(t), \qquad \frac{N(s)}{Y(s)} = \frac{K_1}{1 + T_1 s}; \qquad (4.4.1)$$

$$T_2 \frac{d}{dt}[\dot{m}_{zu}(t)] + \dot{m}_{zu}(t) = K_2 n(t), \quad \frac{\dot{M}_{zu}(s)}{N(s)} = \frac{K_2}{1 + T_2 s}; \quad (4.4.2)$$

$$\dot{m}_{zu}(t) - \dot{m}_{ab}(t) = y_S(t), \quad \dot{M}_{zu}(s) - \dot{M}_{ab}(s) = Y_S(s); \quad (4.4.3)$$

$$\dot{h}(t) = K_3 y_S(t), \quad \frac{H(s)}{Y_S(s)} = \frac{K_3}{s}. \quad (4.4.4)$$

Der Einfachheit halber sind die Differentialgleichungen und die zugehörigen Übertragungsfunktionen nebeneinander geschrieben.

Im normalen Betrieb, wenn $h_u < h < h_o$ gilt, soll der zugeführte Massenstrom $\dot{m}_{zu}$ auf einen konstanten Wert geregelt werden. Ohne weitere Vorkehrungen könnte es dann allerdings passieren, daß, abhängig vom zeitlichen Verlauf des abfließenden Massenstroms $\dot{m}_{ab}$, der Füllstand h einen der beiden Grenzwerte h_u oder h_o unter- bzw. überschreitet. Um dies auszuschließen, soll hier eine Begrenzungsregelung eingesetzt werden, die für den Fall $h_u < h < h_o$ den zugeführten Massenstrom $\dot{m}_{zu}$ auf den konstanten Wert w regelt, andernfalls jedoch umschaltet auf eine Regelung des Füllstandes und so dafür sorgt, daß weder der Grenzwert h_u unterschritten noch der Grenzwert h_o überschritten wird.

4.4.1.1 Wirkungsplan zur Massenstromregelung im Zulauf mit Füllstandsbegrenzung

Aus den Forderungen an die Begrenzungsregelung ergibt sich der in Bild 4.29 dargestellte Wirkungsplan für die im Prozeßrechensystem zu verwirklichende Regeleinrichtung. Der Regelalgorithmus des Hauptreglers 2 erhält die vom A-D-Umsetzer in die Wertefolge (x_k) umgesetzte Regelgröße $x(t) = \dot{m}_{zu}(t)$ zugeführt. Die zumeist konstante Führungsgröße $w(t)$ wird mit ihren digital codierten Werten (w_k) direkt im Rechner erzeugt, wie es auch in Bild 1.2 angedeutet ist. Das gleiche gilt für die Wertefolgen (h_o) und (h_u) der konstanten Grenzwerte h_o und h_u.

Die Regelalgorithmen der Begrenzungsregler 1 und 3 vergleichen die vom A-D-Umsetzer erzeugte Wertefolge (b_k) der Begrenzungsgröße $b(t) = h(t)$ mit (h_o) bzw. (h_u). Deren Ausgangswertefolge $(y_{R1,k})$ bzw. $(y_{R3,k})$ soll die Ausgangswertefolge $(y_{R2,k})$ des Hauptreglers mit Vorrang ablösen. Wenn $h(t) \geq h_o$ wird, soll Begrenzungsregler 1 dafür sorgen, daß $\dot{m}_{zu}$ abnimmt. Da mit steigendem Füllstand $(y_{R1,k})$ sinkt, muß Regler 1 gegenüber Regler 2 mit einem *Kleinstwertglied min* einwirken. Wenn dagegen $h(t) \leq h_u$ wird, soll der Begrenzungsregler 3 dafür sorgen, daß $\dot{m}_{zu}$ zunimmt. Da mit fallendem Füllstand $(y_{R3,k})$ ansteigt, muß Regler 3 auf ein *Größtwertglied max* wirken. Diese grundsätzlichen Über-

4.4 Parallel-Begrenzungsregelung 251

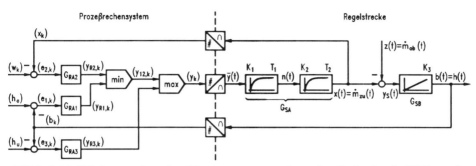

Bild 4.29 Wirkungsplan der Massenstromregelung im Zulauf mit Füllstandsbegrenzung im Zeitbereich

legungen führen direkt auf eine Struktur, die der Parallel-Begrenzungsregelung von Bild 4.14 entspricht. Hierbei ist die Reihenfolge von Kleinst- und Größtwertglied nicht zwingend. Sie dürfen auch vertauscht werden, ohne daß sich die Wirkungsweise ändert, vorausgesetzt, daß der Regler 1 auf das Kleinstwertglied und Regler 3 auf das Größtwertglied einwirkt. Auf der Ausgabeseite des Rechners setzt ein als Speicher wirkender D-A-Umsetzer die Wertefolge (y_k) in die treppenförmige Stellgröße $\overline{y}(t)$ um, die auf die Regelstrecke wirkt.

Dieser Wirkungsplan soll nun soweit vereinfacht werden, daß man die als Taster wirkenden A-D-Umsetzer mit dem als Speicher wirkenden D-A-Umsetzer jeweils zu einem gleichwertigen Abtast-Halteglied zusammenfassen kann. Dazu ersetzt man die zeitabhängigen Größen durch ihre Laplace-Transformierten und die Wertefolgen durch Impulsfolgefunktionen, sowie die als Taster wirkenden A-D-Umsetzer durch Abtaster und den als Speicher wirkenden D-A-Umsetzer durch ein Halteglied. Damit erhält man Bild 4.30a.

Von den drei Regelkreisen kann zu einem bestimmten Zeitpunkt immer nur einer wirkungsmäßig geschlossen sein. In dem geschlossenen Regelkreis wirken sowohl Größt- als auch Kleinstwertglied wie Proportionalglieder mit $K_P = 1$, so daß man diese mit dem Halteglied tauschen kann. Diese Vertauschung muß mit beiden Eingängen des Größt- und Kleinstwertgliedes vorgenommen werden, damit für alle drei Regelkreise die gleiche Funktion erhalten bleibt. Will man sich bei dieser Vorgehensweise auf die Regeln der Wirkungsplan-Algebra abstützen, so muß man Größt- und Kleinstwertglied als Zusammenführung betrachten, die mit einer Additionsstelle zu vergleichen ist. Das Vertauschen des Haltegliedes mit dem Größt- oder Kleinstwertglied entspricht daher dem Verschieben der Zusammenführung in Wirkungsrichtung [3.12]. Das Halteglied erscheint nach der Verschiebung des Größtwertgliedes in Wirkungsrichtung in den beiden zu

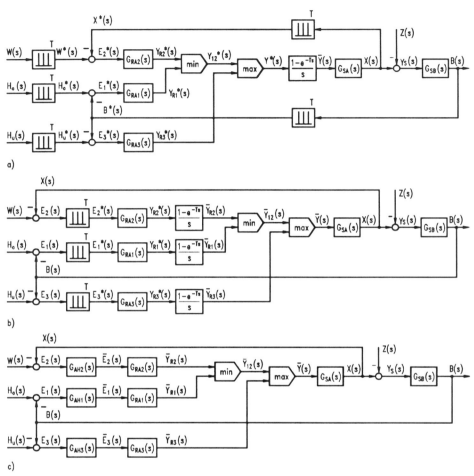

Bild 4.30 Wirkungsplan von Bild 4.29 im Frequenzbereich (a) und seine Umformung nach den Regeln der Wirkungsplan-Algebra (b, c)

ihm hinführenden Wirkungslinien. Nach der darauffolgenden Verschiebung des Kleinstwertgliedes in Wirkungsrichtung erscheint das Halteglied auch in den beiden Wirkungslinien, die zu diesem hinführen. Damit ist das Halteglied nun hinter jedem der drei Regelalgorithmen angeordnet, wie es in Bild 4.30b dargestellt ist. Außerdem sind darin jeweils zwei vor einer Vergleichsstelle befindliche Abtaster zu einem Abtaster zusammengefaßt, der in Wirkungsrichtung hinter die Vergleichsstelle verschoben wird.

4.4 Parallel-Begrenzungsregelung 253

Für den Übergang zu Bild 4.30c vertauscht man jeden der drei Regelalgorithmen mit dem zugehörigen Halteglied und faßt danach dieses mit dem Abtaster zum Abtast-Halteglied zusammen. Bild 4.30c dient als Grundlage für den Reglerentwurf.

4.4.1.2 Reglerentwurf mit ARW-Maßnahme

Um die Regler entwerfen zu können, wird angenommen, daß die Nennwerte der Stellgröße, der Drehzahl und des Zustroms einander zugeordnet sind. Betrachtet man die drei Größen $\bar{y}$, n und $\dot{m}_{zu}$ als auf ihren Nennwert bezogene Größen, so gilt damit: $K_1 = K_2 = 1$. Damit hat man eine Regelstrecke mit dem Proportionalbeiwert $K_S = 1$ und den Verzögerungszeiten T_1 und T_2, die beide als gleich angenommen werden:

$$G_{SA}(j\omega) = \frac{1}{(1 + T_1 j\omega)^2} . \tag{4.4.5}$$

Für einen PI-Abtastregler nach der Betragsanpassung hat man die Absenkungskreisfrequenz ω_{03} zu bestimmen. Bei zwei gleichen Verzögerungszeiten T_1 gilt nach Gl. (3.4.9): $T_1 \omega_{03} = \sqrt{\sqrt{2} - 1} = 0,644$. Mit der Annahme $T_1 = 0,5\,s$ erhält man für die Nachstellzeit des Reglers: $T_{n2} = 0,78\,s$. Für den Frequenzgang des offenen Regelkreises

$$G_{O2}(j\omega) = K_{P2} \frac{1 + T_{n2} j\omega}{T_{n2} j\omega} \cdot \frac{1}{(1 + T_1 j\omega)^2} e^{-(T/2 + T_R)j\omega} \tag{4.4.6}$$

hat man noch die Abtastzeit $T = 0,2\,s$ und die Phasenreserve $\varphi_r = 47,1°$ für $h_m = 0,2$ aus Tafel 3.5 festzulegen. Da es sich um relativ große Verzögerungszeiten handelt, gegenüber denen die Rechenzeit sehr klein ist, wird mit der vereinfachenden Annahme $T_R = 0$ gerechnet. Es ist auch darauf verzichtet worden, die Rechenzeit durch ein Totzeitglied hinter dem Größtwertglied in Bild 4.29 und Bild 4.30 zu berücksichtigen. Damit erhält man mit dem Strukturogramm Bild 3.24 für die Durchtrittskreisfrequenz $\omega_{d2} = 1,94\,s^{-1}$ und aus $|G_{O2}{}^*(j\omega_d)| = 0,618$ für den Proportionalbeiwert: $K_{P2} = 1,62$.

Zur Bestimmung der ARW-Maßnahme sind die Werte der Verzugszeit und Ausgleichszeit erforderlich. Zur Regelstrecke mit dem Frequenzgang Gl.(4.4.5) mit $T_1 = 0,5\,s$ ermittelt man durch Simulation oder Berechnung der Übergangsfunktion $T_u = 0,14\,s$ und $T_g = 1,36\,s$. Mit den weiteren Annahmen $y_o = 1,2$; $y_u = 0$; $q = 0,2$ erhält man für $w_1 = 1$:
$t_1 = 0$; $t_m = 1,27\,s$; $t_q = 1,05\,s$; $r_0 = 0,251$.

Für die Begrenzungsregler $G_{R1}(s)$ und $G_{R3}(s)$ genügen P-Regler, da in deren Kreis die Strecke bereits ein I-Glied enthält. Zur Bestimmung von K_3 mache man sich das Übertragungsverhalten von $G_{SB}(s) = K_3/s = 1/(T_I s)$ klar.

Ein Einheitssprung für $\dot{m}_{zu}$ (bei $\dot{m}_{ab} = 0$) erzeugt als Ausgangsgröße die Anstiegsfunktion $h(t) = t/T_I$, die nach der Zeit T_I den Wert 1 erreicht. Soll der Behälter imstande sein, den in einer Minute zuströmenden Massenstrom $\dot{m}_{zu}$ zu speichern, so ist $T_I = 60\,s$ zu wählen. Für schnelleres Regelverhalten bei der Simulation wird $T_I = 20\,s$ gewählt, und daraus folgt: $K_3 = 1/T_I = 0,05\,s^{-1}$.

Für den offenen Begrenzungsregelkreis gilt:

$$G_{O1}(j\omega) = K_{P1} \frac{1}{T_I\,j\omega\,(1+T_1\,j\omega)^2}\, e^{-(T/2+T_R)j\omega} \qquad (4.4.7)$$

Nimmt man an, daß sich der Füllstand im Bereich $0 < h < 1$ bewegen kann und wählt man $h_o = 0,9$ und $h_u = 0,1$, so wird die für den Reglerentwurf vorzugebende Überschwingweite mit $h_m = 0,1$ angenommen.

Es handelt sich hier um ein I-T_2-System, für das man für $h_m = 0,1$ aus Tafel 3.4 bei $m = n - 1 = 1$ abliest: $\varphi_r = 58,6°$. Aus $\omega_{d1} = 0,508\,s^{-1}$ und $|G_{O1}^*(j\omega_d)| = 0,0925$ ergibt sich $K_{P1} = K_{P3} = 10,82$ (mit $T_R = 0$).

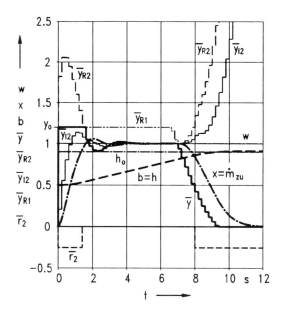

Bild 4.31
Übergangsfunktion der Massenstromregelung mit ARW-Maßnahme

Das sich damit ergebende Übergangsverhalten ist in Bild 4.31 für einen Sprung der Führungsgröße $w(t) = \sigma(t)$ mit $z(t) = \dot{m}_{ab}(t) = 0$ dargestellt. Damit der Eingriff des Begrenzungsreglers nicht zu lange dauert, ist von einem Anfangswert des Füllstandes von $h_0 = 0,5$ ausgegangen worden. Die Ausgangsgrößen der Begrenzungsregler werden auch auf y_o und y_u begrenzt. Die Übergangsfunk-

4.4 Parallel-Begrenzungsregelung 255

tion der Regelgröße mit ARW-Maßnahme ist innerhalb der ersten 7 Sekunden zufriedenstellend.

4.4.1.3 Entwurf des Abgleichalgorithmus

Beim Eingriff des Begrenzungsreglers nach etwa 7 Sekunden zeigt sich jedoch ein neues Problem, das zunächst einmal beschrieben werden soll.

Nach der Vorgabe der Sprungfunktion erhöht sich erwartungsgemäß der Füllstand, da ein Ungleichgewicht zwischen Massenzustrom und Massenabstrom besteht. Wenn sich der Füllstand seinem oberen Grenzwert h_o nähert, verringert der Begrenzungsregler 1 seine Ausgangsgröße $\bar{y}_{R1}$. Wenn der Wert der Ausgangsgröße $\bar{y}_{R1}$ zum Zeitpunkt $t = 7\,s$ den Wert der augenblicklich noch führenden Ausgangsgröße $\bar{y}_{R2}$ unterschreitet, wird die Stellgröße $\bar{y}$ nicht mehr von $\bar{y}_{R2}$, sondern von $\bar{y}_{R1}$ gebildet. Mit dem abnehmenden Verlauf von $\bar{y}_{R1}$ verringert sich auch die Regelgröße x, und zwar solange, bis $\dot{m}_{zu} = \dot{m}_{ab} = 0$ ist. Damit wird $y_S = x - z$ gleich Null, und der Füllstand ändert seinen Wert nicht mehr.

Ab dem Zeitpunkt $t = 7\,s$ ist der Hauptregler außer Eingriff. Durch die Verringerung des Massenzustroms entsteht eine positive Regeldifferenz $\bar{e}_2$ im Hauptregler, die durch den I-Anteil bis zu beliebig großen Werten $\bar{y}_{I2}$ aufintegriert wird. Durch Addition des P-Anteils $\bar{y}_{P2}$ entsteht die Reglerausgangsgröße $\bar{y}_{R2}$.

Wird umgekehrt, etwa durch Vergrößern des Massenabstroms, der untere Grenzwert h_u des Behälterstandes erreicht, so wird der Begrenzungsregler 3 seine Ausgangsgröße $\bar{y}_{R3}$, und damit $\bar{y}$, soweit vergrößern, bis $\dot{m}_{zu} = \dot{m}_{ab}$ ist. Von da an bleibt der Füllstand konstant. Dann wird sich im Hauptregler, der außer Eingriff ist, eine negative Regeldifferenz $\bar{e}_2 < 0$ ergeben, die durch den Integralanteil bis zu beliebig großen negativen Werten aufintegriert wird. Gegen dieses in beide Richtungen unbefriedigende Verhalten muß eine Abhilfemaßnahme entwickelt werden.

Es genügt offenbar als Abhilfemaßnahme nicht, wenn man auch für $\bar{y}_{I2}$ eine obere und eine untere Schranke einführt, da man diese ziemlich groß wählen müßte, um das normale Regelverhalten nicht zu beeinflussen. Wenn dann durch eine Änderung im Massenabstrom der Füllstand sich von seinem Grenzwert weg in den normalen Stellbereich hinein bewegt, soll der Hauptregler wieder seine Regelaufgabe übernehmen. Dafür müßte $\bar{y}_{I2}$ von seiner hohen Schranke in den normalen Regelbereich herunterkommen, wofür eine große Anzahl von Abtastschritten benötigt würde. Diese Methode ergäbe daher ein sehr unbefriedigendes Regelverhalten.

Der einzige gangbare Weg besteht anscheinend darin, den I-Anteil $\bar{y}_{I2}$ so zu beeinflussen, daß er zu dem Zeitpunkt, wenn der Hauptregler wieder seine Regelaufgabe wahrnehmen soll, schon einigermaßen richtig steht. Diese Vorgehensweise hat bereits bei der verbesserten **ARW-Maßnahme** in Abschn. 4.2 zu guten Ergebnissen geführt. Wenn einer der **Begrenzungsregler**, beispielsweise Regler 1, in Eingriff ist, dann ist $\overline{y} = \overline{y}_{R1}$. Also müßte man dafür sorgen, daß auch $\overline{y}_{I2} \approx \overline{y}_{R1}$ ist. Die einfachste Möglichkeit wäre, nach Eingriff von Begrenzungsregler 1 den Wert von $y_{I2,k}$ durch $y_{R1,k}$ zu überschreiben:

$$y_{I2,k} := y_{R1,k} \, . \tag{4.4.8}$$

Das kann jedoch, insbesondere bei zusätzlichen stochastischen Störungen dazu führen, daß kurzzeitg $\overline{y}_{I2} < \overline{y}_{R1}$ wird, so daß im nächsten Abtastintervall wieder der Hauptregler übernimmt. Es wäre dann ein nochmaliges Umschalten vom Hauptregler auf den Begrenzungsregler erforderlich. Um derartige unnötige Umschaltungen zu vermeiden, wird vorgeschlagen, die Größe $\overline{y}_{I,2}$ mit einem Verzögerungsverhalten der Größe $\overline{y}_{R1}$ nachzuführen. Hiermit wird die Ausgangsgröße des Hauptreglers durch Abgleich seines I-Anteils auf die Ausgangsgröße des führenden Begrenzungsreglers festgelegt. Daher wird dieser Algorithmus im Unterschied zum Regelalgorithmus als *Abgleichalgorithmus* bezeichnet. Die Verzögerungszeit, mit der der I-Anteil des Hauptreglers der Ausgangsgröße des gerade führenden Begrenzungsreglers nachgeführt werden soll, wird mit T_V bezeichnet (eine Verwechslung mit der Vorhaltezeit T_v sollte ausgeschlossen sein).

Damit sind also entsprechend der Beziehung

$$\frac{\overline{Y}_{I2}(s)}{\overline{Y}_{R1}(s)} = \frac{1}{1 + T_V s} \tag{4.4.9}$$

die Koeffizienten d_0, d_1 und c_1 von

$$y_{I2,k} = c_1 y_{I2,k-1} + d_0 y_{R1,k} + d_1 y_{R1,k-1} \tag{4.4.10}$$

zu bestimmen. Mit Benutzung von Gl. (3.2.20) erhält man aus: $g_0 = 1$, $g_1 = 0$, $h_0 = 1$, $h_1 = T_V$ die Koeffizienten

$$d_0 = d_1 = \frac{T/2}{T_V + T/2} \, ; \qquad c_1 = \frac{T_V - T/2}{T_V + T/2} \, . \tag{4.4.11}$$

Um keine unnötig große Verzögerung in Kauf nehmen zu müssen, wird die Verzögerungszeit T_V gleich der Abtastzeit T gewählt. Zur Unterscheidung von den Koeffizienten des Regelalgorithmus werden die Koeffizienten des Abgleichalgorithmus mit d_V und c_V bezeichnet, wofür sich bei $T_V = T$ ergibt:

$$d_V = \frac{1}{3} \, ; \qquad c_V = \frac{1}{3} \tag{4.4.12}$$

und

$$y_{I2,k} = c_V y_{I2,k-1} + d_V (y_{R1,k} + y_{R1,k-1}) \, . \tag{4.4.13}$$

4.4 Parallel-Begrenzungsregelung

Das Struktogramm mit diesem Abgleichalgorithmus und ARW-Maßnahme ist in Bild 4.32 dargestellt.

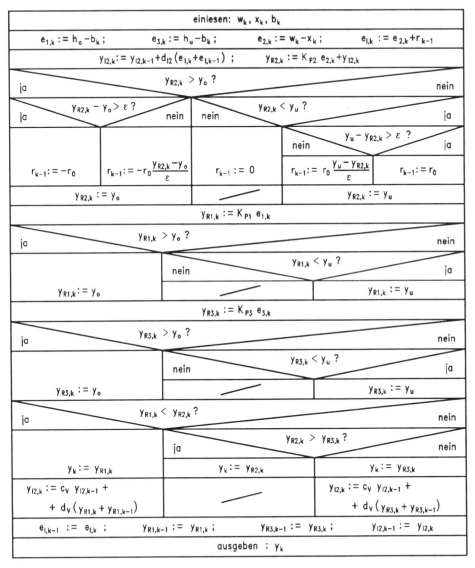

Bild 4.32 Struktogramm zur Massenstromregelung im Zulauf mit ARW-Maßnahme sowie Füllstandsbegrenzung mit Abgleichalgorithmus

Bild 4.33 zeigt den ausführlichen Wirkungsplan dieser Parallel-Begrenzungsregelung mit ARW-Maßnahme und Umschaltung auf den Abgleichalgorithmus im Zeitbereich. Ausgehend von dem Wirkungsplan Bild 4.30c werden alle darin vorkommenden Laplace-Transformierten durch ihre Zeitgrößen ersetzt. Beim Hauptregler 2 ist neben P- und I-Anteil $\bar{y}_{P2}$ und $\bar{y}_{I2}$ noch die ARW-Maßnahme mit $\bar{r}_2$ dargestellt. Zwei Analog-Binär-Umsetzer vergleichen die Ausgangsgröße des Hauptreglers mit der Ausgangsgröße von je einem der beiden Begrenzungsregler und sorgen bei positiver Eingangsgröße für das Zuschalten des Abgleichalgorithmus auf den I-Anteil des Hauptreglers. Für das I-Verhalten des Hauptreglers und das Verzögerungsverhalten beim Abgleichalgorithmus sind die entsprechenden Übergangsfunktionen als Treppenkurven eingezeichnet. In Bild

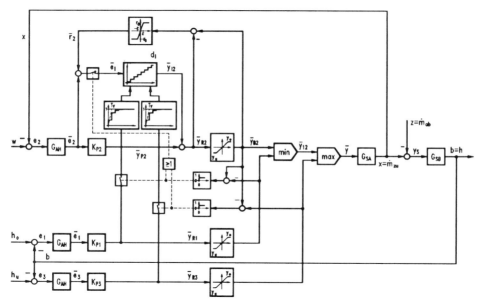

Bild 4.33 Wirkungsplan zur Massenstromregelung im Zulauf mit Füllstandsbegrenzung und Umschaltung auf den Abgleichalgorithmus analoge bzw. digitale Größen (——); binäre Größen (- - - -)

4.34 sind die Übergangsfunktionen zu diesem System mit Massenstromregelung im Zulauf und Füllstandsbegrenzung dargestellt. Es wird vom Zustand $h_0 = 0,5$, $w_0 = 0$, $z_0 = 0$ ausgegangen. Im Zeitnullpunkt springt die Führungsgröße auf den Wert $w_1 = 1$. Die Stellgröße ist durch $\bar{y}_{R1}$ gegeben, das nach oben auf y_o begrenzt wird. Die Regelgröße ist nach etwa $4s$ auf den Wert der Führungsgröße eingeschwungen. Infolge des Zulaufmassenstroms

4.4 Parallel-Begrenzungsregelung

$x = \dot{m}_{zu}$ steigt der Füllstand $b = h$ an. Bei Annäherung von h an den oberen Grenzwert $h_o = 0,9$ nimmt $\overline{y}_{R1}$ stark ab, und etwa ab dem Zeitpunkt $t = 7\,s$ ist $\overline{y}_{R1} < \overline{y}_{R2}$, und damit stellt $\overline{y}_{R1}$ die Stellgröße $\overline{y}$ dar. Die Regelgröße x wird bis auf den Wert des Massenstroms $\dot{m}_{ab} = z_0 = 0$ reduziert. Zugleich damit sorgt der Abgleichalgorithmus dafür, daß der I-Anteil $\overline{y}_{I2}$ stark verringert wird. Die nicht begrenzte Reglerausgangsgröße $\overline{y}_{R2}$ ergibt sich aus $\overline{y}_{I2}$ durch Hinzufügen des P-Anteils $\overline{y}_{P2} = K_{P2}\,\overline{e}_2$.

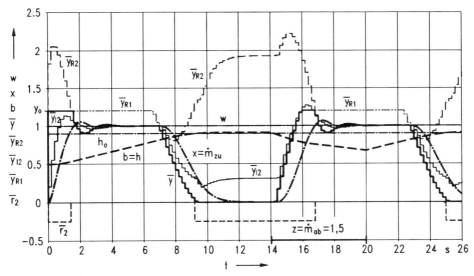

Bild 4.34 Übergangsfunktionen zur Massenstromregelung im Zulauf mit ARW-Maßnahme und Abgleichvorgang bei Füllstandsbegrenzung

Zum Zeitpunkt $t = 14\,s$ wird eine Störgröße $z_1 = 1,5$ vorgegeben, was am unteren Bildrand gekennzeichnet ist und woraufhin der Füllstand wieder unter den oberen Grenzwert h_o absinkt. Damit steigt $\overline{y}_{R1}$ stark an und $\overline{y}_{I2}$ wird durch den Abgleichalgorithmus ebenfalls vergrößert. Die an die Regelstrecke ausgegebene Stellgröße $\overline{y} = \overline{y}_{R1}$ steigt bis auf den Begrenzungswert y_o an. Zum Zeitpunkt $t = 16,8\,s$ unterschreitet $\overline{y}_{R2}$ den Grenzwert y_o und bildet damit die Stellgröße $\overline{y}$. Der Hauptregler sorgt wieder dafür, daß $x = w = 1$ ist. Da der Massenabstrom $z = \dot{m}_{ab} = 1,5$ größer als der Massenzustrom $x = \dot{m}_{zu} = 1$ ist, sinkt der Füllstand weiter. Ab dem Zeitpunkt $t = 20\,s$ wird wiederum für den Massenabstrom $\dot{m}_{ab} = z_0 = 0$ vorgegeben. Damit steigt der Füllstand wieder an, und etwa ab dem Zeitpunkt $t = 23\,s$ wiederholen sich die Vorgänge wie ab dem Zeitpunkt $t = 7\,s$.

Wie die Übergangsfunktionen in Bild 4.34 zeigen, ist mit dem Abgleichalgorithmus nach den Gleichungen (4.4.9) bis (4.4.13) ein einwandfreies Umschalten von der Massenstromregelung durch Hauptregler 2 zur Begrenzungsregelung durch Begrenzungsregler 1 oder 3 und zurück gewährleistet.

4.4.2 Massenstromregelung im Ablauf mit Füllstandsbegrenzung

Als zweites Beispiel wird ein Prozeß betrachtet, bei dem eine Massenstromregelung im Ablauf erforderlich ist.

Ein Auffangbecken für eine Kläranlage erhält einen zeitlich veränderlichen Zustrom $\dot{m}_{zu}$ (Bild 4.35). Im Normalbetrieb, wenn $h_u < h < h_o$ gilt, soll der Massenstrom $\dot{m}_{ab}$ für die nachgeschalteten Klärbecken auf einen konstanten Wert w geregelt werden. Dazu wird durch einen Stellantrieb ein Schieber verfahren, so daß mit der Stellgröße y der Ablaufquerschnitt q verändert wird. Die Begrenzungsregelung soll sicherstellen, daß der Füllstand den Maximalwert h_o nicht überschreitet und den Minimalwert h_u nicht unterschreitet.

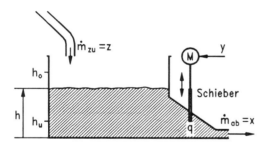

Bild 4.35
Anlagenschema für das
Auffangbecken einer Kläranlage

4.4.2.1 Wirkungsplan zur Massenstromregelung im Ablauf mit Füllstandsbegrenzung

Der Wirkungsplan für dieses Problem einer Begrenzungsregelung ist in Bild 4.36 dargestellt. Dabei werden, wie in Bild 4.29, bei der Regelstrecke die zeitkontinuierlichen Größen angegeben, während im Prozeßrechensystem die daraus erzeugten Wertefolgen angegeben sind. Es genügt, weiterhin nur noch die mit den Begrenzungen verbundenen strukturellen Fragen zu betrachten. Dabei geht es besonders um den Unterschied zur Massenstromregelung im Zulauf mit Füllstandsbegrenzung.

Es wird, wie unter 4.4.1.1 und bei Bild 4.29, verlangt, daß der Begrenzungsregler 1 das Überschreiten von h_o und der Begrenzungsregler 3 das Unterschreiten von h_u verhindern soll. Wenn $h(t) \geq h_o$ wird, soll der Begrenzungsregler 1

4.4 Parallel-Begrenzungsregelung 261

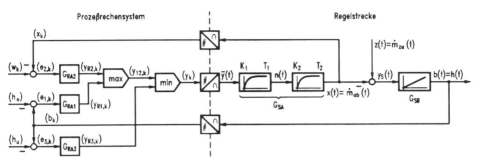

Bild 4.36 Wirkungsplan zur Massenstromregelung im Ablauf mit Füllstandsbegrenzung im Zeitbereich

dafür sorgen, daß $\dot{m}_{ab}$ zunimmt. Da beim vorliegenden Problem die Massenstromregelung im Ablauf stattfindet, darf für $h(t) \geq h_o$ die Stellgröße (y_k) nicht mehr kleiner werden. Mit steigendem Füllstand muß also $(y_{R1,k})$ auch zunehmen. Daher muß für den Begrenzungsregler 1 gelten: $(e_{1,k}) = (b_k) - (h_o)$, und er muß gegenüber Hauptregler 2 mit einem *Größtwertglied max* einwirken. Um das Unterschreiten von h_u zu verhindern, muß Begrenzungsregler 3 dafür sorgen, daß für $h(t) \leq h_u$ der Massenabstrom $\dot{m}_{ab}$ abnimmt. In diesem Fall darf die Stellgröße (y_k) nicht mehr größer werden. Mit abnehmender Begrenzungsgröße (b_k) soll also auch $(y_{R3,k})$ abnehmen, so daß für Begrenzungsregler 3 gelten muß: $(e_{3,k}) = (b_k) - (h_u)$. Außerdem muß er gegenüber Hauptregler 2 mit einem *Kleinstwertglied min* einwirken.

Gegenüber der Massenstromregelung im Zulauf mit Füllstandsbegrenzung stellt man also zwei strukturelle Veränderungen fest. Zum ersten muß der Regelsinn bei den beiden Begrenzungsreglern invertiert werden, indem beim Soll-Ist-Vergleich der Istwert (die Begrenzungsgröße) das positive Vorzeichen und der Sollwert (der Grenzwert) das negative Vorzeichen erhält. Zum zweiten muß die Zuordnung der Begrenzungsregler für die beiden Grenzwerte (h_u und h_o) zu den beiden Auswahlgliedern (*min* und *max*) getauscht werden.

Die strukturellen Veränderungen wirken sich im Struktogramm Bild 4.32 an zwei Stellen aus. Zur Invertierung des Regelsinns der beiden Begrenzungsregler schreibt man für die beiden ersten Anweisungen in der zweiten Zeile:

$$e_{1,k} := b_k - h_o; \qquad e_{3,k} := b_k - h_u. \qquad (4.4.14)$$

Für die geänderte Zuordnung der beiden Begrenzungsregler zu den Auswahlgliedern gelten folgende Abfragen für das Vergleichen der Reglerausgangsgrößen:

$$y_{R1,k} > y_{R2,k} \ ?; \qquad y_{R2,k} < y_{R3,k} \ ?. \qquad (4.4.15)$$

262   4 REGELUNGSSYSTEME MIT BEGRENZUNGEN

Alle anderen Anweisungen bleiben ungeändert. Daher kann auf eine Wiedergabe des veränderten Stuktogramms verzichtet werden.

4.4.2.2 Regelverhalten mit ARW-Maßnahme und Abgleichalgorithmus

Die Umsetzung des Wirkungsplans Bild 4.36 in einen Wirkungsplan im Frequenzbereich würde sich im Ergebnis vom Wirkungsplan Bild 4.30c nur in den zuvor beschriebenen strukturellen Veränderungen unterscheiden. Diese Unterschiede treten schon beim Vergleich von Bild 4.36 mit Bild 4.29 zutage. Es wird daher auf die Wiedergabe des Wirkungsplanes im Frequenzbereich für die Massenstromregelung im Ablauf verzichtet.

Dieselben Überlegungen gelten auch für den ausführlichen Wirkungsplan zur Massenstromregelung im Zulauf mit Füllstandsbegrenzung und Umschaltung auf den Abgleichalgorithmus Bild 4.33. Die Veränderung für die Massenstromregelung im Ablauf sind durch die Aussagen zu Gl.(4.4.14) und Gl.(4.4.15) hinreichend beschrieben.

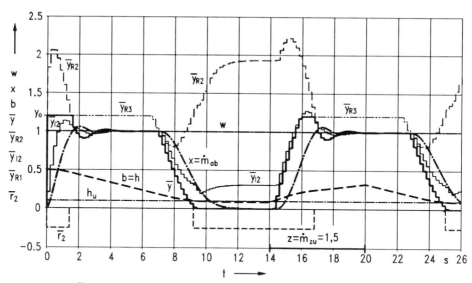

Bild 4.37 Übergangsfunktionen zur Massenstromregelung im Ablauf mit ARW-Maßnahme und Abgleichvorgang bei Füllstandsbegrenzung

Dagegen soll auf die Wiedergabe der Übergangsfunktionen zur Massenstromregelung im Ablauf mit Füllstandsbegrenzung nicht verzichtet werden. Dabei

4.5 *Unterschiede zwischen Kaskaden- und Parallel-Begrenzungsregelung*   263

werden für die Regelstrecke und **Regler** dieselben Parameter wie bei der Massenstromregelung im Zulauf verwendet. Die damit erzielten Reglerergebnisse sind in Bild 4.37 dargestellt.

Zunächst ist man über die Ähnlichkeit mit den Übergangsfunktionen zur Massenstromregelung im Zulauf in Bild 4.34 überrascht. Das ist aber nicht verwunderlich, denn die Massenstromregelung ist bei gleichen Parametern und der Regelung im Zulauf dieselbe wie bei der Regelung im Ablauf. Was sich bei den beiden Bildern verschieden verhält, ist der Füllstand, und darin kommt die unterschiedliche Struktur zum Ausdruck. Während in Bild 4.34 der Füllstand durch den geregelten Zustrom ansteigt, wird er in Bild 4.37 durch den geregelten Abstrom verringert.

Bei der Regelung im Zulauf (Bild 4.29 und Bild 4.34) wird die Ausgangsgröße von Regler 1 verringert, wenn die Begrenzungsgröße sich ihrem oberen Grenzwert h_o nähert. Dazu wirkt die Begrenzungsgröße mit negativem Vorzeichen auf den Regler 1 ein. Bei der Regelung im Ablauf (Bild 4.36 und Bild 4.37) wird dagegen die Ausgangsgröße von Regler 3 verringert, wenn die Begrenzungsgröße sich ihrem unteren Grenzwert h_u nähert. Dazu wirkt die Begrenzungsgröße mit positivem Vorzeichen auf den Regler 3 ein. Im ersten Fall hat das Erreichen des oberen Grenzwertes über Regler 1 dieselbe Wirkung wie im zweiten Fall das Erreichen des unteren Grenzwertes über Regler 3. Daher ergeben sich so ähnlich aussehende Übergangsfunktionen.

4.5 Unterschiede zwischen Kaskaden- und Parallel-Begrenzungsregelung

Als Beispiel für die Kaskaden-Begrenzungsregelung ist die Drehzahlregelung eines Gleichstrommotors mit Strombegrenzung gewählt worden. Hierbei ergibt sich die Drehzahl als das Integral über der Differenz Ankerstrom minus Laststrom. Abgesehen von der Störgröße Laststrom ist die Regelgröße Drehzahl eine Funktion der Begrenzungsgröße Ankerstrom. Damit ist genau die Aufteilung in einen unterlagerten Regelkreis für die Begrenzungsgröße und in einen überlagerten Regelkreis für die Regelgröße möglich, wie sie bei Kaskaden-Regelungen gegeben ist.

Als Beispiel für die Parallel-Begrenzungsregelung ist die Massenstromregelung mit Füllstandsbegrenzung gewählt worden, wobei der Massenzustrom den Füllstand erhöht und der Massenabstrom den Füllstand erniedrigt. Bei der Massenstromregelung im Zulauf wirkt die Regelgröße füllstandserhöhend, und bei der Massenstromregelung im Ablauf wirkt die Regelgröße füllstandserniedrigend.

Die Störgröße wirkt in beiden Fällen entgegengesetzt wie die Regelgröße. Abgesehen von der Störgröße ist in beiden Fällen die Begrenzungsgröße Füllstand eine Funktion der Regelgröße Zu- bzw. Abstrom.

Während bei der Kaskaden-Begrenzungsregelung die Regelgröße eine Funktion der Begrenzungsgröße ist, ist es bei den gewählten Beispielen für die Parallel-Begrenzungsregelung gerade umgekehrt. Wenn die Begrenzungsgröße eine Funktion der Regelgröße ist, muß bei Eingriff der Begrenzungsregelung die normale Regelung ausgeschaltet werden. Diese Umschaltung zwischen Hauptregler und Begrenzungsregler besorgen das Größtwertglied und das Kleinstwertglied.

Im Zusammenhang mit Bild 4.14 (S. 224) ist festgestellt worden, daß die Parallel-Begrenzungsregelung die allgemeine Struktur der Begrenzungsregelung ist, da sie bei beliebigem Zusammenhang zwischen Regelgröße und Begrenzungsgröße möglich ist. Das bedeutet, daß man jede Kaskaden-Begrenzungsregelung auch durch eine Parallel-Begrenzungsregelung ersetzen kann, nicht jedoch umgekehrt.

Wenn die Begrenzungsgröße von der Regelgröße abhängt, ist nur die Parallel-Begrenzungsregelung möglich. Wenn dagegen die Regelgröße von der Begrenzungsgröße abhängt, ist sowohl die Kaskaden-Begrenzungsregelung als auch die Parallel-Begrenzungsregelung möglich.

Letzten Endes hängt es von der vorliegenden Aufgabenstellung ab, welche physikalische Größe im Prozeß als Regelgröße und welche als Begrenzungsgröße anzusehen ist. Die physikalische Abhängigkeit zwischen beiden bestimmt, welche Art von Begrenzungsregelung zu wählen ist.

A Literaturverzeichnis Kapitel 4

Literatur

[4.1] Glattfelder, A.H. and Schaufelberger, W.:
Start-up performance of different proportional-integral-anti-windup regulators.
Int. Journal of Control 44 (1986), S. 493-505

[4.2] Noisser, R.:
Anti-Reset-Windup-Maßnahmen bei Eingrößenregelungen.
Automatisierungstechnik 35 (1987), S. 32-39

[4.3] Glattfelder, A.H. und Schaufelberger, W.:
Zum Führungsverhalten von PID-arw-Eingrößen-Kreisen.
Automatisierungstechnik 35 (1987), S. 464-465

[4.4] Noisser, R.:
Anti-Reset-Windup-Maßnahmen für Eingrößenregelungen mit digitalen Reglern.
Automatisierungstechnik 35 (1987), S. 499-504

[4.5] Bühler, H.:
Anti-Reset-Windup-Maßnahmen bei stetigen Reglern.
Automatisierungstechnik 36 (1988), S. 190-191

[4.6] Glattfelder, A.H. und Schaufelberger, W.:
Vergleich stetiger Eingrößen-Zustandsregelungen mit Integralanteil, beschränkter Stellgröße und unterschiedlichem Anti-Reset-Windup.
Automatisierungstechnik 38 (1990), S. 31-33

[4.7] Glattfelder, A.H. and Schaufelberger, W.:
Stability Analysis of Single Loop Control Systems with Saturation and Antireset-Windup Circuits.
IEEE Transactions on Automatic Control AC-28 (1993), S. 1074-1081

[4.8] Latzel, W.:
Hybrider Turbinenregler mit Regelungs-, Überwachungs- und Schutzfunktion.
Regelungstechnik 17 (1969), S.71-74

[4.9] Kollmann, E.:
Maßnahmen zur Verbesserung des Anfahrens einschleifiger Regelkreise.
Regelungstechnische Praxis 13 (1971), S. 67-72 u. 96-102

[4.10] Glattfelder, A.H.:
Regelungssysteme mit Begrenzungen.
R. Oldenbourg Verlag. München 1974

[4.11] Glattfelder, A.H. und Steiner, M.:
Der Entwurf von Regelsystemen mit Begrenzungen am Beispiel einer Chargendestillation.
Regelungstechnische Praxis 19 (1977), S. 144-147 u. 169-172

[4.12] Pfaff, G. und Meier, C.:
Regelung elektrischer Antriebe II. 3. Aufl.
R. Oldenbourg Verlag. München 1992

[4.13] Keßler, C.:
Das symmetrische Optimum.
Regelungstechnik 6 (1958), S. 395-400 u. 432-436

5 Digitale Regelungen in der Leittechnik

Bei der Automatisierung technischer Prozesse ist der vollautomatische Betrieb einschließlich An- und Abfahren eine wichtige Forderung. Als Beispiel denke man an ein gasbefeuertes Spitzenlastkraftwerk, das bei Bedarf durch Knopfdruck von einer Leitwarte, die beliebig weit entfernt sein kann, in Betrieb gesetzt wird. Dafür sind neben Regelungen auch Steuerungen erforderlich und weitere Maßnahmen, wie das Überwachen ausgewählter Prozeßgrößen und das selbsttätige Eingreifen im Falle akuter Störungen. Als zusammenfassender Begriff für alle Maßnahmen, die zum gezielten Einwirken auf den Prozeßablauf notwendig sind, hat sich das *Leiten* durchgesetzt.

Es werden die Strukturen der *Leittechnik* betrachtet und hier insbesondere das Zusammenwirken von Regelung und Steuerung. Die erforderlichen Betriebsarten von Reglern und die Übergänge dazwischen werden untersucht. Abschließend wird der Führungsgrößenbildner als Bindeglied zwischen Steuerung und Regelung betrachtet.

5.1 Strukturen der Leittechnik

Die wesentliche Bedeutung der Leittechnik liegt in ihrem Konzept der *Leitebenen* begründet. Für die digitalen Regelungen ist besonders das Zusammenwirken mit den Steuerungen wichtig, bei denen neben den Verknüpfungssteuerungen die Ablaufsteuerungen eine besonders wichtige Rolle spielen.

5.1.1 Hierarchisch gegliedertes Leittechnik-Konzept

Die zu automatisierenden Prozesse haben in den letzten zwei Jahrzehnten eine hohe Komplexität erreicht. Sowohl bei den Prozessen der Verfahrenstechnik und der Energieerzeugung und -verteilung, als auch bei den Prozessen der Produktionstechnik wurde daher eine zweckmäßige Strukturierung der Automatisierungseinrichtungen vorgenommen. Das Ergebnis dieser Überlegungen und Untersuchungen ist eine in Ebenen gegliederte und hierarchisch aufgebaute Struktur der Leiteinrichtung, wie sie in Bild 5.1 dargestellt ist [5.1].

Parallel zu dieser Entwicklung vollzog sich eine Wandlung der Begriffe. Unter „Automatisieren" versteht man heute das Ausrüsten technischer Prozesse mit Einrichtungen für den selbsttätigen Prozeßablauf. Die Maßnahmen zur Durchführung des erwünschten Prozeßablaufs werden als „Leiten" bezeichnet. Damit umfaßt der Begriff *Leiten* alle zur gezielten Einwirkung erforderlichen

5.1 Strukturen der Leittechnik

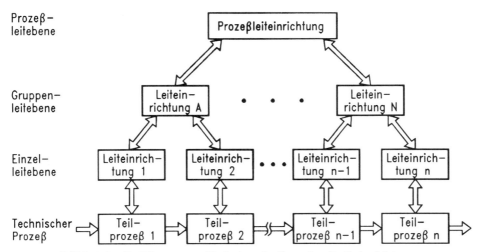

Bild 5.1 In Ebenen gegliederter Aufbau der Leiteinrichtung

Maßnahmen, wie Messen, Steuern, Regeln und Überwachen, etwa im Sinne des englischen Begriffs „control".

Die *Leiteinrichtung* umfaßt alle für die Aufgaben des Leitens verwendeten Geräte und Programme sowie im weiteren Sinne auch Anweisungen und Vorschriften. Zu den Geräten gehört dabei auch die Prozeßleitwarte, und zu den Anweisungen und Vorschriften gehören auch die Betriebshandbücher. In einer hierarchisch aufgebauten Leitstruktur enthält eine *Leitebene* alle Teilleiteinrichtungen gleichen Ranges. Im Minimum umfaßt die Leiteinrichtung drei Ebenen: die Einzelleitebene, die Gruppenleitebene und die Prozeßleitebene.

Die *Einzelleitebene* faßt alle Teile der Leiteinrichtung zusammen, die unmittelbar über die Stellglieder auf den Prozeß einwirken, und bei der *Gruppenleitebene* sind es die Teile der Leiteinrichtung, die jeweils auf einen bestimmten Teilbereich der Einzelleitebene einwirken. Die Gruppenleitebene kann noch in mehrere Ebenen (Unter-, Ober-, Hauptgruppenleitebene) aufgeteilt sein. Die *Prozeßleitebene* schließlich faßt die Teile der Leiteinrichtung zusammen, die auf die Gruppenleitebene einwirken.

Beispielsweise enthält ein automatisierter Kraftwerksblock sowohl Regelungen als auch Steuerungen und Schutzeinrichtungen, die auf die Stellglieder der Teilsysteme Dampferzeuger und Turbosatz einwirken (Bild 5.2). Beide können durch eine Blockleiteinrichtung koordiniert werden, die aufgrund des vorgegebenen Leistungssollwertes sowie der ermittelten zulässigen Laständerungen für Dampferzeuger und Turbine die für den **Lastwechsel** erforderlichen Führungsgrößen liefert. Die Laständerungen werden aufgrund von Meßwerten für die Beanspruchung an bestimmten Bauteilen überwacht und auf zulässige Werte begrenzt. Außerdem werden für die zusätzliche Überwachung des ganzen Blocks durch Menschen bestimmte Prozeßgrößen in der Warte angezeigt und protokolliert.

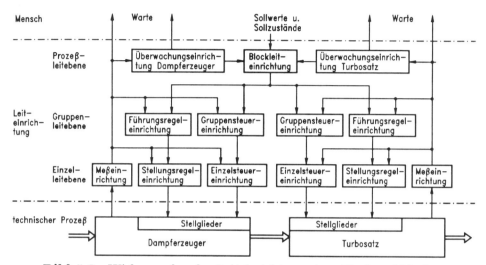

Bild 5.2 Wirkungsplan der Leiteinrichtung eines Kraftwerkblocks

Die hierarchische Struktur bringt Vorteile hinsichtlich den Anforderungen an die Verfügbarkeit und hinsichtlich der erforderlichen Verarbeitungsleistung der Rechner. In Richtung höherer Hierarchieebenen (überlagerte Regelungen, Optimierung) nimmt die Komplexität der Verarbeitung und damit die erforderliche Verarbeitungsleistung zu. Andererseits nehmen in dieser Richtung die Anforderungen an die Verfügbarkeit ab, da bei Ausfall des überlagerten Reglers der unterlagerte Regler noch mit dem zuletzt ausgegebenen Sollwert arbeiten kann.

5.1.2 Zusammenwirken von Regelung und Steuerung in einer Leiteinrichtung

Zur Sicherstellung eines gewünschten Prozeßablaufs braucht man Regelungen und Steuerungen. Schon viele Jahre vor der Einführung des Begriffs „Leittechnik" sprach man daher von der „MSR-Technik", wobei das Kürzel MSR für Messen, Steuern, Regeln steht. Bei den Steuerungen unterscheidet man zwischen Verknüpfungssteuerungen und Ablaufsteuerungen. Beide Arten von

5.1 Strukturen der Leittechnik

Steuerungen arbeiten sowohl auf der Eingangsseite als auch auf der Ausgangsseite mit *binären Größen*, die nur die Werte 0 oder 1 annehmen können. Zur Durchführung dieser Steuerungsaufgaben wurden speziell die *Speicherprogrammierbaren Steuerungen* (SPS) entwickelt [5.2, 5.12, 5.13].

Die Speicherprogrammierbaren Steuerungen waren ursprünglich nur für die Verarbeitung von Binärgrößen gedacht. Damit konnten sie Verknüpfungs- und Ablaufsteuerungen verwirklichen und erfolgreich die Relaissteuerungen von einem großen Teil des Marktes verdrängen. Mit dem Fortschritt der Halbleitertechnologie wurde die Umsetzung analoger Größen in digitale Größen und deren Verarbeitung zu einem annehmbaren Preis möglich. Heutzutage können daher viele Speicherprogrammierbare Steuerungen auch eine bestimmte Anzahl von Regelaufgaben übernehmen [5.3].

Verknüpfungssteuerungen sind Steuerungen, bei denen sich die Beziehungen zwischen den Ein- und Ausgangsgrößen durch Gleichungen der Booleschen Algebra ausdrücken lassen. Damit handelt es sich hierbei um zeitunabhängige Funktionen, wo die Werte der Ausgangsgröße nur von den Werten der Eingangsgrößen zum selben Zeitpunkt abhängen. Man läßt jedoch hierfür auch noch die einfachen Speicherglieder und Zeitglieder zu, sofern es sich nicht um eine Steuerung mit zwangsläufig schrittweisem Ablauf handelt. Bild 5.3 bringt eine Zusammenstellung der wichtigsten Funktionsbausteine von Verknüpfungssteuerungen [5.2, 5.4].

Ablaufsteuerungen sind Steuerungen mit zwangsläufig schrittweisem Ablauf, wobei der *Übergang* von einem Zustand zum nächsten durch die Übergangsbedingungen festgelegt wird. Die einzelnen Zustände werden als *Schritte* bezeichnet und jeweils durch ein RS-Speicherglied realisiert. Der zwangsläufig schrittweise Ablauf ergibt sich durch eine Reihenschaltung von RS-Speichergliedern. Wenn eine *Übergangsbedingung* erfüllt ist, so bedeutet dies das Setzen des folgenden Schritts und das Rücksetzen des vorhergehenden Schritts. Die Bearbeitung wird schrittweise fortgesetzt, und nach dem letzten Schritt wird entweder dieser selbst rückgesetzt, oder es wird zum ersten Schritt zurückgesprungen. Von jedem Schritt gehen *Befehle* an den Prozeß, deren Ausführung als eine Bedingung für den Übergang zum nächsten Schritt dienen kann. In Bild 5.4 sind die wichtigsten Elemente der Ablaufsteuerungen zusammengestellt [5.5, 5.6].

Als Beispiel für die Wirkungsweise und die Darstellung von Ablaufsteuerungen wird mit dem Aufzug ein technischer Prozeß betrachtet, dessen Funktionsweise ohne Spezialwissen verständlich ist. Bild 5.5 zeigt das technologische Schema des Aufzugs mit Seilscheibe, Kabine und Gegengewicht. Für den Antrieb wird ein Gleichstrommotor mit Stromrichterstellglied dargestellt. Dieses muß die Ankerspannung u_A in beiden Polaritäten liefern und auch Bremsstrom aufnehmen können. Das Verhalten von Antrieben beschreibt man häufig in einem Dia-

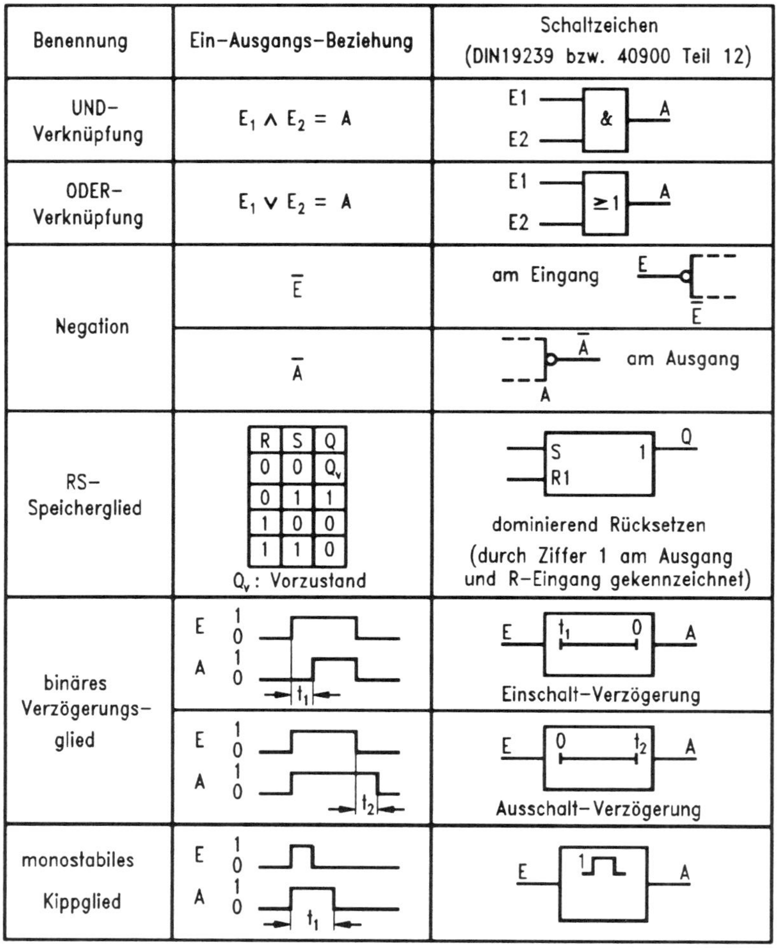

Benennung	Ein-Ausgangs-Beziehung	Schaltzeichen (DIN19239 bzw. 40900 Teil 12)
UND-Verknüpfung	$E_1 \wedge E_2 = A$	E1, E2 → & → A
ODER-Verknüpfung	$E_1 \vee E_2 = A$	E1, E2 → ≥1 → A
Negation	$\overline{E}$	am Eingang
	$\overline{A}$	am Ausgang
RS-Speicherglied	R S Q 0 0 Q_v 0 1 1 1 0 0 1 1 0 Q_v: Vorzustand	S, R1 → Q dominierend Rücksetzen (durch Ziffer 1 am Ausgang und R-Eingang gekennzeichnet)
binäres Verzögerungsglied	E, A mit t_1	Einschalt-Verzögerung (t_1)
	E, A mit t_2	Ausschalt-Verzögerung (t_2)
monostabiles Kippglied	E, A mit t_1	E → ⎍ → A

Bild 5.3 Funktionsbausteine von Verknüpfungssteuerungen

gramm, bei dem die Ankerspannung über dem Strom aufgetragen wird. Bei beiden Polaritäten für den Strom und die Spannung läßt sich dieses Verhalten in allen vier Quadranten beschreiben, und man spricht von einem „Vierquadrantenantrieb".

Für den gewünschten Ablauf eines Fahrzyklus müssen die Werte der erforderlichen binären Prozeßgrößen erfaßt und als *Meldungen* an die Ablaufsteuerung weitergegeben werden. Nach entsprechender Verarbeitung sind daraus *Befehle*

5.1 Strukturen der Leittechnik

Benennung	Sinnbild
Ablaufschritt, Schritt	∗ Kennzeichnung alphanumerisch evtl. zusätzlicher Text
Übergang	Verbindung Schritt/Übergang Angabe der Übergangsbedingung durch Text oder Boolesche Gleichung Verbindung Übergang/Schritt
Befehl, einem Schritt zugeordnet	Feld „a": Art des Befehls, gibt durch Kennbuchstaben den wirkungsmäßigen Zusammenhang zwischen dem Befehl und dem verursachenden Schritt an: Wirkungsweise wie: S (gespeichert) (stored) Speicherglied D (zeitverzögert) (delayed) Einschalt-Verzögerung L (zeitbegrenzt) (time limited) monostabiles Kippglied P (pulsförmig) (pulse shaped) wie L, wenn L sehr kurz C (bedingt) (conditional) Verknüpfung F (freigabebedingt) N (nicht gespeichert, nicht bedingt) Feld „b": symbolische oder textliche Aussage zur Beschreibung des Befehls

Bild 5.4 Funktionsbausteine von Ablaufsteuerungen

von der Ablaufsteuerung an die binär wirkenden Stellglieder des Prozesses zu erzeugen. Die in Bild 5.5 nur skizzenhaft angedeutete Ablaufsteuerung ist in Bild 5.6 ausführlich mit ihrem *Funktionsplan* dargestellt [5.5]. Die einzelnen Schritte werden fortlaufend numeriert, und es wird der jeweils dazugehörige Zustand des Prozesses bezeichnet. Wenn die zu den einzelnen Übergängen gehörigen Übergangsbedingungen alle erfüllt sind, wird der entsprechende Schritt gesetzt und der vorhergehende Schritt zurückgesetzt. Das Setzen eines Schrittes bedeutet, daß die dazugehörigen Befehle an den Prozeß ausgegeben werden. Befehle, die

272   5 DIGITALE REGELUNGEN IN DER LEITTECHNIK

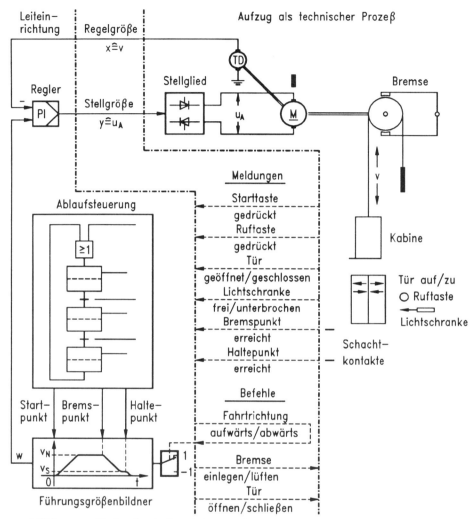

Bild 5.5 Technologisches Schema eines Aufzugs mit Leiteinrichtung

über mehr als einen Schritt wirksam sein sollen, müssen speichernd gesetzt werden, was durch den Buchstaben S im ersten Feld gekennzeichnet wird. Es soll ausdrücklich darauf hingewiesen werden, daß der zu einem Schritt gehörige Zustand des Prozesses derjenige ist, der mit der Ausführung der zu diesem Schritt gehörigen Befehle angenommen wird. Es ist einer der großen Vorzüge des Funktionsplans, daß man ihn unabhänig von der technischen Realisierung vollständig

5.1 Strukturen der Leittechnik

im Klartext formulieren kann.

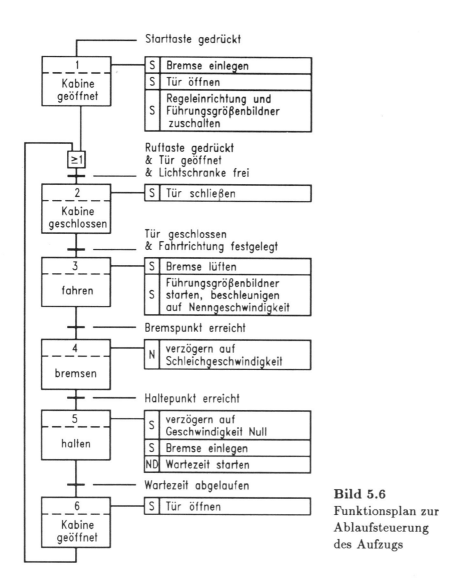

Bild 5.6
Funktionsplan zur
Ablaufsteuerung
des Aufzugs

Zwischen der mit binären Größen arbeitenden Ablaufsteuerung und dem mit analogen Größen arbeitenden Teil der Leiteinrichtung ist ein *Führungsgrößenbildner* erforderlich, der die Führungsgröße für den Drehzahlregelkreis vorgibt. Für die beiden Fahrtrichtungen aufwärts und abwärts müssen positive bzw. negative Werte der Führungsgröße ausgegeben werden. Nach dem Start des

Führungsgrößenbildners wird der Aufzug auf seine Nenngeschwindigkeit v_N beschleunigt. Dabei darf je nach dem Einsatzgebiet des Aufzugs (Büro-, Wohn- oder Kaufhäuser) eine bestimmte maximale Beschleunigung nicht überschritten werden. Für einen angemessenen Fahrkomfort darf auch die Beschleunigungsänderung vorgegebene Maximalwerte nicht überschreiten. Im Fahrstuhlschacht sind Schachtkontakte angebracht, die beim Überfahren durch die Kabine betätigt werden und den Führungsgrößenbildner beeinflussen.

Beim Erreichen des Bremspunktes wird der Führungsgrößenbildner auf einen der Schleichgeschwindigkeit v_S entsprechenden Wert abgesteuert. Mit der Schleichgeschwindigkeit läuft der Aufzug auf den Haltepunkt zu. Der sich ergebende Schleichweg dient dazu, Toleranzen des Bremsweges aufzufangen. Für jedes anzufahrende Stockwerk gibt es je einen Bremspunkt und Haltepunkt für die Fahrtrichtungen aufwärts und abwärts. Der an den Führungsgrößenbildner auszugebende Befehl für die Geschwindigkeit Null muß speichernd gesetzt werden, da er über mehrere Schritte wirken soll. Der Befehl zum Verzögern auf Schleichgeschwindigkeit wird dagegen nichtspeichernd (N) gesetzt, da er nur bis zum nächsten Schritt gelten soll. Zwischen Schritt 5 und 6 ist eine Wartezeit eingebaut, innerhalb der der Aufzug auf Null verzögert wird. Dazu wird ein nichtgespeicherter Befehl mit Verzögerung (ND) ausgegeben. Erst nach Ablauf dieser Verzögerung erfolgt der Übergang auf Schritt 6. Danach erfolgt der Übergang auf Schritt 2 durch ein ODER-Glied.

Der Regler ist hierbei vom ersten Schritt an in Betrieb und führt die Regelgröße Drehzahl auf den vom Führungsgrößenbildner vorgegebenen Wert. Der *Führungsgrößenbildner für Aufzüge* unterscheidet sich von dem in Abschn. 5.3 beschriebenen allgemeinen Führungsgrößenbildner. Bei ihm wird die an den Drehzahlregler auszugebende Führungsgröße so gebildet, daß der Übergang auf einen neuen Wert der Zielgröße (v_N, v_S oder 0) mit Begrenzung der ersten und zweiten Ableitung geschieht. Diese besondere Arbeitsweise des Führungsgrößenbildners ist für ein von den Aufzugbenutzern als angenehm empfundenes Fahrverhalten erforderlich.

5.2 Betriebsarten von Reglern

Umfangreiche technische Prozesse enthalten eine größere Anzahl von Reglern. Es ist festzustellen, in welchen unterschiedlichen Betriebsarten sich diese befinden können, und wie die Übergänge dazwischen zu bewerkstelligen sind.

Bei digitalen Regelungen werden mit dem Einschalten des Rechners alle Regelalgorithmen im Zyklus ihrer jeweiligen Abtastzeit durchgerechnet. Ein Vorbereiten oder Aktivieren des Regelalgorithmus ist daher nicht mehr nötig. Für

5.2 Betriebsarten von Reglern

den Betrieb als eigenständiger Abtastregler in den unterschiedlichen Betriebsarten wie auch für das Zusammenwirken mit anderen Reglern sind außer dem eigentlichen Regelalgorithmus noch Hilfsmaßnahmen, etwa zum Begrenzen und Abgleichen, nötig. Die Gesamtheit von Regelalgorithmus und Hilfsmaßnahmen soll als *Reglerbaustein* bezeichnet werden.

Die Stellgröße als Ausgangsgröße des Reglerbausteins wird normalerweise vom *Regelalgorithmus* als Funktion der Regeldifferenz bestimmt. Dieser Zustand wird als Betriebsart AUTOMATIK bezeichnet. Ein zweiter Zustand ist dadurch gekennzeichnet, daß die Stellgröße von einer *Handstation* vorgegeben wird, und dies wird als Betriebsart HAND bezeichnet. Eine weitere Betriebsart ist nicht erforderlich, wenn man sicherstellt, daß damit auch Kaskadenregelungen aufgebaut werden können.

Die hier zu den Reglern und im nächsten Abschnitt zum Führungsgrößenbildner gemachten Ausführungen können nur die wichtigsten Gesichtspunkte beleuchten. Für den industriellen Einsatz der Geräte sind eine große Anzahl weiterer Einzelheiten und Vereinbarungen zu beachten. Dafür sei auf die in Betracht gezogenen Informationsunterlagen verwiesen [5.9, 5.10, 5.11].

5.2.1 Betriebsart AUTOMATIK

In Bild 5.7 ist der Wirkungsplan eines Reglerbausteins mit PID-T_1-Regelalgorithmus gezeichnet. Die aus den Eingangsgrößen $\overline{w}$ und x gebildete Regeldifferenz e beeinflußt die Reglerausgangsgröße $\overline{y}_R$ entsprechend dem PID-T_1-*Regelalgorithmus*. Unter Umgehung des Zeitverhaltens kann eine aufgeschaltete Störgröße z_A addiert werden. Aus Platzgründen wird darauf verzichtet, bei der Eingangsgröße z_A das Abtast-Halteglied einzuzeichnen, das diese kontinuierliche Zeitfunktion in eine Treppenfunktion $\overline{z}_A$ umsetzt. Mit Begrenzung auf y_o und y_u entsteht die begrenzte Reglerausgangsgröße $\overline{y}_B$, die über das Stellglied auf die Regelstrecke wirkt. Mit der daraus entstehenden Regelgröße x als Ausgangsgröße der Regelstrecke ist der Regelkreis geschlossen.

Wenn die Reglerausgangsgröße $\overline{y}_R$ plus der Störgröße $\overline{z}_A$ einen der Begrenzungswerte y_o oder y_u erreicht, wird die Binärgröße BEGR gleich 1 gesetzt. Beim Erreichen von y_o beispielsweise gilt für die Summe von Reglerausgangsgröße und aufgeschalteter Störgröße, wobei man den D-T_1-Anteil nicht berücksichtigt:

$$\overline{y}_P + \overline{y}_I + \overline{z}_A = \overline{y}_o . \qquad (5.2.1)$$

Daraus ergibt sich als einfachste ARW-Maßnahme, daß man in jedem Abtastschritt den Integralanteil $\overline{y}_I$ auf:

$$y_{I,k} := y_o - y_{P,k} - z_{A,k} . \qquad (5.2.2)$$

setzt. Damit ist sichergestellt, daß das Integralglied nach Ablösen von der Stellgrenze sofort wieder wirksam werden kann. Es handelt sich um einen Abgleichvorgang für den Integralanteil beim Erreichen der Begrenzung. Daher soll die Beziehung Gl.(5.2.2) im Unterschied zum Regelalgorithmus als *Abgleichalgorithmus* bezeichnet werden.

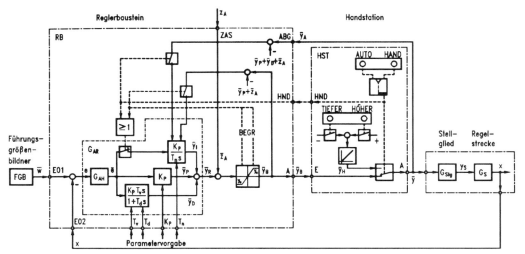

Bild 5.7 Wirkungsplan eines Reglerbausteins mit Handstation
analoge bzw. digitale Größen (———); binäre Größen (– – –)

Das Wirksamwerden von BEGR für diesen Abgleichvorgang ist in Bild 5.7 so dargestellt, daß die Größe nach Gl.(5.2.2) an den Integrierer gelegt wird und daß gleichzeitig der Integriereingang zu Null wird. Zur Unterscheidung werden die Wirkungslinien für analoge Größen bzw. die zugeordneten digitalen Größen durchgezogen und für binäre Größen gestrichelt gezeichnet.

Selbstverständlich kann anstelle der einfachen ARW-Maßnahmen nach Gl.(5.2.2) auch die in Absch. 4.1.3 hergeleitete verbesserte ARW-Maßnahme eingesetzt werden. Aus Gründen der Übersichtlichkeit wird hier jedoch nur die einfache ARW-Maßnahmene dargestellt.

5.2.2 Betriebsart HAND

Für die Betriebsart HAND wird in einer Handstation ein Umschalter betätigt, so daß nunmehr die Stellgröße $\bar{y}$ durch eine Handstellgröße $\bar{y}_H$ vorgegeben wird. Der Regelkreis wird damit aufgetrennt. Um jederzeit eine stoßfreie Umschaltung

5.2 Betriebsarten von Reglern

in die Betriebsart AUTOMATIK zu gewährleisten, wird der Reglerausgang $\overline{y}_B$ auf die manuell vorgegebene Stellgröße $\overline{y}_H$ abgeglichen. Stoßfrei ist dabei so zu verstehen, daß zwischen den Größen im Regelkreis vor und nach dem Umschalten kein Unterschied bestehen soll. Dazu wird die Stellgröße $\overline{y}$ erfaßt und als *Abgleichgröße* $\overline{y}_A$ verwendet. Es muß also folgende Gleichung gelten:

$$\overline{y}_P + \overline{y}_I + \overline{y}_D + \overline{z}_A = \overline{y}_A . \qquad (5.2.3)$$

Man setzt den Integralanteil $\overline{y}_I$ in jedem Abtastschritt auf den sich aus Gl.(5.2.3) ergebenden Wert:

$$y_{I,k} := y_{A,k} - y_{P,k} - y_{D,k} - z_{A,k} . \qquad (5.2.4)$$

Auch diese Beziehung stellt, im Unterschied zum Regelalgorithmus, einen *Abgleichalgorithmus* dar.

In Bild 5.7 ist die Wirkung der Betriebsart HAND in gleicher Weise wie die Wirkung von BEGR dargestellt. Dazu wird angenommen, daß bei der Betriebsart HAND am Eingang HND des Reglerbausteins die Binärgröße 1 anliegt, sonst 0. Der unter 5.2.1 beschriebene Abgleichvorgang, der beim Erreichen von einem der Begrenzungswerte y_o oder y_u durchgeführt wird, muß auch bei der Betriebsart HAND wirksam bleiben.

5.2.3 Betriebsarten bei Kaskadenregelung

Bei Kaskadenregelungen werden zwei Reglerbausteine in Reihe geschaltet. Die Handstation muß beide Reglerbausteine geeignet beeinflussen. Bild 5.8 zeigt den hierzu gehörigen Wirkungsplan, wobei die Reglerbausteine und die Handstation gegenüber Bild 5.7 vereinfacht dargestellt sind. Die Regelgröße des unterlagerten Reglers wird mit x_1 und die des überlagerten Reglers mit x_2 bezeichnet.

Beim Umschalten von der Betriebsart AUTOMATIK in die Betriebsart HAND muß die Binärgröße 1 von der Handstation an die Eingänge HND von beiden Reglerbausteinen gelegt werden. Damit wird auch für beide Reglerbausteine der Abgleichalgorithmus aufgerufen. Für den unterlagerten Reglerbaustein 1 ist genauso wie unter Abschn. 5.2.2 die Stellgröße $\overline{y}$ als Abgleichgröße $\overline{y}_{A1}$ zu verwenden.

Die Abgleichgröße y_{A2} des Reglerbausteins 2 ergibt sich aus der Forderung, daß die Umschaltung von der Betriebsart HAND in die Betriebsart AUTOMATIK stoßfrei vonstatten gehen soll. Regler 2 gibt die Führungsgröße für den

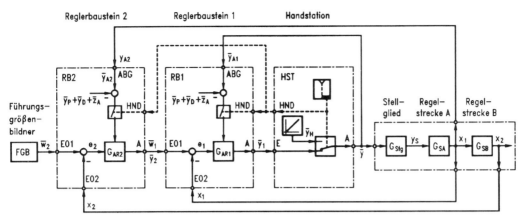

Bild 5.8   Wirkungsplan einer Kaskadenregelung mit Handstation

Regelkreis 1 vor: $\overline{y}_2 = \overline{w}_1$. Damit sich $\overline{y}_1$, die Ausgangsgröße von Regler 1, nicht ändert, muß seine Eingangsgröße $e_1 = \overline{w}_1 - x_1 = 0$ sein. Aus der Forderung $e_1 = 0$ folgt $\overline{w}_1 = \overline{y}_2 = x_1$. Daher muß die unterlagerte Regelgröße x_1 als Abgleichgröße y_{A2} für den überlagerten Regler verwendet werden. Auch bei der Abgleichgröße y_{A2} wird darauf verzichtet, das Abtast-Halteglied zur Umsetzung in $\overline{y}_{A2}$ einzuzeichnen.

Liegt die Führungsgröße $\overline{w}_2$ fest und stimmt die Regelgröße x_2 im Umschaltaugenblick nicht damit überein, so sorgt die Regeldifferenz $e_2 = \overline{w}_2 - x_2$ dafür, daß sich x_2 über die beiden Reglerbausteine auf den Wert $\overline{w}_2$ einstellt. Dabei ist die Umschaltung in Regler 2 nicht stoßfrei. Soll die Umschaltung auch in Regler 2 stoßfrei erfolgen, so muß die Führungsgröße $\overline{w}_2$ zuvor auf den durch die Handstation eingestellten Wert der Regelgröße x_2 abgeglichen werden. Nach dem erfolgten Umschalten kann dann $\overline{w}_2$ wieder verändert werden.

Die einzelnen Bausteine sind in Bild 5.7 und Bild 5.8 mit strichpunktierten Linien als Hüllfläche gegenüber ihrer Umgebung abgegrenzt. Die Punkte, in denen diese Hüllfläche von Wirkungslinien durchstoßen werden, sind durch kleine Kreise markiert. Diese Kreise können die Steckkontakte darstellen, in die die Leiterplatten der Bausteine eingesteckt werden. Bei örtlich verteilten, dezentralen Leitsystemen werden alle Bausteine über ein Bussystem verbunden. Dann kann man die Menge aller strichpunktierten Hüllflächen als das Bussystem ansehen, wenn man den kleinen Kreisen auch die Buskoppler zuordnet, mit deren Hilfe die Bausteine mit dem Bussystem kommunizieren.

5.3 Führungsgrößenbildner als Glied zwischen Steuerung und Regelung

Das Anfahren komplexer Prozesse geschieht in mehreren Schritten, und wird durch Ablaufsteuerungen bewerkstelligt. Parallel dazu müssen auch die Arbeitspunkte einzelner Regelkreise auf ihre Nennwerte gebracht werden. Wenn hierbei größere Bereiche zu durchlaufen sind, ist eine sprungförmige Vorgabe der Nennwerte nicht zweckmäßig. Es muß vielmehr ein kontinuierlicher Hochlaufvorgang vorgenommen werden, der von einzelnen Schritten der Ablaufsteuerung beeinflußt werden kann. Ein *Führungsgrößenbildner* sorgt für das Hochlaufen der Führungsgröße auf eine vorzugebende Zielgröße [5.7].

5.3.1 Anforderungen an einen Führungsgrößenbildner

Der Führungsgrößenbildner soll im AUTOMATIK-Betrieb dafür sorgen, daß sich die von ihm ausgegebene *Führungsgröße* $\overline{w}$ der am Eingang vorgegebenen *Zielgröße* $\overline{v}$ mit einem festgelegten Gradienten angleicht. Diese Grundanforderung wird durch den in Bild 5.9 eingezeichneten Integrator erfüllt, dessen Ausgang mit der Zielgröße am Eingang verglichen wird. Dem Vergleicher ist ein Begrenzungsglied nachgeschaltet, das dafür sorgt, daß sich für $|\overline{v}(t) - \overline{w}(t)| > \varepsilon$ der Ausgang des Integrators mit dem durch T_W festgelegten Gradienten $w_k - w_{k-1} = T/T_W$ oder $w_k - w_{k-1} = -T/T_W$ bewegt. Dazu muß am Eingang GRD (für Gradient) die Größe $g_r = 0$ anliegen. Dieses Verhalten wird als *Normalgang* bezeichnet.

Bei der digitalen Realisierung, die im Struktogramm Bild 5.10 festgehalten ist, findet man die Betriebsart AUTOMATIK in den rechten zwei Dritteln (STOP = 0 und ABG = 0). Darin ist der Normalgang im rechten äußeren Drittel angeordnet (SG = 0 und LG = 0).

Der zu $g_{r,k} = 0$ gehörige konstante Gradient bedeutet, daß sich der Integratorausgang mit jedem Abtastschritt um

$$w_k - w_{k-1} = \frac{T}{T_W} \, sgn \, e_k \quad \text{für} \quad |e_k| \geq \varepsilon \tag{5.3.1}$$

ändert, wenn die Differenz $|v_k - w_k| \geq \varepsilon$ ist. Der Linearitätsbereich ε im Begrenzer ist dabei:

$$\varepsilon = T/T_W. \tag{5.3.2}$$

Wenn die Differenz $e_k = v_k - w_k$ bis auf einen Wert $|e_k| < T/T_W$ abgebaut ist, wird nach der Beziehung

$$w_k - w_{k-1} = \frac{T}{T_W} e_k \quad \text{für} \quad |e_k| < \varepsilon \tag{5.3.3}$$

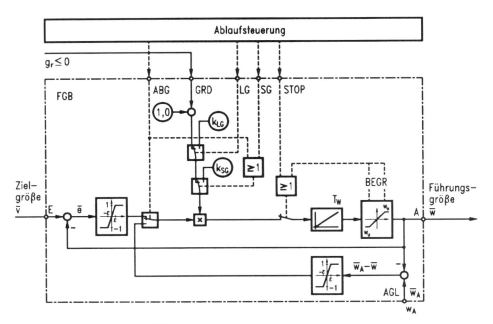

Bild 5.9 Wirkungsplan des Führungsgrößenbildners

gerechnet.

Beim Hochlaufen mit konstantem Gradienten kann es durchaus sein, daß bestimmte, von der Führungsgröße abhängige Prozeßgrößen wie Drücke oder Temperaturen, unzulässig große Werte annehmen. Um dies zu verhindern, läßt sich der Gradient des Hochlaufs verringern, wenn man am Eingang GRD eine Größe $g_{r,k} < 0$ vorgibt. Dann gilt für den Zuwachs der Führungsgröße pro Abtastschritt:

$$\left. \begin{array}{ll} w_k - w_{k-1} = (1 + g_{r,k}) \dfrac{T}{T_k} \, \mathrm{sgn}\, e_k & \text{für} \quad |e_k| \geq \varepsilon (1 + g_{r,k}) \\ w_k - w_{k-1} = (1 + g_{r,k}) \dfrac{T}{T_k} e_k & \text{für} \quad |e_k| < \varepsilon (1 + g_{r,k}) \end{array} \right\} \quad (5.3.4)$$

Beim Wert $g_{r,k} = -1$ bleibt der Integrator stehen, und bei Werten $g_{r,k} < -1$ wird der Wert der Führungsgröße verringert.

Für diese Gradientensteuerung muß die Eingangsgröße g_r in geeigneter Weise von der zu begrenzenden Prozeßgröße abhängig gemacht werden. Diese Prozeßgröße wirkt damit über g_r und den Führungsgrößenbildner auf den nachgeschalteten Regler im Sinne einer Parallel-Begrenzungsregelung ein.

5.3 Führungsgrößenbildner als Glied zwischen Steuerung und Regelung

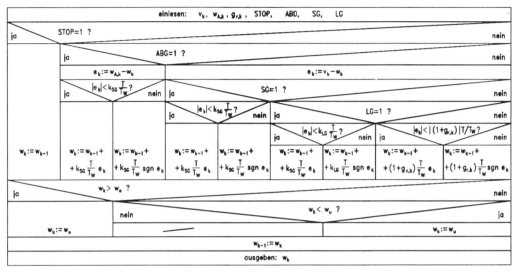

Bild 5.10 Struktogramm des Führungsgrößenbildners

In der Betriebsart AUTOMATIK kann es in verschiedenen Arbeitspunkten oder Betriebszuständen erforderlich sein, den Übergang der Führungsgröße auf einen neuen Wert der Zielgröße mit stark vergrößertem Gradienten durchzuführen. Für diesen sogenannten *Schnellgang* wird der Zuwachs des Integrators pro Abtastschritt auf

$$\left.\begin{aligned} w_k - w_{k-1} &= k_{SG}\frac{T}{T_w}\operatorname{sgn} e_k \quad \text{für} \quad |e_k| \geq \varepsilon k_{SG} \\ w_k - w_{k-1} &= k_{SG}\frac{T}{T_w} e_k \quad \text{für} \quad |e_k| < \varepsilon k_{SG} \end{aligned}\right\} \quad (5.3.5)$$

vergrößert, wobei $k_{SG} > 1$ fest vorgegeben ist. Dazu muß am Eingang SG (Bild 5.9) die Binärgröße 1 angelegt werden. Für stabiles Verhalten muß auch der Linearitätsbereich des Begrenzungsgliedes um den Faktor k_{SG} vergrößert werden.

In der gleichen Weise kann auch ein *Langsamgang* mit $k_{LG} < 1$ vorgegeben werden, wenn es für bestimmte Einlaufvorgänge nötig ist. Dazu muß am Eingang LG die Binärgröße 1 angelegt werden. Wie es in Bild 5.9 dargestellt ist, erfolgt die Vorgabe der Binärwerte 0 oder 1 für SG bzw. LG von der für den AUTOMATIK-Betrieb zuständigen Ablaufsteuerung.

Neben der Betriebsart AUTOMATIK ist noch die Betriebsart ABGLEICH erforderlich. Dabei wird die Führungsgröße $\overline{w}$ auf den Wert der am Eingang AGL anstehenden *Abgleichgröße* $\overline{w}_A$ abgeglichen, wozu für die Binärgröße ABG der Wert 1 vorgegeben wird. Wie es in **Bild 5.9** dargestellt ist, wird hierbei dem Integrierer die Differenz $\overline{w}_A - \overline{w}$ über einen Begrenzer zugeführt. Der Abgleich geschieht im Schnellgang.

Zu guter Letzt ist noch ein STOP-**Eingang** vonnöten, um den Hochlaufvorgang anzuhalten. Dazu gibt die Ablaufablaufsteuerung die Binärgröße 1 am STOP-Eingang vor, wodurch der Integratorausgang auf dem zuletzt ermittelten Wert stehenbleibt.

Schließlich muß der Ausgang des **Führungsgrößenbildners** auf einen maximalen oberen Wert w_o und einen minimalen unteren Wert w_u begrenzt werden. Im Wirkungsplan Bild 5.9 ist das Ansprechen der oberen oder unteren Begrenzung so dargestellt, daß dabei eine Binärgröße BEGR den Wert 1 annimmt, wodurch der Integrierer wie beim STOP-Befehl festgehalten wird. Im Struktogramm Bild 5.10 wird die Begrenzung des Führungsgrößenbildners nach der Berechnung der verschiedenen Betriebszustände bearbeitet.

Das Verhalten des Integrators wird in Gl.(5.3.1) bis Gl.(5.3.5) durch die *Rechteckregel* beschrieben. Im Unterschied zu der bisher betrachteten Trapezregel (siehe Bild 3.13, S. 109) wird dabei die Fläche unter der Zeitfunktion $f(t)$ zwischen den Zeitpunkten $(k-1)T$ und kT durch das Rechteck mit der Höhe f_k und der Breite T angenähert. Damit ergibt sich anstelle von Gl. (3.2.17) für die Rechteckregel:

$$h(t) - h(t-T) = T\,f(t)\,. \tag{5.3.6}$$

Für die *Übertragungsfunktion des digitalen Integrators* mit der Rechteckregel erhält man anstelle von Gl. (3.2.20):

$$G_{I,R}(s) = T\frac{1}{1-e^{-Ts}}\,, \tag{5.3.7}$$

was zugleich eine Näherung für $1/s$ ist.

Durch Einsetzen der hieraus folgenden Näherung für s in Gl. (3.2.15) ergeben sich die Koeffizienten:

$$d_0 = \frac{g_0 + g_1\frac{1}{T}}{h_0 + h_1\frac{1}{T}}\,;\quad d_1 = -\frac{g_1\frac{1}{T}}{h_0 + h_1\frac{1}{T}}\,;\quad c_1 = \frac{h_1\frac{1}{T}}{h_0 + h_1\frac{1}{T}}\,. \tag{5.3.8}$$

Für das Integrierglied

$$G(s) = \frac{W(s)}{E(s)} = \frac{1}{T_W s} \tag{5.3.9}$$

mit $g_0 = 1$, $g_1 = 0$, $h_0 = 0$, $h_1 = T_W$ erhält man die Koeffizienten $d_0 = T/T_W$, $d_1 = 0$, $c_1 = 1$ und damit den Regelalgorithmus:

$$w_k = \frac{T}{T_W} e_k + w_{k-1}\,. \tag{5.3.10}$$

5.3 Führungsgrößenbildner als Glied zwischen Steuerung und Regelung 283

In Bild 5.11 ist das Übergangsverhalten des Führungsgrößenbildners nach der Rechteckregel für konstantes $\bar{v}(t)$ mit $g_r = 0$ dargestellt. Solange $|v_k - w_k| = |e_k| \geq \varepsilon$ ist, beträgt der Zuwachs $w_k - w_{k-1} = T/T_W$. Das gilt bis zum Zeitpunkt $t = nT$. Im Zeitpunkt $t = (n+1)T$ wird festgestellt, daß $|e_k| < \varepsilon$ ist, und es wird ein entsprechend kleinerer Zuwachs $w_k - w_{k-1} = (T/T_W)\,e_k$ ausgeführt, der theoretisch den vorgegebenen Endwert $\bar{v}(t)$ erreicht. Möglicherweise noch vorhandene Abweichungen werden durch weitere Rechenschritte abgebaut.

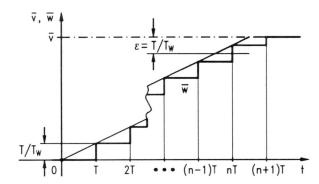

Bild 5.11
Übergangsverhalten des Führungsgrößenbildners im Normalgang bei $g_r = 0$

Die Berechtigung, anstelle der Trapezregel beim Führungsgrößenbildner die Rechteckregel zu verwenden, ergibt sich aus zwei Tatsachen. Zum ersten kommen für die Integrierzeit T_W des Führungsgrößenbildners wesentlich größere Werte als für die Kenngrößen des davon angesteuerten Abtastreglers infrage. Zum zweiten ist hierbei nur die Integration mit betragsmäßig begrenztem Zuwachs durchzuführen, was genügend genau geht. Allerdings darf nur die Rechteckregel rückwärts nach Gl.(5.3.6) verwendet werden, da nur diese, neben der Trapezregel, ein stabiles Verhalten garantiert [5.8].

Die Funktion des Führungsgrößenbildner wird in den Technischen Informationen [5.9] mit dem Funktionsbaustein Sollwertintegrator (SWI) realisiert. In [5.10] wird der Führungsgrößenbildner als Gesteuert nachlaufender Integrator (GNI) bezeichnet.

5.3.2 Leiteinrichtung für das An- und Abfahren eines Turbosatzes

An dem als Beispiel betrachteten An- und Abfahren eines Turbosatzes läßt sich sehr eindrucksvoll die Notwendigkeit und die Funktion des Führungsgrößenbildners zeigen. Dazu zeigt Bild 5.12 zunächst das vereinfachte Anlagenschema eines Energieerzeugungssystems, wobei nur die wesentlichen Komponenten aufgeführt sind.

5.3.2.1 Wirkungsweise von Energieerzeugungssystemen

Auf der Wasser-Dampf-Seite sind der **Dampferzeuger** und die Turbine die wichtigsten Komponenten. Eine Speisewasserpumpe führt dem Dampferzeuger hochgereinigtes Speisewasser aus dem Speisewasserbehälter zu. Mit Hilfe von Wärmezufuhr, die aus der Verbrennung von Kohle, Gas oder Öl gewonnen wird, wird das Speisewasser zunächst verdampft und danach durch Überhitzung auf die Temperatur und den Druck aufgeheizt, für den die Turbine ausgelegt ist. Mit dem Turbinenventil wird über den Dampfstrom die von der Turbine an den Generator abgegebene Leistung gesteuert. Nach dem Durchströmen der Turbine wird der entspannte Dampf im Kondensator niedergeschlagen, von wo er in den Speisewasserbehälter abfließt. Damit ist der Wasser-Dampf-Kreislauf geschlossen.

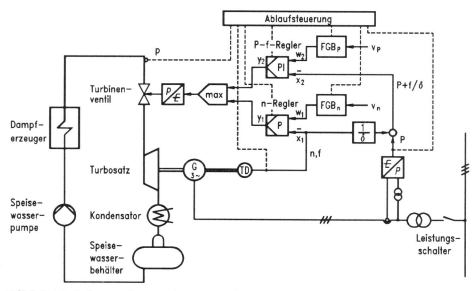

Bild 5.12 Anlagenschema eines Energieerzeugungssystems mit Drehzahl- und Leistungs-Frequenz-Regelung für den Turbosatz

Auf der Abtriebsseite der Turbine ist diese fest mit einem Synchrongenerator gekoppelt. Turbine und Generator zusammen werden als Turbosatz bezeichnet. Im „Ruhezustand" wird der Turbosatz durch einen kleinen Elektromotor mit einer Umdrehung pro Minute gedreht. Dieser Drehwerksbetrieb dient dazu, thermische Spannungen in der Turbine abzubauen, die sich durch den Temperaturunterschied zwischen dem Dampf im oberen und unteren Teil der Turbine

5.3 Führungsgrößenbildner als Glied zwischen Steuerung und Regelung

ergeben. Zugleich wird damit das Durchhängen der relativ langen Achse des Turbosatzes verhindert.

Um Energie an das Drehstromnetz abgeben zu können, muß der Turbosatz auf die Nennfrequenz des Netzes von $f_N = 50\,s^{-1} = 3000\,\text{min}^{-1}$ beschleunigt und danach der Generator mit dem Netz synchronisiert werden. Diesen Hochlaufvorgang besorgt der Drehzahlregler zusammen mit dem Führungsgrößenbildner für die Drehzahl (FGB_n). Der Dampfstrom hat über das Drehmoment der Turbinenschaufeln eine Zunahme der Drehzahl zur Folge. Mit der Drehzahl als Ausgangsgröße stellt der Turbosatz eine Regelstrecke ohne Ausgleich dar. Daher genügt ein Drehzahlregler mit P-Verhalten.

Nach dem Synchronisieren ist die Frequenz des Turbosatzes durch die Netzfrequenz festgelegt. Eine Änderung des Dampfstroms bewirkt über ein verändertes Turbinendrehmoment eine Polradwinkeländerung im Synchrongenerator, was einen geänderten Drehstrom zur Folge hat, wobei die Spannung des Synchrongenerators mit dem Erregerfeld eingestellt wird. Damit wird im synchronisierten Zustand die vom Generator abzugebende Leistung beeinflußt. Es wird jedoch nicht die Leistung als Regelgröße genommen, sondern die Summe aus der Leistung und der mit dem Koeffizienten $1/\delta$ multiplizierten Drehzahl bzw. Frequenz: $x = P + f/\delta$ (dieselbe Größe wird beim Hochlaufen als Drehzahl n und nach dem Synchronisieren als Frequenz f bezeichnet). Wenn sich das Gleichgewicht zwischen der von allen Kraftwerken erzeugten Leistung und der von den Verbrauchern benötigten Leistung verschiebt, merken das alle Kraftwerke an einer Änderung der Netzfrequenz, die für alle gleich ist. Steigt die Verbraucherleistung über die erzeugte Leistung, so sinkt die Netzfrequenz f unter f_N, und bei sinkender Verbraucherleistung steigt die Netzfrequenz. Je nach dem eingestellten Proportionalgrad δ ($0,02 < \delta < 0,1$) beteiligen sich dann die einzelnen Kraftwerke durch Veränderung der Erzeugerleistung anteilig an der Stabilisierung der Frequenz. Bezüglich der Leistung als Ausgangsgröße stellt der Turbosatz eine Regelstrecke mit Ausgleich dar. Der Leistungsregler erhält daher PI-Verhalten.

5.3.2.2 Führungsgrößenbildner und Ablaufsteuerung für den Turbosatz

Zur Beschreibung des An- und Abfahrvorganges für den Turbosatz dienen das zeitliche Ablaufdiagramm (Bild 5.13) und der Funktionsplan der Ablaufsteuerung (Bild 5.14). Diese beiden Darstellungen werden parallel betrachtet und besprochen. Die einzelnen Schritte der Ablaufsteuerung sind auch in dem zeitlichen Diagramm Bild 5.13 angegeben. Ausgangspunkt des Anfahrvorgangs ist der als Schritt 1 betrachtete und besonders gekennzeichnete Anfangsschritt, in dem der Turbosatz im Drehwerksbetrieb mit $n = 1\,min^{-1}$ läuft [5.5]. Es wird nur der Fall betrachtet, daß der Dampferzeuger bereits im Betrieb ist und Dampf zu liefern vermag. Damit ist der Kondensatkreislauf in Funktion und der sogenannte Kondensationsbetrieb erreicht. Vor dem Start müssen eine große Anzahl Anfahrbedingungen erfüllt sein, wie beispielsweise „Lageröldruck vorhanden", „Mindestdampfdruck vorhanden", „Kondensationsbetrieb erreicht".

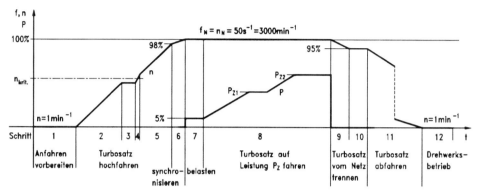

Bild 5.13 Ablaufdiagramm für das An- und Abfahren eines Turbosatzes

Beim Hochlaufvorgang durchläuft der Turbosatz eine oder mehrere kritische Drehzahlen, in denen sich unzulässig große mechanische Schwingungsamplituden ergeben können. Um dies zu vermeiden, müssen die kritischen Drehzahlen mit der größtmöglichen Geschwindigkeit durchfahren werden. Dazu wird kurz vor der kritischen Drehzahl gestoppt (Schritt 3) und erst, wenn der Dampferzeuger den maximalen Frischdampfdruck p_{max} aufgebaut hat, wird der Führungsgrößenbildner im Schnellgang wieder freigegeben (Schritt 4).

Nach dem Überschreiten der kritischen Drehzahl erfolgt das weitere Hochlaufen im Normalgang. Zum Synchronisieren wird mit der Vorgabe von $k_{LG} = 0,1$ auf einen Langsamgang umgeschaltet (Schritt 6). Der Synchronisiervorgang wird durch das selbsttätig arbeitende Synchronisiergerät durchgeführt, das die Frequenz, die Phase und die Amplitude der Transformatorausgangsspannung an die entsprechenden Werte f, φ und A der Netzspannung anzupassen vermag. Nach dem Synchronisieren muß gleich eine Mindestleistung von 5 % der Nennleistung vorgegeben werden, damit eine eindeutige Energieflußrichtung vom Generator zum Netz vorliegt (Schritt 7). Mit dem Schritt 8 ist der Zustand erreicht, in dem der Turbosatz vorgebbare Leistungen ins Netz liefert. In diesem Zustand kann der Kraftwerksblock, womit man das gesamte Energieerzeugungssystem mit Dampferzeuger und Turbosatz als den Hauptkomponenten bezeichnet, für längere Zeit betrieben werden. Daher ist der Schritt 8 ebenso wie Schritt 1 durch doppelte Umrandung als ein Grundzustand gekennzeichnet.

5.3 Führungsgrößenbildner als Glied zwischen Steuerung und Regelung 287

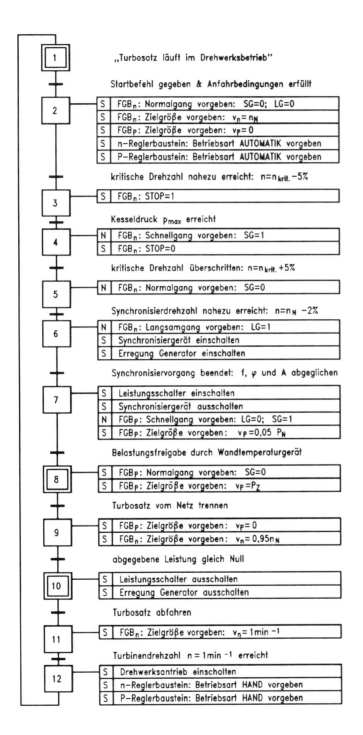

Bild 5.14
Funktionsplan zur
Ablaufsteuerung
des Turbosatzes

In Bild 5.13 sind zwei verschiedene Zielgrößen P_{Z1} und P_{Z2} für die Leistung eingezeichnet.

Soll der Kraftwerksblock als rotierende Reserve wirken, so erfolgt das Abfahren nur bis auf 95 % der Nenndrehzahl (Schritt 9). Im Bedarfsfall ist von daher eine schnelle Synchronisation und Leistungsabgabe möglich. Der Schritt 10 ist ebenfalls ein Zustand, in dem der Turbosatz längere Zeit verbleiben kann, und wird daher auch als ein Grundzustand gekennzeichnet. Das vollständige Abfahren geschieht bis auf den Drehwerksbetrieb mit $n = 1\,min^{-1}$.

Entsprechend dem Wirkungsplan in Bild 5.9 gibt die Ablaufsteuerung nur binäre Größen an den Führungsgrößenbildner aus. Im Funktionsplan der Ablaufsteuerung Bild 5.14 ist es so dargestellt. als würden auch digitale Werte für die Zielgrößen v_n und v_P ausgegeben. Das gilt nur indirekt. Die verschiedenen erforderlichen Werte für v_n und v_P müssen im Führungsgrößenbildner erzeugt werden, und von der Ablaufsteuerung wird der jeweils benötigte Wert über Binärgrößen „durchgeschaltet". Der Übersichtlichkeit halber wird darauf verzichtet, dieses im einzelnen im Wirkungsplan darzustellen.

Im Rahmen dieses Buches können derart komplexe Prozesse wie der Kraftwerksprozeß nur stark vereinfacht beschrieben werden. Dennoch sollte aus der gegebenen Darstellung hervorgehen, daß der Führungsgrößenbildner ein notwendiges Bindeglied zwischen Steuerung und Regelung ist.

A Literaturverzeichnis Kapitel 5
Literatur

[5.1]   DIN 19 222:
Leittechnik, Begriffe.
Beuth-Verlag. Berlin

[5.2]   DIN 19 239:
Speicherprogrammierbare Steuerungen, Programmierung.
Beuth-Verlag. Berlin

[5.3]   DIN 19 227 Teil 2:
Graphische Symbole und Kennbuchstaben für die Prozeßleittechnik.
Beuth-Verlag. Berlin

[5.4]   DIN 40900 Teil 12
Schaltzeichen, Binäre Elemente
Beuth-Verlag. Berlin

LITERATUR

[5.5] DIN 40 719 Teil 6:
Regeln für Funktionspläne.
Beuth-Verlag. Berlin

[5.6] DIN 19 226 Teil 3:
Regelungstechnik und Steuerungstechnik,
Begriffe zum Verhalten von Schaltsystemen.
Beuth-Verlag. Berlin

[5.7] DIN 19 226 Teil 6 (Entwurf):
Regelungstechnik und Steuerungstechnik,
Begriffe zu Funktions- und Baueinheiten.
Beuth-Verlag. Berlin

[5.8] H. Kronmüller:
Digitale Signalverarbeitung.
Springer-Verlag. Berlin 1991

[5.9] ABB Kraftwerksleittechnik GmbH, Mannheim:
Technische Informationen zum Kraftwerksleitsystem PROCONTROL P.

[5.10] Hartmann & Braun AG, Minden:
Technische Information zum Prozeßleitsystem Contronic E.

[5.11] Siemens AG, Erlangen:
Technische Information zum Prozeßleitsystem TELEPERM ME.

[5.12] H.-J. Forst (Herausgeber):
Speicherprogrammierbare Steuerungen in der Prozeßleittechnik.
VDE-Verlag. Berlin 1990

[5.13] P. Kleemann:
Speicherprogrammierbare Steuerungen.
H. Dähmlow-Verlag. Neuss 1990

[5.14] Allgäuer, A.; Seeberger, C.:
Beschreibung von Steuerungsaufgaben mit Funktionsplänen,
Teil 1 und 2.
Siemens Aktiengesellschaft. Berlin u. München 1979

[5.15] Fasol, K.H.:
Binäre Steuerungstechnik
Springerverlag. Berlin 1988

6 Zustandsregelungen

Neben die bisher betrachtete Beschreibung von Strecken und Reglern durch Übertragungsfunktionen im Frequenzbereich ist seit den 60er Jahren eine Systembeschreibung mit Zustandsgrößen im Zeitbereich getreten. Dabei wird die Strecke durch Differentialgleichungen beschrieben. Man vermeidet damit den Umweg über den Frequenzbereich, in dem sonst die Problemlösung herbeigeführt wird. In den meisten Fällen ist jedoch eine Rücktransformation in den Zeitbereich ohnehin nicht nötig, da die Kenngrößen im Frequenzbereich genügend Aussagen über das dynamische und statische Verhalten machen.

Auch ohne den vollständigen Umweg über den Frequenzbereich mit Rücktransformation durch Partialbruchzerlegung und der Anwendung der Korrespondenzentabelle gibt es eine geradlinige Lösung, wenn man im Zeitbereich verbleibt und hier die Problemlösung herbeiführt. Anstelle der im Frequenzbereich üblichen Systembeschreibung durch Übertragungsfunktionen oder Frequenzgänge treten hier, je nach Systemordnung, entsprechend viele *Zustandsgrößen* auf, die das dynamische Verhalten des Systems kennzeichnen. Die betrachteten Strecken mit einem Eingang und einem Ausgang werden als *Eingrößensysteme* (SISO-System, „Single Input - Single Output" -System) bezeichnet.

Im ersten Teil wird die übliche Form des Reglerentwurfs im Zeitbereich behandelt. Im zweiten Teil wird ein Reglerentwurf im Frequenzbereich entwickelt, der mit der Verallgemeinerten Methode der Betragsanpassung möglich ist. Beide Reglerentwürfe und deren Vergleich werden zunächst für zeitkontinuierliche Systeme durchgeführt. Danach wird für den Reglerentwurf im Frequenzbereich die erforderliche Modifikation zur Beschreibung der quasikontinuierlichen Abtastregelung vorgenommen. Hierzu ist auch eine kurze Einführung in die z-Transformation nötig.

6.1 Reglerentwurf im Zeitbereich

6.1.1 Beschreibungsformen von Zustandsgrößen

Zu einem durch seine Übertragungsfunktion $G(s) = V(s)/U(s)$ beschriebenen Prozeß lassen sich beliebig viele unterschiedliche Darstellungen mit Zustandsgrößen angeben. Für den Reglerentwurf ist die sogenannte Regelungsnormalform besonders geeignet. Daher wird diese neben der sogenannten allgemeinen Form näher betrachtet.

6.1 Reglerentwurf im Zeitbereich

6.1.1.1 Allgemeine Form der Zustandsbeschreibung

Als Beispiel für den Übergang von der klassischen Beschreibungsform der Frequenzbereichsmethodik zur Zustandsdarstellung wird ein System 4. Ordnung mit der Übertragungsfunktion

$$G(s) = \frac{V(s)}{U(s)} = \frac{K_1}{(1+T_1 s)} \cdot \frac{K_2}{(1+T_2 s)} \cdot \frac{K_3}{(1+T_3 s)} \cdot \frac{K_4}{(1+T_4 s)} \qquad (6.1.1)$$

gewählt. Läßt sich der Prozeß, wie hier, als Reihenschaltung von Übertragungsgliedern 1. Ordnung (I- oder P-T_1-Glieder) darstellen, so ist dessen Überführung in die Zustandsbeschreibung besonders einfach. Man ordnet dafür die einzelnen Zustandsgrößen den Ausgangsgrößen der I- bzw. P-T_1-Glieder zu, wie es in Bild 6.1 gezeigt ist.

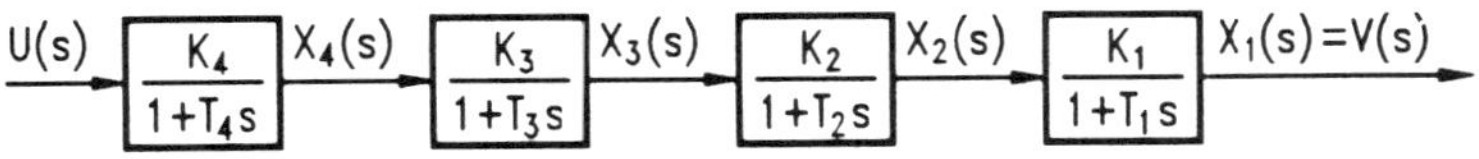

Bild 6.1 Wirkungsplan eines Systems aus 4 P-T_1-Gliedern in Reihe im Frequenzbereich

Für die einzelnen Zustandsgrößen liest man folgende Gleichungen ab:

$$\left. \begin{aligned} X_1(s) &= \frac{K_1}{1+T_1 s} X_2(s) \;, \\ X_2(s) &= \frac{K_2}{1+T_2 s} X_3(s) \;, \\ X_3(s) &= \frac{K_3}{1+T_3 s} X_4(s) \;, \\ X_4(s) &= \frac{K_4}{1+T_4 s} U(s) \;. \end{aligned} \right\} \qquad (6.1.2)$$

Aus der Multiplikation mit den jeweiligen Nennern folgt:
$X_1(s)\, T_1 s + X_1(s) = K_1 X_2(s)$ usw., woraus man mit der Differentiationsregel der Laplace-Transformation im Zeitbereich erhält:

$$\left. \begin{aligned} T_1\, \dot{x}_1(t) + x_1(t) &= K_1\, x_2(t) \;, \\ T_2\, \dot{x}_2(t) + x_2(t) &= K_2\, x_3(t) \;, \\ T_3\, \dot{x}_3(t) + x_3(t) &= K_3\, x_4(t) \;, \\ T_4\, \dot{x}_4(t) + x_4(t) &= K_4\, u(t) \;. \end{aligned} \right\} \qquad (6.1.3)$$

Die Umstellung nach den Ableitungen der Zustandsgrößen liefert:

$$\left.\begin{aligned}
\dot{x}_1(t) &= -\frac{1}{T_1}\,x_1(t) + \frac{K_1}{T_1}\,x_2(t) \quad, \\
\dot{x}_2(t) &= -\frac{1}{T_2}\,x_2(t) + \frac{K_2}{T_2}\,x_3(t) \quad, \\
\dot{x}_3(t) &= -\frac{1}{T_3}\,x_3(t) + \frac{K_3}{T_3}\,x_4(t) \quad, \\
\dot{x}_4(t) &= -\frac{1}{T_4}\,x_4(t) + \frac{K_4}{T_4}\,u(t) \quad.
\end{aligned}\right\} \quad (6.1.4)$$

Die Zustandsbeschreibung kann übersichtlicher in Vektor- bzw. Matrizenschreibweise zusammengefaßt werden. Dabei deutet der Fettdruck darauf hin, daß es sich um Vektoren bzw. Matrizen handelt, wobei Vektoren mit Kleinbuchstaben und Matrizen mit Großbuchstaben bezeichnet werden.

Man ordnet die *Zustandsgrößen* $x_i(t)$ in einem *Zustandsvektor*

$$\mathbf{x}(t) = \begin{bmatrix} x_1(t) \\ x_2(t) \\ x_3(t) \\ x_4(t) \end{bmatrix} \qquad (6.1.5)$$

und ebenso die *Ableitungen der Zustandsgrößen* $\dot{x}_i(t)$ in einem Vektor

$$\dot{\mathbf{x}}(t) = \begin{bmatrix} \dot{x}_1(t) \\ \dot{x}_2(t) \\ \dot{x}_3(t) \\ \dot{x}_4(t) \end{bmatrix} . \qquad (6.1.6)$$

Im *Eingangsvektor* **b** faßt man die Koeffizienten zusammen, mit denen die Eingangsgröße $u(t)$ auf die Größen $\dot{x}_i(t)$ einwirkt:

$$\mathbf{b} = \begin{bmatrix} b_1 \\ b_2 \\ b_3 \\ b_4 \end{bmatrix} . \qquad (6.1.7)$$

Im vorliegenden Fall ist $b_1 = b_2 = b_3 = 0$ und $b_4 = K_4/T_4$.

6.1 Reglerentwurf im Zeitbereich

Damit lautet die der Gl.(6.1.4) entsprechende Zustandsdifferentialgleichung in Vektorform:

$$\dot{\mathbf{x}}(t) = \begin{bmatrix} -\frac{1}{T_1} & \frac{K_1}{T_1} & 0 & 0 \\ 0 & -\frac{1}{T_2} & \frac{K_2}{T_2} & 0 \\ 0 & 0 & -\frac{1}{T_3} & \frac{K_3}{T_3} \\ 0 & 0 & 0 & -\frac{1}{T_4} \end{bmatrix} \mathbf{x}(t) + \begin{bmatrix} 0 \\ 0 \\ 0 \\ \frac{K_4}{T_4} \end{bmatrix} u(t) \,. \tag{6.1.8}$$

Hinzu kommt noch die Ausgangsgleichung, die den Zusammenhang zwischen den Zustandsgrößen und der Ausgangsgröße beschreibt. Dazu wird der *Ausgangsvektor* **c**

$$\mathbf{c} = \begin{bmatrix} c_1 \\ c_2 \\ c_3 \\ c_4 \end{bmatrix} \tag{6.1.9}$$

definiert, in dem die Koeffizienten zusammengefaßt werden, mit denen sich die Ausgangsgröße anteilig aus den Zustandsgrößen zusammensetzt. Zur Verknüpfung mit dem Vektor der Zustandsgrößen wird der Ausgangsvektor als Zeilenvektor $\mathbf{c}^T = [c_1 \; c_2 \; c_3 \; c_4]$ benötigt, was durch das Transpositionszeichen gekennzeichnet wird:

$$v(t) = \mathbf{c}^T \mathbf{x}(t) \,. \tag{6.1.10}$$

Im vorliegenden Beispiel ist $c_1 = 1$, alle anderen Komponenten sind Null:

$$v(t) = (1 \; 0 \; 0 \; 0) \, \mathbf{x}(t) \,. \tag{6.1.11}$$

Mit den getroffenen Festlegungen über die verschiedenen Vektoren kann man die Zustandsbeschreibung allgemein in der Kurzform

$$\left. \begin{aligned} \dot{\mathbf{x}}(t) &= \mathbf{A}\,\mathbf{x}(t) + \mathbf{b}\,u(t), \\ v(t) &= \mathbf{c}^T \mathbf{x}(t) \end{aligned} \right\} \tag{6.1.12}$$

zusammenfassen. Die darin auftretende Matrix **A** wird als Systemmatrix bezeichnet, da sie über den Zusammenhang zwischen $\mathbf{x}(t)$ und $\dot{\mathbf{x}}(t)$ das Verhalten des vorliegenden Systems beschreibt. In Bild 6.2 ist der Wirkungsplan zur Zustandsbeschreibung nach Gl.(6.1.12) wiedergegeben. Diese Darstellung beschreibt Eingrößensysteme, die linear, zeitinvariant und nicht sprungfähig sind.

Das betrachtete System 4. Ordnung läßt sich so umformen, daß man die einzelnen Zustandsgrößen direkt angeben kann.

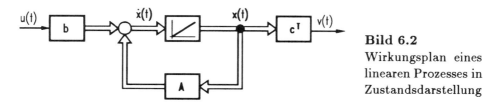

Bild 6.2 Wirkungsplan eines linearen Prozesses in Zustandsdarstellung

Bild 6.3 zeigt den Wirkungsplan des Systems 4. Ordnung in allgemeiner Form.

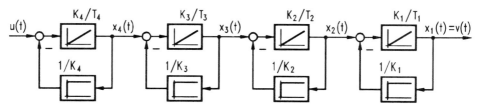

Bild 6.3 Wirkungsplan eines Systems aus vier P-T_1-Gliedern in Reihe im Zeitbereich

6.1.1.2 Zustandsbeschreibung in Regelungsnormalform

Die bisher besprochene allgemeine Form der Zustandsbeschreibung ist für den Reglerentwurf nicht besonders geeignet. Dafür eignet sich die *Regelungsnormalform*, zu deren Herleitung man von der Übertragungsgleichung

$$V(s) = G(s)U(s) \tag{6.1.13}$$

ausgeht. Darin ist $G(s)$ eine rationale Funktion

$$G(s) = \frac{V(s)}{U(s)} = \frac{b_0 + b_1 s + \ldots + b_{n-1} s^{n-1}}{a_0 + a_1 s + \ldots + a_n s^n} =$$

$$= \frac{b_0 + b_1 s + \ldots + b_{n-1} s^{n-1}}{N(s)}. \tag{6.1.14}$$

Die Ordnung des Zählerpolynoms ist dabei um 1 kleiner als die des Nennerpolynoms. Mit dem Nennerpolynom $N(s)$ ergibt sich:

$$V(s) = b_0 \frac{U(s)}{N(s)} + b_1 \frac{sU(s)}{N(s)} + \ldots + b_{n-1} \frac{s^{n-1}U(s)}{N(s)} =$$

$$= b_0 X_{R1}(s) + b_1 X_{R2}(s) + \ldots + b_{n-1} X_{Rn}. \tag{6.1.15}$$

6.1 Reglerentwurf im Zeitbereich

Für die hier eingeführten Zustandsgrößen $X_{R1}(s)$ bis $X_{Rn}(s)$ mit dem Index R für *Regelungsnormalform* wird festgelegt:

$$X_{R1}(s) = \frac{U(s)}{N(s)} \tag{6.1.16}$$

$$\left.\begin{aligned}
X_{R2}(s) &= s\,X_{R1}(s) & \longrightarrow\quad x_{R2}(t) &= \dot{x}_{R1}(t),\\
X_{R3}(s) &= s^2 X_{R1}(s) = s\,X_{R2}(s) & \longrightarrow\quad x_{R3}(t) &= \dot{x}_{R2}(t),\\
&\;\;\vdots & \vdots\;\; &\\
X_{Rn}(s) &= s^{n-1} X_{R1}(s) = s\,X_{R,n-1} & \longrightarrow\quad x_{Rn}(t) &= \dot{x}_{R,n-1}(t).
\end{aligned}\right\} \tag{6.1.17}$$

Aus Gl.(6.1.16) für $X_{R1}(s)$ und Gl.(6.1.17) erhält man

$$\begin{aligned}
U(s) &= (a_0 + a_1 s + \ldots + a_{n-1} s^{n-1} + a_n s^n)\,X_{R1}(s) =\\
&= a_0\,X_{R1}(s) + a_1\,X_{R2}(s) + \ldots + a_{n-1}\,X_{Rn}(s) + a_n s\,X_{Rn}(s)
\end{aligned} \tag{6.1.18}$$

und nach Rücktransformation in den Zeitbereich:

$$u(t) = a_0\,x_{R1}(t) + a_1\,x_{R2}(t) + \ldots + a_{n-1}\,x_{Rn}(t) + a_n\,\dot{x}_{Rn}(t). \tag{6.1.19}$$

Nach Auflösung der letzten Gleichung nach $\dot{x}_{Rn}(t)$ ergeben sich schließlich die folgenden Differentialgleichungen:

$$\left.\begin{aligned}
\dot{x}_{R1}(t) &= x_{R2}(t),\\
\dot{x}_{R2}(t) &= x_{R3}(t),\\
&\;\;\vdots\\
\dot{x}_{R,n-1}(t) &= x_{Rn}(t),\\
\dot{x}_{Rn}(t) &= -\frac{a_0}{a_n} x_{R1}(t) - \frac{a_1}{a_n} x_{R2}(t) - \ldots - \frac{a_{n-1}}{a_n} x_{Rn}(t) + \frac{1}{a_n} u(t).
\end{aligned}\right\} \tag{6.1.20}$$

Um die Ausgangsgleichung zu erhalten, transformiert man Gl.(6.1.15) in den Zeitbereich

$$v(t) = b_0\,x_{R1}(t) + b_1\,x_{R2}(t) + \ldots + b_{n-1}\,x_{Rn}(t). \tag{6.1.21}$$

In Matrizenschreibweise erhält man für die Zustandsdifferentialgleichungen der Regelungsnormalform:

$$\dot{\mathbf{x}}_R(t) = \begin{bmatrix} 0 & 1 & 0 & \cdots & 0 \\ 0 & 0 & 1 & \cdots & 0 \\ \vdots & \vdots & \vdots & & \vdots \\ 0 & 0 & 0 & \cdots & 1 \\ -\dfrac{a_0}{a_n} & -\dfrac{a_1}{a_n} & -\dfrac{a_2}{a_n} & \cdots & -\dfrac{a_{n-1}}{a_n} \end{bmatrix} \mathbf{x}_R(t) + \begin{bmatrix} 0 \\ 0 \\ \vdots \\ 0 \\ \dfrac{1}{a_n} \end{bmatrix} u(t), \quad (6.1.22)$$

und für die Ausgangsgleichung:
$$v(t) = [b_0 \ b_1 \ \ldots \ b_{n-1}] \, \mathbf{x}_R(t). \tag{6.1.23}$$

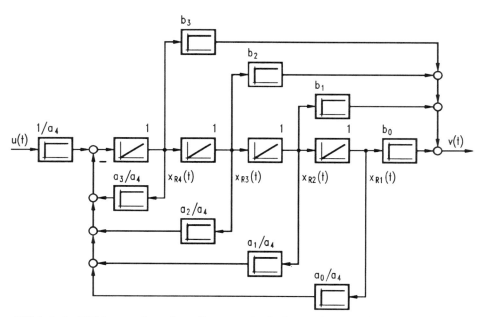

Bild 6.4 Wirkungsplan eines Systems 4. Ordnung in Regelungsnormalform

Die Kurzschreibweise für die Zustandsbeschreibung lautet:
$$\left. \begin{aligned} \dot{\mathbf{x}}_R(t) &= \mathbf{A}_R \, \mathbf{x}_R(t) + \mathbf{b}_R \, u(t), \\ v(t) &= \mathbf{c}_R^T \, \mathbf{x}_R(t). \end{aligned} \right\} \tag{6.1.24}$$

Die Regelungsnormalform ermöglicht es also auf einfache Weise, die Übertragungsfunktion in die Zustandsdarstellung oder die Zustandsdarstellung in die

6.1 Reglerentwurf im Zeitbereich 297

Übertragungsfunktion umzurechnen. Bild 6.4 zeigt den Wirkungsplan eines Systems 4. Ordnung in Regelungsnormalform.

Wie man durch Ausmultiplizieren von Zähler und Nenner der Übertragungsfunktion Gl.(6.1.1) sieht, gelten für die Parameter der Regelungsnormalform bei diesem Beispiel die folgenden Beziehungen:

$$\left.\begin{aligned}
b_0 &= K_1 K_2 K_3 K_4\,,\\
b_1 &= b_2 = b_3 = 0\,,\\
a_0 &= 1\,,\\
a_1 &= T_1 + T_2 + T_3 + T_4\,,\\
a_2 &= T_1 T_2 + T_1 T_3 + T_1 T_4 + T_2 T_3 + T_2 T_4 + T_3 T_4\,,\\
a_3 &= T_1 T_2 T_3 + T_1 T_2 T_4 + T_1 T_3 T_4 + T_2 T_3 T_4\,,\\
a_4 &= T_1 T_2 T_3 T_4\,.
\end{aligned}\right\} \quad (6.1.25)$$

Es soll noch darauf hingewiesen werden, daß das in Regelungsnormalform dargestellte System eine andere Struktur hat als der vorgegebene physikalische Prozeß. Die Zustandsgrößen sind daher in beiden Fällen auch nicht dieselben. Man vergleiche dazu Bild 6.3 mit Bild 6.4, die beide denselben physikalischen Prozeß mit der Übertragungsfunktion $G(s)$ nach Gl.(6.1.1) darstellen. Während die Zustandsgrößen nach Bild 6.3 direkt am Prozeß meßbar sein können, trifft das für die Zustandsgrößen nach Bild 6.4 nicht mehr zu.

6.1.2 Zustandsregelung mittels Polvorgabe

Zum Reglerentwurf wird die besonders geeignete Zustandsdarstellung in Regelungsnormalform benutzt. Das Regelungskonzept besteht darin, daß alle Zustandsgrößen erfaßt und einem Rückführvektor zugeführt werden. Die Stellgröße $y(t)$ wird aus der Differenz der mit einem Vorfilter q_1 gewichteten Führungsgröße $w(t)$ und dem mit dem Rückführvektor beaufschlagten Zustandsvektor $\mathbf{x}(t)$ gebildet.

Bild 6.5 zeigt den Wirkungsplan eines Systems 4. Ordnung mit Zustandsregelung.

6.1.2.1 Beschreibung des Verfahrens der Polvorgabe

Zur statischen und dynamischen Auslegung des Regelkreises stehen nach Bild 6.5 das konstante Vorfilter q_1 und der konstante Rückführvektor $\mathbf{r}_R^T$ zur Verfügung. Dabei kann durch $\mathbf{r}_R^T$ die Dynamik des Regelkreises beeinflußt und mit q_1 die

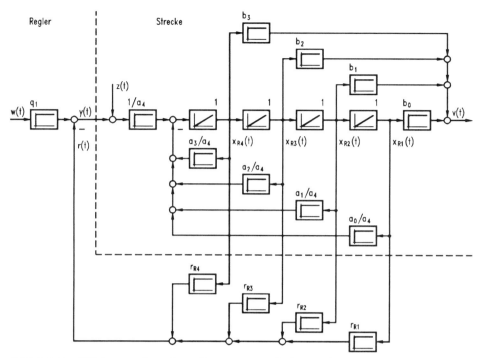

Bild 6.5 Wirkungsplan eines Systems 4. Ordnung in Regelungsnormalform mit Zustandsregelung

stationäre Genauigkeit erzielt werden. Daher muß der Reglerentwurf in zwei Schritten durchgeführt werden:

1. Festlegung des Rückführreglers derart, daß sich das gewünschte dynamische Verhalten einstellt.

2. Festlegung des Vorfilters so, daß für $t \to \infty$ gilt: $v_\infty = w_\infty$.

Die Gleichungen der Zustandsregelung ergeben sich für ein System der Ordnung n zu:

$$\dot{\mathbf{x}}_R(t) = \mathbf{A}_R \mathbf{x}_R(t) + \mathbf{b}_R y(t), \qquad (6.1.26)$$

$$y(t) = -\mathbf{r}_R^T \mathbf{x}_R(t) + q_1 w(t) \qquad (6.1.27)$$

6.1 Reglerentwurf im Zeitbereich

mit

$$\mathbf{A}_R = \begin{bmatrix} 0 & 1 & 0 & \cdots & 0 \\ 0 & 0 & 1 & \cdots & 0 \\ \vdots & \vdots & \vdots & & \vdots \\ 0 & 0 & 0 & \cdots & 1 \\ -\dfrac{a_0}{a_n} & -\dfrac{a_1}{a_n} & -\dfrac{a_2}{a_n} & \cdots & -\dfrac{a_{n-1}}{a_n} \end{bmatrix}, \tag{6.1.28}$$

$$\mathbf{b}_R = \begin{bmatrix} 0 \\ 0 \\ \vdots \\ 0 \\ \dfrac{1}{a_n} \end{bmatrix} \tag{6.1.29}$$

und

$$\mathbf{r}_R^T = [r_{R1} \ r_{R2} \ \ldots r_{Rn}] \,. \tag{6.1.30}$$

Durch Einsetzen von Gl.(6.1.27) in Gl.(6.1.26) folgt:
$$\begin{aligned} \dot{\mathbf{x}}_R(t) &= \mathbf{A}_R \, \mathbf{x}_R(t) + \mathbf{b}_R \left(-\mathbf{r}_R^T \, \mathbf{x}_R(t) + q_1 \, w(t)\right), \\ \dot{\mathbf{x}}_R(t) &= \mathbf{A}_R \, \mathbf{x}_R(t) - \mathbf{b}_R \, \mathbf{r}_R^T \, \mathbf{x}_R(t) + \mathbf{b}_R \, q_1 \, w(t), \\ \dot{\mathbf{x}}_R(t) &= \left(\mathbf{A}_R - \mathbf{b}_R \, \mathbf{r}_R^T\right) \mathbf{x}_R(t) + \mathbf{b}_R \, q_1 \, w(t) \,. \end{aligned} \tag{6.1.31}$$

Die Systemmatrix des geschlossenen Kreises lautet also:

$$(\mathbf{A}_R - \mathbf{b}_R \, \mathbf{r}_R^T) = \begin{bmatrix} 0 & 1 & 0 & \cdots & 0 \\ 0 & 0 & 1 & \cdots & 0 \\ \vdots & \vdots & \vdots & & \vdots \\ 0 & 0 & 0 & \cdots & 1 \\ -\dfrac{a_0 + r_{R1}}{a_n} & -\dfrac{a_1 + r_{R2}}{a_n} & -\dfrac{a_2 + r_{R3}}{a_n} & \cdots & -\dfrac{a_{n-1} + r_{Rn}}{a_n} \end{bmatrix}. \tag{6.1.32}$$

Der Eingangsvektor wird zu:

$$\mathbf{b}_R q_1 = \begin{bmatrix} 0 \\ 0 \\ \vdots \\ 0 \\ \dfrac{q_1}{a_n} \end{bmatrix}, \qquad (6.1.33)$$

während der Ausgangsvektor

$$\mathbf{c}_R^T = [\,b_0 \ \ b_1 \ \ \ldots b_{n-1}\,] \qquad (6.1.34)$$

unverändert erhalten bleibt.

In Gl.(6.1.31) tritt das Produkt $\mathbf{b}_R \mathbf{r}_R^T$ auf, wobei ein Zeilenvektor von links mit einem Spaltenvektor multipliziert wird. Das als dyadisches Produkt bezeichnete Ergebnis ist eine quadratische Matrix der Ordnung n

$$\mathbf{b}_R \mathbf{r}_R^T = \begin{bmatrix} b_{R1} \\ b_{R2} \\ \vdots \\ b_{Rn} \end{bmatrix} [\,r_{R1} \ r_{R2} \ \cdots \ r_{Rn}\,] = \begin{bmatrix} b_{R1}\,\mathbf{r}_R^T \\ b_{R2}\,\mathbf{r}_R^T \\ \vdots \\ b_{Rn}\,\mathbf{r}_R^T \end{bmatrix}$$

mit dem Zeilenvektor $b_{Ri}\,\mathbf{r}_R^T$ ($i = 1, 2, \cdots n$).

Die Gleichungen des geschlossenen Regelkreises sind ebenfalls in Regelungsnormalform geschrieben, so daß man die Gesamtübertragungsfunktion des geschlossenen Regelkreises durch Vergleich mit Gl.(6.1.14) ohne Zwischenrechnung zu

$$G_{VW}(s) = q_1 \frac{b_0 + b_1 s + \ldots b_{n-1} s^{n-1}}{(a_0 + r_{R1}) + (a_1 + r_{R2})s + \ldots + (a_{n-1} + r_{Rn})s^{n-1} + a_n s^n}$$

$$(6.1.35)$$

angeben kann. Daraus geht hervor, daß mit den Koeffizienten r_{Ri} des Rückführreglers das Nennerpolynom der Übertragungsfunktion und damit die Stabilität und das dynamische Verhalten des geschlossenen Regelkreises beeinflußt werden können.

Um ein gewünschtes dynamisches Verhalten des geschlossenen Regelkreises zu erhalten, muß man das Nennerpolynom der Übertragungsfunktion Gl.(6.1.35)

6.1 Reglerentwurf im Zeitbereich

geeignet vorgeben:

$$N(s) = p_0 + p_1 s + p_2 s^2 + \ldots + p_n s^n . \tag{6.1.36}$$

Man berechnet die Reglerkoeffizienten durch Koeffizientenvergleich, nachdem man das Nennerpolynom von Gl.(6.1.35) durch a_n und das Polynom von Gl.(6.1.36) durch p_n dividiert hat. Die sich damit ergebenden beiden Polynome müssen in allen Potenzen von s übereinstimmen. Aus der Beziehung $(a_i + r_{R,i+1})/a_n = p_i/p_n$ errechnet man die Reglerkoeffizienten zu:

$$r_{R,i+1} = \frac{p_i}{p_n} a_n - a_i . \tag{6.1.37}$$

Den Wert des Vorfilters ermittelt man aus der Forderung

$$\lim_{s \to 0} G_{VW}(s) = q_1 \frac{b_0}{a_0 + r_{R1}} = 1$$

zu

$$q_1 = \frac{a_0 + r_{R1}}{b_0} . \tag{6.1.38}$$

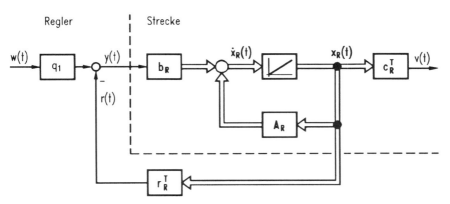

Bild 6.6 Wirkungsplan der Zustandsregelung in Regelungsnormalform und Matrixdarstellung

Hiermit sind alle Parameter des Zustandsreglers eindeutig bestimmt. Bild 6.6 zeigt den sich damit ergebenden Wirkungsplan der Zustandsregelung.

6.1.2.2 Reglerentwurf auf vorgegebenes Führungsverhalten

Aus Bild 6.5 und Bild 6.6 geht hervor, daß beim Zustandsreglerentwurf mittels Polvorgabe die Rückführgröße $r(t)$ mit der mit q_1 multiplizierten Führungsgröße $w(t)$ verglichen wird. Daher sollte der Zustandsregler $\mathbf{r}_R^T$ auf möglichst gutes Führungsverhalten ausgelegt werden. Die Berücksichtigung von Störgrößen muß gesondert erfolgen.

Für die Vorgabe des Führungsverhaltens ist es am einfachsten, eine geeignete Führungsübertragungsfunktion anzugeben, und daraus die Reglerkoeffizienten zu ermitteln. In der regelungstechnischen Literatur werden hierfür verschiedene Verfahren angegeben [6.1, 6.2]. Soll die Übergangsfunktion kein Überschwingen aufweisen, so bietet sich eine Übertragungsfunktion

$$G_{Wn}(s) = \frac{1}{\left(1 + \dfrac{s}{\omega_1}\right)^n} = \frac{1}{N(s)} \qquad (6.1.39)$$

an. Dies entspricht einer Reihenschaltung von n Verzögerungsgliedern 1. Ordnung (P-T_1-Glieder) mit der Verzögerungszeit $T_1 = 1/\omega_1$. Beim Ausmultiplizieren mit

$$\begin{aligned} N(s) &= 1 + \frac{s}{\omega_1} + \frac{n(n-1)}{2} \cdot \left(\frac{s}{\omega_1}\right)^2 + \cdots \\ &+ \frac{n(n-1)(n-2)\ldots(n-k+1)}{k!} \cdot \left(\frac{s}{\omega_1}\right)^k + \cdots + \left(\frac{s}{\omega_1}\right)^n \end{aligned} \qquad (6.1.40)$$

erscheinen die Binomialkoeffizienten bei den verschiedenen Potenzen von s. Daher wird die Darstellung nach Gl.(6.1.39) auch als *Binomial-Form* bezeichnet. Mit steigender Systemordnung werden die Übergangsfunktionen merklich langsamer. Die hierzu gehörenden Übergangsfunktionen sind mit der Verzögerungszeit $T_M = T_1$ für die Ordnungen $n = 1, 2, \cdots 10$ in Bild 3.43 dargestellt.

Eine Schar von Übergangsfunktionen mit leichtem Überschwingen ergibt die *Butterworth-Form*. Der Führungsfrequenzgang wird hierbei durch die folgenden Forderungen festgelegt:

1. Bei der Kreisfrequenz Null soll die Regelgröße genau mit der Führungsgröße übereinstimmen, es soll also $|G_{Wn}(0)| = 0$ dB und $\varphi_{Wn}(0) = 0°$ sein.

2. Bis zu einer vorgegebenen Grenzkreisfrequenz ω_g soll der Betrag des Führungsfrequenzganges möglichst konstant sein und um nicht mehr als ± 3 dB von der 0 dB-Linie abweichen.

6.1 Reglerentwurf im Zeitbereich

3. Für Kreisfrequenzen oberhalb der Grenzkreisfrequenz ω_g soll der Betrag des Führungsfrequenzganges mit $n \cdot 20$ dB/Dekade abfallen, wobei $n = 1, 2, 3, \ldots$ ein noch freier Entwurfsparameter ist.

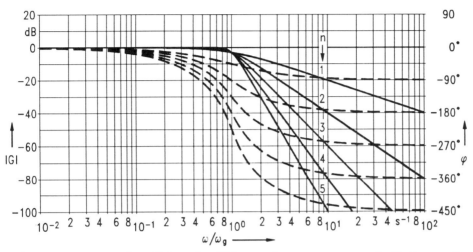

Bild 6.7 Frequenzkennlinien des Führungsfrequenzganges mit Butterworth-Verhalten für die Ordnungen $n = 1, \ldots, 5$

Die obigen Forderungen werden durch Führungsfrequenzgänge mit dem Amplitudengang

$$|G_{Wn}(j\omega)| = \frac{1}{\sqrt{\left[1 + \left(\frac{\omega}{\omega_g}\right)^{2n}\right]}} \qquad (6.1.41)$$

erfüllt, wie sie in Bild 6.7 dargestellt sind. In [6.3] wird im einzelnen dargelegt, daß die Führungsübertragungsfunktionen $G_{Wn}(s) = 1/B_n(s)$ höchstens einen reellen Pol (bei n ungerade) und $[n/2]$ konjugiert komplexe Polpaare enthalten ($[n/2]$ bedeutet die größte ganze Zahl, die in $n/2$ enthalten ist). Die Pole liegen alle auf einem Kreis mit dem Radius ω_g in der linken Hälfte der s-Ebene. Für das Butterworth-Polynom $B_n(s) = 1/G_{Wn}(s)$ erhält man folgende Darstellung:

$$B_n(s) = \left(\frac{s}{\omega_g}\right)^n + r_{n-1}\left(\frac{s}{\omega_g}\right)^{n-1} + \cdots + r_1\left(\frac{s}{\omega_g}\right) + 1, \qquad (6.1.42)$$

wobei die Werte für die Koeffizienten $r_1, r_2, \ldots, r_{n-1}$ aus Tafel 6.1 entnommen werden können. In Bild 6.8 sind die Führungsübergangsfunktionen von Regelkreisen dargestellt, die nach der Butterworth-Form eingestellt sind. In Tafel 6.2

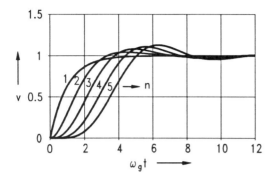

Bild 6.8
Führungsübergangsfunktionen mit Butterworth-Verhalten.
n Ordnung der Führungsübertragungsfunktion
ω_g Grenzkreisfrequenz

sind die Überschwingweiten h_m, die bezogenen Zeiten $\omega_g T_m$ bis zum 1. Maximum und die bezogenen Einschwingzeiten $\omega_g T_{e5}$ und $\omega_g T_{e2}$ zusammengestellt.

Tafel 6.1 Koeffizienten des Butterworth-Polynoms $B_n(s)$

n	r_1	r_2	r_3	r_4	r_5
1	1	—	—	—	—
2	1,414	1	—	—	—
3	2,000	2,000	1	—	—
4	2,613	3,414	2,613	1	—
5	3,236	5,236	5,236	3,236	1

Tafel 6.2 Kenndaten der Führungsübergangsfunktionen von Regelkreisen, die nach der Butterworth-Form ausgelegt sind

n	1	2	3	4	5
h_m	—	4,3%	8,2%	10,8%	12,8%
$\omega_g T_m$	—	4,44	4,92	5,60	6,32
$\omega_g T_{e5}$	3,00	2,92	5,97	6,86	7,66
$\omega_g T_{e2}$	3,91	5,96	6,64	9,87	10,84

6.1 Reglerentwurf im Zeitbereich

6.1.2.3 Anwendung des Verfahrens der Polvorgabe auf eine Teststrecke

Als Teststrecke wird die schon in Bild 6.1 dargestellte Regelstrecke mit der Übertragungsfunktion

$$G_S(s) = \frac{2}{(1+s)(1+0,9\,s)(1+0,8\,s)(1+0,7\,s)} \qquad (6.1.43)$$

gewählt mit: $T_1 = 0,7\,s$, $T_2 = 0,8\,s$, $T_3 = 0,9\,s$, $T_4 = 1,0\,s$ sowie $K_1 = 2$, $K_2 = K_3 = K_4 = 1$.

Durch Ausmultiplizieren des Nenners erhält man

$$G_S(s) = \frac{2}{1 + 3,4\,s + 4,31\,s^2 + 2,414\,s^3 + 0,504\,s^4} \qquad (6.1.44)$$

mit den Koeffizienten nach Gl.(6.1.14)) und Bild 6.4:

$a_0 = 1;\quad a_1 = 3,4;\quad a_2 = 4,31;\quad a_3 = 2,414;\quad a_4 = 0,504;\quad b_0 = 2\,.$

Für die Zustandsbeschreibung

$$\begin{aligned}\dot{\mathbf{x}}_R(t) &= \mathbf{A}_R\,\mathbf{x}_R(t) + \mathbf{b}_R\,y(t)\,,\\ v(t) &= \mathbf{c}_R^T\,\mathbf{x}_R(t)\end{aligned}$$

gelten:

$$\mathbf{A}_R = \begin{bmatrix} 0 & 1 & 0 & 0 \\ 0 & 0 & 1 & 0 \\ 0 & 0 & 0 & 1 \\ -1,984 & -6,746 & -8,552 & -4,790 \end{bmatrix},\quad \mathbf{b}_R = \begin{bmatrix} 0 \\ 0 \\ 0 \\ 1,984 \end{bmatrix},$$

$$\mathbf{c}_R^T = [2\ \ 0\ \ 0\ \ 0]\,. \qquad (6.1.45)$$

Für den Reglerentwurf wird ein Butterworth-Polynom 4. Ordnung mit $\omega_g = 2\,s^{-1}$ gewählt. Dafür ergibt sich aus Tafel 6.1:

$$B_4(s) = \left(\frac{s}{\omega_g}\right)^4 + 2,613\left(\frac{s}{\omega_g}\right)^3 + 3,414\left(\frac{s}{\omega_g}\right)^2 + 2,613\left(\frac{s}{\omega_g}\right) + 1$$

oder

$$N(s) = s^4 + 5,226\,s^3 + 13,656\,s^2 + 20,904\,s + 16\,. \qquad (6.1.46)$$

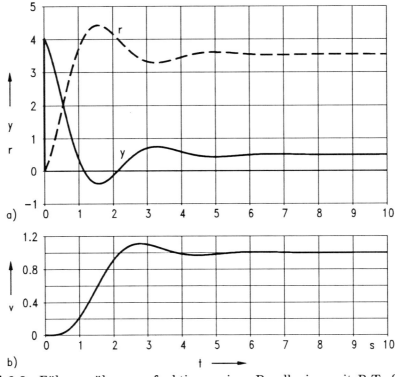

Bild 6.9 Führungsübergangsfunktionen eines Regelkreises mit P-T$_4$-Strecke und Polvorgabe für den Zustandsregler

Nach Gl.(6.1.37) folgt daraus für die Rückführkoeffizienten:

$$r_{R1} = \frac{p_0}{p_4} a_4 - a_0 = 7,064; \qquad r_{R2} = \frac{p_1}{p_4} a_4 - a_1 = 7,136;$$

$$r_{R3} = \frac{p_2}{p_4} a_4 - a_2 = 2,573; \qquad r_{R4} = \frac{p_3}{p_4} a_4 - a_3 = 0,220$$

und für das Vorfilter nach Gl.(6.1.38):

$$q_1 = \frac{a_0 + r_{R1}}{b_0} = 4,032. \qquad (6.1.47)$$

In Bild 6.9 ist die Führungsübergangsfunktion für die Ausgangsgröße $v(t)$ zusammen mit der Stellgröße $y(t)$ und der Rückführgröße $r(t)$ dargestellt. Die Stellgröße beginnt im Zeitnullpunkt mit einem Sprung auf den Wert von $q_1 =$

6.1 Reglerentwurf im Zeitbereich

4,032. Am Verlauf der Ausgangsgröße kann man die in Tafel 6.2 angegebenen Werte für die Ordnung $n = 4$ bestätigt finden.

Der Zustandsregler in der bisher betrachteten Form verwendet nur Proportionalglieder, mit denen er die Zustandsgrößen entsprechend der gewünschten Dynamik bewertet. Daher hat der Zustandsregler nur P-Verhalten, vermag also eine statisch vorliegende Störgröße nicht zu kompensieren. Eine Möglichkeit zur Behebung dieses Mißstandes wird im folgenden Abschnitt gezeigt.

6.1.3 Zustandsregelung mit Polvorgabe und Störgrößenkompensation

Die bisher betrachtete Zustandsregelung mit Polvorgabe ist allein darauf ausgerichtet, die Ausgangsgröße $v(t)$ möglichst schnell und mit geringem Überschwingen auf den Wert der Führungsgröße $w(t)$ zu bringen. Da der Zustandsregler nur P-Verhalten besitzt, würde sich auch bei der Führungsgrößenregelung eine bleibende Regeldifferenz einstellen. Durch die Wahl des Vorfilters q_1 kann man trotzdem erreichen, daß im statischen Fall die Ausgangsgröße gleich der Führungsgröße wird.

Die Einflüsse von Störgrößen werden dabei nicht berücksichtigt. Um Störgrößen berücksichtigen und näherungsweise kompensieren zu können, werden im regelungstechnischen Schrifttum verschiedene Formen der Störgrößenaufschaltung beschrieben. Sind die Störgrößen meßbar und kann man deren Einfluß auf die Ausgangsgröße angeben, so kann man sie durch entsprechende *Aufschaltung* auf die Stellgröße kompensieren. Sind die Störgrößen jedoch nicht meßbar, so muß man versuchen, ihren Einfluß durch ein *Störmodell* möglichst genau zu beschreiben. Es ist einleuchtend, daß hierzu ein erheblicher Aufwand nötig ist, wenn das Störmodell in den verschiedenen Arbeitspunkten eine Mindestgenauigkeit garantieren soll. Trotzdem ist damit nur eine *näherungsweise Kompensation* der Störgrößen möglich. Unabhängig davon, ob die Störgröße meßbar ist oder nicht, haben Störmodelle und Aufschaltungen den Nachteil, daß sie speziell *nur die Störgröße* kompensieren, für die sie ausgelegt sind oder die meßbar ist.

Daher soll im folgenden ein Vorschlag betrachtet werden, bei dem kein Störmodell erforderlich ist und trotzdem eine *vollständige Kompensation aller Störgrößen* erreicht wird.

6.1.3.1 PI-Zustandsregler zur Störgrößenkompensation

Zur vollständigen Störgrößenkompensation bietet sich, wie bei der klassischen Vorgehensweise, ein PI-Regler an [6.2]. Dazu wird die Ausgangsgröße mit der

Führungsgröße verglichen und die Regeldifferenz einem PI-Regler zugeführt. Bei dieser in Bild 6.10 dargestellten Struktur wirkt der Ausgang des PI-Reglers wie die Führungsgröße in Bild 6.6. Es handelt sich also genaugenommen um eine Kaskadenregelung, denn der Rückführvektor $\mathbf{r}_R$ ist ein unterlagerter P-Regler, dem der PI-Regler überlagert ist. Für den PI-Regler gelten die Gleichungen:

$$\left. \begin{array}{rcl} y_R(t) & = & r_I\, e(t) + r_P\, \dot{e}(t) \\ \dot{e}(t) & = & w(t) - v(t) \end{array} \right\} . \tag{6.1.48}$$

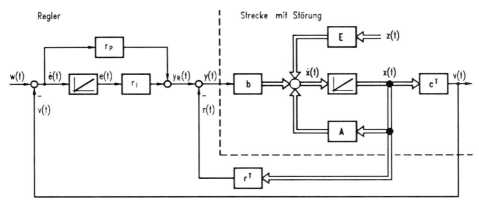

Bild 6.10 Wirkungsplan der Zustandsregelung durch Polvorgabe mit zusätzlichem PI-Regler

Die Bezeichnung ist etwas anders als bei klassischen PI-Reglern gewählt, da dies eine an die Zustandsdarstellung angepaßte mathematische Beschreibung zuläßt. Im statischen Zustand muß die Eingangsgröße $\dot{e}(t)$ des Integrierers gleich Null sein, woraus folgt:

1. die Einwirkung der Störgröße ist beseitigt,

2. die Regelgröße ist gleich der Führungsgröße.

Aufgrund der letzten Aussage ist kein Vorfilter q_1 wie beim Zustandsregler mit P-Verhalten erforderlich.

Das gesamte Regelungssystem wird beschrieben durch:

$$\left. \begin{array}{rcl} \dot{\mathbf{x}}(t) & = & \mathbf{A}\,\mathbf{x}(t) + \mathbf{b}\,y(t) + \mathbf{E}\,z(t), \\ v(t) & = & \mathbf{c}^T\,\mathbf{x}(t), \\ y(t) & = & -\mathbf{r}^T\,\mathbf{x}(t) + r_I\,e(t) + r_P\,\dot{e}(t), \\ \dot{e}(t) & = & w(t) - v(t). \end{array} \right\} \tag{6.1.49}$$

6.1 Reglerentwurf im Zeitbereich

Darin wird mit **E** die Beeinflussung des Zustandsvektors durch den Störvektor angegeben. Für die Überlegungen zur Stabilität können die äußeren Einflußgrößen Null gesetzt werden.

Mit $w(t) = 0$, $\mathbf{z}(t) = 0$ gelten die Gleichungen:

$$\left. \begin{aligned} \dot{\mathbf{x}}(t) &= \mathbf{A}\,\mathbf{x}(t) + \mathbf{b}\,y(t)\,, \\ \dot{e}(t) &= -\mathbf{c}^T\,\mathbf{x}(t)\,, \\ y(t) &= -\mathbf{r}^T\,\mathbf{x}(t) - r_P\,\mathbf{c}^T\,\mathbf{x}(t) + r_I\,e(t)\,. \end{aligned} \right\} \quad (6.1.50)$$

Dieses Gleichungssystem läßt sich wieder in Vektor- bzw. Matrizenschreibweise darstellen, wenn man den Zustandsvektor um $e(t)$ und die Systemmatrix um eine Zeile und eine Spalte erweitert:

$$\begin{bmatrix} \dot{x}_1(t) \\ \dot{x}_2(t) \\ \vdots \\ \dot{x}_{n-1}(t) \\ \dot{x}_n(t) \\ \dot{e}(t) \end{bmatrix} = \begin{bmatrix} 0 & 1 & \cdots & 0 & 0 \\ 0 & 0 & \cdots & 0 & 0 \\ \vdots & \vdots & & \vdots & \vdots \\ 0 & 0 & \cdots & 1 & 0 \\ -\frac{a_0}{a_n} & -\frac{a_1}{a_n} & \cdots & -\frac{a_{n-1}}{a_n} & 0 \\ -b_0 & -b_1 & \cdots & -b_{n-1} & 0 \end{bmatrix} \begin{bmatrix} x_1(t) \\ x_2(t) \\ \vdots \\ x_{n-1}(t) \\ x_n(t) \\ e(t) \end{bmatrix} + \begin{bmatrix} 0 \\ 0 \\ \vdots \\ 0 \\ \frac{1}{a_n} \\ 0 \end{bmatrix} y(t)\,,$$

$$(6.1.51)$$

$$y(t) = \begin{bmatrix} -r_1 - r_P\,b_0 & -r_2 - r_P\,b_1 \cdots & -r_n - r_P\,b_{n-1} & r_I \end{bmatrix} \begin{bmatrix} x_1(t) \\ x_2(t) \\ \vdots \\ x_n(t) \\ e(t) \end{bmatrix}\,.$$

$$(6.1.52)$$

Man bezeichnet die Gl.(6.1.51) als erweiterte Strecke und Gl.(6.1.52) als erweiterten Regler. Beide Darstellungen lassen sich auch in Kurzform schreiben:

$$\begin{bmatrix} \dot{\mathbf{x}}(t) \\ \dot{e}(t) \end{bmatrix} = \begin{bmatrix} \mathbf{A} & \mathbf{0} \\ -\mathbf{c}^T & 0 \end{bmatrix} \begin{bmatrix} \mathbf{x}(t) \\ e(t) \end{bmatrix} + \begin{bmatrix} \mathbf{b} \\ 0 \end{bmatrix} y(t)\,, \quad (6.1.53)$$

$$y(t) = [-\mathbf{r}^T - r_P \mathbf{c}^T \quad r_I] \begin{bmatrix} \mathbf{x}(t) \\ e(t) \end{bmatrix}. \tag{6.1.54}$$

Für dieses erweiterte System lassen sich die Reglerparameter wieder durch Vorgabe der Pole des geschlossenen Systems bestimmen. Allerdings ist die Ordnung des Systems durch das Einfügen des PI-Reglers um eins gestiegen.

Gegenüber dem unter Abschn. 6.1.2 behandelten Fall zeigt sich noch eine wesentliche Erschwernis. Dort lagen die Gleichungen der Zustandsregelung in Regelungsnormalform vor, so daß sich die Reglerkoeffizienten durch die einfachen Gleichungen Gl.(6.1.37) und Gl.(6.1.38) ermitteln ließen. Die erweiterte Strecke hat jedoch mit Gl.(6.1.51) keine Regelungsnormalform mehr, bei der nur die letzte Zeile mit Parametern ungleich Null und eine Diagonale oberhalb der Hauptdiagonalen mit Einsen besetzt ist. Daher muß zunächst das Gleichungssystem Gl.(6.1.51) auf Regelungsnormalform transformiert werden.

Im Interesse einer knappen übersichtlichen Darstellung wird hier auf die vollständige Beweisführung verzichtet. Es werden nur die wesentlichen Rechenschritte mit ihren Ergebnissen angegeben. Dabei folgen wir der Darstellung in [6.2] (Abschn. 12.1.2), wo der interessierte Leser die ausführliche Herleitung mit Beweisen findet.

Die Transformation von der allgemeinen Form Gl.(6.1.51) in die Regelungsnormalform:

$$\mathbf{x}_R = \mathbf{T}\mathbf{x}, \tag{6.1.55}$$

die durch den Index R gekennzeichnet wird, erfolgt durch die Matrix

$$\mathbf{T} = \begin{bmatrix} \mathbf{t}_1^T \\ \vdots \\ \mathbf{t}_n^T \end{bmatrix}, \tag{6.1.56}$$

wobei

$$\mathbf{t}_i^T = [t_{i1} \quad t_{i2} \quad \ldots \quad t_{in}], \qquad i = 1, \ldots, n \tag{6.1.57}$$

die Zeilenvektoren von $\mathbf{T}$ sind.

6.1 Reglerentwurf im Zeitbereich

Für die Transformationsmatrix erhält man als Lösung:

$$\mathbf{T} = \begin{bmatrix} \mathbf{t}_1^T \\ \mathbf{t}_1^T \mathbf{A} \\ \vdots \\ \mathbf{t}_1^T \mathbf{A}^{n-1} \end{bmatrix}. \tag{6.1.58}$$

Danach ist zunächst $\mathbf{t}_1^T$, der erste Zeilenvektor von $\mathbf{T}$, zu bestimmen. Man erhält ihn aus den Gleichungen

$$\mathbf{t}_1^T \mathbf{b} = 0, \quad \mathbf{t}_1^T \mathbf{A} \mathbf{b} = 0, \dots, \mathbf{t}_1^T \mathbf{A}^{n-2} \mathbf{b} = 0, \quad \mathbf{t}_1^T \mathbf{A}^{n-1} \mathbf{b} = 1. \tag{6.1.59}$$

Damit ist $\mathbf{T}$ bestimmt.

Aus der gegebenen Systemmatrix $\mathbf{A}$ erhält man die Koeffizienten der Systemmatrix $\mathbf{A}_R$ in Regelungsnormalform zu

$$[a_0 \quad a_1 \ \dots a_{n-1}] = -\mathbf{t}_n^T \mathbf{A} \mathbf{T}^{-1}. \tag{6.1.60}$$

Dazu erhält man die Reglerkoeffizienten wiederum nach Gl.(6.1.37), nach dem man durch das Polynom Gl.(6.1.36) die Pollagen vogegeben hat.

Darüberhinaus existiert eine Methode, mit der man auf direktem Weg die Reglerkoeffizienten bestimmen kann, ohne vorher die Systemmatrix $\mathbf{A}_R$ errechnen zu müssen. Diese zweite Methode beruht auf der erstmals von Ackermann [6.4] angegebenen Formel zur *Polvorgabe bei Eingrößensystemen*. In Abschn. 13.3.2 von [6.2] wird gezeigt, daß man den Reglervektor

$$\mathbf{r}^T = [r_1 \quad r_2 \ \dots r_n] \tag{6.1.61}$$

aus der Gleichung

$$\mathbf{r}^T = p_0 \mathbf{t}_1^T + p_1 \mathbf{t}_1^T \mathbf{A} + \dots + p_{n-1} \mathbf{t}_1^T \mathbf{A}^{n-1} + \mathbf{t}_1^T \mathbf{A}^n \tag{6.1.62}$$

erhält. Die Werte $p_0, p_1, \dots, p_{n-1}$ sind die Koeffizienten des vorgegebenen Nennerpolynoms nach Gl.(6.1.36), wobei auf $p_n = 1$ normiert wurde. Aus der gegebenen Systemmatrix mit der um eins erhöhten Ordnung erhält man mit Gl.(6.1.62) die Reglerkoeffizienten $r_1, \dots, r_n$ und zusätzlich als r_{n+1} den Parameter r_I.

Für den zweiten Reglerparameter r_P müssen gesonderte Überlegungen angestellt werden. Im statischen Zustand gilt für den I-Anteil des Reglers $y_R(\infty) = r_I e(\infty)$, während für den P-Anteil $r_P \dot{e}(\infty) = 0$ gilt wegen $\dot{e}(\infty) = 0$. Um diesen statischen Zustand möglichst schnell zu erreichen, soll r_P so gewählt werden, daß der zu erwartende statische Wert $y_R(\infty)$ sofort bei Vorgabe der Führungsgröße durch den P-Anteil eingestellt wird.

Im statischen Zustand gilt:

$$\left. \begin{array}{rcl} \mathbf{O} & = & \mathbf{A}\,\mathbf{x}(\infty) + \mathbf{b}\,y(\infty)\,, \\ v(\infty) & = & \mathbf{c}^T\,\mathbf{x}(\infty)\,. \end{array} \right\} \tag{6.1.63}$$

Daraus folgt, wenn $\mathbf{A}^{-1}$ existiert,

$$\begin{array}{rcl} \mathbf{x}(\infty) & = & -\,\mathbf{A}^{-1}\,\mathbf{b}\,y(\infty)\,, \\ v(\infty) & = & -\,\mathbf{c}^T\,\mathbf{A}^{-1}\,\mathbf{b}\,y(\infty) \end{array}$$

und schließlich

$$y(\infty) \;=\; -\,\left(\mathbf{c}^T\,\mathbf{A}^{-1}\,\mathbf{b}\right)^{-1}\,v(\infty)\,, \tag{6.1.64}$$

wenn dieses existiert.

Die einschränkenden Existenzbedingungen sind der Vollständigkeit halber angegeben. Bei konkreten technischen Systemen kann man sie als erfüllt ansehen, da "ein technisches System im Normalfall steuer- und beobachtbar„ ist [6.2].

In Gl.(6.1.64) läßt sich wegen $v(\infty) = w(\infty)$ die Größe v durch w ersetzen. Geht man davon aus, daß die Größen $\mathbf{x}(0)$, $\mathbf{z}(0)$ und $e(0)$ gleich Null sind, so gilt nach einem Führungsgrößensprung für $t = +0$:

$$y(+0) \;=\; r_P\,w\,. \tag{6.1.65}$$

Dieser Wert $y(+0)$ soll gleich $y(\infty)$ sein für einen beliebigen Führungsgrößensprung $w(t) = w(\infty) = v(\infty)$, und so muß für r_P gelten:

$$r_P \;=\; -\,\left(\mathbf{c}^T\,\mathbf{A}^{-1}\,\mathbf{b}\right)^{-1}\,. \tag{6.1.66}$$

Abschließend sollen die Vorteile dieses Konzepts mit PI-Zustandsregler gegenüber der Verwendung eines Störmodells festgehalten werden:

1. Über die Art und Einwirkung von Störgrößen braucht nichts bekannt zu sein.

2. Durch den PI-Zustandsregler werden nicht nur äußere Störgrößen kompensiert, sondern auch sonstige, etwa durch Parameterschwankungen hervorgerufene Störeffekte. Die Störeinflüsse werden *statisch vollkommen kompensiert*, was mit dem Störmodell praktisch nie garantiert werden kann.

6.1 Reglerentwurf im Zeitbereich

Der PI-Zustandsregler verleiht dem Regelkreis das Verhalten, das man von einem *richtigen Regler* erwartet: Er sorgt dafür, daß die Regeldifferenz $w(t) - v(t)$ statisch zu Null wird, unabhängig davon, ob diese Differenz durch eine Änderung der Führungsgröße oder durch das Auftreten von Störgrößen verursacht wurde.

Der PI-Zustandsregler hat allerdings auch Nachteile:

1. Die Störgrößenkompensation wird nicht laufend, sondern nur für den statischen Zustand durchgeführt.

2. Die Einführung des I-Anteils erhöht die Ordnung des erweiterten Systems um eins, was die Berechnung der Reglerparameter erschwert.

6.1.3.2 Anwendung des Verfahrens mit PI-Zustandsregler auf die Teststrecke

Zur angenommenen P-T$_4$-Teststrecke nach Gl.(6.1.44) gehören die Systemmatrix und der Eingangsvektor der erweiterten Strecke nach Gl.(6.1.51)

$$\mathbf{A} = \begin{bmatrix} 0 & 1 & 0 & 0 & 0 \\ 0 & 0 & 1 & 0 & 0 \\ 0 & 0 & 0 & 1 & 0 \\ -\dfrac{a_0}{a_4} & -\dfrac{a_1}{a_4} & -\dfrac{a_2}{a_4} & -\dfrac{a_3}{a_4} & 0 \\ -b_0 & 0 & 0 & 0 & 0 \end{bmatrix}, \quad \mathbf{b} = \begin{bmatrix} 0 \\ 0 \\ 0 \\ \dfrac{1}{a_4} \\ 0 \end{bmatrix}. \quad (6.1.67)$$

Zur Lösung des Gleichungssystems Gl.(6.1.59) müssen zunächst die Matrizen $\mathbf{A}\,\mathbf{b}, \ldots, \mathbf{A}^4\,\mathbf{b}$ bestimmt werden:

$$\mathbf{A}\,\mathbf{b} = \begin{bmatrix} 0 & 1 & 0 & 0 & 0 \\ 0 & 0 & 1 & 0 & 0 \\ 0 & 0 & 0 & 1 & 0 \\ -\dfrac{a_0}{a_4} & -\dfrac{a_1}{a_4} & -\dfrac{a_2}{a_4} & -\dfrac{a_3}{a_4} & 0 \\ -b_0 & 0 & 0 & 0 & 0 \end{bmatrix} \begin{bmatrix} 0 \\ 0 \\ 0 \\ \dfrac{1}{a_4} \\ 0 \end{bmatrix} = \begin{bmatrix} 0 \\ 0 \\ \dfrac{1}{a_4} \\ -\dfrac{a_3}{a_4^2} \\ 0 \end{bmatrix},$$

und in gleicher Weise aus $\mathbf{A}^2\mathbf{b} = \mathbf{A} \cdot \mathbf{A}\mathbf{b}$ usw.:

$$\mathbf{A}^2\mathbf{b} = \begin{bmatrix} 0 \\ \dfrac{1}{a_4} \\ -\dfrac{a_3}{a_4^2} \\ -\dfrac{a_2}{a_4^2} + \dfrac{a_3^2}{a_4^3} \\ 0 \end{bmatrix}, \quad \mathbf{A}^3\mathbf{b} = \begin{bmatrix} \dfrac{1}{a_4} \\ -\dfrac{a_3}{a_4^2} \\ -\dfrac{a_2}{a_4^2} + \dfrac{a_3^2}{a_4^3} \\ -\dfrac{a_1}{a_4^2} + 2\dfrac{a_2 a_3}{a_4^3} - \dfrac{a_3^3}{a_4^4} \\ 0 \end{bmatrix},$$

$$\mathbf{A}^4\mathbf{b} = \begin{bmatrix} -\dfrac{a_3}{a_4^2} \\ -\dfrac{a_2}{a_4^2} + \dfrac{a_3^2}{a_4^3} \\ -\dfrac{a_1}{a_4^2} + 2\dfrac{a_2 a_3}{a_4^3} - \dfrac{a_3^3}{a_4^4} \\ -\dfrac{a_0}{a_4^2} + \dfrac{a_2^2}{a_4^3} + 2\dfrac{a_1 a_3}{a_4^3} - 3\dfrac{a_2 a_3^2}{a_4^4} + \dfrac{a_3^4}{a_4^5} \\ -\dfrac{b_0}{a_4} \end{bmatrix}. \qquad (6.1.68)$$

Um die Gleichungen zur Berechnung von $\mathbf{t}_1^T$ aufstellen zu können, schreibt man diesen Vektor mit seinen Komponenten an:

$$\mathbf{t}_1^T = [t_1 \quad t_2 \quad t_3 \quad t_4 \quad t_5]$$

Damit erhält man für Gl.(6.1.59):

$$\mathbf{t}_1^T \mathbf{b} = t_4 \frac{1}{a_4} = 0 \longrightarrow t_4 = 0,$$

$$\mathbf{t}_1^T \mathbf{A}\mathbf{b} = t_3 \frac{1}{a_4} - t_4 \frac{a_3}{a_4^2} = 0 \longrightarrow t_3 = 0,$$

$$\mathbf{t}_1^T \mathbf{A}^2\mathbf{b} = t_2 \frac{1}{a_4} - t_3 \frac{a_3}{a_4^2} + t_4 \left(-\frac{a_2}{a_4^2} + \frac{a_3^2}{a_4^3}\right) = 0 \longrightarrow t_2 = 0,$$

$$\mathbf{t}_1^T \mathbf{A}^3\mathbf{b} = t_1 \frac{1}{a_4} - t_2 \frac{a_3}{a_4^2} + t_3 \left(-\frac{a_2}{a_4^2} + \frac{a_3^2}{a_4^3}\right) +$$

6.1 Reglerentwurf im Zeitbereich

$$+t_4\left(-\frac{a_1}{a_4{}^2}+2\frac{a_2\,a_3}{a_4{}^3}-\frac{a_3{}^3}{a_4{}^4}\right)=0 \longrightarrow t_1=0,$$

$$\mathbf{t}_1^T\mathbf{A}^4\mathbf{b} = -t_1\frac{a_3}{a_4{}^2}+t_2(\ldots)+t_3(\ldots)+t_4(\ldots)-t_5\frac{b_0}{a_4}=1 \longrightarrow t_5=-\frac{a_4}{b_0}.$$

Aus dem Vektor

$$\mathbf{t}_1^T = \begin{bmatrix} 0 & 0 & 0 & 0 & -\dfrac{a_4}{b_0}\end{bmatrix} \tag{6.1.69}$$

erhält man für die weiteren Zeilenvektoren von $\mathbf{T}$:

$$\mathbf{t}_1^T\mathbf{A} = \begin{bmatrix}0 & 0 & 0 & 0 & -\dfrac{a_4}{b_0}\end{bmatrix} \begin{bmatrix} 0 & 1 & 0 & 0 & 0 \\ 0 & 0 & 1 & 0 & 0 \\ 0 & 0 & 0 & 1 & 0 \\ -\dfrac{a_0}{a_4} & -\dfrac{a_1}{a_4} & -\dfrac{a_2}{a_4} & -\dfrac{a_3}{a_4} & 0 \\ -b_0 & 0 & 0 & 0 & 0 \end{bmatrix} = \begin{bmatrix} a_4 & 0 & 0 & 0 & 0\end{bmatrix},$$

und in gleicher Weise aus $\mathbf{t}_1^T\mathbf{A}^2 = \mathbf{t}_1^T\mathbf{A}\cdot\mathbf{A}$ usw.:

$$\begin{aligned}
\mathbf{t}_1^T\mathbf{A}^2 &= [\,0 \;\; a_4 \;\; 0 \;\; 0 \;\; 0\,], \\
\mathbf{t}_1^T\mathbf{A}^3 &= [\,0 \;\; 0 \;\; a_4 \;\; 0 \;\; 0\,], \\
\mathbf{t}_1^T\mathbf{A}^4 &= [\,0 \;\; 0 \;\; 0 \;\; a_4 \;\; 0\,], \\
\mathbf{t}_1^T\mathbf{A}^5 &= -[\,a_0 \;\; a_1 \;\; a_2 \;\; a_3 \;\; 0\,].
\end{aligned} \tag{6.1.70}$$

Mit dem Einsetzen dieser Ergebnisse in Gl.(6.1.62) erhält man für die Komponenten des Reglervektors:

$$\mathbf{r}^T = [r_1 \;\; r_2 \;\; r_3 \;\; r_4 \;\; r_5] =$$

$$= \begin{bmatrix} p_1 a_4 - a_0 & p_2 a_4 - a_1 & p_3 a_4 - a_2 & p_4 a_4 - a_3 & -p_0 \dfrac{a_4}{b_0}\end{bmatrix} \tag{6.1.71}$$

Für die Polvorgabe soll wieder ein Butterworth-Polynom mit der Grenzfrequenz $\omega_g = 2\,s^{-1}$ gewählt werden, diesmal jedoch von der Ordnung $n=5$ (s. Tafel 6.1):

$$B_5(s) = \left(\frac{s}{\omega_g}\right)^5 + 3{,}236\left(\frac{s}{\omega_g}\right)^4 + 5{,}236\left(\frac{s}{\omega_g}\right)^3 + 5{,}236\left(\frac{s}{\omega_g}\right)^2 +$$
$$+ 3{,}236\left(\frac{s}{\omega_g}\right) + 1$$

oder

$$N(s) = s^5 + 6,472\,s^4 + 20,944\,s^5 + 41,888\,s^2 + 51,776\,s + 32\,. \qquad (6.1.72)$$

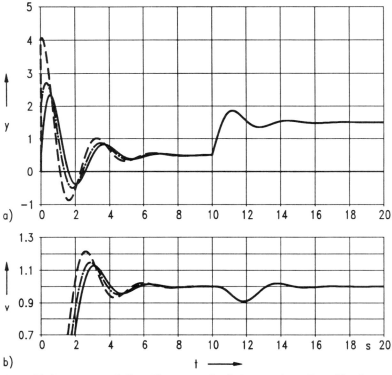

Bild 6.11 Führungs- und Störübergangsfunktionen eines Regelkreises mit P-T$_4$-Strecke und PI-Zustandsregler für verschiedene Werte von r_P.
$r_P = 0,5$ (———), $r_P = 2$ (— · — ·), $r_P = 4$ (- - - -)

Mit den Koeffizienten a_i der Strecke nach Gl.(6.1.44) erhält man schließlich für die Reglerkoeffizienten:

$$\left.\begin{aligned}
r_1 &= p_1 a_4 - a_0 = 25,095\,, \\
r_2 &= p_2 a_4 - a_1 = 17,712\,, \\
r_3 &= p_3 a_4 - a_2 = 6,246\,, \\
r_4 &= p_4 a_4 - a_3 = 0,8479\,, \\
r_5 &= -r_I = -p_0 a_4/b_0 = -8,064\,.
\end{aligned}\right\} \qquad (6.1.73)$$

6.2 Reglerentwurf im Frequenzbereich   317

Für den Proportionalbeiwert r_P des Reglers erhält man aus Gl.(6.1.66)

$$r_P = 0,5. \tag{6.1.74}$$

Nach Gl.(6.1.54) ist r_1 noch um $r_P b_0 = 1$ zu verringern. Bild 6.11 zeigt die mit diesen Reglerparametern erhaltenen Führungsübergangsfunktionen mit unterschiedlichen Werten für r_P, wobei im eingeschwungenen Zustand nach $10\,s$ ein Störgrößensprung folgt. Der Eingriffsort der Störgröße ist, wie in Bild 6.5 angegeben, am Eingang der Regelstrecke gewählt. Wie man sieht, macht sich eine Veränderung von r_P nur beim Führungsgrößensprung bemerkbar. Der nach Gl.(6.1.66) berechnete Wert von r_P sorgt genau für die bei $n = 5$ in Tafel 6.1 angegebene Überschwingweite.

6.2 Reglerentwurf im Frequenzbereich

Die mit der Methode der Betragsanpassung erzielten guten Ergebnisse beim Entwurf von PI-, PD- und PID-Reglern legen es nahe, nach einer Verallgemeinerung der Methode zu suchen. Die Verallgemeinerung bedeutet in diesem Fall, die Ordnung m des Zählerpolynoms zu erhöhen, um mehr als zwei Pole der Strecke zu kompensieren. Bei einem wie üblich im Vorwärtspfad angeordneten Regler bedeutet das, daß man mehr als einmal differenzieren müßte. Dem setzt aber das bei allen realen Systemen vorhandene *Rauschen*, das sich den interessierenden Zeitvorgängen überlagert, eine Grenze.

Für die hier anzustellenden Betrachtungen genügt es, das Rauschen als ein regelloses Störsignal anzusehen, das in allen Frequenzbereichen unterhalb einer Grenzfrequenz nahezu dieselbe Leistungsdichte aufweist („Breitband-Rauschen"). Gibt man dieses Signal auf ein Übertragungsglied mit differenzierendem Verhalten

$$G(j\omega) = \frac{V(j\omega)}{U(j\omega)} = K_D\, j\omega\,,$$

so sieht man, daß für $|U(j\omega)| = konstant$ gilt:

$$|V(j\omega)| = |U(j\omega)|\, \overset{*}{K}_D\, \omega\,.$$

Das bedeutet, daß die Rauschanteile mit hoher Frequenz mehr verstärkt werden als die Anteile mit niederer Frequenz. Um diesen Effekt zu begrenzen, werden PD- und PID-Regler immer mit einem Verzögerungsglied $1/(1+T_d\,j\omega)$ versehen. Eine zwei- oder mehrfache Differentation verbietet sich daher von selbst.

Andererseits liefert die Zustandsbeschreibung in der Regelungsnormalform die als Regelgröße zu betrachtende Ausgangsgröße mit ihren Ableitungen bis zur

($n - 1$)-ten Ordnung. Dabei beeinflußt die Stellgröße die n-te Ableitung, und alle anderen Ableitungen bis hin zur Regelgröße ergeben sich hieraus durch Integrationen. Können alle Zustandsgrößen gemessen werden, und werden alle Meßwerte durch überlagertes Rauschen verfälscht, so sind alle Zustandsgrößen und damit alle Ableitungen der Regelgröße gleichermaßen betroffen. Die Verhältnisse liegen damit günstiger als bei der zuvor betrachteten Differentiation im Vorwärtspfad.

Aufgrund dieser Überlegungen bietet sich der Regler nach der Verallgemeinerten Methode der Betragsanpassung als Zustandsregler an, der im Rückführpfad anzuordnen ist. Die Ableitungen der Regelgröße werden dabei mit Koeffizienten derart bewertet, daß das zu hohen Frequenzen unvermeidliche Absinken des Amplitudenganges der Regelstrecke möglichst weit hinausgeschoben wird. Dafür stehen die Ableitungen bis zur ($n - 1$)-ten Ordnung zur Verfügung.

6.2.1 Die Verallgemeinerte Methode der Betragsanpassung

Ausgangspunkt zur Herleitung der Verallgemeinerten Methode der Betragsanpassung ist die in Bild 6.12 dargestellte Struktur der Regelstrecke in Regelungsnormalform für $n = 4$. Die Übertragungsfunktion der Regelstrecke ist

$$G_S(s) = \frac{b_0}{a_0 + a_1 s + a_2 s^2 + \cdots + a_n s^n} = \frac{b_0}{A(s)}. \tag{6.2.1}$$

Die einzelnen Zustandsgrößen sind identisch mit den Ableitungen der Regelgröße $x_{R1}(t)$. Für die Bewertung der einzelnen Ableitungen werden neben den bisher betrachteten Absenkungskreisfrequenzen ω_{03} und ω_{06} noch die weiteren Absenkungskreisfrequenzen ω_{09}, $\omega_{12}, \ldots$ herangezogen. Für diese Absenkungskreisfrequenzen, die für den weiteren Rechengang zur Vereinfachung mit ω_1, $\omega_2, \ldots$ bezeichnet werden, gilt allgemein:

$$\frac{|G_S(j\omega_i)|}{|G_S(j0)|} = \frac{1}{(\sqrt{2})^i} \qquad i = 1, 2, \ldots, m. \tag{6.2.2}$$

Für den offenen Regelkreis gilt nach Bild 6.12

$$G_O(s) = \frac{R(s)}{Y(s)} = \frac{G_R(s)}{A(s)} = \frac{1 + \varrho_1 s + \varrho_2 s^2 + \cdots + \varrho_{n-1} s^{n-1}}{a_0 + a_1 s + a_2 s^2 + \cdots + a_n s^n}. \tag{6.2.3}$$

Das zu bestimmende Reglerpolynom lautet also:

$$G_R(s) = 1 + \varrho_1 s + \varrho_2 s^2 + \cdots + \varrho_{n-1} s^{n-1} = P(s). \tag{6.2.4}$$

Entsprechend der Vorgehensweise in [6.5] wird nun der Ansatz gemacht, daß das Reglerpolynom $P(s)$ gerade bei den Absenkungskreisfrequenzen ω_i die Ampli-

6.2 Reglerentwurf im Frequenzbereich 319

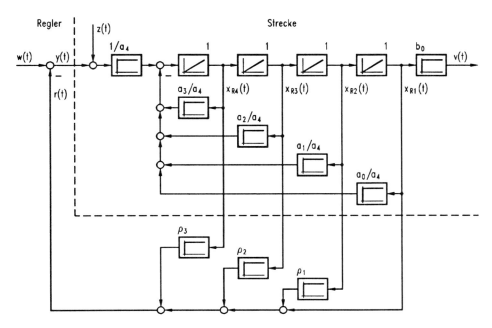

Bild 6.12 Vorläufiger Wirkungsplan der Zustandsregelung nach der Verallgemeinerten Methode der Betragsanpassung

tudenabsenkung der Regelstrecke kompensiert. Daraus folgt die Forderung:

$$|P(j\omega_i)| = \left(\sqrt{2}\right)^i . \tag{6.2.5}$$

Mit

$$P(j\omega_i) = Re\, P(j\omega_i) + j\, Im\, P(j\omega_i) \tag{6.2.6}$$

erhält man für das Polynom m-ten Grades mit $m \leq n-1$:

$$\left.\begin{array}{l} Re\, P(j\omega_i) = 1 - \varrho_2\, \omega_i{}^2 + \varrho_4\, \omega_i{}^4 - + \cdots = \displaystyle\sum_{j=0}^{[m/2]} (-1)^j\, \varrho_{2j}\, \omega_i{}^{2j}, \\[2mm] Im\, P(j\omega_i) = \omega_i\left(\varrho_1 - \varrho_3\, \omega_i{}^2 + \varrho_5\, \omega_i{}^4 - + \cdots\right) = \\[2mm] \qquad\quad = \omega_i \displaystyle\sum_{j=0}^{[(m-1)/2]} (-1)^j\, \varrho_{2j+1}\, \omega_i{}^{2j} \qquad i = 1,2,\ldots,m\,. \end{array}\right\} \tag{6.2.7}$$

Für das Quadrat von $|P(j\omega_i)|$ ergibt sich

$$|P(j\omega_i)|^2 = [Re\, P(j\omega_i)]^2 + [Im\, P(j\omega_i)]^2 = 2^i \tag{6.2.8}$$

und durch Einführen neuer Koeffizienten t_k folgt die übersichtliche Schreibweise:

$$\left.\begin{aligned} 1 + \omega_1{}^2 t_1 + \omega_1{}^4 t_2 &+ \cdots + \omega_1{}^{2m} t_m = 2, \\ 1 + \omega_2{}^2 t_1 + \omega_2{}^4 t_2 &+ \cdots + \omega_2{}^{2m} t_m = 4, \\ \vdots \qquad \vdots \qquad \vdots &\qquad \vdots \qquad \vdots \\ 1 + \omega_m{}^2 t_1 + \omega_m{}^4 t_2 &+ \cdots + \omega_m{}^{2m} t_m = 2^m. \end{aligned}\right\} \qquad (6.2.9)$$

Bei gegebenen Absenkungskreisfrequenzen ω_i und der Ordnung m ist die Lösung des linearen Gleichungssystems

$$\sum_{k=1}^{m} \omega_i{}^{2k} t_k = 2^i - 1 \qquad i = 1, 2, \ldots, m \qquad (6.2.10)$$

eindeutig gegeben durch:

$$t_k = \frac{D_k}{D}. \qquad (6.2.11)$$

Die Nennerdeterminante

$$D = \begin{vmatrix} \omega_1{}^2 & \omega_1{}^4 & \ldots & \omega_1{}^{2m} \\ \omega_2{}^2 & \omega_2{}^4 & \ldots & \omega_2{}^{2m} \\ \vdots & \vdots & & \vdots \\ \omega_m{}^2 & \omega_m{}^4 & \ldots & \omega_m{}^{2m} \end{vmatrix} \qquad (6.2.12)$$

läßt sich folgendermaßen umformen:

$$D = \omega_1{}^2 \omega_2{}^2 \ldots \omega_m{}^2 \begin{vmatrix} 1 & \omega_1{}^2 & \ldots & \omega_1^{2(m-1)} \\ 1 & \omega_2{}^2 & \ldots & \omega_2^{2(m-1)} \\ \vdots & \vdots & & \vdots \\ 1 & \omega_m{}^2 & \ldots & \omega_m^{2(m-1)} \end{vmatrix} = \omega_1{}^2 \omega_2{}^2 \ldots \omega_m{}^2 \Delta. \qquad (6.2.13)$$

Mit dem Wert der Vander-Monde-Determinante Δ [6.6] kann man D allgemein angeben:

$$\begin{aligned} D = \omega_1{}^2 \omega_2{}^2 \ldots \omega_m{}^2 \left(\omega_2{}^2 - \omega_1{}^2\right) &\left(\omega_3{}^2 - \omega_1{}^2\right) \ldots \left(\omega_m{}^2 - \omega_1{}^2\right) \\ &\left(\omega_3{}^2 - \omega_2{}^2\right) \ldots \left(\omega_m{}^2 - \omega_2{}^2\right) \\ &\qquad\qquad \ldots \\ &\qquad\qquad\qquad \left(\omega_m{}^2 - \omega_{m-1}{}^2\right). \end{aligned} \qquad (6.2.14)$$

Die Zählerdeterminante D_k ergibt sich, indem man in D nach Gl.(6.2.12) die Elemente der k-ten Spalte durch $1, 3, 7, \ldots, (2^m - 1)$ ersetzt.

6.2 Reglerentwurf im Frequenzbereich

Eine zweite Möglichkeit, das lineare Gleichungssystem Gl.(6.2.9) zu lösen, besteht in der Anwendung des Gauß-Verfahrens (Gaußscher Algorithmus) [6.7].

Zwischen den Koeffizienten t_k dieses linearen Gleichungssystems und den gesuchten Koeffizienten ϱ_i bestehen nichtlineare Beziehungen, die von der Ordnung m abhängen und in Tafel 6.3 für die Ordnungen 1 bis 5 zusammengestellt sind.

Tafel 6.3 Zusammenhang der Zwischenwerte t_k mit den Reglerkoeffizienten ϱ_i in Abhängigkeit von der Polynomordnung m

m	t_1	t_2	t_3	t_4	t_5
1	ϱ_1^2				
2	$\varrho_1^2 - 2\varrho_2$	ϱ_2^2			
3	$\varrho_1^2 - 2\varrho_2$	$\varrho_2^2 - 2\varrho_1\varrho_3$	ϱ_3^2		
4	$\varrho_1^2 - 2\varrho_2$	$\varrho_2^2 - 2\varrho_1\varrho_3 + 2\varrho_4$	$\varrho_3^2 - 2\varrho_2\varrho_4$	ϱ_4^2	
5	$\varrho_1^2 - 2\varrho_2$	$\varrho_2^2 - 2\varrho_1\varrho_3 + 2\varrho_4$	$\varrho_3^2 - 2\varrho_2\varrho_4 + 2\varrho_1\varrho_5$	$\varrho_4^2 - 2\varrho_3\varrho_5$	ϱ_5^2

Der Fall $m = 1$ liefert mit $D = \omega_1^2$, $D_1 = 1$, $t_1 = 1/\omega_1^2$ und $\varrho_1 = \sqrt{t_1}$ die Lösung

$$\varrho_1 = 1/\omega_1, \tag{6.2.15}$$

wie sie sich mit Gl.(3.3.32) und in [6.5] für den PI-Regler ergibt.

Im Fall $m = 2$ erhält man mit $D = \omega_1^2 \omega_2^2 \left(\omega_2^2 - \omega_1^2\right)$, $D_1 = \omega_2^4 - 3\omega_1^4$ und $D_2 = 3\omega_1^2 - \omega_2^2$ die Zwischenwerte

$$t_1 = \frac{\omega_2^4 - 3\omega_1^4}{\omega_1^2 \omega_2^2 \left(\omega_2^2 - \omega_1^2\right)}, \qquad t_2 = \frac{3\omega_1^2 - \omega_2^2}{\omega_1^2 \omega_2^2 \left(\omega_2^2 - \omega_1^2\right)} \tag{6.2.16}$$

und dazu die allgemeine Lösung:

$$\varrho_2 = \sqrt{t_2}; \qquad \varrho_1 = \sqrt{t_1 + 2\sqrt{t_2}}. \tag{6.2.17}$$

In [6.5] werden für den PID-Regler die der Gl.(6.2.16) entsprechenden Ausdrücke

$$t_1 = \frac{1}{\omega_2^2 - \omega_1^2} \left[\frac{\omega_2^2}{\omega_1^2} - 3\frac{\omega_1^2}{\omega_2^2}\right]; \qquad t_2 = \frac{1}{\omega_2^2 - \omega_1^2} \left[\frac{3}{\omega_2^2} - \frac{1}{\omega_1^2}\right]$$

angegeben.

Mit den dort gewählten Zuordnungen $t_2 = T_{0R}{}^4$ und $t_1 = 2\,T_{0R}{}^2\,(2\,\vartheta_R{}^2 - 1)$, die hier in den Gleichungen (3.3.53) und (3.3.54) enthalten sind, folgt für das Polynom:

$$P(s) = 1 + 2\,\vartheta_R\,T_{0R}s + T_{0R}{}^2\,s^2\,. \tag{6.2.18}$$

Die Lösung der Reglerparameter für $m = 3$ mit

$$\begin{aligned}
\varrho_3 &= \sqrt{t_3}\,,\\
\varrho_2 &= \sqrt{t_2 + 2\varrho_1\sqrt{t_3}},\\
\varrho_1 &= \sqrt{t_1 + 2\varrho_2}
\end{aligned} \tag{6.2.19}$$

macht eine iterative Lösung notwendig, da die Beziehungen für ϱ_1 und ϱ_2 voneinander abhängig sind.

Die Berechnung der Reglerparameter für Reglerpolynome höherer Ordnung als 3 ist nur noch unter Zuhilfenahme numerischer Lösungsansätze möglich, da hierbei die Beziehungen der unterschiedlichen Reglerkoeffizienten in gegenseitiger Abhängigkeit auftreten.

Für die Regelstrecke nach Gl.(6.1.43) mit

$$G_S(s) = \frac{2}{(1+s)(1+0,9\,s)(1+0,8\,s)(1+0,7\,s)} \tag{6.2.20}$$

sind maximal drei Absenkungskreisfrequenzen beim Reglerentwurf zu berücksichtigen. Mit dem Struktogramm nach Bild 3.31 ermittelt ein Programm die Werte:

$$\omega_1 = 0,509\,s^{-1};\quad \omega_2 = 0,754\,s^{-1};\quad \omega_3 = 0,970\,s^{-1}. \tag{6.2.21}$$

Daraus folgt für unterschiedliche Ordnungen des Reglerpolynoms

a) **m = 1:**

$$\begin{aligned}
\varrho_1 &= 1,965\\
P_1(s) &= 1,0 + 1,965\,s.
\end{aligned} \tag{6.2.22}$$

b) **m = 2:**

$$\begin{aligned}
\varrho_1 &= 2,636\\
\varrho_2 &= 2,129\\
P_2(s) &= 1,0 + 2,636\,s + 2,129\,s^2
\end{aligned} \tag{6.2.23}$$

6.2 Reglerentwurf im Frequenzbereich

c) **m = 3**:

$$\varrho_1 = 3,130$$
$$\varrho_2 = 3,411$$
$$\varrho_3 = 1,390$$
$$P_3(s) = 1,0 + 3,130\,s + 3,411\,s^2 + 1,390\,s^3 \qquad (6.2.24)$$

Wie aus Gl.(6.2.3) hervorgeht, geben die Koeffizienten ϱ_1, ϱ_2, $\cdots$ an, wie die erste, zweite $\cdots$ Ableitung der Regelgröße gewichtet wird. Für die Ordnung $m = 1$ wird daher nur die erste Ableitung $x_{R2}(t)$ mit ϱ_1 bewertet; ϱ_2 und ϱ_3 sind gleich Null. Für $m = 2$ werden die erste und die zweite Ableitung $x_{R2}(t)$ und $x_{R3}(t)$ verwendet; ϱ_3 ist gleich Null.

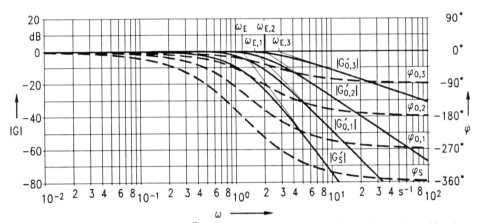

Bild 6.13 Frequenzgänge der Übertragungsfunktionen des offenen Regelkreises nach Gl.(6.2.25)

In Bild 6.13 sind die Frequenzgänge zu den Übertragungsfunktionen

$$G'_{O,m}(s) = G'_S(s)\,G_R(s) = \frac{P_m(s)}{A(s)} \qquad m = 1, 2, 3 \qquad (6.2.25)$$

nach Betrag und Phase dargestellt. Zum Vergleich ist neben den Frequenzgängen nach Gl.(6.2.25) auch noch der der Regelstrecke G'_S (ohne den Faktor $b_0 = 2$) eingezeichnet. Deutlich ist die Anhebung des Amplitudenganges bei zunehmender Ordnung des Reglerpolynoms zu erkennen. Ebenfalls dargestellt sind die asymptotischen Verlängerungen der Betragskennlinien, die die 0 dB-Linie in den

Eckfrequenzen $\omega_{E,m}$ treffen. In Abhängigkeit von der Ordnung n des Nennerpolynoms und der Ordnung m des Zählerpolynoms erhält man für die jeweiligen Eckfrequenzen:

$$\omega_{E,m} = \sqrt[n-m]{\frac{\varrho_m}{\prod_{i=1}^{n} T_i}} = \sqrt[n-m]{\frac{\varrho_m}{a_n}} \tag{6.2.26}$$

mit: $\omega_E = 1,187$; $\omega_{E,1} = 1,574\,s^{-1}$; $\omega_{E,2} = 2,055\,s^{-1}$; $\omega_{E,3} = 2,758\,s^{-1}$.

Der Endwert des Phasenganges ändert sich um jeweils 90° pro Ordnung des Zählerpolynoms und ergibt für $\omega \to \infty$ den Wert $(n-m)\cdot(-90°)$. Aus den Gleichungen (6.2.22) bis (6.2.24) und den Darstellungen in Bild 6.13 geht hervor, daß der Regler G_{Rr} im Rückwärtspfad ein PD-Regler der Ordnung m (PD^m-Regler) ist.

Wie genau das Reglerpolynom der Ordnung $n-1$ das Verhalten des Streckenpolynoms nachbildet und damit das Absinken des Amplituden- und Phasenganges kompensiert, ist in Bild 6.14 dargestellt.

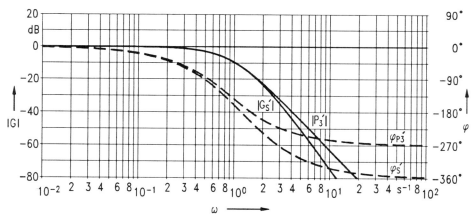

Bild 6.14 Frequenzgänge der Funktionen $G_S{'}(s)$ nach Gl.(6.2.27) und $P_3{'}(s)$ nach Gl.(6.2.28)

Hier sind die Frequenzgänge von der Strecke 4. Ordnung

$$G_S{'}(s) = \frac{1}{A(s)} \tag{6.2.27}$$

und dem Kehrwert des Reglerpolynoms 3. Ordnung

$$P_3{'}(s) = \frac{1}{P_3(s)} \tag{6.2.28}$$

6.2 Reglerentwurf im Frequenzbereich

aufgetragen. Für kleine Frequenzen sieht man einen identischen Verlauf der beiden Amplitudengänge und erst für höhere Frequenzen das unvermeidlich schnellere Absinken bei der Regelstrecke mit $n \cdot$ 20 dB pro Dekade gegenüber dem Absinken beim Kehrwert des Reglerpolynoms mit $(n-1)\cdot$ 20 dB pro Dekade. Die Phasengänge verhalten sich ebenfalls für kleine Frequenzen gleich, haben aber für $\omega \to \infty$ eine Phasendifferenz von $(n-m) \cdot 90° = 90°$.

6.2.2 Reglersynthese im Zustandsraum mit der Verallgemeinerten Methode der Betragsanpassung

Die im vorhergehenden Abschnitt hergeleitete Verallgemeinerte Methode der Betragsanpassung kann selbstverständlich nicht ohne eine geeignete Modifizierung in der Zustandsregelung Verwendung finden. Die dazu notwendigen Überlegungen lassen sich besonders einfach durchführen, wenn man das Verhalten einer Zustandsrückführung mit dem eines klassischen Reglers vergleicht. Hierdurch kann man auch bedeutend leichter mit dem Frequenzbereichsverfahren der Verallgemeinerten Methode der Betragsanpassung bei der Reglersynthese im Zustandsraum umgehen [6.8].

6.2.2.1 Gegenüberstellung von Zustandsregler und klassischem Regler

In Bild 6.15 ist der Wirkungsplan des geschlossenen Zustandsregelkreises zu sehen. Der Index R soll darauf hinweisen, daß die Regelungsnormalform zur Zustandsregelung gewählt wird. Nimmt man zur Vereinfachung $c_R^T = (1\ 0 \ldots 0)$ an, so sind Ausgangsgröße und Regelgröße identisch.

Der Zusammenhang zwischen Stellgröße und Ausgangsgröße läßt sich auch durch die Übertragungsfunktion der Regelstrecke $G_S(s)$ beschreiben, und die Zustandsrückführung läßt sich auch durch das Polynom $P(s)$ ausdrücken. Damit ergibt sich der in Bild 6.16 gezeichnete Wirkungsplan. Verwendet man alle verfügbaren Zustandsgrößen bis $X_{Rn}(s)$, so lautet die Reglerübertragungsfunktion $P_{n-1}(s)$. Zusammen mit der Streckenübertragungsfunktion der Ordnung n gilt für die Übertragungsfunktion des offenen Regelkreises:

$$G_O(s) = G_S(s)\, G_R(s) = \frac{1}{1 + T_P s}. \qquad (6.2.29)$$

Das Reglerpolynom $P_{n-1}(s)$ kompensiert das Verzögerungsverhalten der Strecke bis auf ein Verzögerungsglied 1. Ordnung.

Der Vergleich von Zustandsregler und klassischem Regler läßt sich am einfachsten durchführen, wenn man von der allgemeinen Struktur einer linearen zeitinvarianten Regelung ausgeht, wie sie in Bild 6.17 dargestellt ist. Das Verhalten

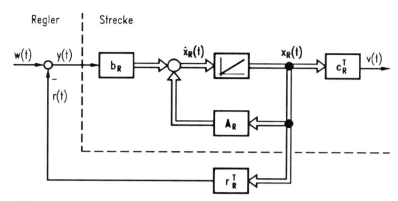

Bild 6.15 Wirkungsplan des geschlossenen Zustandsregelkreises

Bild 6.16
Wirkungsplan eines Zustandsreglers als klassischer Regler

einer solchen Regelkreisstruktur auf Änderungen der Führungsgröße $W(s)$ oder der Störgröße $Z(s)$ läßt sich mit der Führungs- bzw. Störübertragungsfunktion beschreiben:

$$G_W(s) = \frac{V(s)}{W(s)} = \frac{G_1(s)\,G_2(s)}{1 + G_1(s)\,G_2(s)\,G_3(s)}\,, \tag{6.2.30}$$

$$G_Z(s) = \frac{V(s)}{Z(s)} = \frac{G_2(s)}{1 + G_1(s)\,G_2(s)\,G_3(s)}\,. \tag{6.2.31}$$

Beim klassischen Regelkreis entspricht $G_1(s)$ der Übertragungsfunktion des Reglers und $G_2(s)$ der der Strecke. $G_3(s)$ wird gleich 1 gesetzt. Dabei ist vorausgesetzt, daß die Störgröße vor der Strecke angreift. Daraus folgen für den klassischen Regelkreis (Index K) die Führungs- und Störübertragungsfunktionen:

$$G_{WK}(s) = \frac{G_R(s)\,G_S(s)}{1 + G_R(s)\,G_S(s)} \tag{6.2.32}$$

$$G_{ZK}(s) = \frac{G_S(s)}{1 + G_R(s)\,G_S(s)} \tag{6.2.33}$$

6.2 Reglerentwurf im Frequenzbereich

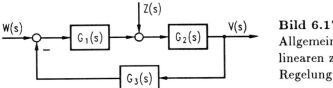

Bild 6.17
Allgemeine Struktur einer linearen zeitinvarianten Regelung

Bei der Zustandsregelung (Index Z) ist $G_1(s) = 1$ und $G_3(s)$ beschreibt die Reglerübertragungsfunktion. $G_2(s)$ beschreibt weiterhin die Streckenübertragungsfunktion, so daß sich ergibt:

$$G_{WZ}(s) = \frac{G_S(s)}{1 + G_R(s)\, G_S(s)} \tag{6.2.34}$$

$$G_{ZZ}(s) = \frac{G_S(s)}{1 + G_R(s)\, G_S(s)} \,. \tag{6.2.35}$$

Vergleicht man Gl.(6.2.32) mit Gl.(6.2.34) und Gl.(6.2.33) mit Gl.(6.2.35), so ist zu erkennen, daß zwar die Störübertragungsfunktionen identisch sind, der Zähler der Führungsübertragungsfunktion Gl.(6.2.34) aber im Unterschied zu Gl.(6.2.32) durch den Regler nicht beeinflußt wird. Um diese Abweichung der Führungsübertragungsfunktion des klassischen Regelkreises von der des Zustandsreglers auszugleichen, wird im nächsten Abschnitt ein zusätzliches Vorfilter bestimmt, das lediglich auf die Führungsgröße einwirkt.

6.2.2.2 Reglerentwurf nach der Verallgemeinerten Methode der Betragsanpassung

Um auch das Führungsverhalten der Zustandsregelung dem eines klassischen Regelkreises anzugleichen, wird ein zusätzliches Vorfilter $Q(s)$ eingefügt, das nur auf die Führungsübertragungsfunktion Einfluß nimmt. Bild 6.18 zeigt den Wirkungsplan des Zustandsregelkreises mit dem zusätzlichen Vorfilter $Q(s)$. Die Übertragungsfunktion der Regelstrecke ist hier wieder in die Übertragungsfunktion $G_S' = 1/A(s)$ und den Faktor b_0 aufgeteilt: $G_S(s) = G_S'(s)\, b_0$. Für die Führungsübertragungsfunktion gilt dabei:

$$G_{WZ}(s) = \frac{V(s)}{U(s)} = \frac{Q(s)\, G_S'(s)\, b_0}{1 + P(s)\, G_S'(s)} \,. \tag{6.2.36}$$

Durch Vergleich von Gl.(6.2.36) mit Gl.(6.2.32) sieht man, daß die Beziehungen für $P(s) = Q(s)$ identisch sind. Da es sich aber bei $P(s)$ um ein ideales PD-Glied

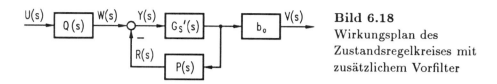

Bild 6.18
Wirkungsplan des
Zustandsregelkreises mit
zusätzlichem Vorfilter

$(n-1)$-ter Ordnung handelt und dieses nicht zu realisieren ist, muß für $Q(s)$ mit Berücksichtigung von b_0 gewählt werden:

$$Q(s) = \frac{1}{b_0} \cdot \frac{P(s)}{N(s)}. \qquad (6.2.37)$$

Dabei ist $N(s)$ ein noch vorzugebendes Polynom n-ter Ordnung.

Um die Bedeutung des Nennerpolynoms auf das Führungsverhalten zu erkennen, muß man sich noch einmal die Wirkung des Polynoms der Betragsanpassung $P(s)$ verdeutlichen. Nach Gl.(6.2.36) und Gl.(6.2.37) ergibt sich die Führungsübertragungsfunktion zu:

$$G_{WZ}(s) = \frac{1}{N(s)} \cdot \frac{G_S'(s) P(s)}{1 + G_S'(s) P(s)}. \qquad (6.2.38)$$

In Abschn. 6.2.1 sind in Bild 6.13 die Amplituden- und Phasengänge von

$$\frac{P_m(s)}{A(s)} = P_m(s)\, G_S'(s) \qquad m = 1,\, 2,\, 3 \qquad (6.2.39)$$

dargestellt, und es ist zu erkennen, daß für kleine Frequenzen das Absinken des Betrages und der Phase der Regelstrecke durch das Polynom $P_m(s)$ kompensiert wird. Das Polynom der Betragsanpassung $P_m(s)$ kann für $m = n-1$ die Übertragungsfunktion der Regelstrecke bis auf ein Verzögerungsglied 1. Ordnung kompensieren. Daher ist das Polynom $N(s)$ entscheidend für das Führungsverhalten. Durch die Wahl der Pole von $N(s)$ können die wichtigsten Forderungen an einen Regelkreis erfüllt werden:

1. Die Stabilität des Regelkreises muß gesichert sein.

2. Die Regelung muß im statischen Zustand hinreichend genau sein; das bedeutet, daß der Betrag der Regeldifferenz $w - v_\infty$ eine festgelegte Schranke nicht überschreiten darf.

3. Das transiente Verhalten der Regelung muß die Spezifikationen bezüglich der Dämpfung und Schnelligkeit des Übergangsverhaltens erfüllen.

Diese Forderungen lassen sich beispielsweise mit dem in Abschn. 6.1.2.2 vorgestellten Verfahren nach Butterworth erfüllen. Dabei ist selbstverständlich die

6.2 Reglerentwurf im Frequenzbereich

Wahl der Ordnung von $N(s)$ entscheidend für den Verlauf der Stellgröße $y(t)$. Ist die Ordnung des Vorfilternenners gleich der des Vorfilterzählers, beginnt die Stellgröße wie bei einem PID-Regler mit einem Sprung. Legt man fest, daß die Ordnung des Vorfilternenners um eins größer als die des Vorfilterzählers ist, so beginnt die Stellgröße für $t = +0$ mit $y(+0) = 0$. Damit wird die Stellgliedbeanspruchung reduziert.

6.2.2.3 Anwendung der Methode der Betragsanpassung auf die Teststrecke

Zum Vergleich mit den unter Abschn. 6.1.2.3 in Bild 6.9 erzielten Sprungantworten, die mit dem Verfahren der Polvorgabe erzielt werden, sollen die mit der Methode der Betragsanpassung erreichten Ergebnisse betrachtet werden.

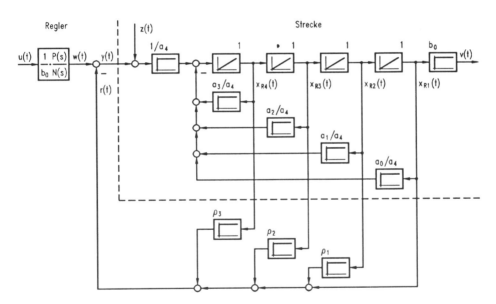

Bild 6.19 Wirkungsplan des Zustandsregelkreises mit der Verallgemeinerten Methode der Betragsanpassung

Für die unter Abschn. 6.2.1 und Gl.(6.2.20) vorgestellte Regelstrecke sind die für das Betragsanpassungspolynom $(n-1)$-ter Ordnung benötigten Koeffizienten bereits mit Gl.(6.2.24) bestimmt. Diese entsprechen einerseits nach Gl.(6.2.37) und Bild 6.18 dem Poylnom $P(s)$ im Vorfilter

$$P(s) = 1 + 3{,}130\, s + 3{,}411\, s^2 + 1{,}390\, s^3, \tag{6.2.40}$$

andererseits ergeben sich daraus die Rückführkoeffizienten:

$$r_1 = 1,0; \quad \varrho_1 = 3,130; \quad \varrho_2 = 3,411; \quad \varrho_3 = 1,390\,. \tag{6.2.41}$$

Für das Nennerpolynom $N(s)$ des Vorfilters wird das unter Gl.(6.1.46) bestimmte Polynom nach *Butterworth* mit einer Grenzfrequenz $\omega_g = 2\text{ s}^{-1}$ gewählt. Bei einer Normierung von p_0 auf 1 erhält man dafür:

$$N(s) = 1 + 1,307s + 0,854s^2 + 0,325s^3 + 0,0625s^4\,. \tag{6.2.42}$$

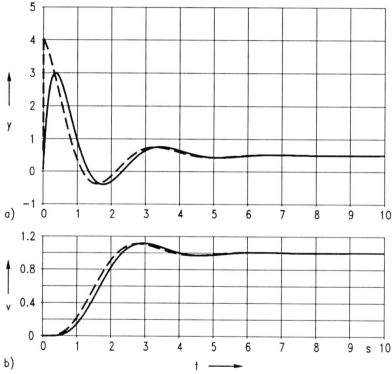

Bild 6.20 Führungsübergangsfunktion mit einer P-T$_4$-Strecke und Reglerentwurf nach der Polvorgabe bzw. nach der Betragsanpassung
Betragsanpassung (———), Polvorgabe (- - -)

Der Wirkungsplan für die Zustandsregelung nach der Verallgemeinerten Methode der Betragsanpassung ist in Bild 6.19 gezeigt. Bild 6.20 zeigt die Führungsübergangsfunktion nach der Methode der Betragsanpassung im Vergleich zum Verfahren der Polvorgabe. Man sieht, daß die Ausgangsgrößen $v(t)$

6.2 Reglerentwurf im Frequenzbereich

und die Stellgrößen $y(t)$ einen ähnlichen Verlauf aufweisen, mit dem Unterschied, daß nach dem Verfahren der Polvorgabe die Stellgröße mit einem Sprung beginnt und aus diesem Grund die Regelgröße etwas schneller ist.

6.2.3 Einfügung eines PI–Reglers zur Störgrößenkompensation

Wie schon im Abschnitt 6.1.2 beim Zustandsreglerentwurf durch Polvorgabe ist auch der bisher betrachtete Reglerentwurf nach der Betragsanpassung nicht in der Lage, Störungen, die auf die Regelstrecke einwirken, auszugleichen und damit einer bleibenden Regeldifferenz entgegenzuwirken.

Auch hier bietet sich die Einführung eines PI-Reglers an, der dann dafür sorgt, daß die Ausgangsgröße im statischen Zustand mit der Führungsgröße übereinstimmt. Allerdings wird der PI-Regler in den Vorwärtspfad der Regelschleife eingefügt, und sein Übertragungsverhalten wird mit $G_{Rv}(s)$ bezeichnet. Dadurch wird der PI-Regler nicht mit der Differenz der Führungsgröße $w(t)$ und der Ausgangsgröße $v(t)$ beaufschlagt, sondern es werden alle mit ihren jeweiligen Reglerkoeffizienten gewichteten Zustandsgrößen berücksichtigt.

6.2.3.1 Reglersynthese mit dem erweiterten Regler

Der Wirkungsplan zu dieser Regelungsstruktur ist in Bild 6.21 dargestellt. Um den Wirkungsplan übersichtlicher zu gestalten, werden die Komponenten des Regelkreises durch ihre Übertragungsfunktionen beschrieben. Es verbirgt sich also hinter $G'_S(s)$ die Regelstrecke in Regelungsnormalform, wobei der konstante Wert b_0 herausgezogen wurde, und durch $P(s)$ werden die Rückführkoeffizienten des Zustandsreglers $G_{Rr}(s)$ beschrieben. Die Regelgröße $X(s)$ entspricht der Zustandsgröße $X_{R1}(s)$.

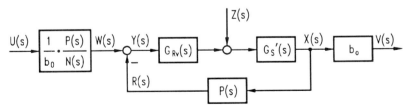

Bild 6.21 Wirkungsplan der Zustandsregelung nach der Betragsanpassung mit zusätzlichem PI-Regler G_{Rv}

Für die Übertragungsfunktion des PI-Reglers gilt:

$$G_{Rv}(s) = K_P \frac{1 + T_n s}{T_n s} \ . \tag{6.2.43}$$

Um die Reglerparameter T_n und K_P festlegen zu können, betrachtet man die Führungsübertragungsfunktion des geschlossenen Regelkreises nach Bild 6.21:

$$G_{VU}(s) = \frac{V(s)}{U(s)} = \frac{1}{N(s)} \frac{G_{Rv}(s) P(s) G'_S(s)}{1 + G_{Rv}(s) P(s) G'_S(s)} \ . \tag{6.2.44}$$

Wie bereits mit Gl.(6.2.29) festgestellt wird, gilt hier

$$G'_S(s) P(s) = \frac{1}{1 + T_P s} \ . \tag{6.2.45}$$

Mit

$$T_P = 1/\omega_P$$

erhält man ω_P aus:

$$\begin{aligned}\omega_P &= \lim_{s \to \infty} s G'_S(s) P(s) = \lim_{s \to \infty} s \frac{P(s)}{A(s)} = \\ &= \lim_{s \to \infty} s \frac{1 + \rho_1 s + \cdots + \rho_{n-1} s^{n-1}}{a_0 + a_1 s + \cdots + a_n s^n}\end{aligned}$$

und damit:

$$\omega_P = \frac{\rho_{n-1}}{a_n} \quad \text{bzw.} \quad T_P = \frac{a_n}{\rho_{n-1}} \ . \tag{6.2.46}$$

Setzt man die Beziehungen (6.2.43) und (6.2.45) in Gl.(6.2.44) ein, so folgt

$$G_{VU}(s) = \frac{1}{N(s)} \cdot \frac{K_P \dfrac{1 + T_n s}{T_n s} \cdot \dfrac{1}{1 + T_P s}}{1 + K_P \dfrac{1 + T_n s}{T_n s} \cdot \dfrac{1}{1 + T_P s}} \ . \tag{6.2.47}$$

Mit der Wahl von $T_n = T_P$ kann die resultierende Verzögerungszeit kompensiert werden und es gilt:

$$G_{VU}(s) = \frac{1}{N(s)} \cdot \frac{\dfrac{K_P}{T_P s}}{1 + \dfrac{K_P}{T_P s}} = \frac{1}{N(s)} \cdot \frac{1}{1 + \dfrac{T_P}{K_P} s} \ . \tag{6.2.48}$$

Durch geeignete Festlegung von K_P kann also die resultierende Verzögerungszeit des geschlossenen Regelkreises bestimmt werden und damit die Einschwingzeit.

6.2 Reglerentwurf im Frequenzbereich 333

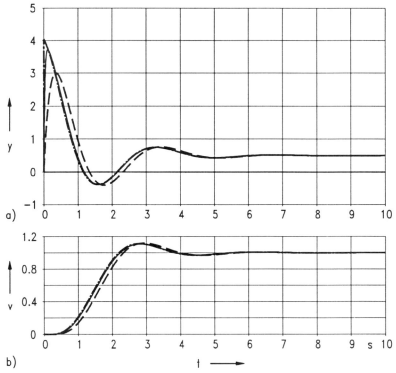

Bild 6.22 Führungsübergangsfunktionen beim Reglerentwurf nach der Betragsanpassung mit PI-Regler (———) und ohne PI-Regler (- - -) und nach der Polvorgabe (– · – · –)

Für die Teststrecke nach Gl.(6.2.20) ergibt sich $a_4 = 0,504$ und mit Gl.(6.2.24) $\rho_3 = 1,390$. Daraus folgt nach Gl.(6.2.46):

$$T_P = \frac{0,504}{1,390}\,\text{s} = 0,363\,\text{s}. \tag{6.2.49}$$

Mit $K_P = 10$ erhält man für den PI-Regler:

$$G_{Rv}(s) = 10\frac{1 + 0,363s}{0,363s} \tag{6.2.50}$$

und damit die in Bild 6.22 gezeigten Übergangsfunktionen. Vergleicht man zunächst die Verläufe nach der Betragsanpassung, so wird die Amplitude der Stellgröße mit PI-Regler durch den großen Proportionalbeiwert K_P höher als bei der Version ohne PI-Regler. Damit werden natürlich auch die Anschwingzeit und die Einschwingzeit kürzer.

Beim Vergleich der Übergangsfunktionen nach der Betragsanpassung mit PI-Regler und nach der Polvorgabe stellt man fest, daß die Verläufe von Regelgröße und Stellgröße nahezu identisch sind. Die Stellgröße beginnt nach der Betragsanpassung mit dem Wert $y(+0) = 0$, weil die Ordnung des Nennerpolynoms im Vorfilter um eins größer ist als die Ordung des Zählerpolynoms. Bei der Polvorgabe beginnt die Stellgröße dagegen mit einem Sprung $y(+0) = 4,03$.

6.2.3.2 Auswirkungen des PI–Reglers auf das Störverhalten

Im folgenden soll nun das Verhalten des geschlossenen Regelkreises nach der Methode der Betragsanpassung mit zusätzlichem PI–Regler bei Störgrößenaufschaltung untersucht werden.

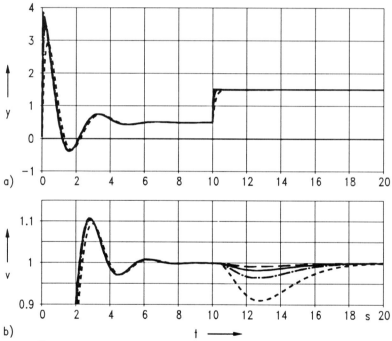

Bild 6.23 Übergangsfunktionen bei einem Führungsgrößensprung und anschließenden Störgrößensprung $z(t) = -\sigma(t - 10\,s)$ mit verschiedenen Werten für K_P des PI-Reglers bei der Betragsanpassung
$\{K_P = 2\,(-----),\ K_P = 5\,(-\cdot-\cdot-),\ K_P = 10\,(\text{———}),\ K_P = 20\,(-\ -\ -\ -)\}$

6.2 Reglerentwurf im Frequenzbereich

Dabei ist die Nachstellzeit des Reglers durch die bei der Betragsanpassung verbleibende Verzögerungszeit $T_n = T_P$ festgelegt. In der Wahl des Proportionalbeiwerts besteht dagegen eine gewisse Freiheit. Die bei der Anpassung eines PI–Reglers an eine P–T_1–Strecke sich ergebende integrale Übertragungsfunktion des offenen Kreises läßt rein theoretisch beliebig große Proportionalbeiwerte K_P ohne die Gefahr von Instabilität zu. In der Praxis können sowohl in der Strecke wie im Regler noch parasitäre Verzögerungszeiten enthalten sein, so daß nur ein bestimmter endlicher Maximalwert für K_P zuzulassen ist.

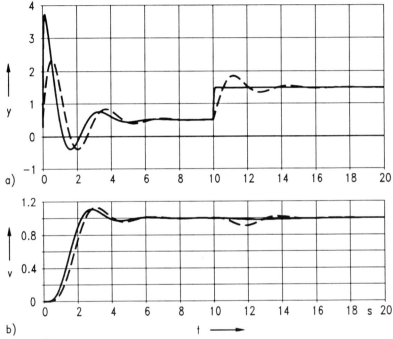

Bild 6.24 Übergangsfunktionen bei einem Führungsgrößensprung $u(t) = \sigma(t)$ mit anschließendem Störgrößensprung $z(t) = -\sigma(t - 10\,s)$ bei der Betragsanpassung mit PI-Regler (———) $\{K_P = 10\}$ und bei Polvorgabe mit PI-Regler (- - -) $\{r_P = 0,5\}$

Bild 6.23 zeigt die Auswirkungen verschiedener Werte für K_P auf das Führungs- und Störverhalten. Bei $K_P = 2$ und $K_P = 5$ erfolgt noch keine gute Kompensation der Störgröße, aber für $K_P = 10$ und $K_P = 20$ werden die Störungen zufriedenstellend ausgeregelt. Die Stellgröße läuft dabei überschwingungsfrei oder mit minimalem Überschwingen in den Endwert.

Abschließend soll noch ein Vergleich mit dem in Abschnitt 6.1.3.2 ermittelten PI-Zustandsregler nach der Polvorgabe durchgeführt werden. Bei diesem Vergleich in Bild 6.24 besitzt der PI-Regler nach der Betragsanpassung den Proportionalbeiwert $K_P = 10$, während beim PI-Regler nach der Polvorgabe $r_P = 0,5$ ermittelt wurde. Die wesentlich bessere Störgrößenausregelung nach der Betragsanpassung hat zwei Gründe:

- zum ersten wird durch den $PD^{(n-1)}$-Regler im Rückführpfad das Übertragungsverhalten der Regelstrecke bis auf eine verbleibende Verzögerungszeit kompensiert,

- zum zweiten wird dem PI-Regler im Vorwärtspfad die Rückführung mit allen entsprechend gewichteten Zustandsgrößen und nicht nur die Ausgangsgröße zugeführt.

6.2.4 Zusätzliche Überlegungen zum Einsatz eines PI-Abtastreglers

Beim Rechnereinsatz müssen die Analog-Digital-Umsetzer und der Digital-Analog-Umsetzer an der Schnittstelle zwischen Rechner und Regelstrecke berücksichtigt werden. Dazu wird der Wirkungsplan Bild 6.25 mit Rechner im Zeitbereich dargestellt und danach in den Frequenzbereich transformiert. Im Unterschied zu den bisher betrachteten Fällen ist in Bild 6.25 dem Vergleichsglied für die Regeldifferenz noch das Vorfilter als Übertragungsglied vorgeschaltet, für das ein Algorithmus herzuleiten ist.

Außerdem muß für diese Regelungsstruktur der maximale Proportionalbeiwert des PI-Abtastreglers im Vorwärtszweig ermittelt werden, der bei einer bestimmten Abtastzeit für stabiles Verhalten zulässig ist.

Bei den bisherigen Betrachtungen in Kapitel 3 und 4 werden Abtastzeiten gewählt, die 10 bis 20% der Summe der Verzögerungszeiten betragen. Mit der Wahl einer entsprechenden Phasenreserve ergeben sich, bei einer Streckenordnung von mindestens zwei, Werte für den Proportionalbeiwert, die genauso stabile Verhältnisse wie bei einer zeitkontinuierlichen Regelung gewährleisten.

Bei der hier betrachteten Zustandsregelung liegen die Verhältnisse anders. Die gegebene kontinuierliche Strecke n-ter Ordnung wird vom Rückführpolynom, das einen PD-Regler $(n-1)$-ter Ordnung darstellt, auf eine Regelstrecke 1. Ordnung reduziert, auf die der PI-Abtastregler im Vorwärtszweig wirkt. Diese strukturellen Unterschiede machen die Verwendung der z-Transformation nötig, um den für stabiles Verhalten zulässigen Proportionalbeiwert des PI-Abtastreglers zu ermitteln. Hierfür genügt allerdings eine kurze Einführung in die z-Transformation.

6.2 Reglerentwurf im Frequenzbereich

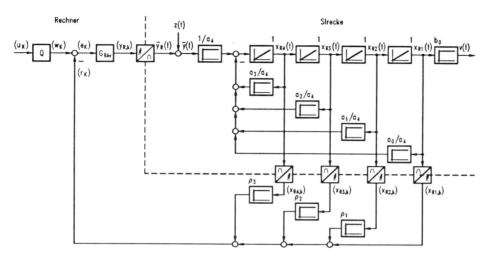

Bild 6.25 Wirkungsplan einer Zustandsregelung mit Rechner im Zeitbereich

6.2.4.1 Kurze Einführung in die z-Transformation

Bereits in den Abschnitten 3.1 und 3.2 werden Vorgänge betrachtet, die in den meisten anderen Lehrbüchern mit der z-Transformation beschrieben werden. Daher kann man an die dort durchgeführten Überlegungen anknüpfen. Zunächst einmal kann man feststellen, daß die z-Transformation zur mathematischen Beschreibung von *Wertefolgen* oder *Impulsfolgefunktionen* dient. Dabei werden konsequent nur die Werte in dem Abtastzeitpunkten betrachtet, während über den Verlauf dazwischen nichts ausgesagt wird. Die komplexe Variable z ist durch

$$z = e^{Ts} \tag{6.2.51}$$

definiert. Diese Festlegung hat mathematische Gründe. Physikalische Realität hat dagegen nur die Größe

$$z^{-1} = e^{-Ts}, \tag{6.2.52}$$

die eine Zeitverschiebung um eine Abtastzeit bedeutet. Diese ist bei den quasikontinuierlichen Abtastregelungen in Kap. 3 bereits mehrfach aufgetreten. Demgegenüber würde $z = e^{Ts}$ eine Vorhersage um eine Abtastzeit bedeuten, was physikalisch nicht sinnvoll ist.

Um die z-Transformation zu verstehen, brauchen wir nur auf das zurückgreifen, was bereits im Abschn. 3.1 gesagt wird. Dort wird mit Gl. (3.1.10) für die Ausgangsfunktion eines Abtasters angegeben:

$$F^*(s) = \sum_{k=0}^{\infty} f_k e^{-kTs} \ . \tag{6.2.53}$$

Zur Veranschaulichung betrachte man nochmals Bild 3.6c. Hier ist die aus Gl. (3.1.10) durch Rücktransformation in den Zeitbereich sich ergebende Zeitfunktion

$$f^*(t) = \sum_{k=0}^{\infty} f_k \delta(t - kT) \tag{6.2.54}$$

dargestellt, die als *Impulsfolgefunktion* bezeichnet wird. Diese stellt eine unendliche Summe von mit f_k gewichteten Impulsfunktionen in den Abtastzeitpunkten dar, deren Abbildung in den Frequenzbereich Gl.(6.2.53) ergibt. Ersetzt man hierin e^{-kTs} durch z^{-k}, so erhält man „die z-Transformierte der Impulsfolgefunktion $f^*(t)$":

$$F_z(z) = [F^*(s)]_{|e^{Ts}=z} = \sum_{k=0}^{\infty} f_k z^{-k} \ . \tag{6.2.55}$$

Eine zweite Definition der z-Transformation ergibt sich, wenn man von der *Wertefolge* (f_k) ausgeht, die ein Taster aus einer Zeitfunktion $f(t)$ in den Abtastzeitpunkten $t_k = kT$ entnimmt. Die Elemente f_k der Wertefolge werden als Koeffizienten einer Potenzreihe von z^{-1} aufgefaßt:

$$F_z(z) = \sum_{k=0}^{\infty} f_k z^{-k} \ . \tag{6.2.56}$$

Man spricht hier von „der z-Transformierten der Wertefolge (f_k)".

Drei einfache Beispiele sollen zum Verständnis der z-Transformation beitragen.

Beispiel 6.1 Es soll die z-Transformierte zur Einheitssprungfunktion $f(t) = \sigma(t)$ bestimmt werden.

Am einfachsten geht man von der zu $f(t)$ gehörenden Wertefolge aus, für die sich $(f_k) = (1, 1, 1, \cdots)$ ergibt. Mit Gl.(6.2.56) erhält man:

$$F_z(z) = 1 + z^{-1} + z^{-2} + \cdots \ .$$

Dies stellt eine geometrische Reihe mit dem Anfangswert 1 und dem Quotienten z^{-1} dar. Die Summe dieser unendlichen geometrischen Reihe ist $1/(1-z^{-1})$, woraus folgt:

$$F_z(z) = \frac{z}{z-1} \ . \tag{6.2.57}$$

Zur Einheitssprungfunktion $f(t) = \sigma(t)$ gehört die Laplace-Transformierte:

$$F(s) = \frac{1}{s} \ . \tag{6.2.58}$$

6.2 Reglerentwurf im Frequenzbereich

Beispiel 6.2 Für die Exponentialfunktion $f(t) = e^{\alpha t}$ soll die z-Transformierte ermittelt werden.

Ein Taster entnimmt aus $f(t)$ die Wertefolge $(f_k) = (e^{\alpha kT})$. Einsetzen von $f_k = e^{\alpha kT}$ in Gl.(6.2.56) ergibt:

$$F_z(z) = \sum_{k=0}^{\infty} e^{\alpha kT} z^{-k} = \sum_{k=0}^{\infty} (e^{\alpha T} z^{-1})^k \;.$$

Auch dies ist eine geometrische Reihe mit dem Anfangswert 1, mit dem Quotienten $e^{\alpha T} z^{-1}$ und der unendlichen Summe $1/(1 - e^{\alpha T} z^{-1})$. Erweitern mit z liefert:

$$F_z(z) = \frac{z}{z - e^{\alpha T}} \;. \tag{6.2.59}$$

Die zu $f(t) = e^{\alpha t}$ gehörende Laplace-Transformierte ist:

$$F(s) = \frac{1}{s - \alpha} \;. \tag{6.2.60}$$

Beispiel 6.3 Es soll die z-Transformierte zur Potenzreihe $f(kT) = a^k$ ermittelt werden.

Für die z-Transformierte kann man direkt anschreiben:

$$F_z(z) = 1 + az^{-1} + a^2 z^{-2} + \cdots \;,$$

was wiederum eine geometrische Reihe mit dem Anfangswert 1, dem Quotienten az^{-1} und der unendlichen Summe $1/(1 - az^{-1})$ ergibt. Durch Erweitern mit z erhält man:

$$F_z(z) = \frac{z}{z - a} \;. \tag{6.2.61}$$

Im Unterschied zur Korrespondenz vom Beispiel 6.2 kann hierbei a positive und negative Werte annehmen.

Hierfür existiert eine Laplace-Transformierte nur für positives a.

Mit diesen drei Beispielen werden die z-Transformierten beschrieben, die im nächsten Unterabschnitt gebraucht werden.

6.2.4.2 Umformung des Wirkungsplans zur Zustandsregelung mit PI-Abtastregler

Zur Umformung des Wirkungsplans Bild 6.25 in einen Wirkungsplan im Frequenzbereich werden wieder die kontinuierlichen Zeitfunktionen durch Laplace-Transformierte, die Wertefolgen durch Impulsfolgefunktionen, die Analog-Digital-Umsetzer durch Abtaster und der Digital-Analog-Umsetzer durch das

Halteglied ersetzt. Diese Vorgehensweise ist schon mehrfach durchgeführt worden und führt zu Bild 6.26a. Für die Regelstrecke ist deren Übertragungsfunktion $G'_S(s)$ mit den Zustandsgrößen als Ausgangsgrößen dargestellt. Die vier Analog-Digital-Umsetzer sind durch einen Abtaster nach dem Proportionalglied r_1 ersetzt worden. Es bedarf jedoch noch besonderer Überlegungen beim Vorfilter Q.

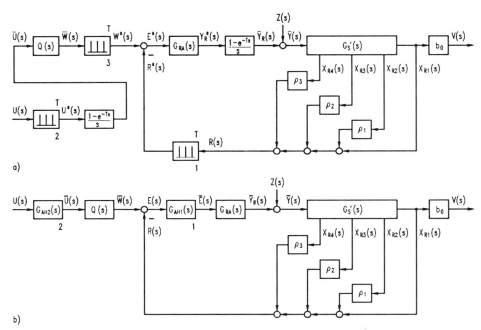

Bild 6.26 Wirkungsplan von Bild 6.25 im Frequenzbereich (a) und seine Umformung nach den Regeln der Wirkungsplan-Algebra (b)

In Bild 6.25 ist dargestellt, daß die Wertefolge (u_k) durch das Vorfilter in eine Wertefolge (w_k) umgesetzt wird. Diese Annahme ist zutreffend, wenn man das Vorfilter durch seine z-Übertragungsfunktion beschreibt:

$$Q_z(z) = \frac{W_z(z)}{U_z(z)} \qquad (6.2.62)$$

Dabei ist nach Gl.(6.2.56) $U_z(z)$ die zur Wertefolge (u_k) gehörende z-Transformierte, und $W_z(z)$ ist die zur Wertefolge (w_k) gehörende z-Transformierte. Die Umrechnung der Übertragungsfunktion $Q(s)$ in einen gleichwertigen Algorithmus mit der z-Übertragungsfunktion $Q_z(z)$ wird im übernächsten Abschn. 6.2.4.4 vorgenommen.

6.2 Reglerentwurf im Frequenzbereich

Die Umsetzung der Wertefolge (u_k) in eine Wertefolge (w_k) läßt sich durch eine *Differenzengleichung* beschreiben:

$$w_k = d_0 u_k + d_1 u_{k-1} + \cdots + d_n u_{k-n}$$
$$+ c_1 w_{k-1} + \cdots + c_n w_{k-n}. \tag{6.2.63}$$

Die hierzu benötigten Koeffizienten d_i und c_j ergeben sich bei der Ermittlung von $Q_z(z)$ in Abschn. 6.2.4.4.

Wenn die Eingangsgröße $u(t)$ aus einem Speicher kommt, so ist sie zwischen den Abtastzeitpunkten konstant, bildet also eine Treppenfunktion. Dann muß auch die Ausgangsgröße $w(t)$ des Differenzengleichungsgliedes eine Treppenfunktion darstellen. Damit erhält man mit denselben Koeffizienten d_i und c_j für den Zusammenhang zwischen $\overline{u}(t)$ und $\overline{w}(t)$:

$$\overline{w}(t) = d_0 \overline{u}(t) + d_1 \overline{u}(t-T) + \cdots + d_n \overline{u}(t-nT)$$
$$+ c_1 \overline{w}(t-T) + \cdots + c_n \overline{w}(t-nT). \tag{6.2.64}$$

Dieser Zusammenhang soll analog zu Gl. (3.2.2) als *Algorithmus mit Treppenfunktion* bezeichnet werden.

Die gewünschte Umsetzung in eine Darstellung im Frequenzbereich ergibt sich damit zwanglos, indem man den Speicher durch ein Halteglied ersetzt. Diesem muß noch ein Abtaster vorgeschaltet werden. Aus der Funktion $\overline{U}(s)$ erzeugt das Vorfilter $Q(s)$ dann die Funktion $\overline{W}(s)$. Ein nachgeschalteter Abtaster liefert dann W^* an das Vergleichsglied. Damit erhält man die Darstellung in Bild 6.26a.

Faßt man nun die beiden Abtaster 1 und 3 für $R(s)$ und $\overline{W}(s)$ zu einem gemeinsamen hinter dem Vergleicher zusammen, und vertauscht noch den Regelalgorithmus mit dem Halteglied, so ergibt sich Bild 6.26b mit dem Abtast-Halteglied 1. Vor dem Vorfilter ergibt sich das Abtast-Halteglied 2 durch Zusammenfassung von Abtaster 2 mit dem Halteglied. Dieses Abtast-Halteglied hat die Wirkung einer Totzeit von $T_t = T/2$ für das Vorfilter, die jedoch zu vernachlässigen ist. Vor allem wird dadurch die Stabilität nicht beeinflußt.

Indem man die Rückführkoeffizienten nach Gl.(6.2.4) zum Polynom $P(s)$ zusammenfaßt und das Vorfilter als Quotient zweier Polynome nach Gl.(6.2.37) beschreibt, erhält man die Darstellung des Zustandsregelkreises nach Bild 6.27. Der Index v beim Regelalgorithmus G_{RAv} im Vorwärtspfad wird der Einfachheit halber fallengelassen.

Für die weiteren Überlegungen wird davon ausgegangen, daß

$$G_S{'}(s) P(s) = \frac{R(s)}{\overline{Y}(s)} = \frac{1}{1+T_P s} \tag{6.2.65}$$

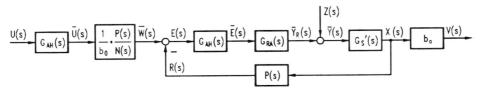

Bild 6.27 Wirkungsplan der Zustandsregelung im Frequenzbereich mit Beschreibung durch Übertragungsfunktionen

gilt. Die Eingangsgröße $w(t)$ erfährt wegen des Vorfilters keine sprunghafte Änderung, während die Störgröße $z(t)$ mit sprungförmigen Vorgaben den Regelkreis am stärksten beansprucht. Um die Stabilität auf möglichst einfache Weise untersuchen zu können, wird angenommen, daß die Störgröße in Form einer Sprungfunktion vor dem Abtaster angreift. Damit erhält man Bild 6.28, worin das Abtast-Halteglied wieder in Abtaster und Halteglied aufgeteilt ist.

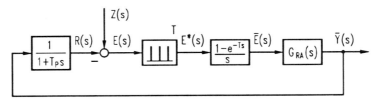

Bild 6.28 Umstellung des Wirkungsplans von Bild 6.27 auf die Störgröße als Eingangsgröße vor dem Abtaster

6.2.4.3 Stabilitätsuntersuchungen zum Zustandsregelkreis mit PI-Abtastregler

Um festzustellen, bei welchem Proportionalbeiwert K_P die Stabilitätsgrenze des Regelkreises liegt, wird die z-Transformation benutzt. Dazu wird von Bild 6.28 ausgegangen. Dabei macht man von der Tatsache Gebrauch, daß sich das stabile oder instabile Verhalten eines Regelkreises durch Anregung an einer beliebigen Stelle des geschlossenen Wirkungsweges feststellen läßt.

Das vorliegende Abtastsystem wird durch folgende zwei Gleichungen im Bildbereich der Laplace-Transformation beschrieben:

$$\overline{Y}(s) = \frac{1 - e^{-Ts}}{s} G_{RA}(s) E^*(s) \qquad (6.2.66)$$

6.2 Reglerentwurf im Frequenzbereich 343

$$E(s) = Z(s) - \frac{1}{1+T_P s}\overline{Y}(s). \qquad (6.2.67)$$

Die Gleichung (6.2.67) wird in den z-Bereich transformiert

$$E_z(z) = Z_z(z) - \mathcal{Z}\left\{\frac{1}{1+T_P(s)}\overline{Y}(s)\right\}, \qquad (6.2.68)$$

und darin wird Gl. (6.2.66) eingesetzt:

$$E_z(z) = Z_z(z) - \mathcal{Z}\left\{\frac{1}{1+T_P(s)} \cdot \frac{1-e^{-Ts}}{s} G_{RA}(s) E^*(s)\right\}. \qquad (6.2.69)$$

Die z-Transformierte der Impulsfolgefunktion $E^*(s)$ ist nach Gl. (6.2.55) direkt durch $E_z(z)$ gegeben. Ebenso kann die z-Transformierte von $1-e^{-Ts}$ direkt als $1-z^{-1}$ angeschrieben werden. Damit kann man diese beiden Funktionen aus der geschweiften Klammer herausziehen und erhält, indem man noch $1-z^{-1}$ durch $1-\frac{1}{z}=\frac{z-1}{z}$ ersetzt:

$$E_z(z) = Z_z(z) - \frac{z-1}{z}\mathcal{Z}\left\{\frac{G_{RA}(s)}{(1+T_P s)s}\right\} E_z(z). \qquad (6.2.70)$$

Für den PI-Algorithmus $G_{RA}(s)$ mit der Trapezregel läßt sich die z-Übertragungsfunktion leicht ermitteln. Dazu geht man von der Differenzengleichung Gl. (3.2.45)

$$y_k - y_{k-1} = K_P\left(1+\frac{T/2}{T_n}\right)e_k - K_P\left(1-\frac{T/2}{T_n}\right)e_{k-1} \qquad (6.2.71)$$

aus und bildet die dazugehörige z-Transformierte:

$$Y_z(z) - z^{-1}Y_z(z) = K_P\left(1+\frac{T/2}{T_n}\right)E_z(z) - K_P\left(1-\frac{T/2}{T_n}\right)z^{-1}E_z(z). \qquad (6.2.72)$$

Durch Multiplikation mit z und mit der Abkürzung

$$b = \frac{T/2}{T_n} \qquad (6.2.73)$$

erhält man

$$Y_z(z)(z-1) = K_P E_z(z)[(1+b)z - (1-b)]. \qquad (6.2.74)$$

Daraus ergibt sich die z-Übertragungsfunktion des PI-Regelalgorithmus:

$$G_{RA,z}(z) = \frac{Y_z(z)}{E_z(z)} = K_P(1+b)\frac{z-\dfrac{1-b}{1+b}}{z-1}. \qquad (6.2.75)$$

Für die in Gl.(6.2.70) gebrauchte z-Übertragungsfunktion läßt sich damit schreiben [6.9]:

$$\mathcal{Z}\left\{\frac{G_{RA}(s)}{s(1+T_P s)}\right\} = G_{RA,z}(z)\, \mathcal{Z}\left\{\frac{1}{s(1+T_P s)}\right\}. \qquad (6.2.76)$$

Der noch verbleibende Ausdruck liefert unter Verwendung der Ergebnisse von Beispiel 6.1 und 6.2:

$$\mathcal{Z}\left\{\frac{1}{s(1+T_P s)}\right\} = \mathcal{Z}\left\{\frac{1/T_P}{s(s+1/T_P)}\right\} = \mathcal{Z}\left\{\frac{1}{s} - \frac{1}{s+1/T_P}\right\} =$$

$$= \frac{z}{z-1} - \frac{z}{z-e^{-T/T_P}} = \frac{z(1-e^{-T/T_P})}{(z-1)(z-e^{-T/T_P})}. \qquad (6.2.77)$$

Damit wird aus Gl.(6.2.70):

$$E_z(z) = Z_z(z) - \frac{z-1}{z} K_P (1+b) \frac{z - \dfrac{1-b}{1+b}}{z-1} \cdot \frac{z(1-e^{-T/T_P})}{(z-1)(z-e^{-T/T_P})} E_z(z). \qquad (6.2.78)$$

Hierin setzt man zur Kompensation der Polstelle

$$\frac{1-b}{1+b} = e^{-T/T_P} \qquad (6.2.79)$$

und erhält damit für b:

$$b = \frac{1 - e^{-T/T_P}}{1 + e^{-T/T_P}}. \qquad (6.2.80)$$

Diese Gleichung läßt sich auch als

$$b = \tanh \frac{T/2}{T_P} \qquad (6.2.81)$$

schreiben. Zusammen mit Gl. (6.2.73) erhält man damit für die Nachstellzeit

$$T_n = \frac{T/2}{\tanh \dfrac{T/2}{T_P}}. \qquad (6.2.82)$$

Durch Erweitern mit T_P ergibt sich mit

$$T_n = T_P \frac{\dfrac{T/2}{T_P}}{\tanh \dfrac{T/2}{T_P}}. \qquad (6.2.83)$$

die Aussage, daß man näherungsweise $T_n \approx T_P$ setzen kann. Nach der letzten Gleichung ist jedoch stets $T_n > T_P$, da für die Funktion $\tanh x$ gilt:

6.2 Reglerentwurf im Frequenzbereich

$\tanh x < x$. Für den Fall $T = T_P$ erhält man $T_n = 1,08 \, T_P$, und für kleinere Werte der Abtastzeit werden die Abweichungen geringer.

Mit der Abkürzung

$$K_O = K_P (1 + b)(1 - e^{-T/T_P}) \qquad (6.2.84)$$

ergibt sich schließlich aus Gl. (6.2.78):

$$E_z(z) = Z_z(z) - K_O \frac{1}{z-1} E_z(z) \qquad (6.2.85)$$

und nach leichter Umformung:

$$\frac{E_z(z)}{Z_z(z)} = \frac{z-1}{z-1+K_O} \, .$$

Bei einer sprungförmig wirkenden Störgröße mit

$$Z_z(z) = \frac{z}{z-1} \qquad (6.2.86)$$

erhält man

$$E_z(z) = \frac{z-1}{z-1+K_O} \cdot \frac{z}{z-1} = \frac{z}{z-1+K_O} \, . \qquad (6.2.87)$$

Nach der in Beispiel 6.3 hergeleiteten Korrespondenz

$$\frac{z}{z-a} \; \bullet\!\!-\!\!\circ \; a^k \qquad (6.2.88)$$

stellt die Wertefolge (e_k) eine geometrische Reihe dar mit dem Quotient zweier aufeinanderfolgender Glieder $e_{k+1}/e_k = a$ und dem Anfangswert 1. Mit

$$a = 1 - K_O \qquad (6.2.89)$$

gilt für:

$$\left.\begin{array}{ll} 1 > K_O > 0, \quad 0 < a < 1: \; e_k = a^k \; \text{ist monoton abklingend,} \\ 2 > K_O > 1, \quad -1 < a < 0: \; e_k = a^k \; \text{ist oszillatorisch abklingend,} \\ K_O > 2, \quad\quad\;\; a < -1: \; e_k = a^k \; \text{ist oszillatorisch aufklingend.} \end{array}\right\} \quad (6.2.90)$$

Um aus Gl.(6.2.89) und Gl.(6.2.90) eine Aussage über den maximal zulässigen Proportionalbeiwert K_P zu erhalten, muß aus Gl.(6.2.84) der Zusammenhang zwischen K_O und K_P ermittelt werden. Aus Gl.(6.2.80) erhält man

$$1 + b = \frac{2}{1 + e^{-T/T_P}} \qquad (6.2.91)$$

und damit

$$K_O = K_P \cdot 2 \tanh \frac{T/2}{T_P} \, . \qquad (6.2.92)$$

Die Funktion tanh kann man durch $\tanh x \approx x$ annähern mit: $\tanh x < x$. Also kann man die Beziehung $K_O = K_P \cdot 2\tanh[(T/2)/T_P]$ näherungsweise durch

$$K_O = K_P \frac{T}{T_P} \qquad (6.2.93)$$

ersetzen. Für Stabilität muß $K_O < 2$ und damit

$$K_P < 2\frac{T_P}{T} \qquad (6.2.94)$$

gelten. Hierbei ist die Funktion tanh durch x ersetzt worden, wozu ein größerer Funktionswert gehört. Daher liegt man mit Gl. (6.2.94) immer auf der sicheren Seite.

6.2.4.4 Ermittlung des Vorfilteralgorithmus

Vom Vorfilter ist mit Gl.(6.2.37) die Übertragungsfunktion

$$Q(s) = \frac{1}{b_0} \cdot \frac{P(s)}{N(s)}$$

gegeben. Dabei ist $P(s)$ nach der Methode der Betragsanpassung durch den Frequenzgang der Regelstrecke bestimmt, während das Polynom $N(s)$ geeignet zu wählen ist (siehe hierzu Abschn. 6.1.2.2). $N(s)$ hat die Ordnung n und $P(s)$ hat die Ordnung $n-1$. Gesucht ist ein digitaler Algorithmus, der ein Übergangsverhalten liefert, das mit dem zu Gl.(6.2.37) gehörenden kontinuierlichen Übergangsverlauf flächengleich sein soll.

Als Lösung dazu bietet sich wiederum die Trapezregel an. Damit ist das vorliegende Problem lediglich die Verallgemeinerung dessen, was in Abschn. 3.2 für die Regelalgorithmen 1. und 2. Ordnung gelöst wurde. Die gegebene Übertragungsfunktion n. Ordnung lautet ohne Berücksichtigung von b_0 (für die allgemeine Lösung wird auch im Zähler die Ordnung n zugelassen):

$$G(s) = \frac{g_0 + g_1 s + \cdots + g_n s^n}{h_0 + h_1 s + \cdots + h_n s^n} = \frac{\sum_{k=0}^{n} g_k s^k}{\sum_{k=0}^{n} h_k s^k} \qquad \text{mit } h_0 = 1 . \qquad (6.2.95)$$

Um den zugehörigen digitalen Algorithmus zu erhalten, wird entsprechend Gl. (3.2.23)

$$s = \frac{2}{T} \cdot \frac{1-z^{-1}}{1+z^{-1}} \qquad (6.2.96)$$

gesetzt mit

$$z = e^{Ts} , \qquad (6.2.97)$$

6.2 Reglerentwurf im Frequenzbereich

womit sich der zu Gl.(6.2.95) gehörige Algorithmus in der Form:

$$G_z(z) = \frac{d_o + d_1 z^{-1} + \cdots + d_n z^{-n}}{1 - c_1 z^{-1} - \cdots - c_n z^{-n}} \qquad (6.2.98)$$

schreibt. Um eine der Gl.(6.2.95) entsprechende Summendarstellung verwenden zu können, wird für die Nennerkoeffizienten gesetzt:

$$c'_i = -c_i \quad (i = 1, 2, \cdots, n); \qquad c'_0 = c_0 = 1 \,. \qquad (6.2.99)$$

so daß man für $G_z(z)$ erhält:

$$G_z(z) = \frac{\sum_{i=0}^{n} d_i z^{-i}}{\sum_{i=0}^{n} c'_i z^{-i}} \,, \qquad (6.2.100)$$

In der gegebenen Gleichung (6.2.95) ersetzt man s durch Gl.(6.2.96) und erweitert den Bruch mit $(1 + z^{-1})^n$. Damit erhält man eine Übertragungsfunktion von z:

$$\frac{\sum_{k=0}^{n} g_k (\frac{2}{T})^k (1-z^{-1})^k (1+z^{-1})^{n-k}}{\sum_{k=0}^{n} h_k (\frac{2}{T})^k (1-z^{-1})^k (1+z^{-1})^{n-k}} = \frac{\sum_{i=0}^{n} d_i z^{-i}}{\sum_{i=0}^{n} c'_i z^{-i}} \qquad (6.2.101)$$

Mit dem binomischen Satz [6.10] läßt sich schreiben:

$$(1 - z^{-1})^k = \sum_{\mu=0}^{k} (-1)^\mu \binom{k}{\mu} z^{-\mu} \,, \qquad (6.2.102)$$

$$(1 + z^{-1})^{n-k} = \sum_{\nu=0}^{n-k} \binom{n-k}{\nu} z^{-\nu} \,. \qquad (6.2.103)$$

Es soll der Rechenvorgang für das Nennerpolynom skizziert werden. Mit Einsetzen der binomischen Beziehungen erhält man:

$$\sum_{i=0}^{n} c'_i z^{-i} = \sum_{k=0}^{n} h_k \left(\frac{2}{T}\right)^k \left[\sum_{\mu=0}^{k} (-1)^\mu \binom{k}{\mu} z^{-\mu}\right] \left[\sum_{\nu=0}^{n-k} \binom{n-k}{\nu} z^{-\nu}\right] \,.$$

$$(6.2.104)$$

Das Produkt der beiden Polynome in den eckigen Klammern ordnet man nach Potenzen von z^{-i}, indem man die Terme mit $\mu + \nu = i$ zusammenfaßt:

$$\sum_{k=0}^{n} h_k \left(\frac{2}{T}\right)^k \left\{ 1 + \left[(-1)\binom{k}{1} + \binom{n-k}{1}\right] z^{-1} + \right.$$

$$+ \left[(-1)^2 \binom{k}{2} + (-1)\binom{k}{1}\binom{n-k}{1} + \binom{n-k}{2}\right] z^{-2} + \cdots$$

$$\cdots + \left[(-1)^i \binom{k}{i} + (-1)^{i-1}\binom{k}{i-1}\binom{n-k}{1} + \cdots \right.$$

$$\left.\left. \cdots + (-1)\binom{k}{1}\binom{n-k}{i-1} + \binom{k}{0}\binom{n-k}{i}\right] z^{-i} + \cdots \right\} . \qquad (6.2.105)$$

In der resultierenden Gleichung kann man die Reihenfolge der Summierungen vertauschen:

$$\sum_{i=0}^{n} c'_i z^{-i} = \sum_{k=0}^{n} h_k \left(\frac{2}{T}\right)^k \sum_{i=0}^{n} \sum_{\mu=0}^{i} (-1)^\mu \binom{k}{\mu}\binom{n-k}{i-\mu} z^{-i} =$$

$$= \sum_{i=0}^{n} z^{-i} \sum_{k=0}^{n} h_k \left(\frac{2}{T}\right)^k \sum_{\mu=0}^{i} (-1)^\mu \binom{k}{\mu}\binom{n-k}{i-\mu} . \qquad (6.2.106)$$

Daraus folgt das gesuchte Ergebnis:

$$c'_i = \sum_{k=0}^{n} h_k \left(\frac{2}{T}\right)^k \sum_{\mu=0}^{i} (-1)^\mu \binom{k}{\mu}\binom{n-k}{i-\mu} . \qquad (6.2.107)$$

Für c'_0 erhält man:

$$c'_0 = \sum_{k=0}^{n} h_k \left(\frac{2}{T}\right)^k . \qquad (6.2.108)$$

Damit $c'_0 = 1$ wird, müssen Zähler und Nenner von $G_z(z)$ durch Gl.(6.2.98) dividiert werden. Damit erhält man das endgültige Ergebnis:

$$c'_i = \frac{1}{\sum_{k=0}^{n} h_k \left(\frac{2}{T}\right)^k} \sum_{k=0}^{n} h_k \left(\frac{2}{T}\right)^k \gamma_{ik} . \qquad (6.2.109)$$

6.2 Reglerentwurf im Frequenzbereich 349

Auf die gleiche Weise erhält man für die Zählerkoeffizienten:

$$d_i = \frac{1}{\sum_{k=0}^{n} h_k \left(\frac{2}{T}\right)^k} \sum_{k=0}^{n} g_k \left(\frac{2}{T}\right)^k \gamma_{ik} \,. \tag{6.2.110}$$

Dabei gilt für die Matrixelemente:

$$\gamma_{ik} = \sum_{\mu=0}^{i} (-1)^\mu \binom{k}{\mu} \binom{n-k}{i-\mu} \,. \tag{6.2.111}$$

Tafel 6.4 bringt eine Zusammenstellung der Matrizen $\Gamma = (\gamma_{ik})$ für die Ordnungen $n = 1$ bis 5 [6.11].

Tafel 6.4   Matrix zur Transformation von Übertragungsfunktionen $G(s)$ in $G_z(z)$ für die Ordnungen $n = 1$ bis $n = 5$

$$\Gamma_1 = \begin{bmatrix} 1 & 1 \\ 1 & -1 \end{bmatrix}$$

$$\Gamma_2 = \begin{bmatrix} 1 & 1 & 1 \\ 2 & 0 & -2 \\ 1 & -1 & 1 \end{bmatrix}$$

$$\Gamma_3 = \begin{bmatrix} 1 & 1 & 1 & 1 \\ 3 & 1 & -1 & -3 \\ 3 & -1 & -1 & 3 \\ 1 & -1 & 1 & -1 \end{bmatrix}$$

$$\Gamma_4 = \begin{bmatrix} 1 & 1 & 1 & 1 & 1 \\ 4 & 2 & 0 & -2 & -4 \\ 6 & 0 & -2 & 0 & 6 \\ 4 & -2 & 0 & 2 & -4 \\ 1 & -1 & 1 & -1 & 1 \end{bmatrix}$$

$$\Gamma_5 = \begin{bmatrix} 1 & 1 & 1 & 1 & 1 & 1 \\ 5 & 3 & 1 & -1 & -3 & -5 \\ 10 & 2 & -2 & -2 & 2 & 10 \\ 10 & -2 & -2 & 2 & 2 & -10 \\ 5 & -3 & 1 & 1 & -3 & 5 \\ 1 & -1 & 1 & -1 & 1 & -1 \end{bmatrix}$$

6.2.4.5 Wirkung des digitalen PI-Reglers bei verschiedenen Abtastzeiten

Abschließend sollen die Ergebnisse diskutiert werden, die mit digitalen Reglern erzielt werden, bei denen für das Vorfilter Q und die Koeffizienten des PI-Abtastreglers die zuvor angestellten Überlegungen angewendet werden.

In Bild 6.29 sind die Übergangsfunktionen für die Führungsgröße $\overline{w}(t)$, die Regeldifferenz $\overline{e}(t)$, die Reglerausgangsgröße $\overline{y}_R(t)$ und die Ausgangsgröße $v(t)$ bei einem Sprung der Eingangsgröße $u(t) = \sigma(t)$ nach Bild 6.27 dargestellt. Nach der Beendigung des Einschwingvorgangs folgt ein zusätzlicher Störgrößensprung $z(t) = -\sigma(t - 10 \text{ s})$. Dabei sind die gewählten Parameter: $T = 0,3$ s (bei $T_P = 0,363$ s) und $K_P = 2,0$. Nach Gl.(6.2.85) gilt an der Stabilitätsgrenze $K_P = 2,54$. Mit $K_O = 1,65$ wird $a = -0,65$, was einen oszillatorisch abklingenden Verlauf für $\overline{e}(t)$ bedeutet.

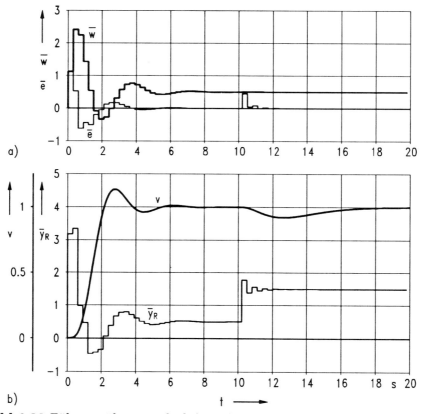

Bild 6.29 Führungsübergangsfunktion mit zusätzlicher Störübergangsfunktion nach 10 s bei der Teststrecke mit PI-Abtastregler mit der Abtastzeit $T = 0,3\,s$ und dem Proportionalbeiwert $K_P = 2,0$

Um einen größeren Proportionalbeiwert K_P zulassen zu können, muß die Abtastzeit T kleiner gewählt werden. In Bild 6.30 ist $T = 0,1$ s gewählt worden.

6.3 Vergleichende Betrachtungen zu den Zustandsregelungen

Dabei ist $K_P = 7,26$ zulässig. Mit $K_P = 6,0$ gilt $K_O = 1,65$, $a = -0,65$ und damit ähnliches Abklingverhalten beim Störgrößensprung wie bei Bild 6.29, nur um den Faktor 3 schneller.

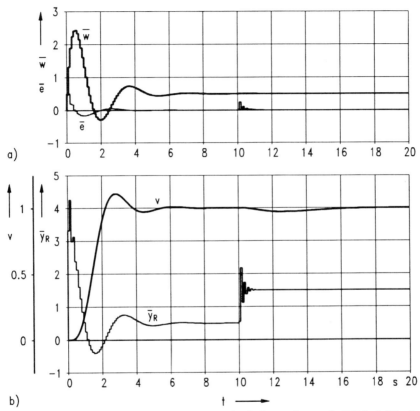

Bild 6.30 Führungs- und Störübergangsfunktion wie nach Bild 6.29, jedoch mit $T = 0,1\,s$ und $K_P = 6,0$

6.3 Vergleichende Betrachtungen zu den Zustandsregelungen

Die Unterschiede beim Entwurf von Zustandsregelungen im Zeitbereich und im Frequenzbereich sollen durch einige allgemeine Feststellungen gekennzeichnet werden.

6.3.1 Reglerentwurf im Zeitbereich

1. Die Zustandsraummethodik ist ein Ergebnis der Differentialgleichungstheorie, die darauf ausgerichtet ist, daß die Zustandsgrößen von einem beliebigen Anfangspunkt aus für $t \to \infty$ gegen Null streben. Als Störgrößen werden dabei nur die Anfangsstörungen $\mathbf{x}(t_0) = \mathbf{x}_0$ betrachtet, die möglichst schnell abzubauen sind.

2. Die Zustandsregelung verhält sich wie eine Proportionalregelung, bei der durch einen Vorfaktor dafür gesorgt wird, daß im statischen, ausgeregelten Fall die Ausgangsgröße gleich der Eingangsgröße ist. Statisch anliegende Störgrößen können damit nicht vollständig kompensiert werden, sondern nur in dem Maß, wie es durch den Rückführkoeffizienten r_1 gegeben ist, was von der gewählten Polkonfiguration abhängt.

3. Statisch anliegende Störgrößen werden üblicherweise entweder durch das Aufschalten meßbarer Störgrößen oder durch Störmodelle von nicht meßbaren Störgrößen berücksichtigt. Die damit verbundenen Nachteile liegen auf der Hand:

    — die Erstellung des Störmodells ist im Einzelfall mit erheblichem Aufwand verbunden,

    — es können damit nur die Störgrößen kompensiert werden, die zur Aufschaltung gemessen werden, oder für die ein Störmodell erstellt ist.

Die obengenannten Nachteile vermeidet der PI-Zustandsregler (Abschn. 6.1.3.1). Sein P-Anteil kann jedoch nur für statische Kompensation ausgelegt werden. In [6.4] und [6.11] wird nur ein I-Regler eingesetzt, und der P-Anteil dient lediglich zur Vorsteuerung durch die Eingangsgröße.

6.3.2 Reglerentwurf im Frequenzbereich

1. Beim Reglerentwurf im Frequenzbereich geht man vom Streckenfrequenzgang aus und paßt den Reglerfrequenzgang darauf an. Die dazu verwendete Methode der Betragsanpassung ist ursprünglich die konsequente Optimierung des PI-Reglerentwurfs, wobei nicht ein Streckenpol kompensiert wird, sondern alle Pole berücksichtigt werden. Mit der Verallgemeinerten Methode der Betragsanpassung läßt sich zu einer Strecke n-ter Ordnung ein PD-Regler $(n-1)$-ter Ordnung angeben, wobei die Anpassung so erfolgt, daß der offene Regelkreis nur noch ein Verzögerungsglied 1. Ordnung darstellt. Ein nach dem Soll-Ist-Vergleich eingebauter PI-Regler wird auf

die verbleibende Verzögerungszeit angepaßt und sorgt dafür, daß die als Regelgröße definierte Ausgangsgröße gleich der Führungsgröße wird, und daß Störgrößen vollkommen ausgeregelt werden. Die Ergebnisse zeigen bei gleich gutem Führungsverhalten ein wesentlich besseres Störverhalten, als es der beim Reglerentwurf im Zeitbereich verwendete PI-Zustandsregler zu erzielen vermag.

2. Es soll noch festgehalten werden, daß bei der Methode der Betragsanpassung kein Streckenpol kompensiert wird, sondern es wird das Gesamtverhalten der Streckenpole beeinflußt. Dabei geht die Beobachtbarkeit nicht verloren, was von großer Bedeutung für den Einsatz eines Beobachters ist. Obwohl der Begriff der Beobachtbarkeit bisher nicht benötigt wird, weil alle Zustandsgrößen als meßbar angenommen werden, ist der Hinweis doch für weitere Anwendungen von Bedeutung.

A Literaturverzeichnis Kapitel 6

Literatur

[6.1] Unbehauen, H.:
Regelungstechnik I.
Vieweg-Verlag. Braunschweig 1987

[6.2] Föllinger, O.:
Regelungtechnik. 8. Aufl.
Hüthig-Verlag. Heidelberg 1994

[6.3] Dörrscheidt, F.; Latzel, W.:
Grundlagen der Regelungstechnik. 2. Aufl.
Teubner-Verlag. Stuttgart 1993

[6.4] Ackermann, J.:
Abtastregelung. 3. Aufl.
Springer Verlag. Berlin 1988

[6.5] Latzel, W.:
Die Methode der Betragsanpassung.
Automatisierungstechnik 38 (1990), S. 48-58

[6.6] Finckenstein, K.v.:
Grundkurs Mathematik für Ingenieure.
Teubner-Verlag. Stuttgart 1986

[6.7] Bronstein, I.N.; Semendjajew, K.A.:
Taschenbuch für Mathematik.
Verlag Harri Deutsch. Thun und Frankfurt/Main 1987

[6.8] Kaulich, M.:
Untersuchung der Verallgemeinerten Methode der Betragsanpassung zur Verwendung bei Zustandsreglern.
Diplomarbeit, Fachgebiet Prozeßautomatisierung,
Universität Paderborn 1994

[6.9] Föllinger, O.:
Lineare Abtastsysteme. 2. Aufl.
Oldenburg Verlag. München 1982

[6.10] Latzel, W.:
Ein digitales Simulationsverfahren, dessen Koeffizienten direkt aus der Übertragungsfunktion des stetigen Systems berechnet werden können.
elektronische Datenverarbeitung 12 (1970), S. 406-409

[6.11] Hippe, P.; Wurmthaler, Ch.:
Zustandsregelung, Theoretische Grundlagen und anwendungsorientierte Regelungskonzepte.
Springer Verlag. Berlin 1985

[6.12] Hippe, P.:
Zustandsregler in einläufigen Regelkreisen.
Regelungstechnik 22 (1974), S. 388-394

[6.13] Hippe, P.; Wurmthaler, Ch.:
Frequenzbereichsentwurf für optimale Zustandsregelungen.
Automatisierungstechnik 35 (1987), S. 317-322

B Anhang

B.1 Formelzeichenliste

a_o, a_u	Grenzwerte für Begrenzungsregelungen
a_i, b_j	Koeffizienten von Differentialgleichungen
$\mathbf{A}$	Systemmatrix
A_r	Amplitudenreserve
b	Begrenzungsgröße
$\mathbf{b}$	Eingangsvektor
$\mathbf{c}$	Ausgangsvektor
c_i, d_j	Koeffizienten von Differenzengleichungen
c_D	Abklingkoeffizient
d_D	Differenzierbeiwert der Summenform
d_I	Integrierbeiwert der Summenform
e	Regeldifferenz
f	Frequenz
$f(t)$	zeitkontinuierliche Funktion
$g(t)$	Gewichtsfunktion oder Impulsantwort eines Übertragungsgliedes
$G(s)$	Übertragungsfunktion eines Übertragungsgliedes mit $G(s) = V(s)/U(s)$
$G(j\omega)$	Frequenzgang als Wert der Übertragungsfunktion $G(s)$ auf der imaginären Achse $s = j\omega$
$\|G(j\omega)\|$	Amplitudengang
$h(t)$	Übergangsfunktion oder bezogene Sprungantwort eines Übertragungsgliedes
h_m	Überschwingweite
h_o, h_u	Grenzwerte für Begrenzungsregelungen
g_i, h_j	Koeffizienten von Übertragungsfunktionen
i, j, k	Laufvariable
k	Systemordnung
K_D	Differenzierbeiwert
K_I	Integrierbeiwert
K_O	Verstärkungsfaktor
K_P	Proportionalbeiwert
K_{PP}	Proportionalbeiwert für PID-T_1-Regler
K_{PR}	Proportionalbeiwert für PID_0-T_1-Regler
K_S	Proportionalbeiwert der Strecke
K_{St}	Proportionalbeiwert des Thyristor-Stellglieds
m	Laufvariable, Verhältnis von Totzeit zu Abtastzeit
M	Zählerpolynom
n	Systemordnung
N	Polynom allgemein, Nennerpolynom

P	Reglerpolynom zur Betragsanpassung
Q	Vorfilter
r	Rückführgröße, Anzahl Abtastungen pro Periode
$\mathbf{r}$	Rückführvektor
r_i	Rückführkoeffizienten bei der Polvorgabe
$s = \sigma + j\omega$	Bildvariable bei der Laplace-Transformation
$\sigma(t)$	Einheitssprungfunktion
t	Zeit
T	Abtastzeit
T_0	Kennzeit, $T_0 = 1/\omega_0$
T_{0R}	Reglerkennzeit für PID_0-T_1-Regler
T_A	Ankerkreisverzögerungszeit
T_a	Anschwingzeit
T_D	Differenzierzeit
T_d	Dämpfungszeit
T_{ep}	Einschwingzeit bei der Toleranzbreite 2 p Prozent
T_g	Ausgleichszeit
T_H	Motorhochlaufzeit
T_i	Verzögerungszeit; $i = 1, 2 \ldots, k$
T_I	Integrierzeit
T_M	mechanische Motoranlaufzeit
T_m	Zeit bis zum Maximum der Übergangsfunktion
T_n	Nachstellzeit
T_{nP}	Nachstellzeit in der Pol-Nullstellen-Form
T_P	Verzögerungszeit bei der Betragsanpassung
T_R	Rechenzeit
T_S	Integrierbeiwert der Strecke
T_{St}	Totzeit des Thyristor-Stellglieds
T_t	Totzeit
T_u	Verzugszeit
T_V	Verzögerungszeit zum Abgleichalgorithmus
T_v	Vorhaltzeit
T_{vP}	Vorhaltzeit in der Pol-Nullstellen-Form
T_W	Integrierzeit des Führungsgrößenbildners
T_y	Stellzeit
u	Eingangsgröße
v	Ausgangsgröße, Zielgröße
w	Führungsgröße
x	Regelgröße
$\mathbf{x}$	Zustandsvektor
x_i	Zustandsgröße
y	Stellgröße
y_R	Reglerausgangsgröße
z	Bildvariable bei der z-Transformation
z	Störgröße

α	Polstelle
β	Nullstelle
Δ	Differenz, Zuwachs
$\delta(t)$	Impulsfunktion
δ_T	Puls
ε	Linearitätsbereich im Begrenzungsglied
ϑ	Dämpfungsgrad
ϑ_R	Reglerdämpfungsgrad für $PID_0\text{-}T_1$-Regler
$\varphi(j\omega)$	Phasengang
φ_r	Phasenreserve
ϱ_i	Rückführkoeffizienten bei der Betragsanpassung
ω	Kreisfrequenz
ω_d	Durchtrittskreisfrequenz
ω_0	Kennkreisfrequenz
ω_T	Abtastkreisfrequenz, $\omega_T = 2\pi/T$
ω_π	Phasenschnittkreisfrequenz

B.2 Schreibweise der zeit- bzw. frequenzabhängigen Größen

$f(t)$	zeitkontinuierliche Funktion
$f(kT) = f_k$	zeitdiskrete Funktionswerte
(f_k)	Wertefolge = Menge aller zeitdiskreten Funktionswerte
$\overline{f}(t)$	Treppenfunktion zur Wertefolge (f_k)
$f^*(t)$	Impulsfolgefunktion
$F(s)$	Laplace-Transformierte $\mathcal{L}\{f(t)\}$ der Zeitfunktion $f(t)$
$F^*(s)$	Laplace-Transformierte $\mathcal{L}\{f^*(t)\}$ der Impulsfolgefunktion $f^*(t)$

B.3 Indizes

AH	Abtast-Halteglied
AR	Abtastregler
H	Halteglied
S	Strecke
R	Regler, Regelungsnormalform
RA	Regelalgorithmus
O	offener Regelkreis
W	Führungsgröße
Z	Störgröße

C Sachverzeichnis

f. oder ff.: Sachbegriff wird auch auf der folgenden Seite oder auf den folgenden Seiten behandelt

A_1-Glied 62 ff.
Abgleichalgorithmus 213, 255 ff., 276 f.
Ablauf, Massenstromregelung im - 260 ff.
Ablaufdiagramm 285 f.
Ablaufsteuerung 269 ff., 285 ff.
Absenkungskreisfrequenz 145, 152, 318 ff.
Abtaster 98 ff.
Abtast-Halteglied 23 ff., 96, 100 ff.
Abtaster-Halte-Verstärker 4
Abtastkreisfrequenz 103
Abtastperiode 95 f.
Abtastregelkreis 94 f.
Abtastregelung 93
Abtastregler 93
Abtastungen pro Periode 103
Abtastzeit 3, 93 ff.
Abtastzeitpunkt 3, 23, 93 ff.
Ackermann-Formel 311
Alarm 2
Alarmmeldung 6
Algorithmus 7
Allpaß erster Ordnung 64
Amplitudengang 39 ff.
Amplitudenreserve 72 f.
Analog-Binär-Umsetzer 258
Analog-Digital-Umsetzer 3 ff., 94
Analog-Eingabe 2
Analog-Ausgabe 2
Ankerkreisverzögerungszeit 19, 228
Ankerstromregelung 234 ff.
Anschwingzeit 80 ff., 90
Anstiegsfunktion 76
anti-reset-windup-Maßnahme 211 ff.
aperiodisch 45

aperiodischer Grenzfall 47
ARW-Maßnahme 211 ff., 214 ff.
Assemblersprache 6
asymptotischer Amplitudengang 41 ff., 143 ff.
Ausgangsbedingung 8 f., 134
Ausgangsfunktion 29 ff.
Ausgangsvektor 293
Ausgleichszeit 172 f., 217 ff.
Automatisierung 266

Bedienstation 1
Befehl 270 ff.
begrenzte Reglerausgangsgröße 215 ff.
Begrenzungsregelung 208,. 224 ff.
Begrenzungsregler 226
Beharrungswert 79 f.
Beobachtbarkeit 353
Beschreibungsfunktion 101, 103
Betragsanpassung 143 ff., 164 ff.
-, Verallgemeinerte Methode der 318 ff., 329 ff.
Betragsoptimum 168 f.
BIBO-Stabilität 69
Bildfunktion 25 ff.
binäre Größe 269
Binomial-Form 302
bleibende Regeldifferenz 75 ff.
Block 8, 19 ff.
Bode-Diagramm 39 ff., 59, 61, 63
Bus-System 10, 278
Butterworth-Form 302 ff.

Central Processing Unit, CPU 1

D-T_1-Glied 49, 60/61
D-T_1-Regelalgorithmus 112 f.
Dämpfungsgrad 32 ff., 44 ff., 54 ff.
   80 ff., 87 ff..
Dämpfungszeit 49 ff., 53 ff.
δ-Puls 99 f.
-, modulierter 99
Differentialgleichung 29 ff.
Differenzengleichung 94
- 2. Ordnung 118
Differenzierzeit 49 ff.
Digital-Analog-Umsetzer 3 ff., 94
Digital-Ausgabe 2
Digital-Eingabe 2
digitale Regelung 7, 9 f., 12, 93
digitaler Integrator mit der
   Trapezregel 109 f.
- - mit der Rechteckregel 276
digitaler Regler 3, 220, 223
Durchtrittskreisfrequenz 71 ff.
dyadisches Produkt 300

Echtzeit-Fähigkeit 5, 7
Eckfrequenz 39
Eingangsbedingung 9
Eingangsfunktion 29 ff.
Eingangsvektor 292
Einheitssprungfunktion 26, 43
Einschwingtoleranz 79 ff., 82, 85
Einschwingzeit 79 ff., 85
Einstellregeln für vorgegebene
   Überschwingweiten 177 ff.
- - - - mit kontinuierlichem PI-Regler
   und PI-Abtastregler 177
- - - - mit kontinuierlichem PID-Regler
   und PID-Abtastregler 182
Einstellregeln von Chien, Hrones und
   Reswick 172 f.
Einstellregeln von Ziegler und Nichols
   172 f.
Einzelleitebene 267

Frequenzgang 36 ff.
Frequenzkennlinien 39, 47, 56,
   102, 145, 173
- darstellung 42, 73
- verfahren 74
Füllstandsbegrenzung 249 ff., 260 ff.
Führungs|frequenzgang 192 f., 312 ff.
- größe 12 ff., 65 ff.
- größenbildner 272 ff., 279 ff.
- übergangsfunktion 79 ff., 87 ff., 304 ff.
- übertragungsfunktion 68, 239 ff., 302 ff.
Funktionsplan 271 ff., 285 ff.

Gleichstrommotor 16 ff.
Gleichstrommotor als Regelstrecke
   227 ff.
Gleichzeitigkeit 5
geschlossener Wirkungsablauf 14
Gewichtsfunktion 30
Grenzfrequenz 103
Grenzwert 208 ff., 225 ff.
Größtwertglied 225 f.
Gruppenleitebene 267

Halteglied 97 ff.
Handregelung 13
Handstation 275 ff.
Hauptregler bei Parallel-Begren-
   zungsregelung 226, 250 ff.

I-Glied 48, 58/59
I-Regelalgorithmus 112 f.
I-Strecke 78
I-T_1-Glied 48, 60/61, 83, 86
I-T_k-Strecke 161 ff.
I-T_n-System 135 f.
I-T_t-Glied, I-T_t-System 86 ff.
Impulsantwort 30, 97
Impulsfolgefunktion 98 ff., 323 ff.
Impulsfunktion 26, 30, 97 ff.
Integrator 20, 279

Integrierbeiwert der Strecke 78, 161
Integrierglied 48, 282
Integrierzeit 48, 112, 283
Interupt-Eingabe 2

kartesische Koordinaten 41
Kaskaden-Abtastregelung 189 ff.
Kaskaden-Begrenzungsregelung
   227 f., 224 ff.
Kaskadenregelung für Strom und
   Drehzahl 238 ff.
Kenngröße 39, 44 ff., 74 ff.
Kennkreisfrequenz 45, 55 ff.
Kennzeit 44, 54, 80
Kleinstwertglied 225 f.
Koeffizient 107 f., 111 ff., 119 ff.
   122/123, 128/129
Kompensationsregler 124
kontinuierlicher Integrator 109
kontinuierlicher Regler 107, 111 ff.
Korrespondenz 27
Korrespondenzentabelle 27
kritischer Punkt 69 ff.

Laplace-Transformation 25 ff., 95 ff.
Laplace-Transformierte 26 ff.
Leitebene 267
Leiteinrichtung 267 ff.
Leiten 266 f.
Leittechnik 266
lineare Abtastregelung 93
linearer Regelalgorithmus 94, 104
lineares System 23
lineare Übertragungsglieder 22 ff.
Linearitätsprinzip 22 f.
Linke-Hand-Regel 71

mathematisches Modell 18 ff.
mechanische Motoranlaufzeit 229
Meldung 270

Meßeinrichtung 14 f., 21, 65 f.
Mikroprozessor 10
Modellübergangsfunktion 172 ff.
Modellübertragungsfunktion 175 ff.
Motorhochlaufzeit 239

Nachstellzeit 49, 53 ff., 115, 131
- in der Produktform 53, 140
nichtlineares System 23
- Übertragungsglied 23, 249
numerische Parameteroptimierung
   186 ff.
Nyquist-Kriterium 69 ff.
- -, vereinfachtes 70 ff.

offener Regelkreis 48, 74
Ordnung der Strecke 135
Originalfunktion 25
Ortskurve 36 ff., 43 ff., 59, 61, 63, 71

P-Glied 44, 58/59
P-Regler 21, 107
P-Strecke 77
P-PI-Kaskade 197 ff.
P-T_1-Glied 39 ff., 58/59
P-T_2-Glied 32 ff., 44 f., 58/59
P-T_{2s}-Glied 45 ff., 58/59, 80 ff.
P-T_k-Strecke 130, 144
P-T_n-Strecke 175 ff.
Padé-Approximation 64
Parabelfunktion 76
Parallel-Begrenzungsregelung
   226, 249 ff.
Parameter 74
Partialbruchzerlegung 35, 39
PD-T_1-Glied 50 f., 60/61
PD-T_1-Regelalgorithmus 115 ff.
- in der Summenform 125 f.
Personal Computer 1
Phasengang 39 ff., 51

Phasenminimumsystem 64
Phasenreserve 72 ff., 83 f., 89 f.,
  135 f., 148 f., 155 f., 198 ff.
Phasenschnittkreisfrequenz 72 ff.
PI-Abtastregler 131 ff., 143 ff.,
  180 ff., 220 f., 336 f., 340 ff.
PI-Glied 48 f., 60/61
PI-PI-Kaskade 194 ff.
PI-Regelalgorithmus 115 f.
- in der Summenform 124 f.
PI-Regler, kontinuierlicher 48 f.,
  177 ff., 331 ff.
PI-Zustandsregler 307 ff.
PID-Abtastregler 140 ff., 151 ff.,
  185 f., 223 f.
PID-Regler, kontinuierlicher 182 ff.
PID-T_1-Glied 52 ff., 62/63
PID-T_1-Regelalgorithmus 120
- in der Summenform 126 f.
PID$_0$-T_1-Glied 54 ff., 62/63
PID$_0$-T_1-Regelalgorithmus 121
- in der Summenform 126 f.
Polardarstellung, Polar-
  koordinaten 37, 41
Polkompensation 131 ff., 136, 161 ff.
Pol-Nullstellen-Form 115 ff., 120 f.,
  122/123
Polstelle 32 ff., 44 ff.
Polvorgabe 297 ff.
PP-T_1-Glied 51 f., 60/61
P-Regler für P-T_2-Strecken 197 ff.
Priorität 6
Programmiersprache 6 f., 9
Programmschleife 9
Proportionalbeiwert 21, 39, 49 ff., 107,
  132, 136 f., 141 f., 150, 156, 160,
  162, 166, 178 ff., 235, 237, 243,
  245, 250, 343
- der Strecke 131, 172
Proportionalglied 44
Proportionalregler 21, 107

Prozeß 16, 266 ff.
Prozeßleitebene 267
Prozessor 1
Prozeßperipherie 1
Prozeßrechensystem 1, 5
Prozeßrechner 1, 9

quadratisches Regelgüte-
  kriterium 186
quasikontinuierliche Abtastregelung 93 ff.

Rechenregeln der Laplace-Trans-
  formation 28
Rechenzeit 5, 106
Rechteckregel rückwärts 282 f.
Rechtzeitigkeit 5
Regelalgorithmus 4, 10, 94 f.
- 0. Ordnung 107
- 1. Ordnung 107 ff., 111 ff., 124 ff.,
- 2. Ordnung 118 ff., 126 f.
Regelalgorithmus mit Treppen-
  funktionen 104 f.
Regeldifferenz 15, 94 f.
Regelglied 15
Regelgröße 12 ff., 65 ff.
Regelkreis 14 f.
-, einschleifiger 65 ff., 76
- mit Einheitsrückführung 67 ff.
Regelstrecke 14, 93 ff.
- mit Ausgleich 131 ff.
- ohne Ausgleich 161 ff.
Regelung 14
Regelungsnormalform 294 ff., 310 f.
Regler 15, 17 f., 21
Reglerausgangsgröße 12 ff., 210,
  214 ff.
Reglerbaustein 275 ff.
Reglerentwurf 74, 130 ff., 290 ff.,
  317 ff.
Reglerpolynom 318 ff., 325

Reglerübertragungsfunktion 66
- 1. Ordnung 107
- 2. Ordnung 119
Regula falsi 132 ff., 146
Residuen, Residuensatz 30 ff.
Resonanzkreisfrequenz 46
Robustheit 74
Rückführgröße 14 f., 21, 65, 218 ff
Rückführpfad 318, 336
Rückführvektor 297 ff.
Rücksetzen eines Schrittes 269, 271
Rücktransformation 29 ff.

Schritt 269 ff., 285 ff.
Schrittweite für ω_d 135, 140, 148, 155, 160, 162
Schrittweite für ω_{03} und ω_{06} 147, 152
selbsttätige Regelung 13
Setzen eines Schrittes 269, 271
Speicher 94 f., 99
Speicherprogrammierbare Steuerung 269
Sprungantwort 19 f., 79
Sprungfunktion 76, 95 ff.
Stabilität 68 ff.
Stabilitätskriterium 69 ff.
Standardregelkreis 67, 75 ff.
Startwert für ω_d 135, 140, 148, 155, 160, 162
Startwert für ω_{03} und ω_{06} 147, 152
statische Genauigkeit 75
Stellbereich 206, 208
Stelleinrichtung 15
Steller 15, 66
Stellglied 15 ff., 227
Stellgröße 12 ff., 66, 94 f., 210 f., 235
Stellgrößenbegrenzung 208 ff.
Steuerung 266 ff.
Störgröße 12 ff., 67, 75 ff.

Störgrößenaufschaltung 231 f., 236 ff.
Störmodell 352
Störübergangsfunktion 79
Störübertragungsfunktion 68
Strecke 14
- mit Ausgleich 77 f.
- ohne Ausgleich 78
Streckenübertragungsfunktion 66 f., 311 f.
- bezüglich Störung 67
Streckenverstärkung 217
Strombegrenzung 242 ff.
Stromrichter-Stellglied 17, 21, 227
Struktogramm 7 f., 117, 127, 134, 147, 213, 223, 257, 281
Strukturierte Programmierung 9
Summenform 124 ff., 128/129
Summierglied 20
symmetrisches Optimum 244 f.
Systemmatrix 293

Task 6
Taster 93 ff., 99, 230, 247
Terminal 1
Tiefpaßwirkung 114
Totzeit 106, 142 f.
Totzeitglied 21, 71, 102 ff.
Transformation 93
Trapezregel 108 ff.
Treppenfunktion, treppenförmige Zeitfunktion 94 ff.
T_t-Glied 57, 62/63
Turbosatz 283 ff.

Übergang 269
Übergangsbedingung 269
Übergangsfunktion 19 f., 30 ff., 111 ff., 115 ff., 120 f.
Überlagerungsprinzip 22
Überschwingweite 74, 79 ff., 84, 88 ff., 135 ff., 148 f., 155 f., 177 ff., 182 ff., 197 ff., 304

Übertragungsfunktion 29 ff., 36 ff., 325
Umformung nach den Regeln der Wirkungsplanalgebra 189 ff, 230 ff., 250 ff., 337 ff.
Umsetzzeit 106

Vander Monde-Determinate 320
Verallgemeinerte Methode der Betragsanpassung 318 ff., 329 ff.
verbesserte ARW-Maßnahme 214 ff.
Vergleichsglied 14 f.
Verknüpfungssteuerung 269 ff.
Verschiebungsprinzip 23 ff.
Verstärkungsprinzip 22
Verzögerungsglied 1. Ordnung 39 ff.
- 2. Ordnung 44 ff.
Verzögerungsstrecke mit Ausgleich 131 ff.
- ohne Ausgleich 161 ff.
Verzögerungszeit 32, 39, 49, 96, 131, 253
Verzugszeit 172 ff., 217 ff.
Vorabberechnung 133 ff.
Vorfilter 327 ff., 340 ff., 346 ff.
Vorhaltverstärkung 50 f.
Vorhaltzeit 50, 53 ff.
- in der Produktform 50, 53, 140
Vorwärtspfad 317, 331, 336

Wertefolge 93 ff., 104 f., 189 f., 230 f., 250 f., 337 ff.

Wirkung 108
Wirkungsplan 14, 18, 65 ff., 108, 118, 127, 190 f., 209 ff., 214, 222, 225 f., 232 f., 251 f., 258, 261, 268, 276 ff., 291 ff., 308, 319, 326 ff., 337 ff.
Wirkungsablauf, geschlossener 14
Wirkungsweg 14
w-Transformation 169 ff.
Zeitfunktion 25 ff.
-, kontinuierliche 93 ff.
-, treppenförmige 94 ff.
Zeitgeber 3
zeitinvariantes Übertragungsglied 23 ff.
Zeitprozentkennwert 176 f.
- Methode 175 ff.
Zeitprozentwert 176 f.
Zeitwert 176
zeitvariantes Übertragungsglied 23 ff., 100 f.
Zentraleinheit 1
Zielgröße 279 ff.
z-Transformation 169 ff., 337 ff.
z-Transformierte 338 f., 343 ff.
z-Übertragungsfunktion 343 f., 347
Zulauf, Massenstromregelung im - 249 ff.
Zustandsbeschreibung 291 ff.
Zustandsgröße 291 ff.
Zustandsvektor 292

Das technische Wissen der
GEGENWART

Das Lexikon
Der VDI-Verlag startet erstmals eine Sammlung von lexikalischen Werken zu bedeutenden Fachdisziplinen der Technik: Ein Meilenstein in der Geschichte der technisch-wissenschaftlichen Literatur.
Aufgabe dieser Fachlexika ist es, Ingenieuren und Ingenieurstudenten, Naturwissenschaftlern und allen, die in der Ausbildung oder aus allgemeinem Interesse mit den unterschiedlichen Technikbereichen in Berührung kommen, mühelosen Zugang zu einem enormen Wissensschatz zu ermöglichen:
Das Lexikon Informatik und Kommunikationstechnik zeigt die rasante Entwicklung durch die Fortschritte im Bereich der Elektronik und Mikroelektronik auf.

Lexikon Informatik und Kommunikationstechnik
Hrsg. von Fritz Krückeberg und Otto Spaniol
693 Seiten, 454 Bilder, 35 Tab.
24,0 x 16,8 cm. Gb. DM 168,–
ISBN 3-18-400894-0

Der Inhalt
Über 2 000 Stichwörter bzw. Stichwortartikel sind durch zahlreiche Funktionszeichnungen, Bilder und Tabellen ergänzt, die ein einfaches Verständnis der Texte gewährleisten. Bis zum letztmöglichen Augenblick wurden noch Stichworte aus Gebieten mit einer regen Forschungsaktivität ergänzt und teilweise aktualisiert. Das ausgefeilte Verweissystem sowie die Hinweise auf vertiefende Literatur geben dem Leser die Möglichkeit, seine Kenntnisse zu erweitern und zu vertiefen.

Die Herausgeber
Prof. Dr. Fritz Krückeberg studierte Mathematik und Physik an der Universität Göttingen. Ab 1957 war er als Industriemathematiker in der BASF, Ludwigshafen und danach an der IBM 704 in Paris tätig. 1961 promovierte er an der Universität Bonn, 1967 habilitierte er. 1969 wurde er ord. Professor an der Universität Bonn. Seit 1968 ist er in leitenden Funktionen tätig, derzeit als geschäftsführender Leiter des Forschungsinstituts für Methodische Grundlagen der GMD. 1986/87 und 1988/89 war er Präsident der Gesellschaft für Informatik. Von ihm gibt es zahlreiche Veröffentlichungen zu den Themen Informatik und Computernumerik.
Prof.-Dr. Otto Spaniol ist Inhaber des Lehrstuhls für Informatik an der RWTH Aachen seit 1984. Er studierte Mathematik und Physik an der Universität in Saarbrücken an der er als wissenschaftlicher Assistent und Assistenzprofessor bis 1967 arbeitete. Von 1976 bis 1981 war er als Professor für Informatik an der Universität Bonn, von 1981 bis 1984 an der Universität in Frankfurt tätig. Als deutscher Delegierter ist er für „Data Communication" in verschiedenen internationalen Gremien. Außerdem hat er den Vorsitz des Fachausschusses Informatik der Deutschen Forschungsgemeinschaft.

Die Autoren
95 hervorragende Fachleute aus Forschung, Lehre und Praxis haben ihr Wissen in dieses Lexikon eingebracht, sowohl in wissenschaftlichen präzisen Definitionen als auch in fundierten, vertiefenden Abhandlungen. Ein Wissensschatz, der in dieser Form vorbildlich ist.

Ausführliche Informationen über die weiteren Fachlexika erhalten Sie über Ihre Buchhandlung oder den VDI-Verlag.
Frau Rita Hirlehei-Mohr,
Telefon 0211/61 88-126

VDI VERLAG
Postfach 10 10 54, 40001 Düsseldorf

Wissen hat viele Seiten

▲ **Überwachung und Fehlerdiagnose technischer Systeme**
Moderne Methoden und ihre Anwendungen bei technischen Systemen.
Hrsg. Rolf Isermann
1994. XIV 264 S. 207 Abb.,
14 Tab. DIN A5. Br.
DM 98,00/öS 764,00/sFr 98,00
ISBN 3-18-401344-8

▲ **Software-Zuverlässigkeit**
Grundlagen, konstruktive Maßnahmen, Nachweisverfahren.
Hrsg. VDI-Gemeinschaftsausschuß Industrielle Systemtechnik.
1993. XIV, 302 S. 72 Abb.,
5 Tab. DIN A5. Br.
DM 98,00/öS 764,00/sFr 98,00
ISBN 3-18-401185-2

▲ **Fuzzy-Technologien**
Prinzipien – Potentiale – Einsatzmöglichkeiten.
Hrsg. H.-J. Zimmermann
1993. XI, 251 S., 88 Abb.,
36 Tab. DIN A5. Br.
DM 78,00/öS 608,00/sFr 78,00
ISBN 3-18-401269-7

▲ Reinhard Langmann
Graphische Benutzerschnittstellen
Einführung und Praxis der Mensch-Prozeß-Kommunikation
1994. 213 S., 102 Abb.,
10 Tab. DIN A5. Br.
DM 98,00/öS 764,00/sFr 98,00
ISBN 3-18-401350-2

▲ Gerd Wähner
Datensicherheit und Datenschutz
Methoden und Instrumente für Computernutzer.
1993. XII, 376 S., 45 Abb.,
49 Tab. DIN A5. Br.
DM 98,00/öS 764,00/sFr 98,00
ISBN 3-18-401297-2

▲ Horst Zöller / Heiko Loewe
PC-Host-Kommunikation
Konzepte, Einsatzmöglichkeiten, Anwendungen.
1993. IX, 246 S., 64 Abb.
DIN A5. Br.
DM 78,00/öS 608,00/sFr 78,00
ISBN 3-18-401248-4

VDI VERLAG
Postfach 10 10 54 · 40001 Düsseldorf
Telefon 02 11/61 88-126 · Fax 02 11/61 88-133